LES FONDEMENTS DE L'ÉTHOLOGIE

Du même auteur

Il parlait avec les mammifères, les oiseaux et les poissons, Flammarion, 1968

L'Agression. Une histoire naturelle du mal, Flammarion, 1969 ; rééd. coll. « Champs », 1977

Tous les chiens, tous les chats, Flammarion, 1970

Essais sur le comportement animal et humain. Leçons de l'évolution de la théorie du comportement, Seuil, 1970 ; rééd. coll. « Points Essais », 1974

Les Huit péchés capitaux de notre civilisation, Flammarion, 1973

Entretiens avec Éric Laurent, Stock, 1975

L'Envers du miroir. Une histoire naturelle de la connaissance, Flammarion, 1976 ; rééd. coll. « Champs », 1990

Écrits et Dialogues avec Richard I. Evans, Flammarion, 1978

L'Homme dans le fleuve du vivant, Flammarion, 1981 ; rééd. coll. « Champs », 1984

L'Homme en péril, Flammarion, 1985

La Forêt. Royaume en danger, Stock, 1985

Les Oies cendrées, Albin Michel, 1989

Sauver l'espoir, Stock, 1990

L'Avenir est ouvert (avec Karl Raimund Popper), Flammarion, 1990 ; rééd. coll. « Champs », 1995

L'Année de l'oie cendrée, Stock, 1991

Évolution et Modification du comportement. L'inné et l'acquis, Payot, 2007

KONRAD LORENZ

LES FONDEMENTS DE L'ÉTHOLOGIE

Traduit de l'allemand
par Jeanne ÉTORÉ

Édition corrigée 2009

Champs sciences

Titre original : *Vergleichende Verhaltensforschung : Grundlagen der Ethologie.*

ISBN : 978-2-0812-2907-5

À Nikolaas Tinbergen.

EN GUISE DE PRÉFACE...

En publiant les résultats de leurs recherches, les pères de l'étude comparée des comportements ne pensaient pas mettre au monde un nouvel « isme », pas plus que Darwin n'eût jamais voulu fonder le darwinisme. Pourtant, dans un cas comme dans l'autre, les découvertes en question eurent des répercussions déterminantes sur notre conception du monde. Même ceux qui prétendirent dans un premier temps refuser les conclusions de Darwin ne purent les ignorer totalement et ils furent contraints de reconnaître, à l'épreuve, que ce refus se révélait bien plus difficile qu'ils ne l'avaient cru, ou voulu croire, au premier abord. On pourrait dire exactement la même chose de la critique de l'éthologie.

Étant donné que dans les deux cas des valeurs idéologiques étaient en jeu – réellement ou en apparence –, les nouvelles idées subirent chaque fois les attaques les plus violentes de la part des défenseurs patentés des valeurs traditionnelles sacralisées ; et, comme il y a en science et en politique des doctrines similaires, leurs partisans respectifs luttent de nos jours encore avec un acharnement qui n'est pas sans rappeler les guerres de Religion des siècles passés.

Les découvertes et les pensées nouvelles ne définissent généralement que dans ses grandes lignes le cadre d'une nouvelle conception du monde. Ce sont les recherches et le travail de détail qui donnent à l'ensemble la clarté requise et la force de persuasion. En ce qui concerne le darwinisme, il est vrai que Darwin fournit lui-même une bonne part de ce travail ; on pourrait dire la même chose de l'éthologie, dont les premiers maîtres ne se contentèrent pas non plus de perspectives générales.

En à peine quelques décennies, le darwinisme est devenu partie intégrante de notre culture occidentale : non seulement on a essayé, avec plus ou moins de succès, de l'appliquer dans les domaines les plus divers, mais il a donné naissance à de nombreuses tournures linguistiques qui nous paraissent aujourd'hui tout à fait naturelles et témoignent de son « intégration ».

Un processus analogue se produit pour l'éthologie, qui a fait depuis une quarantaine d'années son entrée dans le domaine de l'opinion publique ; et, là encore, l'observateur attentif ne peut manquer de remarquer dans le discours et les publications scientifiques ou politiques le nombre d'idées ou d'expressions tacitement empruntées au vocabulaire ou à la pensée éthologiques.

Enfin, il faut signaler un autre phénomène curieux : aussi bien en ce qui concerne le darwinisme que l'éthologie, on est forcé d'établir un rapprochement qui peut paraître au premier abord un peu trop audacieux, mais s'applique parfaitement à des aspects essentiels de leur évolution respective : le christianisme se présenta pour commencer sous la forme d'un christianisme originel auquel « les autres » ne prêtaient pas la moindre attention et qui finit pourtant par être ressenti comme gênant, et donc combattu par l'« establishment » intellectuel et politique. C'est à partir de ce moment que se développa une *ecclesia militans*, une *ecclesia triumphans* avec laquelle les puissants de ce monde pactisèrent, ce qui entraîna une sensible « édulcoration » de la doctrine originelle en fonction des besoins politiques du moment. Nous assistons à une évolution analogue du statut de l'éthologie : son existence est pratiquement reconnue partout et l'on cherche déjà à en faire une doctrine au service d'une orientation précise dont on se dispute l'appropriation. Pas plus dans ce cas que dans le précédent, cela ne correspond à l'« esprit des fondateurs ».

C'est pourquoi il n'est pas inutile, pour clarifier les choses, de remonter aux sources, de déterminer exactement où elles se sont situées et quelle a été l'évolution ultérieure. Cela permet de mieux établir la distinction entre les fondements essentiels et les ramifications annexes, de mieux comprendre les causes individuelles ou objectives et la portée des oppositions inévitables. Pour ma part, c'est ainsi que je comprends ce livre.

On peut se demander s'il est entièrement objectif. Ce serait sans doute trop d'exigence : nul ne saurait rendre compte objectivement de l'évolution de ses propres enfants. Mais il faut lui reconnaître une honnêteté qui est, en fait, la seule qualité qui importe. L'auteur ne cherche pas à faire triompher une doctrine, il montre la naissance d'une nouvelle discipline scientifique, son contenu et ses diverses méthodes, prudemment élaborées. Il ne s'acharne pas non plus à nous faire croire qu'il faudrait – sous prétexte de garder la face – s'obstiner à défendre des points de vue qui ont eu leur valeur de découvertes mais sont en partie dépassés. L'auteur se montre ouvert à toutes les critiques sensées, mais il sait aussi être assez « impoli » pour rejeter, en s'en expliquant, les objections irrecevables.

De même que certains historiens se refusent à tirer de l'histoire des leçons pour l'avenir, on a reproché à Konrad Lorenz d'appliquer un peu trop rapidement à l'homme les résultats de ses recherches sur les oies ou les canards. Ces sceptiques ont toujours la partie belle, car ils n'ont pas de mal à montrer non seulement que l'ensemble de facteurs dont se composent le passé et l'avenir ne sont pas comparables, mais aussi que l'homme est très différent de tous les autres êtres vivants.

C'est pourtant une prise de position assez stérile à laquelle celle de Lorenz me paraît, bien que plus modeste, largement préférable : en effet, il n'a jamais prétendu que l'éthologie comparée pût expliquer l'homme. Il s'est simplement appliqué à montrer qu'il était bon de connaître les domaines du comportement que l'homme a en commun non seulement avec les oies ou les canards, mais avec d'innombrables autres êtres vivants. Il y a en effet une foule de comportements cent fois plus anciens que l'espèce humaine dont on s'est aperçu qu'ils présentaient une valeur universelle et dont on a précisément déterminé la valeur. Ces comportements existent toujours en nous et ils jouent dans nos actes et même dans l'exercice de nos facultés cognitives un rôle beaucoup plus important que nous ne l'avons cru jusqu'à présent – et que nous voulons encore le croire. C'est sur ces fondements très anciens que repose le fragile édifice de la spécificité humaine, qui est aujourd'hui plus menacée que jamais et qui le sera demain encore davantage. Si nous voulons protéger cette spécificité, il faut que nous la connaissions très précisément et, pour la connaître, il faut aussi connaître le fondement originel sur lequel elle repose : le fondement originel, préhumain, dont l'éthologie tente une étude comparative.

La recherche éthologique ne consiste donc pas à trouver refuge dans une nouvelle tour d'ivoire de la science, mais représente une nécessité politique.

Gerolf STEINER

PRÉSENTATION HISTORIQUE

L'*éthologie* ou *étude comparée du comportement* est assez facile à définir : elle consiste à appliquer au comportement animal et humain toutes les interrogations et les méthodes qu'il paraît naturel d'appliquer dans toutes les autres branches de la biologie depuis les découvertes de Charles Darwin.

Lorsqu'on voit avec quelle rapidité les découvertes de l'évolution et surtout le principe darwinien de la sélection naturelle se sont imposés dans la plupart des branches de la recherche biologique, on se demande pourquoi ces mêmes découvertes ont mis si longtemps à se faire admettre dans les domaines de la psychologie et de l'étude du comportement. La principale raison de ce retard a été la polémique qui a opposé deux grandes écoles de psychologues et empêché l'intégration de la pensée biologique à l'étude du comportement.

L'âpreté de la polémique est venue essentiellement d'oppositions idéologiques fondamentales entre les adversaires. L'école de la psychologie finaliste (*purposive psychology*), avec à sa tête William McDougall et par la suite Edward Chase Tolman, postulait un facteur supranaturel : l'« instinct » était considéré comme un agent qui ne demandait et ne pouvait recevoir aucune explication naturelle. « Nous observons l'instinct mais nous ne l'expliquons pas », écrivait encore en 1940 Bierens de

Haan. À cette notion d'instinct était également associée une idée d'infaillibilité. McDougall refusait toute explication mécaniste du comportement : il considérait par exemple le fait que les insectes s'orientent vers la lumière comme un heureux effet de l'instinct et ne recourait à l'explication par les tropismes que lorsque les mêmes animaux se brûlaient à une flamme. Selon McDougall et ses adeptes, l'animal poursuit dans tout son comportement un objectif (*purpose*) et cet objectif est fixé par son instinct supra-naturel et infaillible.

L'école behavioriste (de l'anglais *behaviour* : comportement) critiqua à juste raison ce postulat de facteurs supra-naturels comme non scientifique et réclama une explication causale. Cherchant à s'éloigner le plus possible des psychologues finalistes par ses méthodes, elle proclama l'étude expérimentale seule source légitime de connaissance. Les méthodes empiriques relevaient à ses yeux de la spéculation philosophique.

Abstraction faite d'un certain mépris de l'observation directe, ce programme ne comportait pas d'erreur méthodologique ; son application eut cependant des conséquences regrettables : il entraîna en effet une concentration de la recherche sur les domaines du comportement animal et humain qui se prêtaient le mieux à l'étude expérimentale et conduisit à un monisme explicatif.

En combinant la théorie de l'association de Wilhelm Wundt avec la théorie des réflexes, très en vogue à l'époque en psychologie, et les découvertes d'I. P. Pavlov, on obtenait un mécanisme comportemental qui faisait du comportement l'objet idéal de la recherche expérimentale : *la réaction conditionnée.*

En leur temps, la démarche des behavioristes et leur critique des théories finalistes étaient tout à fait bienvenues. Mais une redoutable faute de logique se glissa insensiblement dans la pensée behavioriste ; le raisonnement des behavioristes était le suivant : puisque seuls les processus d'apprentissage peuvent être soumis à l'étude expérimentale et que tout comportement doit être soumis à l'étude expérimentale, tous les comportements sont acquis par l'apprentissage, ce qui est non seulement une erreur de logique, mais aussi une absurdité.

La connaissance des théories adverses et la critique légitime de ces théories acculèrent tant les finalistes que les behavioristes à des positions bien plus extrêmes que celles qu'ils auraient adoptées en dehors de toute polémique. Tandis que les uns étaient pleins d'admiration mystique pour l'« instinct » et faisaient une confiance démesurée aux facultés innées, qu'ils croyaient même infaillibles, les autres niaient purement et simplement leur existence. Les déterministes, qui n'avaient d'yeux que pour les comportements innés, considéraient tout élément instinctif comme inexplicable et se refusaient, comme Bierens de Haan, à en tenter seulement l'analyse causale. Ceux qui auraient été très capables d'entreprendre cette analyse niaient l'existence de tout élément inné et déclaraient dogmatiquement tout comportement acquis par l'apprentissage. Ce qu'il y a de plus dramatique dans cette situation historique, c'est que les déterministes, et McDougall le premier, avaient observé les animaux et possédaient une connaissance générale du comportement animal qui, aujourd'hui encore, fait défaut aux behavioristes, qui considèrent la simple observation directe comme superflue, voire « non scientifique ». On ne peut s'empêcher de penser aux paroles de Faust : « *Was man nicht weiss, das eben brauchte man und was man weiss, kann man nicht brauchen* » (« Ce que l'on ne sait pas, c'est précisément ce dont on aurait besoin ; et ce que l'on sait, on n'en a pas besoin »).

La querelle entre les deux écoles de psychologues battait encore son plein lorsqu'une nouvelle forme d'étude scientifique des comportements innés prit son essor tout à fait indépendamment d'elles. Aux alentours de 1900, Charles Otis Whitman et, quelques années après lui, Oskar Heinroth découvrirent qu'il est des *comportements moteurs* dont les similitudes ou les différences d'une espèce à l'autre, d'un genre ou même d'un groupe taxonomique plus important à l'autre, se présentent exactement de la même manière que celles des caractères morphologiques. Autrement dit, ces comportements moteurs constituent des caractères spécifiques des groupes en question au même titre que la forme des dents, des plumes ou d'autres caractères dont l'utilisation a fait ses preuves en morphologie comparée. On ne saurait expliquer ce phénomène autrement qu'en ramenant l'existence de ces similitudes et de ces différences entre les comportements moteurs à la descendance d'une forme ancestrale commune qui possédait déjà ces schémas comportementaux sous une forme primitive. On peut donc leur appliquer la notion d'*homologie*.

Ces observations suffisent à prouver que les comportements moteurs en question ont une origine phylogénétique et sont *inscrits dans le génome*. C'est précisément ce que ne veulent pas voir les spécialistes du comportement qui refusent d'admettre la différence fondamentale entre caractères innés et caractères acquis. Si l'on retrouve chez le canard noir africain (*Anas sparsa*) qui vit sur les rivières tropicales et chez le canard colvert de nos lacs, chez les nombreux canards d'eau des étangs de nos parcs zoologiques et le canard domestique de nos basses-cours des mouvements de pariade présentant de multiples analogies en dépit des différences environnementales et de tous les effets de la vie en captivité, il faut bien admettre que le programme de ces mouvements est inscrit dans le génome au même titre que celui qui détermine la formation des caractères physiques dont nous déduisons la parenté entre les espèces considérées. Si l'on a pu, après ces découvertes, publier encore de grandes théories sur le thème « *Nature and Nurture* [1] », c'est que leurs auteurs n'avaient pas connaissance de ces révélations du début du siècle ou qu'ils s'appliquaient à les ignorer. Il y a longtemps que j'ai pu m'en rendre compte : l'Institut Karl Bühler accueillait un grand nombre de psychologues américains. Je leur demandais toujours s'ils connaissaient Charles Otis Whitman, ne fût-ce que de nom, mais je n'ai jamais reçu de réponse affirmative.

La découverte de la possibilité d'homologie entre des comportements moteurs est le point d'Archimède d'où est issue l'éthologie ou étude comparée des comportements. Et c'est paradoxalement aussi sur elle que reposent les travaux des auteurs qui s'obstinent à nier la différence entre inné et acquis.

Personnellement, j'ai découvert la possibilité d'homologie entre des comportements moteurs indépendamment de Charles Otis Whitman et d'Oskar Heinroth. À l'école du grand anatomiste viennois Ferdinand Hochstetter, où je me plongeais dans l'étude des problèmes méthodologiques, je m'aperçus très vite que les méthodes employées en morphologie comparée pouvaient très bien s'appliquer au comportement d'un grand nombre d'espèces de poissons ou d'oiseaux que ma passion des animaux m'avait déjà permis de découvrir. Je fis peu après la connaissance d'Oskar Heinroth, l'auteur de ma découverte, et, au début des années trente, l'ornithologue américaine Margret Morse Nice nous mit tous deux en relation avec Charles Otis Whitman, qui avait déjà fait l'essentiel de nos découvertes dix ans avant Heinroth.

1. « Nature et Culture. »

Nous fîmes par la même occasion la connaissance du plus illustre élève de Whitman, Wallace Craig.

Ni Whitman ni Heinroth n'exprimèrent jamais la moindre idée sur la nature physiologique des schémas homologues qu'ils venaient de découvrir. Moi-même, je tirai mes connaissances sur la physiologie du système nerveux central de cours et de manuels dans lesquels la théorie des réflexes de Sherrington passait pour la seule et unique vérité irréfutable. Le terme « réflexe » évoque de par son étymologie un enchaînement causal linéaire simple entre l'excitation reçue et la réaction de l'organisme à cette excitation. C'est dans sa simplicité même que réside la puissance trompeuse de ce concept : il est aussi facile à comprendre qu'à enseigner.

En psychologie, mon maître Karl Bühler m'avait fait une présentation des deux grandes écoles américaines suffisamment complète pour me permettre d'en établir une critique fondamentale en deux points. Premièrement, l'instinct infaillible et supra-naturel des finalistes n'existait tout simplement pas : je ne connaissais que trop le déroulement aveugle et complètement absurde de certains comportements instinctifs spécifiques. Deuxièmement, le point de vue des behavioristes selon lequel tout comportement animal résulterait d'un apprentissage était complètement erroné.

Me fondant sur mes propres observations, j'avais déjà publié quelques petits travaux sur les comportements innés et les comportements homologues lorsque mon ami Gustav Kramer intervint dans cette « affaire » et suggéra au biologiste Max Hartmann de m'inviter à donner une conférence à la Kaiser-Wilhelm-Gesellschaft zur Förderung der Wissenschaften, devenue aujourd'hui la Max-Planck-Gesellschaft (Société Max-Planck). Kramer entendait par là susciter un échange entre Erich von Holst et moi. Il nous connaissait tous deux et il s'était rendu compte que les phénomènes que j'observais sur le comportement d'animaux dans leur état naturel se rapprochaient beaucoup de ceux qu'Erich von Holst étudiait expérimentalement au niveau de la physiologie du système nerveux. Gustav Kramer s'était dit que la concordance entre les résultats des recherches d'Erich von Holst et les miens ferait un effet d'autant plus marquant que nous aurions longtemps poursuivi nos recherches indépendamment l'un de l'autre ; c'est la raison pour laquelle il s'était appliqué à une aussi remarquable discrétion.

C'est ainsi que je donnai en 1935 à l'Harnack-Haus de Berlin une conférence qui était la reprise de mon étude *Der Begriff des Instinktes einst und jetzt* (*La Notion d'instinct et son évolution*). Je tentais de montrer que l'animal était certes en mesure de poursuivre un certain objectif (*purpose*) par un comportement adapté et variable, mais que cette possibilité n'avait rien à voir avec une signification téléonomique du comportement telle que la concevaient les finalistes. L'objectif que poursuivait l'animal en tant que sujet agissant résidait tout simplement dans la possibilité d'employer son comportement inné dans ce que Wallace Craig appelait un acte consommatoire final (*consommatory action*). Jusque-là, mes prises de position de l'époque correspondent à ce que je pense encore aujourd'hui.

En revanche, ce que je disais de la nature physiologique de l'instinct était entaché de préjugés doctrinaires. Les finalistes et en particulier McDougall avaient toujours lutté contre la théorie des réflexes des behavioristes et souligné – à juste raison – la *spontanéité* du comportement animal : « *The healthy animal is up and doing* » (« L'animal en bonne santé est actif »), écrivait McDougall. En outre, je connaissais déjà les écrits de

Wallace Craig, j'avais pu observer moi-même les manifestations du comportement d'appétence et de l'abaissement du seuil des stimuli déclencheurs et j'aurais dû retenir ce que m'avait écrit peu de temps auparavant Wallace Craig pour s'élever contre la théorie des réflexes : « *It is obviously nonsense to speak of a reaction to a stimulus not yet received* » (« Il est de toute évidence absurde de parler de réaction à une excitation non encore reçue »).

J'aurais déjà pu me rendre compte que les mouvements instinctifs n'avaient manifestement aucun rapport avec les fonctions supérieures de l'intelligence, qu'ils étaient liés à des processus du système nerveux central qui se déroulaient le plus souvent indépendamment des stimuli extérieurs et avaient tendance à se répéter de façon rythmique. À ce moment-là, j'aurais automatiquement été amené à me demander si nous connaissions d'autres processus physiologiques se comportant de la même manière. La réponse serait venue d'elle-même : nous connaissons effectivement d'autres mouvements de ce type essentiellement au niveau du cœur des vertébrés dont les organes producteurs de stimuli ont été très bien étudiés sur le plan tant anatomique que physiologique.

Je n'avais malheureusement pas l'indépendance intellectuelle qu'il aurait fallu pour poser ces questions, mon refus absolu et tout à fait justifié d'admettre les facteurs supra-naturels inexplicables auxquels recouraient les vitalistes pour éclairer le comportement instinctif était si profond qu'il me fit tomber dans l'erreur opposée : j'avais l'impression que ce serait déjà faire une concession à la psychologie finaliste et vitaliste que s'écarter si peu que ce fût de la conception mécaniste traditionnelle du réflexe. Dans cette conférence, je parlai donc longuement des propriétés et des fonctions du mouvement instinctif qui ne *pouvaient pas* s'inscrire dans le cadre de la théorie des réflexes, mais je n'en concluais pas moins que les mouvements instinctifs reposaient sur des enchaînements de réflexes inconditionnels même si les phénomènes d'appétence, d'abaissement du seuil d'excitation et de déroulement à vide que nous avions évoqués – et sur lesquels je reviendrai p. 191 – demandaient une explication complémentaire.

À côté de ma femme, tout au fond de la salle, avait pris place un jeune homme qui écoutait très attentivement et répétait chaque fois que je parlais de la spontanéité : « Bon Dieu ! C'est vrai, c'est ça ! » Lorsque j'arrivai à la conclusion que j'évoquais précédemment, il baissa la tête et gronda : « Imbécile ! » Cet homme n'était autre qu'Erich von Holst. À l'issue de ma conférence, nous fîmes connaissance au restaurant de l'Harnack-Haus et il ne lui fallut pas plus de dix minutes pour me convaincre de l'absurdité de la théorie des réflexes.

Tous les phénomènes comme l'abaissement du seuil d'excitation, le déroulement d'un comportement à vide, etc., qui ne peuvent pas s'intégrer à la théorie des réflexes, apparaissent tout naturellement comme des épiphénomènes du mouvement instinctif, de la même manière que les processus de coordination centrale et de production endogène d'excitation constituent le fondement physiologique de ces comportements et n'ont rien à voir avec un enchaînement de réflexes.

La nouvelle théorie physiologique du mouvement instinctif supposait entre autres choses la poursuite de l'analyse de cette unité qu'Oskar Heinroth avait baptisée « comportement instinctif spécifique ». Il fallait absolument faire la différence sur le plan théorique entre les enchaînements comportementaux, qui se présentent dès la première occasion sous leur forme définitive sans pour autant demander aucune expérience préalable, et les enchaînements que l'organisme finit par utiliser volontairement dans certaines situations données. Tant que l'on considérait la réaction dans son ensemble comme un enchaînement de réflexes, on considérait tout naturellement son déclenchement comme le premier réflexe de cet enchaînement. Une fois établi que le comportement moteur en question reposait sur une production endogène d'excitation et sur un mécanisme de coordination centrale et que tant qu'il n'était pas utilisé il fallait qu'il soit inhibé par une instance supérieure, l'appareil physiologique provoquant son déclenchement apparut comme un mécanisme *sui generis* (d'un type particulier). Les mécanismes répondant sélectivement aux stimuli et « filtrant » en quelque sorte ces stimuli du domaine afférent étaient de toute évidence fondamentalement différents des mécanismes de production de stimuli et des coordinations centrales indépendantes de toute afférence.

Cette décomposition analytique de la notion de comportement instinctif marqua une étape déterminante du développement de l'éthologie. Et ce grand pas en avant, nous le fîmes au congrès de Leyden réuni par le professeur van der Klaauw. Après des nuits entières de discussions entre Niko Tinbergen et moi-même, le concept de mécanisme inné de déclenchement fit son apparition (*AAM = angeborene Auslösemechanismus* ou *IRM = Innate Release Mechanism*), mais il était impossible de savoir lequel de nous deux en était l'inventeur. Par la suite, c'est Niko Tinbergen qui étudia expérimentalement ses propriétés physiologiques et surtout ses limites de fonctionnement.

La notion d'*IRM* permit de préciser celle de coordination motrice héréditaire ou de mouvement instinctif et d'en limiter la définition exactement comme le demandait dès 1941 Charlotte Kogon dans un ouvrage que je n'ai malheureusement découvert que tout récemment et qui s'intitulait : *Das Instinktive als philosophisches Problem* (*La Notion d'instinct en tant que problème philosophique*).

Depuis, les notions d'*IRM* et de mouvement instinctif ont fait leurs preuves : le fait qu'on ait pu les utiliser dans les schémas de fonctionnement les plus divers laisse à penser qu'il s'agit effectivement de concepts fonctionnels, voire de fonctions physiologiques équivalentes. C'est surtout dans la représentation d'instincts hiérarchiquement organisés (Tinbergen, Baerends, Leyhausen) que leur utilisation s'est révélée fructueuse.

Les années suivantes virent un prodigieux essor de l'éthologie aussi bien en ce qui concerne les résultats que l'augmentation du nombre de chercheurs. Une foule de faits furent étudiés et beaucoup de connaissances de détail furent acquises à ce moment-là. Si l'on avait une critique à formuler contre la recherche qui se pratiqua alors, il faudrait parler de son caractère univoque, voire de son aspect incomplet. En effet, elle laissait pratiquement de côté tous les *processus d'apprentissage*. Et surtout elle ignorait presque totalement les rapports d'interaction entre les mécanismes comportementaux qui venaient d'être découverts et les diverses formes d'apprentissage. Ma modeste contribution dans ce domaine, qui résidait dans la formation du concept de réduction de l'instinct par l'apprentissage, n'apporta pas grand-chose de plus, d'autant que, si le concept était juste, l'exemple choisi pour l'illustrer était mauvais (cf. p. 302-303).

En 1953 parut une étude critique qui défendait des points de vue behavioristes mais n'émanait pas directement d'un behavioriste puisque l'auteur était Daniel S. Lehrman ; l'article s'intitulait « A Critique of Konrad Lorenz' Theory of Instinctive Behaviour » (« Critique de la théorie du comportement instinctif chez Konrad Lorenz »). Lehrman niait fondamentalement l'existence de comportements innés en s'appuyant essentiellement sur la thèse de D. O. Hebb selon laquelle l'inné n'aurait jamais été défini que par opposition à l'acquis et que ce serait donc un concept « *non valid* », c'est-à-dire inutilisable. Se fondant sur les conclusions de Z. Y. Kuo, Lehrman affirmait ensuite que l'on ignorait si certains comportements n'étaient pas appris dans l'œuf ou dans l'utérus. Kuo lui-même avait proposé d'abandonner la distinction conceptuelle entre inné et acquis, tout comportement se composant selon lui d'une série de réactions à des excitations extérieures et reflétant nécessairement une forme d'interaction entre l'organisme et son environnement. Aux yeux de Kuo, il n'est pas plus raisonnable de postuler l'existence d'un rapport inné entre l'organisme et les données de son environnement que de postuler l'existence d'idées innées.

Ma réponse fut brève et percutante mais elle n'allait pas encore à l'essentiel. L'affirmation selon laquelle l'éthologie n'aurait jamais défini l'inné que par opposition à l'apprentissage était totalement erronée : la diffusion phylogénétique systématique des comportements innés était la même que celle des caractères morphologiques ; les notions d'inné et d'acquis étaient aussi bien définies que celles du génotype et du phénotype. Concernant la thèse selon laquelle l'oiseau apprendrait dans l'œuf et l'embryon de mammifère dans l'utérus des comportements « adaptés » à leur futur environnement, ma femme avait trouvé une bonne formule : « C'est comme si l'on parlait d'apprendre à faire du ski sans neige. » J'écrivais moi-même à l'époque que, pour éviter la notion de comportement inné, Lehrman postulait l'existence d'une sorte de précepteur interne inné (*innate schoolmarm*).

Cette image du « précepteur inné » était bien évidemment conçue alors comme une *reductio ad absurdum*. Ce que je ne voyais pas, pas plus que mes adversaires, c'était que le véritable problème résidait précisément dans la nature de ce mécanisme d'enseignement. Il me fallut près de dix ans pour découvrir l'erreur de la critique et de ma réponse : la difficulté venait essentiellement de ce que les behavioristes convaincus et les éthologistes les plus expérimentés tombaient exactement dans le même piège. En réalité, il ne fallait pas définir l'inné et l'acquis comme des concepts disjonctifs ; cependant, s'ils se recoupaient, ce n'était pas, comme auraient voulu nous le faire croire les « adversaires de l'instinct », parce que tous les comportements prétendument innés étaient acquis par l'apprentissage, mais au contraire parce que, si l'apprentissage produisait comme il le faisait effectivement des comportements favorables à la conservation de l'espèce, c'est qu'il reposait toujours sur un programme établi phylogénétiquement. Oskar Heinroth et moi, nous ne nous étions jamais beaucoup préoccupés de savoir en quoi consistaient exactement les phénomènes que nous laissions de côté en les qualifiant assez sommairement d'« acquis » ou en considérant qu'ils relevaient de l'intelligence. Mais même les éthologistes qui nous avaient précédés ne s'en étaient pas souciés davantage. Si l'on voulait être méchant, on dirait que nous classions indifféremment dans cette catégorie tout ce qui ne semblait pas entrer dans notre domaine analytique.

C'est ainsi que ni chez les éthologistes chevronnés ni chez les « négateurs de l'instinct » il ne s'en trouva un pour poser la question véritablement pertinente, à savoir : comment se fait-il que, chaque fois que l'organisme modifie son comportement par un processus d'acquisition d'information, il apprenne *ce qu'il faut* et parvienne, en d'autres termes, à une amélioration adaptative de ses mécanismes comportementaux ? Cette lacune apparaît de façon particulièrement criante chez Z. Y. Kuo, qui, tout en refusant explicitement l'idée de tout rapport inné entre l'organisme et son environnement, considère comme tout naturel que tous les processus d'apprentissage entraînent des modifications comportementales favorables à la conservation de l'espèce. Parmi les théoriciens de l'apprentissage, c'est pour autant que je sache P. K. Anokhin qui, le premier, définit la réaction conditionnée comme un *cycle régulateur* dans lequel non seulement la configuration de stimuli extérieurs mais aussi et surtout la *rétroaction* de la réussite et des effets du comportement conditionné permettaient une vérification de sa valeur adaptative.

Comme bien des erreurs des behavioristes, cette oblitération du problème de la valeur adaptative du comportement appris découla de la violence de leur hostilité contre l'école des finalistes. La croyance que ces derniers affichaient en une finalité supra-naturelle du comportement provoqua chez les behavioristes un tel refus de tout principe de finalité qu'en rejetant la téléologie finaliste ils rejetèrent aussi toute idée d'adaptation favorable à la conservation de l'espèce, de « téléonomie » au sens où l'entend C. Pittendrigh. Cette prise de position intransigeante les rendit malheureusement aveugles à tout ce qui ne pouvait s'expliquer qu'à partir des processus d'évolution.

Le « précepteur inné » qui dit à l'organisme que son comportement est favorable ou défavorable à la conservation de l'espèce et, dans le premier cas, encourage (*reinforcement*) le comportement en question ou au contraire, dans le second cas, le supprime (*extinction*), doit nécessairement résider dans un appareil de rétroaction susceptible de faire le lien entre la réussite d'une séquence comportementale et ses premiers éléments. C'est quelque chose que j'ai mis très longtemps à comprendre et que j'ai fini par découvrir indépendamment de P. K. Anokhin, bien que j'aie moi aussi publié mes réflexions à ce sujet en 1961 dans un essai intitulé

« Adaptation phylogénétique et modification adaptative du comportement », que j'ai développé ensuite dans un ouvrage paru en anglais. Ainsi que je l'ai montré dans ces travaux, toute adaptation d'un organe ou d'un comportement à une certaine donnée de l'environnement suppose qu'une *information au sujet de cette donnée* soit inscrite dans l'organisme. Or elle ne peut s'y être inscrite que de deux façons : soit au cours de la phylogenèse par les processus de mutation, de recombinaison des dispositions héréditaires ou de sélection naturelle, soit par les mécanismes individuels d'acquisition d'information de l'organisme au cours de son ontogenèse. « Inné » et « acquis » ne se définissent pas par exclusion l'un de l'autre, mais en fonction de *l'origine de l'information concernant le monde extérieur*, qui est la condition *sine qua non* de toute adaptation.

La division du comportement entre inné et acquis et l'établissement d'une dichotomie entre ces deux termes sont doublement trompeurs mais ce n'est pas pour les raisons qu'avancent les behavioristes. Ni l'observation empirique ni l'étude expérimentale n'ont jamais laissé à penser que tout mécanisme comportemental programmé phylogénétiquement pût subir une modification adaptative au travers de l'apprentissage, et ce n'est pas logiquement nécessaire. On s'aperçoit au contraire au niveau de l'expérience et il y a tout lieu de postuler que certaines séquences comportementales, en particulier celles qui en tant que « précepteurs innés » orientent les processus d'apprentissage dans la bonne direction, *ne sont pas* modifiables par l'apprentissage.

Mais, inversement, tout « comportement appris » suppose une part d'information acquise phylogénétiquement dans la mesure où tout « précepteur inné » représente un appareil physiologique qui s'est formé sous la pression de sélection de sa fonction d'enseignement. Si on ne veut pas l'admettre, on n'a pas d'autre ressource que de postuler une harmonie préétablie entre l'organisme et son environnement pour expliquer qu'à quelques rares exceptions près l'apprentissage renforce systématiquement le comportement téléonomique et interdit le comportement inadapté. Refuser de reconnaître la réalité de l'évolution conduit automatiquement à postuler cette harmonie préétablie : cela vaut aussi bien pour les behavioristes que pour ce grand vitaliste que fut Jakob von Uexküll.

Les recherches de l'origine de l'information qui est à la base de toute adaptation, innée ou acquise, ont abouti depuis à des résultats très importants ; nous nous contenterons de rappeler ici les recherches de Jürgen Nicolai sur les veuves (Viduinés), chez qui le « codage » de l'information est extrêmement complexe : l'oiseau adulte apprend des éléments essentiels de son chant en écoutant les appels quémandeurs et autres expressions vocales de l'espèce d'oiseaux par qui il a été couvé puis élevé.

Le problème de la programmation phylogénétique des processus d'acquisition d'information s'est révélé à bien des égards d'une importance capitale. La défection de ces mécanismes d'acquisition, qui, à l'instar de l'empreinte, ne fonctionnent qu'à une certaine période sensible du développement ontogénétique, peut détruire à tout jamais l'équilibre psychique du sujet animal ou humain. Même sur le plan culturel, la distinction entre inné et acquis revêt une importance déterminante. Dans son comportement, l'homme n'est lui non plus pas modifiable à merci par l'apprentissage, et il est des programmes innés qui représentent peut-être des droits de l'homme.

Première partie

MÉTHODOLOGIE

I

La pensée biologique

1. Les objectifs de la physique et ceux de la biologie

La physique recherche les lois les plus générales qui régissent la matière et l'énergie. La biologie cherche à comprendre la structure et le fonctionnement des organismes vivants tels qu'elle peut les observer dans le monde. Depuis Galilée, la physique procède selon la méthode de *généralisation réductrice*. Le physicien considère toujours le système qu'il étudie – un système planétaire, le pendule ou la pierre qui tombe – comme le cas particulier d'une classe *supérieure* de systèmes relevant de la même catégorie – en l'occurrence celle de la masse dans un champ de gravitation. Bien entendu, il découvre également des lois spécifiques de chacun de ces systèmes, par exemple les lois de Kepler ou les lois du pendule, et il s'efforce de les ramener aux lois plus générales de la classe supérieure de systèmes, en l'occurrence aux lois de Newton. Pour y parvenir, il faut d'abord qu'il prenne en considération la structure du système particulier, il faut qu'il connaisse la mécanique du pendule, l'axe, la longueur du bras, le poids du pendule, etc. Mais, pour le physicien, cette connaissance des structures et des fonctions du système particulier n'est qu'un moyen, qu'une étape sur la voie qui mène à l'abstraction de la loi générale. Une fois qu'il est parvenu à l'établissement de cette loi, les propriétés spécifiques du système ne l'intéressent plus le moins du monde. Les propriétés particulières du système solaire sur lequel Newton fit ses découvertes ne présentent pas la moindre importance pour la validité des lois de la gravitation. Il aurait pu parvenir à l'établissement des mêmes lois en étudiant un système solaire tout différent avec des corps célestes d'une autre grandeur, d'autres distances et d'autres temps de révolution.

La méthode de généralisation réductrice consiste toujours à montrer que la *structure* particulière d'un système donné fait que les lois générales de la physique s'appliquent à l'intérieur de ce système sous une forme spécifique au système en question. Le physicien doit par exemple expliquer pourquoi dans un pendule la chute du poids suspendu au bout d'un bras de longueur constante, mobile autour d'un axe fixe, décrit nécessairement une trajectoire qui, une fois atteint le point le plus bas, le force à remonter symétriquement à la même hauteur que son point de départ, la fréquence des oscillations étant déterminée par la longueur du pendule et par son poids.

Du fait de la connaissance des lois générales, en principe, la physique théorique peut aussi emprunter la démarche *déductive* pour déterminer les lois spécifiques auxquelles obéit un système donné comme le pendule. Mais, en physique comme dans bien d'autres domaines de l'histoire des sciences, les choses se sont le plus souvent passées de telle sorte que l'expérimentateur s'est trouvé « confronté » à un pendule *réel* avant d'en établir les lois de fonctionnement. Il s'est donc heurté à des données de la réalité qui faisaient obstacle à son désir d'abstraction. Sur un pendule réel, le bras a un certain poids, il oppose une certaine force d'inertie, le mouvement du bras autour de l'axe ne se fait pas sans frottements ; cependant, tous ces aspects très concrets ne constituent jamais aux yeux du physicien que des *facteurs négligeables* dont il doit certes tenir compte, qu'il va même parfois jusqu'à mesurer, mais qui n'interviennent pas en définitive dans la formulation de la loi générale abstraite. Le système au travers duquel il cherche à découvrir des lois générales ne l'intéresse pas en tant que tel et sa structure particulière encore moins puisqu'elle ne représente qu'une étape intermédiaire sur la voie de sa recherche. Il dépasse littéralement ces éléments pour s'enfoncer toujours plus avant dans la quête de lois de plus en plus générales jusqu'aux principes fondamentaux de la physique.

Pour son étude des organismes vivants, le biologiste utilise exactement la même *méthode*, avec quelques restrictions sur lesquelles nous aurons l'occasion de revenir. Mais le *but* de sa recherche n'est pas du tout le même que celui du physicien : le biologiste cherche à comprendre le système vivant, ne fût-ce qu'un système partiel, en tant que tel et *pour lui-même*. Tous les systèmes vivants l'intéressent indépendamment de leur niveau d'intégration et de leur degré de complexité. Comme la démarche du physicien, celle du biologiste va du particulier vers le général. Il est lui aussi persuadé que l'univers est régi par un *seul et unique* ensemble de lois générales et particulières parfaitement cohérentes, les dernières pouvant toujours être ramenées aux précédentes à condition toutefois que l'on connaisse les structures de la matière dans lesquelles elles s'appliquent et le devenir historique de ces structures.

Nous reviendrons sur ce dernier point et sur les limites que cette nécessité impose à notre démarche réductrice. Cela mis à part, notre volonté de comprendre le monde du vivant serait absurde si nous ne partions pas du principe que, si nous parvenions à l'objectif utopique de notre analyse, nous réussirions à expliquer tous les processus du vivant, pour autant qu'ils puissent être appréhendés dans leur réalité objective, et tous les processus qui se déroulent en nous à partir des lois générales de la physique – et des structures organiques infiniment complexes – qui déterminent leur forme particulière respective. En tant qu'éthologistes, nous espérons avant tout ramener les phénomènes que nous étudions à des processus physico-chimiques comme ceux qui se déroulent dans les synapses, au niveau des membranes cellulaires, dans les chaînes sensori-motrices et ainsi de suite. Nous aussi, nous sommes réductionnistes !

La biologie s'attacherait toujours à l'étude des structures du vivant en tant que telles même si la physiologie n'était pas aussi indissociablement et inextricablement liée à la pathologie. Lorsqu'on travaille quotidiennement au contact du vivant, que l'on soit agriculteur, directeur de parc zoologique, physiologiste ou médecin, on ne peut s'empêcher de se préoccuper des *troubles* de fonctionnement des systèmes vivants. L'indissociable lien entre physiologie et pathologie saute aux yeux, car pour guérir un trouble de fonctionnement il faut d'abord connaître et avoir compris le fonctionnement normal. Aucune action thérapeutique n'aura la moindre chance de réussite si elle n'est pas guidée par la compréhension du fonctionnement normal et de la nature de son trouble. La maxime est valable tant pour l'encrassement d'un carburateur que pour un trouble pathologique de l'homme.

2. Les limites de la démarche réductrice

Dans son important ouvrage de théorie des sciences intitulé *Scientific Reduction and the Essential Incompleteness of all Science* (*Le Réductionnisme scientifique et l'Insuffisance fondamentale de toute science*), Karl Popper traite des tentatives de réduction entreprises avec plus ou moins de succès par les différentes sciences et il montre que même dans les sciences qui ont le mieux réussi en la matière, en ce qui concerne par exemple la réduction de la chimie à des processus de physique atomique, il y a toujours un « reste », un résidu qui ne se prête pas à la poursuite de la démarche réductrice. « Je défendrai successivement trois thèses, écrit Popper. Premièrement, je montrerai que tout savant est nécessairement réductionniste parce que, en science, il n'est pas de plus grand succès qu'une réduction réussie (par exemple celle de Newton ou – plus précisément – celle des lois de Kepler et de Galilée à sa théorie de la gravitation). La réduction pertinente est peut-être la forme la plus satisfaisante d'explication scientifique dans la mesure où elle permet, ainsi que l'a souligné Meyerson (1908, 1930), l'identification de quelque chose d'inconnu à quelque chose de connu. Je me permettrai cependant de mentionner qu'une autre forme d'explication, diamétralement opposée à la démarche réductrice, consiste à éclairer le connu – le problème connu – par une *nouvelle* théorie, une nouvelle hypothèse.

« En second lieu, je montrerai que, quelle que soit sa position philosophique et idéologique, le scientifique est *contraint et forcé* d'admettre le réductionnisme comme *méthode* de recherche : il ne peut pas être autre chose qu'un réductionniste naïf ou plus ou moins critique ; il est même le plus souvent, comme je m'appliquerai à le mettre en évidence, un réductionniste désespérément critique dans la mesure où il n'est guère de science dans laquelle on connaisse une réduction qui ait été absolument *parfaite* : il y a toujours un insoluble reste, même dans les tentatives les mieux réussies.

« Enfin, je dirai qu'il ne semble pas y avoir de bons arguments en faveur du réductionnisme *philosophique* alors qu'on trouve au contraire de très bons arguments contre l'essentialisme, qui se rapproche étroitement du réductionnisme philosophique. Mais je ne m'appliquerai pas moins à montrer que nous avons de bonnes raisons méthodologiques de persévérer dans notre démarche réductrice. Le motif en est simple : nous pouvons apprendre beaucoup de nos tentatives de réduction, même si elles restent incomplètes, et les problèmes qui restent ainsi posés font partie du patrimoine intellectuel le plus précieux de la science. Je voudrais faire comprendre à mes lecteurs que nous ferions bien d'accorder davantage d'importance à ce qui est considéré généralement comme nos grands échecs scientifiques – je veux dire aux grands problèmes de la science qui restent encore sans solution. »

Popper fournit ensuite toute une série d'exemples pour montrer que l'échec de certaines tentatives de réduction a permis la découverte de problèmes jusqu'alors totalement insoupçonnés. En mathématique, dit-il, la volonté d'« arithmétisation », c'est-à-dire de réduction de la géométrie et des nombres irrationnels à des sommes rationnelles, n'a pas été une réussite, mais, poursuit-il, « le nombre de problèmes inattendus et la foule de connaissances nouvelles que cet échec a permis de découvrir sont absolument fabuleux. Je prétends que l'on peut généraliser cette proposition : même là où nous échouons en tant que réductionnistes, le nombre de résultats inattendus et intéressants que nous obtenons au travers de notre échec revêt une très grande valeur ».

Une autre illustration du même principe nous est offerte par la tentative de ramener la chimie à la physique des *quanta*. En admettant même que l'on ait réussi à ramener la nature des relations chimiques aux principes fondamentaux de la physique des *quanta* – ce qui est loin d'être fait – et en admettant même, pour le plaisir de l'argumentation, que l'on ait établi une théorie parfaitement satisfaisante des forces nucléaires, de la périodicité des caractères des éléments chimiques et de leurs isotopes, etc., la tentative de ramener les processus chimiques aux principes de la physique des *quanta* se heurterait toujours à un obstacle qui fait intervenir dans le champ de préoccupations du physicien des modes de raisonnement fondamentalement étrangers à son optique qui sont ceux du devenir historique. La nouvelle théorie de Bohr sur la périodicité des caractères des éléments suppose que les noyaux lourds soient composés de noyaux plus légers et que cet état de choses remonte à un phénomène historique extrêmement ancien par lequel, à des intervalles très larges, des noyaux d'hydrogène auraient fusionné pour former des noyaux plus lourds, ce qui ne peut s'être produit que dans des circonstances qui ne se présentent que très rarement dans le cosmos. La physique a de forts indices prouvant que la chose s'est réellement produite et peut encore se produire. À commencer par l'hélium, tous les éléments lourds sont le résultat d'une évolution cosmologique. « Ainsi, l'on peut dire que nos tentatives de réduction ont abouti à d'extraordinaires réussites, si on les considère d'un point de vue méthodologique, déclare Popper, même si elles ont été en elles-mêmes des échecs. »

3. Le réductionnisme ontologique

Le postulat fondamental de toute science selon lequel tout ce qui existe est le produit de la réunion d'éléments matériels au cours d'un grand devenir cosmique, l'ensemble étant toujours régi par les lois inhérentes à ces éléments, peut aisément conduire à une erreur philosophique d'autant plus dangereuse qu'elle est susceptible de discréditer toutes les sciences de la nature aux yeux de la pensée rationnelle. Cette erreur découle comme beaucoup d'autres du fait que l'on ne connaît pas suffisamment les *structures* à l'intérieur desquelles les lois générales de la physique se manifestent sous la forme de lois spécifiques extrêmement complexes. Mais ces dernières peuvent prétendre être considérées comme des lois de la nature exactement au même titre que le premier principe de physique ou les lois de la conservation de l'énergie.

La conséquence logique de cette erreur est l'affirmation selon laquelle tout ce qui repose sur la matière ne serait « rien d'autre que » cette matière. Ce « rien d'autre que » s'est déjà révélé une erreur dans les domaines les plus fondamentaux de la physique et pourtant de grands savants se sont acharnés à le maintenir avec une étrange obstination. C'est ainsi que, même après Popper, Edington, par exemple, a longtemps soutenu la thèse selon laquelle, avec la mécanique des *quanta*, la théorie électromagnétique de la matière serait définitivement établie, la matière se composant exclusivement d'électrons et de protons, et ce à une époque ultérieure à la découverte du méson.

Mais c'est dans le domaine du vivant que le réductionnisme ontologique devient véritablement dangereux. Lorsque nous disons par exemple : « Tous les processus du vivant sont des processus physico-chimiques », nul esprit un tant soit peu scientifique ne tenterait de mettre en doute cette affirmation. En revanche, si nous disons : « En fait, les processus du vivant ne sont jamais *rien d'autre que* des processus physico-chimiques », tout biologiste se devra de protester car, par leurs propriétés spécifiques, par les propriétés qui les caractérisent exclusivement, les processus du vivant sont précisément tout autre chose que de simples processus physico-chimiques. L'erreur fondamentale du réductionnisme ontologique apparaît encore plus nettement si l'on compare deux autres propositions : « Les hommes sont des êtres vivants de la classe des mammifères et de l'ordre des primates » et « Les hommes ne sont jamais rien d'autre que des mammifères de l'ordre des primates ».

Le « rien d'autre que » (*nothing else but*) du réductionnisme ontologique à propos duquel Julian Huxley a forgé le terme « *nothingelsebuttery* [1] » implique l'ignorance de deux données essentielles : premièrement, la complexité des structures organiques et leurs différents niveaux d'intégration, deuxièmement, les jugements de valeur que tout homme normalement constitué porte sur les niveaux inférieurs et les niveaux supérieurs du devenir organique.

Dans le cours de l'évolution, l'apparition de nouvelles propriétés de systèmes résulte souvent de la réunion de systèmes fonctionnant jusqu'alors indépendamment les uns des autres. Un schéma de circuits électriques emprunté à l'ouvrage de Bernhard Hassenstein (fig. 1, p. 42) permettra de montrer que ce type d'intégration peut engendrer de nouvelles propriétés de systèmes qui n'existaient pas et *n'étaient même pas esquissées* auparavant. C'est en cela que réside le contenu de vérité de la formule des représentants de la *Gestaltpsychologie*, qui pour avoir des consonances mystiques n'en est pas moins exacte : « Le tout est davantage que ses parties réunies. » La cybernétique et la théorie des systèmes ont expliqué la brusque apparition de propriétés et de fonctions nouvelles à partir de données purement physiques et elles ont mis ainsi ceux qui les étudiaient à l'abri de tout soupçon de croyance au miracle vitaliste.

1. « Maladie du rien d'autre que. »

La plupart des penseurs et philosophes qui n'ont pas connaissance de cette propriété de l'évolution ont tendance à croire que l'évolution est un processus très lent qui se fait graduellement. Il en résulte souvent un débat ontologique entre ceux qui ne voient entre deux stades de l'évolution qu'une différence de degré et ceux qui y voient une différence de *nature*. L'opposition prend un tour particulièrement violent lorsqu'il est question de cette démarche de l'évolution qui marqua le passage de l'animal à l'homme. Mortimer J. Adler a consacré à l'analyse de ce problème tout un livre qu'il a intitulé : *The Difference of Man and the Difference it makes* (*La différence de l'homme et la différence que cela fait*). En réalité, chaque étape de l'évolution fait apparaître quelque chose qui n'a jamais été et engendre donc une différence de nature. Cela vaut théoriquement aussi pour les systèmes anorganiques que Bernhard Hassenstein prend pour exemples.

4. L'histoire du devenir organique comme limite à la démarche réductrice

Ainsi que nous avons pu le voir, la tentative de ramener toute la chimie à la physique des *quanta* se heurte à l'infranchissable limite de la connaissance du devenir historique. Pour poursuivre la réduction au-delà des noyaux lourds, autrement dit pour en expliquer l'existence, il faudrait comprendre les processus cosmogoniques qui ont été à l'origine de leur formation. Le physicien ne se heurte que très rarement à cette limite, le biologiste s'y heurte tous les jours.

Tout organisme vivant est littéralement déterminé dans chacune de ses propriétés structurelles et fonctionnelles par le déroulement du processus d'évolution dont il est issu. De son côté, ce processus historique est le produit d'un nombre astronomique d'enchaînements de causes et d'effets qui confluent en lui, de sorte qu'il est fondamentalement impossible de le reconstituer, ne fût-ce que sur une brève séquence. Ainsi que nous le montrerons dans le prochain chapitre, on peut prétendre reconstituer dans une certaine mesure la marche de l'évolution mais non retrouver les causes qui l'ont déterminée. Dans toutes ses tentatives de réduction et d'explication, le biologiste doit se résigner à trouver une importante part résiduelle historiquement inexplicable. Il ne peut expliquer les fonctions de l'objet de son étude qu'à partir de ses structures et il est donc contraint d'observer ces dernières non seulement pour elles-mêmes, mais aussi pour leurs fonctions.

Pour mener à bien sa tentative de ramener ce qu'il observe à des lois connues ou de l'expliquer par de nouvelles hypothèses, le biologiste doit donc accomplir deux tâches bien distinctes même si elles se recoupent parfois. La première consiste à analyser la forme et la fonction du système vivant *tel qu'il se présente actuellement*, la seconde à expliquer comment ce système est *devenu* ce qu'il est et non autre. Le caractère distinct de ces deux démarches apparaîtra plus clairement si l'on prend l'exemple d'une machine de fabrication humaine. Admettons que des Japonais capturent un avion de combat soviétique : ils le démonteront, l'analyseront au sens le plus littéral du terme et pousseront même cette analyse jusqu'à un point où il serait utopique de vouloir le faire avec les organismes vivants, à savoir la possibilité de re-synthèse intégrale, en l'occurrence la possibilité de reconstruire l'avion. Ce faisant, ils ne manqueront pas de découvrir une foule de particularités structurelles de génie qui susciteront leur admiration et les conduiront à se demander comment l'inventeur est parvenu à cette

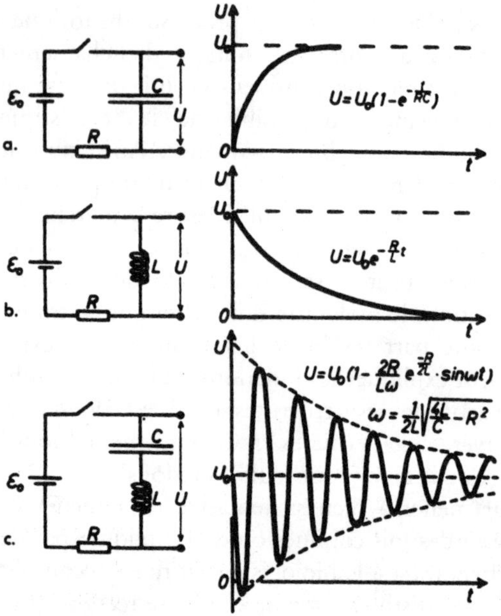

FIG. 1 : Représentation de trois circuits, dont un circuit oscillant (c), pour illustrer la notion de « propriété de système ». Les bornes d'une batterie de f.e.m. E_o, avec une tension aux bornes Uo, sont reliées par un circuit. La résistance ohmique de ce circuit est comprise en R. Sur le circuit a, on monte un condensateur de puissance C ; sur le circuit b, une résistance d'induction L et, sur le circuit c, à la fois le générateur et la résistance. Deux bornes sont par ailleurs disposées de façon à permettre de mesurer la tension U. Les diagrammes de droite montrent les modifications de la tension après l'abaissement de l'interrupteur, à l'instant 0. Sur le circuit a, le condensateur se charge au-delà de la résistance ohmique, jusqu'à ce qu'il ait atteint la tension Uo. Sur le circuit b, le courant – d'abord entravé par sa propre induction – augmente jusqu'à ce qu'il atteigne l'intensité déterminée par les lois de Ohm ; la tension U est alors théoriquement nulle puisque l'ensemble de la résistance ohmique du circuit est compris en R. En c, on voit apparaître des oscillations allant en s'amortissant. On constate solution originale. Pour expliquer le fait que le constructeur étranger a conçu une pièce sous cette forme et non sous une autre, il faudrait disposer d'une foule d'informations non seulement sur la construction aéronautique russe et sur son histoire, mais aussi sur les modes de raisonnement, la physiologie nerveuse et cérébrale de l'inventeur et ainsi de suite, en remontant jusqu'à la phylogenèse de l'*Homo sapiens*.

Il suffit, pour comprendre que ces deux tâches peuvent être entreprises séparément dans l'étude de l'organisme vivant, de penser que l'analyse du système vivant dans son état présent était déjà très avancée avant même que la question de son origine et de son devenir ait seulement été posée. Harvey avait bien compris la fonction du système circulatoire et il avait postulé logiquement l'existence des capillaires qu'il ne pouvait pas voir à son époque : l'histoire de la médecine nous fournirait ainsi toute une série d'exemples de découvertes qui ont été faites indépendamment de la considération historique du devenir organique.

Bien longtemps avant que les causes principales de toute adaptation, à savoir la mutation et la sélection naturelle, aient été découvertes, tous ceux qui étudiaient des organismes vivants avaient constaté que leur structure était conçue de la façon la plus particulière et la moins vraisemblable pour assurer la survie de l'individu,

---

immédiatement que le comportement de c ne résulte en aucune manière de la superposition additionnelle des processus se déroulant en a et en b. Le schéma vaut par exemple pour les valeurs numériques suivantes : $C = 0{,}7 \times 10^{-9}$ F ; $L = 2 \times 10^{-3}$ Hy ; $R = 10^{-3}\ \Omega$; $\alpha \approx 1{,}2 \times 10^{-6}$ s. Mais cette dernière valeur définit également l'axe des temps valable pour les trois courbes. Calculs : E. U. von Weizsäcker. (Extrait de l'ouvrage de Bernhard Hassenstein : *Kybernetik und biologische Forschung.*)

de sa descendance et par là même de son espèce. Ceux qui croyaient à un acte unique de création universelle expliquaient cette adaptation des organismes par la sagesse du créateur ou, comme Jakob von Uexküll, qui refusait l'idée d'évolution, par l'existence d'une harmonie préétablie entre l'organisme et son environnement. Ceux qui peuvent se contenter de ce genre d'explications s'épargnent quantité de problèmes, à condition toutefois qu'ils ferment les yeux devant un certain nombre de phénomènes qui reflètent les *inadaptations* structurelles des organismes vivants.

5. Le « pourquoi ? »

Par les obstacles qu'il rencontre sur la voie de la démarche réductrice, le chercheur se voit contraint d'adopter un mode de raisonnement jusqu'alors tout à fait étranger à ses explications, il est contraint de se poser la question de la *finalité*. Dans l'univers, il n'est pas de processus déterminé par son objectif final hors du domaine organique. D'après Nicolaï Hartmann, on ne peut déterminer l'existence d'une finalité que dans le cadre de l'ensemble des mécanismes d'un enchaînement de processus qui se caractérise par trois actes successifs : premièrement, la détermination d'un objectif avec dépassement de l'ordre chronologique et anticipation sur l'avenir ; deuxièmement, le choix des moyens qui sont en quelque sorte déterminés *a posteriori* ; troisièmement, la réalisation de l'objectif choisi par la mise en œuvre des moyens sélectionnés dans l'ordre de leur enchaînement causal. Ces trois séquences forment une unité fonctionnelle qui se retrouve dans le domaine organique à différents niveaux d'intégration (fig. 2).

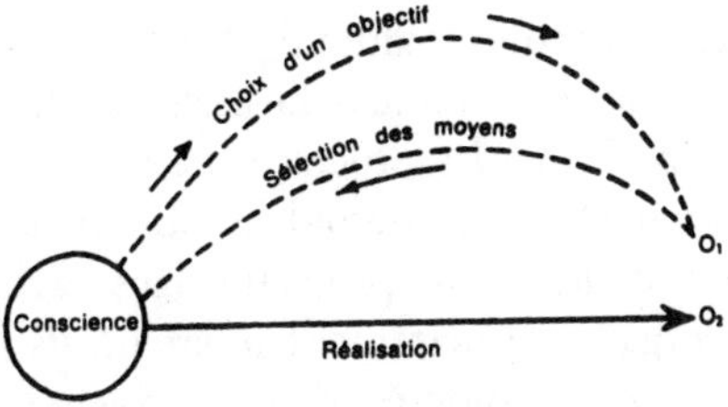

FIG. 2 : Extrait de Hartmann, *Teleologisches Denken* (La Pensée téléologique).

Nicolaï Hartmann pensait que l'agent accomplissant ces actes et fixant un objectif ne pouvait jamais être qu'une conscience, car, dit-il, « seule une conscience a la mobilité voulue dans l'appréhension du temps pour dépasser son rythme d'écoulement, anticiper, prévoir, choisir des moyens et remonter rétroactivement le cours du processus sur lequel elle a anticipé pour le suivre jusqu'à son origine ». Depuis l'époque où Hartmann écrivait ces lignes, la biochimie, l'étude de la morphogenèse et celle du comportement d'appétence chez l'animal (2. I/10, p. 195) ont mis en lumière des processus dans lesquels les trois séquences de Hartmann apparaissent très clairement sans qu'ils se déroulent pour autant au niveau conscient.

Il est indéniable que le processus par lequel un « négatif » inscrit dans le génome « prévoit », se fixe pour objectif la création d'un nouvel organisme et pour finir réalise cet objectif par un enchaînement strictement causal de démarches se fondant sur une sélection variable et adaptable de moyens offerts par l'environnement correspond tout à fait à l'ordre des trois séquences postulé par Hartmann. On pourrait dire exactement la même chose de ce processus plus complexe qu'est le comportement d'appétence par lequel l'animal obtient un effet également inscrit dans le génome et favorable à la conservation de l'espèce. Bien que les processus de l'embryogenèse et du comportement ne se déroulent pas au niveau d'une conscience individuelle se projetant dans l'avenir, mais à un niveau organique nettement inférieur, ils ne doivent pas moins être considérés comme orientés vers une finalité.

Les processus phylogénétiques qui produisent les « négatifs » dont nous venons de parler font incontestablement des merveilles ; ils sont cependant loin d'atteindre l'infaillibilité d'un créateur omnipotent ou la stabilité et la permanence d'une harmonie préétablie. Le phylogénéticien rencontre à chaque pas des « erreurs » de l'évolution, des défauts constitutionnels trahissant un manque de perspicacité inimaginable pour un constructeur humain. Dans son étude sur les inadaptations de la nature, Gustav Kramer a fourni une foule d'illustrations de ces imperfections dont nous nous contenterons de donner ici un exemple. Lors du passage de la vie aquatique à la vie terrestre, la vessie natatoire des poissons se transforma en organe respiratoire. Chez le poisson, et même déjà chez les cyclostomes (sans maxillaires), le cœur et les branchies se succèdent de telle sorte, dans le système circulatoire, que le sang pompé par le cœur doit nécessairement passer par les branchies d'où le sang riche en oxygène est conduit, pur, dans la grande circulation. La vessie natatoire étant un organe desservi par la grande circulation, même une fois transformée en organe respiratoire elle renvoie le sang qu'elle a reçu dans la grande circulation. Le cœur reçoit donc un mélange de sang pauvre en oxygène provenant de la grande circulation et de sang riche en oxygène provenant des poumons. Bien que ce soit une solution extrêmement insatisfaisante sur le plan technique, elle s'est maintenue au travers de multiples ères géologiques jusqu'à nos jours chez tous les batraciens et chez presque tous les reptiles. On ne souligne jamais assez que tous ces animaux se *fatiguent très facilement*. Au bout d'un certain nombre de sauts, une grenouille qui n'atteint ni l'eau ni un abri se laisse attraper sans résistance et l'on pourrait en dire autant des sauriens les plus agiles et les plus rapides. Aucun batracien ni reptile n'est capable de l'effort musculaire *longuement soutenu* que fournirait aisément n'importe quel squale, poisson téléostéen ou oiseau.

Le fait que le développement individuel de tout organisme vivant témoigne d'une authentique finalité et est la réalisation d'un plan prévu d'avance ne doit pas nous induire à croire qu'il en est de même de l'évolution phylogénétique des êtres vivants, chose que semblent malheureusement laisser entendre des termes comme évolution ou développement.

L'évolution est à la limite le contraire d'un processus orienté vers une finalité dans la mesure où elle ne peut pas anticiper l'avenir. Elle n'est pas en mesure d'accepter pour un bénéfice ultérieur les moindres désavantages immédiats, autrement dit, elle peut uniquement prendre les mesures qui lui rapportent un bénéfice immédiat sur le plan de la sélection, à peu près de la même manière que le politicien le plus perspicace et le mieux intentionné ne prendra que les mesures qui lui rapportent un « avantage électoral » immédiat.

Les recherches de Darwin nous ont fait découvrir il y a longtemps les processus de mutation et de sélection naturelles auxquels les organismes vivants doivent les adaptations qui garantissent la conservation de leur espèce et, beaucoup plus récemment, les découvertes de la génétique moléculaire ont permis de déterminer assez précisément sous quelle forme l'information qui est à la base de toute adaptation était codée dans les « négatifs » du génome. Les spécialistes de la génétique moléculaire comme Manfred Eigen ont montré de façon on ne peut plus convaincante que les mécanismes de la sélection naturelle sont intervenus dès le niveau de la biologie moléculaire et ont même joué un rôle capital dans l'apparition de la vie. Mais le matériau sur lequel « travaille » la sélection n'est que la modification ou la recombinaison purement fortuite des dispositions héréditaires. On serait théoriquement habilité à dire que la sélection n'agit que suivant le principe du plus total des hasards et de l'élimination de ce qui n'est pas apte à la vie ; pourtant, cette proposition peut induire en erreur. Le profane qui s'en tiendrait à cette observation, en elle-même incontestable, comprendrait mal comment les quelques milliards d'années d'existence que les radiophysiciens concèdent à notre planète auraient pu suffire à une évolution qui nous a conduits des algues bleues et autres préorganismes les plus élémentaires jusqu'à l'apparition de l'homme. Comme le dit Manfred Eigen, le hasard est en l'occurrence admirablement « dirigé » par ses réussites. Les généticiens éprouvés estiment à 10^{-8} la probabilité qu'une mutation augmente les chances de survie de l'organisme qui en est porteur.

Lorsque les dispositions génétiques d'un individu augmentent ses chances de survie par rapport à ses congénères, cela vaut exclusivement pour un ensemble de facteurs environnementaux donnés. Dans un autre environnement, la nouvelle disposition génétique pourrait au contraire se révéler néfaste. Lorsque l'environnement d'une espèce animale se modifie avec le temps (que ce soit au niveau du climat, des ressources alimentaires ou des ennemis prédateurs), les dispositions génétiques moyennes du représentant de l'espèce en question ne correspondent généralement plus à l'adaptation optimale ; la sélection favorise alors certaines des variantes génétiques existantes et en réprime d'autres de telle sorte que de nouvelles dispositions génétiques, mieux adaptées aux conditions environnementales, l'emportent. On pourrait éclairer ce mécanisme à l'aide de la notion d'information en disant que le processus de sélection fait parvenir au génome de nouvelles informations concernant l'environnement et que ces informations restent inscrites dans le génome sous forme d'« instructions » (Eigen). Vu sous cet angle, le processus de l'évolution est assez analogue à celui de l'acquisition du savoir.

Pour citer une fois de plus Eigen, le mécanisme du vivant est « un jeu dont seules les règles sont fixes ». L'arbre de l'évolution nous fournit un excellent exemple de ce que les théoriciens du jeu appellent un « arbre d'option », dont Eigen donne comme illustration concrète une photographie aérienne du delta du Colorado : des milliards de facteurs inconnus déterminent le cours que suivra chaque petite rigole (fig. 3, p. 52).

Quand on connaît un peu les règles du jeu qui ont déterminé le développement de l'arbre de l'évolution, on ne s'étonne plus de trouver au sein des organismes vivants, à côté de constructions géniales, des dispositifs que n'importe quel ingénieur humain aurait su améliorer. Jamais un artisan n'aurait par exemple disposé les vaisseaux du système circulatoire du lézard comme l'a fait l'évolution. Le principe de la mutation et de la sélection explique que nous trouvons dans le domaine des organismes vivants, à côté de structures et de fonctions parfaitement adaptées, des structures et des fonctions qui ne sont *pas assez inadaptées* pour avoir conduit à l'élimination des organismes qui en étaient porteurs.

Une autre propriété importante des organismes vivants apparaît au travers de l'étude du processus d'évolution : l'aspect extrêmement « conservateur » de toutes leurs structures. Une modification du mode de vie suffit souvent à rendre caducs les caractères structurels jusqu'alors fonctionnels, surtout si elle exige l'adaptation à de nouvelles conditions environnementales. Or, tant que ces structures ne font pas peser une trop lourde menace sur la conservation de l'espèce, elles se maintiennent, et cela même lorsqu'elles font subir de légères pertes à l'espèce en question. Avant l'apparition de la chirurgie moderne, plusieurs milliers d'hommes mouraient tous les ans d'appendicite pour la simple raison qu'un organe qui ne revêt plus aujourd'hui la moindre fonction, l'appendice (appendice vermiculaire), prolongement du caecum, présentait de gros risques inflammatoires.

Il arrive très fréquemment que les structures qui ont perdu leur fonction initiale soient employées à d'autres fonctions parce qu'elles ont tout simplement le « mérite d'exister ». La fente branchiale, le spiracle (*Spiraculum*) des squales et des poissons les plus anciens, a donné l'oreille des vertébrés supérieurs et le premier arc branchial, l'os hyoïde avec la grande et la petite corne. On pourrait citer une foule d'exemples de ce type.

La construction d'un organisme vivant ne peut pas être semblable à une construction humaine dont le plan d'ensemble a été établi à l'avance par un architecte. L'organisme vivant ressemblerait plutôt à la maison que se construit le nouvel habitant d'une contrée sauvage : il commence par bâtir une hutte pour s'abriter de la pluie et du vent, puis il agrandit l'habitation au fur et à mesure qu'augmentent sa richesse et le nombre de ses enfants. La hutte n'est pas détruite ; elle se transforme en débarras et presque toutes les pièces qui s'y ajoutent changent de fonction au fur et à mesure que l'ensemble s'agrandit. Les vestiges témoins de l'histoire de cette construction demeurent, ne serait-ce que parce que l'on n'a jamais pu raser la maison pour la reconstruire entièrement.

On trouve de la même manière au sein des organismes vivants une foule de caractères constitutionnels qui ne sont que les vestiges d'« adaptations antérieures ». Leur existence rend d'immenses services au chercheur qui, connaissant les règles du jeu de l'évolution, cherche à déterminer aussi avec précision la marche qu'elle a pu suivre.

Tout ce qui précède était fait pour expliquer au non-biologiste ce que le biologiste entend par cette question du « pourquoi ? » qui demeure totalement étrangère au physicien. Lorsque nous demandons : « Pourquoi le chat a-t-il des griffes pointues, recourbées et rétractiles ? » et que nous répondons sommairement : « Pour attraper les souris », cela ne veut pas dire que nous croyons à une finalité inhérente à l'univers et à l'évolution organique. Ce serait plutôt une forme abrégée de la question suivante : « Quelle est la fonction dont la valeur pour la conservation de l'espèce a donné aux félins prédateurs (*Felidae*) cette forme de griffes ? » Colin Pittendrigh a qualifié cette analyse de l'adaptation favorable à la conservation de l'espèce de *téléonomie*, pour bien distinguer ce type d'attitude d'une *téléologie* mystique, au même titre que l'on distingue l'astronomie de l'astrologie.

Dans la structure d'un animal – plus encore que dans celle d'une plante – il n'est guère d'élément n'ayant été d'une façon ou d'une autre influencé par la sélection et ne revêtant cet aspect téléonomique. Quand je cherche des exemples de caractères ou d'éléments distinctifs véritablement fortuits, j'ai toutes les peines du monde à en trouver chez les animaux sauvages. Certes, on ne peut

FIG. 3 : Vue aérienne du delta du Colorado dans le golfe de Californie. (Avec l'aimable autorisation de l'Aero Service Corporation, Philadelphia, Pa., États-Unis – Extrait de l'ouvrage de Eigen et Winkler : *Das Spiel*.)

pas dire que la couleur du plumage des poules domestiques de nos basses-cours, blanc ou roux, revêt une signification téléonomique. Chez les animaux sauvages, le loup peint (*Lycaon pictus L.*) est l'un des rares exemples d'espèces dont les représentants ont les mêmes couleurs de pelage mais avec des taches différentes. Et, même chez cet animal sauvage, on peut se demander si la différence de dessins ne revêt pas en soi une importance téléonomique et si elle n'est pas un effet de la sélection : on pourrait très bien imaginer que chez des prédateurs ayant une organisation sociale aussi développée, la possibilité de se reconnaître à distance présente un intérêt pour la conservation de l'espèce. C'est en tout cas très certainement ainsi que s'explique la polimorphie des mâles chez le combattant (*Philomachus pugnax L.*).

Si, au niveau de caractères aussi superficiels, on a déjà quelque difficulté à en trouver qui n'ont indiscutablement rien de téléonomique, il est bien évident que, lorsqu'on arrive au niveau de configurations plus complexes, il est rare qu'une recherche persévérante ne permette pas de prouver qu'elles sont effectivement le résultat de la pression de sélection d'une certaine fonction nécessaire à la conservation de l'espèce. Plus la configuration est complexe et moins il y a de probabilités pour qu'elle existe, plus on est sûr de trouver une corrélation entre propriétés fonctionnelles et sélection et plus on a de chances de savoir répondre à la question du « pourquoi ? ».

Paradoxalement, c'est donc pour les caractères qui *entravent* manifestement l'exercice d'une certaine fonction vitale que l'on trouve le plus facilement la réponse au « pourquoi ? ». Pour donner un exemple : le poisson *Heniochus varius*, qui fait partie des chaetodontidés, porte deux petites cornes au-dessus des yeux et une grosse corne ronde sur la partie dorsale antérieure avec un creux entre les deux (cf. fig. 4) ; il est bien évident que ces caractères morphologiques ne s'intègrent pas très bien au profil de l'animal et le gênent lorsqu'il doit se faufiler dans des goulots resserrés, comme un poisson corallien est quotidiennement amené à le faire. Il faut croire que ces désavantages sont « compensés » par une quelconque valeur de sélection. J'avais même prévu la fonction de ces éléments cornés et du creux qu'ils délimitent dès ma première rencontre avec cette espèce et j'avais dit : l'espèce a certainement une forme d'affrontement ritualisé au cours duquel les deux adversaires se placent en oblique soit vers la gauche, soit vers la droite, de manière que les deux enclaves coïncident et, une fois accrochés ainsi, face à face, ils poussent de toutes leurs forces. Notre premier « pourquoi ? » trouve donc une réponse. Les éléments en question servent à l'affrontement ritualisé. Quant à savoir « pourquoi » il existe une forme d'affrontement ritualisé chez une espèce de poissons nageant librement et vivant en colonies importantes, c'est un autre problème dont j'espère trouver la solution à force de les observer.

Les adaptations comme celle dont nous venons de parler, qui servent uniquement à l'affrontement entre congénères, ne sont pas toujours favorables à la conservation de l'espèce, loin de là ! La question téléonomique du « pourquoi ? » reçoit certes une réponse claire, car la valeur de sélection que le comportement ou la structure en question a revêtue pour le génome de l'*individu* est facile à prouver. Mais rien ne dit que ledit élément soit favorable à la conservation de l'espèce dans son ensemble ; la « concurrence intraspécifique » peut au contraire très bien conduire les congénères rivaux à pousser à l'extrême le développement de formes et de fonctions qui sont plutôt nuisibles à la conservation de leur espèce. Les rémiges du faisan argus (*Argusianus argus*), qui se sont développées au service de certains mouvements de pariade, ne sont plus

FIG. 4 : *Heniochus varius* Cuvier. Les petites cornes au-dessus des yeux et la bosse de la partie dorsale antérieure servent dans une forme d'affrontement ritualisé très certainement issu du combat effectif de certains chaetodontidés très voisins de l'Heniochus qui piquent leur rival avec le premier rayon antérieur de la nageoire dorsale.

aptes au vol. Plus elles sont grandes, plus le mâle a de chances d'engendrer une nombreuse progéniture, mais plus il court le risque de se faire manger par un prédateur au sol. La forme ou la fonction existante est comme toujours le résultat d'un compromis entre différentes pressions de sélection.

La pression de sélection exercée par un représentant de l'espèce sur l'autre ne fournit naturellement aucune information sur ce qui est bon ou mauvais pour l'espèce dans ses rapports avec son environnement. Le fait que l'« idée ait pu venir » aux cerfs (cervidés) de pratiquer une certaine forme d'affrontement ritualisé dont l'issue est déterminée exclusivement par la taille des excroissances osseuses que le mâle porte sur son front et que par ailleurs, ainsi que l'a montré Bubenik à propos du cerf commun (*Cervus elaphus*), les femelles choisissent activement leurs mâles en fonction de la taille de leurs ramures n'empêche en rien que la taille de ces bois, qui doivent de surcroît repousser chaque année, confine à la limite de ce que l'animal est en mesure de porter.

Chez certains mammifères vivant en sociétés, la sélection intraspécifique entraîne le développement d'éléments que l'on pourrait prendre pour des malformations ou des aberrations et dont l'existence repose en réalité sur le même principe que celle des bois du cerf. Chez certains semnopithèques (famille des cercopithécidés) d'Asie, chaque mâle régnant sur tout un harem de femelles, tout changement de maître s'accompagne d'un infanticide généralisé. Les femelles sans petits sont en chaleur plus vite que celles qui en élèvent et le nouveau tyran augmente ainsi ses chances de reproduire son génome. On parle d'« égoïsme génétique » à propos de ce comportement pour le moins étrange. Mais toute la question est de savoir jusqu'à quel degré peut être poussé un pareil « égoïsme » sans compromettre l'avenir du sujet lui-même avec celui de toute son espèce.

Nous abordons là le problème épineux de la sélection collective. Lorsqu'on observe un comportement spécialement « altruiste », comme la régurgitation d'aliments chez le loup peint (*Lycaon pictus L.*) ou la défense confraternelle chez le choucas (*Colœus monedula*), et que l'on se demande pourquoi les mutations exceptionnelles qui engendrent de temps en temps un comportement de ce type ne se multiplient pas en masse du seul fait de l'avantage incontestable qu'elles présentent sur le plan de la sélection, on ne trouve pas de réponse. On ne connaît guère les facteurs qui empêchent la multiplication des parasites sociaux au niveau des sociétés animales. Il est assez étonnant que chez les vertébrés vivant en sociétés le parasitisme social soit quasi inconnu. L'infanticide n'existe, pour ce que l'on en sait, que chez un très petit nombre d'espèces. Au niveau de l'organisation cellulaire, on connaît chez les métazoaires supérieurs qui vivent longtemps le mécanisme extrêmement complexe de la réaction immunologique qui a pour fonction d'éliminer à temps les éléments asociaux. Et, au niveau humain, on ne connaît pas un seul groupe ethnique qui ne dispose de tout un système complexe de règles et de tabous visant à réprimer le parasitisme social. Au niveau de la société animale, qui constitue en quelque sorte le niveau d'intégration intermédiaire, on ne connaît pas encore la nature des mécanismes qui empêchent ce parasitisme.

La question téléonomique du « pourquoi ? » reçoit bien souvent une réponse qui définit un objectif dérisoire et semble même fréquemment aller à l'encontre des besoins de la conservation de l'espèce.

À première vue, il semble qu'elle ne reçoive pas de réponse lorsqu'il s'agit de structures ou de comportements qui ont *changé* de fonction. Ces « adaptations antérieures » se retrouvent partout, aussi bien dans le domaine de la morphologie que dans celui du comportement. Il est extrêmement rare qu'une structure ayant perdu sa fonction soit éliminée, elle s'écarte le plus souvent de son orientation téléonomique pour entrer au service d'une autre fonction : l'orifice branchial servant originellement à la respiration aquatique se transforme en organe de l'ouïe ; un organe servant à la collecte de nourriture se transforme en glande à sécrétion interne.

6. Analyse finaliste, analyse causale

Parmi les différentes écoles éthologiques, celle de la psychologie finaliste *(purposive psychology)*, caractérisée par une forte tendance téléologique et non téléonomique et ayant à sa tête d'éminents chercheurs comme McDougall, Eduard C. Tolman et bien d'autres, a concentré toute son attention sur la question du « pourquoi ? ». Autrement dit, elle a fait comme si la réponse à cette question de *finalité* résolvait tous les problèmes. Une fois que l'on a découvert par exemple que les migrations vers le sud revêtent une valeur favorable à la conservation de l'espèce pour les oiseaux qui les pratiquent, aux yeux de Bierens de Haan, on a apporté une solution « élégante et satisfaisante » au problème des migrations d'oiseaux. Il faut une considérable dose de partialité pour privilégier ainsi dans l'observation du vivant le problème des finalités, considéré comme seul problème important, et négliger complètement celui des causes.

Il arrive que la fonction de certaines structures morphologiques saute aux yeux à la simple observation superficielle : il suffit de songer aux taches de couleur qui jouent un rôle déterminant dans de si nombreux mécanismes déclencheurs. Le collier blanc du canard colvert, qui joue un rôle de signal lors de la pariade, résulte d'une telle répartition des couleurs sur les différentes plumes qui le composent que le blanc semble avoir été appliqué au pinceau. Au niveau de la tête, les plumes vertes ont simplement une bordure blanche ; plus bas, la bande blanche s'élargit, et les plumes suivantes sont intégralement blanches. Sur la bordure postérieure du collier, le brun revient de la même manière : ce sont d'abord uniquement les pointes des plumes blanches qui deviennent brunes, et ainsi de suite. Il est évident que le collier « doit » marquer une séparation très nette entre le vert de la tête et le brun du cou. En revanche, il est extrêmement difficile d'expliquer de façon réductive cette structure colorée. Il suffit de s'imaginer la complexité des processus morphogénétiques qui permettent sa mise en place pour avoir une idée de la complexité des processus phylogénétiques qui ont abouti à l'établissement du « négatif » de cette morphogenèse. « Des cas de ce genre, écrit Otto Koehler, qui ne semblent d'abord autoriser qu'une interprétation finaliste, *induiraient* [italiques de l'auteur] à tirer prématurément des conclusions lamarckiennes. En réalité, elles nous font obligation d'entreprendre une recherche purement causale. »

Pour le biologiste ou l'éthologiste vitaliste, cette « obligation » n'existe naturellement pas, car le postulat de facteurs supra-naturels lui fournit sans difficulté un « parce que » en réponse à tous ses « pourquoi ? ». Mais les conséquences les plus dramatiques de cette démarche furent les effets qu'elle eut sur l'école adverse ; en effet, l'abus de l'optique finaliste suscita chez ses adversaires une réaction affective des plus violentes contre toute idée de finalité : ils développèrent même une sorte de « tache aveugle » vis-à-vis de toute idée d'adaptation spécifique. Du fait de son opposition à l'école téléologique des psychologues finalistes, l'école behavioriste évita tout problème de téléonomie favorable à la conservation de l'espèce : c'est un exemple classique d'aveuglement dû à l'antagonisme de deux écoles de pensée.

L'étude d'un organisme vivant complexe suppose bien évidemment à la fois une analyse des fins et une analyse des causes ; nous tenterons de le montrer sur l'exemple d'un système de fabrication humaine : un homme roule en voiture ; il se rend dans une ville où il doit donner une conférence. Il voyage donc « pour donner une conférence » ; sa voiture, qui sert indirectement le même objectif, est là « pour rouler ». Le conducteur est transporté d'admiration par l'harmonieuse imbrication de ces finalités. Il admire peut-être même cette « imagination vitale » par laquelle F. J. J. Buytendijk explique l'adaptation de la morphologie et du comportement et dont le constructeur a manifestement fait preuve dans la conception d'un véhicule aussi adapté. Il se passe alors quelque chose d'assez courant : le moteur fait un petit bruit inquiétant et tombe en panne. À cet instant, l'occupant du véhicule est contraint de constater de façon on ne peut plus tangible que ce n'est pas l'objectif de son voyage qui fait fonctionner la voiture. Comme je dis toujours, la finalité « n'est pas la solution universelle » : le malheureux conducteur aura tout intérêt à oublier quelque temps le but de son voyage pour se consacrer à l'analyse causale du fonctionnement normal du moteur et de sa panne ponctuelle. C'est du résultat de cette recherche causale que dépendra pour lui la possibilité de poursuivre le but de son voyage.

Il y a entre la finalité d'un système dans son ensemble et la causalité de chacun de ses organes exactement la même dépendance qu'entre le voyageur et son moteur. La fonction régulative de l'analyse causale des systèmes organiques doit surmonter une tâche incomparablement plus ingrate non seulement parce qu'ils sont de structures infiniment plus complexes que les machines les plus compliquées, mais aussi parce que nous savons comment ces machines ont été construites alors que nous n'avons qu'une idée très vague des origines et de l'histoire des organismes vivants.

Le médecin qui veut remettre en bon état un système organique déréglé a la tâche plus difficile que le mécanicien. Mais, dans son activité comme dans celle du mécanicien, la réussite de l'entreprise dépend de l'exactitude de son analyse causale et du degré d'« urgence » de l'objectif à atteindre.

En l'occurrence, le problème des origines du système déréglé ne revêt aucune importance pour le rapport entre sa finalité et l'explication causale de son fonctionnement. Le fait que ce soit un ingénieur qui ait conçu le mécanisme en question, un dieu qui l'ait créé ou qu'il soit le produit d'une évolution naturelle dans laquelle ont pu intervenir, en dehors de la mutation et de la sélection, d'innombrables autres facteurs n'a aucune importance pour l'analyse causale qui peut permettre à l'homme de comprendre un tel système et le cas échéant de le réparer.

Le sens ultime de l'analyse causale de l'homme réside donc dans le fait que c'est un facteur de régulation essentiel qui nous *donne les moyens de dominer les processus naturels*. Qu'il s'agisse de processus extérieurs, anorganiques, comme le tonnerre et l'éclair, de processus internes, organiques, comme les maladies physiques, ou de manifestations de dégénérescence, de comportements sociaux de nature « purement psychiques », n'a aucune espèce d'importance. D'un autre côté, l'analyse causale ne serait absolument plus d'aucune utilité si l'humanité ne poursuivait pas certains objectifs dans sa recherche.

L'aspiration à connaître « les phénomènes naturels, dans la mesure où nous pouvons en suivre l'enchaînement pour autant qu'ils se tiennent » (Kant), n'est donc pas « matérialiste » au sens philosophique et moral où l'entendent les téléologues ; elle consiste au contraire à servir au mieux la fin dernière de tout processus organique dans la mesure où, si nous réussissons, elle nous confère le *pouvoir* d'exercer une action régulatrice et réparatrice dès lors que nous voyons certaines valeurs en danger, tandis que le finaliste convaincu se contente de croiser les bras et pleure sur les dégâts sans rien faire pour les réparer.

II

Les méthodes de la recherche biologique et plus particulièrement celles de l'éthologie

1. Notion de système et d'unité

Ainsi que nous avons pu le voir, l'objectif du biologiste est d'expliquer le fonctionnement d'un système organique dans son unité. Cela ne signifie pas que le biologiste considère pour autant l'unité du système comme un miracle. Il n'est pas inutile de le préciser, car aux yeux des adeptes de certaines tendances atomistes le seul fait de prononcer le mot d'unité est une adhésion au vitalisme. Or le biologiste ne croit pas le moins du monde à l'existence de « facteurs d'unité » qui n'exigent ni ne puissent recevoir d'explication ; il a simplement conscience que la structure de systèmes des organismes vivants exclut l'utilisation de certaines méthodes simples, et surtout que l'on ne peut pas retrouver au sein d'un organisme vivant des enchaînements simples et univoques de causes et d'effets.

En 1939, dans son étude *Das Ganzheitsproblem in der Biologie* (*Le Système unitaire en biologie*), Otto Koehler a exposé jusque dans leurs moindres détails les méthodes nécessaires à l'analyse d'un système unitaire. C'est aux psychologues de la *Gestalttheorie* qu'il reconnaît le mérite d'avoir défini la véritable nature des unités organiques ;

ce qui ne l'empêche pas de formuler à leur encontre une critique qui peut se résumer en quelques mots : toute forme est une unité, mais toute unité n'est pas nécessairement une forme, il est préférable de réserver cette notion au domaine de la perception. Koehler souligne également à juste titre que beaucoup de défenseurs passionnés du principe d'unité en ont détourné les autres en le présentant « sous une étiquette vitaliste ». C'est un fait que je peux confirmer car, en tant que jeune chercheur, j'étais intimement convaincu que seules les analyses atomistes de détail pouvaient prétendre à une valeur véritablement scientifique. C'est à Otto Koehler et à Ludwig von Bertalanffy que revient l'immense mérite d'avoir montré que l'analyse d'un système organique requérait des méthodes particulières, même lorsqu'il s'agissait d'une analyse relevant du seul domaine de la physique. Koehler écrit : il n'y a pas de « force vitale » ni de « facteur d'unité », « mais seulement des systèmes harmonieux, des enchaînements ambocepteurs (jouant dans les deux sens) de causalités s'imbriquant les unes dans les autres et dont l'harmonieuse interaction constitue précisément une unité ».

Cela ne signifie en aucune façon que l'unité ne peut pas être soumise à l'analyse causale. Koehler écrit : « Tout ceux qui cherchent – et toute notre recherche est avant tout analytique – adoptent délibérément une attitude simpliste et ils y sont tenus s'ils veulent conserver leur puissance d'action. Dans cette mesure, il est assez compréhensible que les plus grands savants, et Loeb en était un, partent d'hypothèses de travail grossièrement simplificatrices. Le succès de leurs recherches semble leur avoir donné raison et pourtant, en ce qui concerne Loeb, le refus de se départir, une fois le travail accompli, du caractère simplificateur de l'hypothèse de départ jette encore sur ce travail un discrédit pour une bonne part injustifié. Si, avant d'entreprendre un travail nous nous représentions toutes les difficultés qu'il nous réserve, nous ne l'entamerions sans doute jamais. Mais, une fois le résultat obtenu, il demande à être examiné sous un autre angle et situé dans un contexte plus vaste ; le simplisme qui était au départ une vertu se change en vice. » Ainsi que nous aurons l'occasion de le dire dans la section 10 du présent chapitre (p. 108), un simplisme tempéré de critique est particulièrement souhaitable dès lors qu'il s'agit de l'analyse d'un « élément constitutif relativement indépendant du tout ».

Ailleurs, Koehler écrit encore : « L'un des objectifs de cette étude était de montrer sur quelques exemples les risques que court le biologiste dans son propre domaine lorsqu'il s'obstine à se limiter à une analyse atomiste et oublie la pensée du tout ; je tenais en outre à rappeler que nous voyons croître de jour en jour le nombre de biologistes qui éprouvent avec une extrême urgence la nécessité de passer de l'observation purement statique à l'étude des processus dynamiques et de prendre conscience du *caractère systématique de tous les organismes vivants*. Si certains d'entre eux se croient obligés d'introduire leurs professions de foi dans l'unité par des formules d'excuse, c'est tout simplement qu'ils savent que parler de l'unité ne suffit pas et que l'important, c'est le patient travail de tous les jours commandé par une réflexion constante qui s'applique avec la même énergie à l'anayse du détail, et du détail le plus particulier du problème posé, et à son insertion dans une problématique d'un ordre supérieur. » Dans sa physiologie comparée des animaux, H. J. Jordan a exprimé le même principe par la formule : « Beaucoup d'analyse, la modestie dans la synthèse avec pour objectif la vie dans son unité. »

2. L'ordre de la démarche imposée par les propriétés de systèmes

La définition que nous donne Otto Koehler de l'unité organique établit assez clairement que, abstraction faite de quelques exceptions sur lesquelles nous aurons l'occasion de revenir, il n'y a pas d'enchaînements *univoques* de causes et d'effets au sein des systèmes organiques. On commet donc une erreur méthodologique fondamentale dès lors que l'on tente d'isoler expérimentalement ou même seulement par la pensée une relation causale que l'on étudie seulement dans un sens. Bien évidemment, ainsi que le dit également Koehler, on est contraint de procéder ainsi dans le cadre de l'expérience physiologique et l'on ne saurait faire autrement que poser une cause et en examiner les effets. Le tout est de rester conscient que l'on utilise ce faisant un artifice.

Toutes les formes d'investigation et toutes les méthodes sont utilisables, mais l'*ordre* dans lequel elles sont utilisées doit toujours être dicté par le fait que l'organisme est un système au sein duquel chaque élément est dans un rapport d'interaction avec tous les autres. Nous prendrons l'exemple d'un système mécanique de fabrication humaine pour montrer à quel point le respect de cet ordre est impératif. Admettons qu'un être de la planète Mars soit venu sur la Terre et que le premier objet qu'il découvre soit une automobile. Il y a peu de chances qu'il parvienne à comprendre son fonctionnement avant de s'être posé le problème téléonomique de sa fonction, c'est-à-dire avant d'avoir compris que l'objet en question était un moyen de locomotion de l'*Homo sapiens*. Le biologiste découvrant sur une terre inconnue un organisme vivant qu'il n'a encore jamais vu se posera lui aussi pour commencer la question de la fonction de ses différents organes pour la conservation de l'espèce et par là même le problème des relations écologiques entre l'organisme et son environnement. Autrement dit, il entreprendra sa recherche en se fondant sur le système de références le plus vaste possible.

Une fois qu'il se sera fait une idée de la valeur téléonomique de son objet dans le contexte écologique général, le chercheur se consacrera à *inventorier les pièces* pour essayer de comprendre dans quel rapport d'interaction chacune d'elles se situe par rapport aux autres et par rapport à l'ensemble. On ne peut pas dominer un problème en s'attachant à des éléments isolés ; il faut au contraire passer perpétuellement d'un élément à l'autre et faire progresser simultanément ses connaissances sur chacun d'eux, même si cette méthode paraît peu scientifique à certains esprits qui ne connaissent que la rigueur logique.

Il est dans la nature de notre langage et de notre pensée logique de ne nous permettre de donner et de recevoir des informations que dans un *ordre chronologique linéaire*. C'est ce que Goethe exprime par la formule : « Mais je parle en l'air, car c'est en vain que le mot s'efforce de créer la forme. » L'acquisition ou la transmission d'informations pose les mêmes problèmes dans le domaine de l'explication que dans celui de la recherche ; pour illustrer cette double difficulté, nous choisirons un exemple didactique tiré une fois encore du monde de la technique pour échapper à tout soupçon de mysticisme vitaliste de l'unité.

Admettons que l'on doive expliquer le fonctionnement d'une machine compliquée comme un moteur de voiture ordinaire, le moteur de N. Otto, à quelqu'un qui n'a aucune idée de ce dont il s'agit. On commence le plus souvent par décrire la structure et la fonction de l'arbre-vilebrequin et du piston, ne serait-ce que parce que cela peut s'expliquer par gestes ; on précise ensuite qu'en descendant le piston pompe dans le « carburateur » un « mélange » et l'on emploie ces termes tout en sachant pertinemment que l'interlocuteur ne peut pas se représenter le moins du monde ce qu'ils recouvrent. On espère simplement en procédant ainsi qu'il parviendra à se représenter une sorte de schéma dans lequel il laissera à la place du « carburateur » et du « mélange » des vides qu'il remplira par des concepts qui se définiront ultérieurement. C'est pratiquement la même chose que la conception d'un schéma opérationnel (*flow diagram*) qui prévoit dans ses « *black boxes* » (« cases vides ») la place de fonctions dont les mécanismes demeurent encore inexpliqués.

L'analyse descriptive de l'ensemble du système est indispensable car, pas plus que le chercheur, l'interlocuteur ignorant n'est en mesure de comprendre l'élément isolé, la « sous-unité », avant d'avoir pris connaissance de toutes les autres. Il ne comprendra par exemple jamais d'où le piston tire l'énergie qui lui permet d'exercer une action de pompage s'il ne connaît pas toutes les autres fonctions partielles qui fournissent une énergie cinétique au volant ; il faut qu'il sache pourquoi l'arbre à cames tourne deux fois moins vite que l'arbre-vilebrequin et comment il tient ouverte la soupape d'entrée et fermée la soupape de sortie pour l'aspiration du mélange, comment pendant la compression et l'explosion il maintient les deux soupapes fermées, ouvre la soupape d'expulsion au moment de l'expulsion du mélange ; il faut qu'il comprenne pourquoi le mélange s'allume au moment précis de la compression, et ainsi de suite. La fonction de système se définit précisément par le fait que ses fonctions partielles ne peuvent s'expliquer que corrélativement ou pas du tout.

Tant que l'on ne parvient pas au moins à une approche d'explication de ce type, il serait vain de tenter une analyse plus précise d'une fonction partielle et des structures qui l'assurent. Même les mesures quantitatives sont totalement nulles et non avenues tant que l'on n'a pas atteint ce stade. Et l'étude quantitative ne peut en aucune façon aider à y parvenir, si important que soit le rôle qu'elle joue ultérieurement dans la vérification des observations résultant de l'exercice des fonctions cognitives.

Dans son ouvrage *Das Gestaltproblem* (*Le Problème de la forme*), Ruprecht Matthaei a comparé la démarche du chercheur analysant un système à celle du peintre : « L'esquisse à peine ébauchée de l'ensemble est travaillée et retravaillée encore, le peintre améliore tous les détails en même temps ; à chaque étape de sa genèse, l'œuvre semble terminée – jusqu'à ce qu'enfin le tableau apparaisse dans toute la perfection naturelle de son accomplissement. » Et Matthaei ajoute cette formule assez remarquable : « Peut-être sera-t-on tenté de dire à la fin qu'une telle démarche progressive ne peut pas être faite sans une sorte d'analyse préalable : mais dans ce cas c'est une analyse commandée par la perception des formes ! » Cette démarche orientée *de* l'ensemble du système *vers* ses parties constitutives est littéralement *obligatoire* en biologie.

Bien entendu, le chercheur a toute liberté de prendre comme objet de sa recherche n'importe quelle partie d'un système organique ; il est tout à fait légitime et juste de considérer l'ensemble du système organique en fonction du milieu dans lequel il vit, comme le fait l'écologiste, ou de s'attacher aux processus moléculaires, comme le fait le biogénéticien. Mais le spécialiste doit toujours être guidé par une connaissance de l'ensemble du système qui lui indique la place qu'occupe le sous-système qui l'intéresse dans la structure globale. Encore une fois, seul l'ordre des démarches s'impose impérativement.

3. Fonction cognitive de la perception

Faisant allusion à des personnes bien précises, Wolfgang Metzger a dit un jour : « Il est des gens que des considérations épistémologiques empêchent irrémédiablement de faire usage de leurs facultés sensorielles dans le domaine des sciences naturelles. » Cette formule s'applique paradoxalement aussi à nombre de scientifiques par ailleurs très brillants qui, par extrême souci d'« objectivité » et d'« exactitude », croient devoir éliminer les facultés perceptives de leur démarche méthodologique. L'inconséquence de cette attitude consiste à admettre la valeur scientifique de la perception lorsqu'il s'agit de lire un résultat sur un instrument de mesure alors qu'on refuse de reconnaître cette même valeur lorsqu'il s'agit de l'observation directe d'un phénomène naturel.

Pourtant, tout notre savoir sur la réalité qui nous entoure repose sur les informations que nous communique un appareil neurosensoriel assez extraordinaire et assez bien connu qui transforme les données sensorielles en perceptions. Sans lui et surtout sans la fonction d'objectivation des mécanismes de permanence dont la perception des formes fait également partie, nous ne saurions rien de l'existence de ces unités naturelles que nous appelons des objets. Les informations que nous communique cet appareil et que tout être normalement constitué considère tout naturellement comme « vraies » se fondent sur des processus certes totalement inaccessibles à l'introspection et au contrôle intellectuel, mais dont les fonctions sont analogues à des opérations rationnelles comme le calcul ou la déduction logique. C'est ce qui a conduit Helmholtz à une assimilation des deux types de phénomènes. Egon Brunswik, l'un des plus grands spécialistes de la perception, a qualifié de fonctions *ratiomorphes* ce que Helmholtz baptisait conclusions inconscientes, ce qui exprime admirablement à la fois la rigoureuse analogie fonctionnelle et la différence de nature physiologique entre les deux types de processus cognitifs.

La complication des opérations que peuvent accomplir les fonctions ratiomorphes est quasi illimitée, et ce même chez des êtres vivants dont les facultés d'intelligence se limitent aux processus de raisonnement les plus élémentaires. Que l'on songe seulement à l'immense complexité des « calculs » mathématiques et stéréométriques nécessaires pour qu'un organisme perçoive comme une forme constante un objet de forme irrégulière qui tourne devant ses yeux, autrement dit pour concevoir les innombrables modifications que perçoit sa rétine comme les déplacements d'un objet solide dans l'espace et non comme des modifications de forme de cet objet. Or l'appareil perceptif de n'importe quel vertébré supérieur assure cette fonction.

La caractéristique principale de la perception est, après la complexité de ses fonctions, la facilité avec laquelle elle se laisse induire en erreur. Ce sont précisément les multiples illusions optiques qui nous permettent de reconstituer le « calcul » par lequel le mécanisme perceptif en arrive au résultat qu'il nous transmet et qui sera irrémédiablement faux dans la mesure où les « conclusions » reposent sur des prémisses fausses. Le « contraste des couleurs » nous offre une parfaite illustration de ce type d'information fausse.

La fonction téléonomique de notre perception des couleurs consiste à nous permettre de reconnaître les objets en fonction de leurs propriétés de réflexion de la lumière. Karl von Frisch a montré que l'abeille possédait un appareil très similaire. Mais ni l'abeille ni l'homme n'ont véritablement intérêt à déterminer exactement les longueurs d'ondes de la lumière en valeurs absolues. Il suffit qu'ils soient en mesure de reconnaître un objet qui revêt une importance sur le plan biologique à partir de ses propriétés de réflexion. En fait, ce sont ces propriétés que nous appelons « sa » couleur. Cette fonction perceptive est assurée par un appareil qui divise arbitrairement la continuité des longueurs d'ondes en une série de bandes constituant le « spectre des couleurs », et il organise ensuite ses informations de telle sorte que les couleurs dites complémentaires s'annulent mutuellement et que le mélange de deux couleurs complémentaires donne la couleur blanche, spécialement « inventée » à cet effet. La couleur « blanche » est une forme d'expérience qualitativement définie qui ne correspond absolument à rien dans la réalité extra-subjective. Étant donné que pour le milieu du spectre on ne pouvait pas trouver de complément sous la forme de longueurs d'ondes réelles pouvant exercer l'effet d'annulation, c'est-à-dire contribuer à créer le blanc, on a inventé, comme on l'avait fait pour le blanc, une couleur complémentaire appelée pourpre, qui ferme le cercle du spectre des couleurs.

La fonction de tout cet appareil au service de la conservation de l'espèce consiste exclusivement à compenser les variations fortuites de la couleur de *l'éclairage* et d'en faire abstraction pour prêter aux objets des propriétés de réflexion constantes. Cela se passe de la façon suivante : l'arrivée d'une lumière d'une certaine longueur d'ondes sur une partie de la rétine incite tout le reste de la rétine non seulement à augmenter les capacités de réception de la couleur complémentaire, mais aussi à créer activement cette couleur. Erich von Holst l'a montré en donnant à la moitié du champ visuel d'un certain nombre de sujets une des couleurs du spectre, par exemple le bleu ; l'autre moitié était éclairée d'une lumière blanche qui ne comportait aucune des longueurs d'ondes de la couleur jaune complémentaire, mais avait été obtenue par un mélange de rouge et de vert. Les sujets en question ne virent pas moins les bordures de la zone bleue colorées en jaune !

La prédominance de certaines longueurs d'ondes est toujours compensée par le mécanisme que nous avons décrit : c'est ainsi qu'un papier blanc apparaît toujours blanc, que ce soit sous la lumière jaune de la lampe électrique, aux lueurs rougeoyantes d'un coucher de soleil ou dans la lumière bleutée d'un jour de brouillard. Cependant, ce mécanisme de compensation se laisse aisément induire en erreur à partir du moment où la prédominance d'une certaine couleur dans le champ de vision n'est pas déterminée par la prédominance des longueurs d'ondes correspondantes dans la lumière, mais tout simplement par le fait que la majorité des objets situés dans ce champ de vision ont la propriété de mieux renvoyer la couleur en question. Ce phénomène est appelé contraste simultané des couleurs.

On pourrait également l'expliquer par une transposition du processus ratiomorphe en processus rationnel. Le mécanisme assurant la perception de la permanence des couleurs part d'un principe fixe et « postule » que tous les objets présents dans le champ de vision renvoient en moyenne toutes les couleurs du spectre avec une intensité égale. L'appareil ne « compte » pas avec l'éventualité, il faut bien le dire assez restreinte, que le champ de vision soit « rempli » d'objets « rouges », c'est-à-dire d'objets qui renvoient mieux le rouge que les autres couleurs ; il conclut donc logiquement mais à tort que la prédominance du rouge dans son champ de vision vient de l'éclairage. Mais, sous un éclairage rouge, tous les objets qui renvoient une lumière « incolore » doivent en bonne logique renvoyer plus intensément le vert, sinon ils apparaîtraient au moins teintés de rose. Dans ces cas-là, tout ce qui est gris apparaît effectivement par contraste avec une coloration verte.

Ainsi que le montre cet exemple que nous avons délibérément choisi de rendre très simple, la perception est en mesure d'exploiter un nombre considérable d'informations et d'en tirer une conclusion globale. *Seule cette conclusion est communiquée à la conscience !* La perception procède en cela comme une calculatrice. Erich von Holst a montré que pratiquement toutes les « illusions optiques » reposaient sur le même principe que le contraste simultané des couleurs : le postulat sur lequel se fonde l'opération ratiomorphe est faussé par une configuration de stimuli tout à fait exceptionnelle, de telle sorte que le « raisonnement » en lui-même logique conduit à un résultat faux.

La perception n'appréhende jamais que des rapports, des configurations, et non des valeurs absolues. Sans avoir l'oreille musicale, on reconnaît infailliblement une quinte ou un triolet mais on ne peut pas déterminer la hauteur du ton. L'une des caractéristiques principales de la perception réside précisément dans le fait qu'elle est indépendante des valeurs absolues. Nous reconnaissons une mélodie automatiquement, qu'elle soit chantée d'une voix de basse ou d'une voix de fausset. Christian von Ehrenfels, l'un des pionniers de la psychologie de la forme, faisait déjà de cette *possibilité de transposition* l'un des principaux critères de la perception des formes.

S'il est un domaine de la physiologie du système nerveux central dans lequel la connaissance des calculatrices électroniques nous fournit davantage qu'un modèle de comparaison, c'est celui des mécanismes qui sélectionnent, parmi la multitude de données sensorielles, la perception qui revêt une importance sur le plan biologique et téléonomique. Loin de donner l'impression de l'insondable et de conduire à des interprétations mystico-vitalistes, leurs fonctions – et plus encore leurs défauts de fonctionnement extrêmement instructifs – revêtent un tel caractère mécanique ou plus exactement physique qu'elles contribuent bien davantage que d'autres phénomènes du monde du vivant à renforcer notre optimisme scientifique.

Et pourtant, beaucoup de savants contemporains, et en particulier ceux qui accordent un monopole à la méthode quantitative comme seul processus légitime de connaissance, refusent d'admettre la perception comme moyen de connaissance. Cela tient en partie à ce que les informations fournies par les mécanismes complexes de la perception des formes émanent manifestement d'une autre source que le raisonnement rationnel et, relevant de l'« intuition », de l'« inspiration », de la « révélation » ou d'autres catégories de cet ordre, elles sont suspectes au scientifique. À cela vient s'ajouter le fait que ceux qui possèdent les dons les plus exceptionnels dans le domaine de la perception des formes n'ont généralement pas la même puissance dans le domaine de la pensée analytique. Seuls quelques rares génies possèdent les deux, mais pas tous. Goethe lui-même tient les révélations de la perception pour la seule et unique source de connaissance : « Mystérieuse même au grand jour, la nature ne se laisse pas dérober son voile et les secrets qu'elle ne veut pas révéler à ton esprit tu ne les lui arracheras pas avec des pinces et des tenailles. » Le principe, pourtant tout naturel, selon lequel la perception des formes et la pensée rationnelle font également partie de l'appareil cognitif humain et ne fonctionnent à plein que *dans leur réunion* semble pour certains aussi difficile à comprendre que la corrélation entre l'analyse finale ou téléonomique et l'analyse causale du système vivant.

La perception est un appareil de calcul qui dépasse de loin en complexité toutes les calculatrices de fabrication humaine. Son extraordinaire puissance réside dans sa faculté d'enregistrer un nombre incalculable de données, un nombre incalculable de relations entre ces données et d'en tirer les lois abstraites qui leur sont inhérentes. Elle surpasse même en cela les calculatrices les plus modernes susceptibles de déduire d'une superposition de courbes une loi à laquelle elles obéissent toutes.

La deuxième et peut-être la plus importante des facultés par lesquelles la perception est supérieure à toutes les calculatrices est celle de découvrir des lois *insoupçonnées*. Le raisonnement logique et toutes les calculatrices électroniques sans exception ne font que répondre aux questions qui ont déjà été formulées clairement par la raison humaine ; il faut au moins que l'on ait soupçonné l'existence d'une loi pour en entreprendre la vérification expérimentale ou quantitative. Or ce soupçon, c'est la perception qui le souffle même aux savants les plus acharnés à le nier.

La troisième grande force de la perception, celle qui fait véritablement d'elle le fondement de tout notre savoir sur les systèmes complexes, réside dans une extraordinaire *mémoire*. Ce que Goethe a si bien vu, à savoir que la suite linéaire des mots n'était pas en mesure de rendre compte d'unités systématiques complexes (cf. p. 66), vient tout simplement de ce que notre mémoire rationnelle a oublié depuis longtemps les informations qu'elle a enregistrées au départ lorsqu'elle en reçoit à nouveau sur le même système. Et surtout elle ne réussit jamais à saisir les multiples relations d'interdépendance entre les différentes données. Il suffit de lire dans un manuel d'ornithologie la description d'un oiseau au plumage grivelé, par exemple une alouette, pour s'apercevoir que l'on ne peut pas se représenter réellement l'oiseau en question parce qu'on a oublié où étaient décrites les taches d'une certaine couleur lorsqu'on arrive à la description d'une autre région du corps. Or il s'agit bien d'un problème de mémoire et il est théoriquement possible de susciter l'image d'une forme à partir d'un enchaînement chronologique de données puisque c'est le principe de la télévision, où la communication des données se fait à un tel rythme que l'image positive qui s'inscrit sur la rétine assure la fonction que notre mémoire n'arrive pas à assurer dans le cas de la communication verbale.

La faculté qu'a la perception des formes d'extraire d'un enchevêtrement de données totalement désordonnées un certain nombre de configurations caractéristiques et de les retenir définitivement confine au prodige. Je choisirai pour illustrer cette proposition un exemple familier à n'importe quel médecin-praticien d'un certain âge. Le médecin a observé un ensemble de symptômes à plusieurs reprises ou même une seule fois, il y a des années, mais sans identifier une forme précise. Pourtant, s'il retrouve des années plus tard le même ensemble de symptômes, il n'est pas impossible qu'il sente revenir du fin fond de son inconscient une perception infaillible qui lui dit : « Cette maladie, tu l'as déjà vue. »

C'est de la faculté de la perception de retenir des configurations de données pour un temps infini que découle son importance pour la recherche scientifique et plus particulièrement pour l'éthologie. Dans tous les processus de réception d'information qui nécessitent qu'une information pertinente soit dégagée d'un « fonds » d'autres informations négligeables reçues par hasard en même temps, il faut une répétition du phénomène. Plus le canal d'information est « parasité », plus l'émission doit être répétée fréquemment : « *Redundancy of information compensates for the noisyness of channel* » – c'est ainsi que mon ami Edward Grey Walter résumait une conférence que j'avais donnée sur la nécessité de répéter les observations.

Après une longue accumulation inconsciente d'informations, un beau jour, au moment où l'on s'y attend le moins, la forme recherchée apparaît comme une véritable révélation. L'énorme réserve d'informations que la perception doit emmagasiner avant d'être en mesure de nous communiquer ce résultat joue dans la démarche d'abstraction des processus ratiomorphes un rôle analogue au fondement de l'induction dans la recherche rationnelle. La constitution de cette réserve demande d'ailleurs aussi longtemps, si ce n'est plus. C'est ce qui explique que les découvertes qu'un grand biologiste fait sur un même objet de recherche puissent être séparées par des décennies : Karl von Frisch publia sa première étude sur les abeilles en 1913, en 1920 il parla pour la première fois du langage de leurs danses et en 1940 il découvrit le mécanisme d'orientation en fonction de la position du soleil, qui suppose l'existence d'un « chronomètre interne », et l'indication de la direction de la ruche qui est en relation avec une transposition de l'orientation du soleil symbolisée dans ces danses par la verticale. En 1949, il découvrit l'extraordinaire « appareil de calcul » qui permet de déterminer la position du soleil à partir du plan de polarisation de la lumière du bleu du ciel.

Bien que ce grand naturaliste se soit montré lui-même aussi « diligent qu'une abeille » pour vérifier expérimentalement ses grandes découvertes, ce n'est certainement pas un hasard s'il les fit presque toutes pendant ses vacances, en observant ses propres ruches dans le parc de sa maison de campagne. L'un des aspects les plus agréables de la perception des formes réside précisément en ceci qu'elle recueille et emmagasine le maximum d'informations au moment même où le sujet est perdu dans la contemplation de son objet et jouit de la plus profonde sérénité.

4. Un prétendu « amateurisme »

Toutes les propriétés que nous venons de décrire montrent assez clairement que l'appareil de calcul de la perception doit enregistrer un grand nombre d'informations pour être en mesure d'assurer sa fonction essentielle. Le nombre d'informations nécessaires est d'autant plus important que la loi recherchée est complexe et que les éléments accidentels et sans intérêt direct pour la question tiennent une place importante dans l'ensemble des informations reçues. Les lois qui régissent les organes sensoriels et le système nerveux des animaux supérieurs et commandent donc leur comportement sont parmi les lois les plus complexes de notre connaissance. Un grand nombre de schémas comportementaux que l'éthologiste doit absolument connaître s'il veut mener à bien sa recherche représentent des formes temporelles extrêmement complexes – Erich von Holst parle de « mélodie d'impulsions » – et se doublent le plus souvent d'autres comportements moteurs, en particulier de mécanismes d'orientation, qui dissimulent leur propre forme. Il faut que le chercheur ait observé le processus un très grand nombre de fois pour que ledit schéma se détache brusquement à ses yeux du contexte fortuit et lui apparaisse comme une unité infailliblement identifiable.

Cette brusque apparition, on serait tenté de dire ce « jaillissement » de la forme, représente pour celui qui la vit une expérience unique qui s'accompagne toujours d'un certain étonnement de n'avoir pas su voir plus tôt quelque chose d'aussi évident. Au début des années quarante, alors que j'étudiais les mouvements de pariade des anatidés, je m'aperçus brusquement que la sarcelle d'été mâle (*Querquedula querquedula*) effectuait un mouvement particulier : elle déployait son aile en arrière à partir de l'articulation de l'épaule, tournait la tête et passait le bec sur la face intérieure de l'aile en suivant l'extrémité des tuyaux de ses rémiges comme un enfant fait courir un bâton sur le haut d'une palissade, ce qui produisait un bruit nettement audible. Lorsque je découvris cette coordination motrice très certainement héréditaire chez la sarcelle d'été, j'eus vaguement l'impression de l'avoir déjà observée chez une autre espèce de canards, mais j'étais incapable de me rappeler laquelle. Je crus d'abord que c'était chez le canard de Meller (*Anas melleri*), parce que c'était la dernière espèce sur laquelle j'avais effectivement observé le mouvement en question. Mais je m'aperçus bientôt que ce comportement était commun aux mâles de *toutes* les espèces de canards d'eau que j'avais observées jusqu'alors.

Ainsi que nous le verrons ultérieurement, en tant qu'éléments constitutifs relativement indépendants du tout, les mouvements instinctifs ou coordinations héréditaires représentent d'une certaine manière le squelette du comportement d'une espèce donnée. L'inventaire des éléments ou sous-unités composant une unité donnée est, comme nous l'avons dit dans la section 3 du chapitre II, la première démarche indispensable à l'analyse d'un système organique complexe. La perception des formes *est la seule fonction cognitive* qui nous permette de l'accomplir.

Il faut une *longue période* d'observation totalement détendue et objective pour rassembler et retenir la masse d'informations dont notre appareil de calcul a besoin pour distinguer la forme du fond. Même un sage tibétain rompu aux exercices de patience ne pourrait fixer un aquarium ou un étang peuplé de canards sans relâcher son attention. Il ne pourrait pas davantage demeurer à un poste d'observation spécialement aménagé dans la nature le temps nécessaire pour recueillir la quantité d'informations dont l'appareil perceptif a besoin. Seuls peuvent fournir cet effort soutenu ceux qui sont fascinés par la beauté de l'objet qu'ils contemplent. Et cela nous conduit à évoquer l'immense valeur scientifique du prétendu « amateurisme » : les grands pionniers de l'éthologie, Charles Otis Whitman et Oskar Heinroth, étaient de grands « amateurs » de leur objet et ce n'est pas un hasard si tant de découvertes importantes de l'éthologie ont été faites sur la classe des oiseaux. L'une de nos plus grandes erreurs consiste à teinter l'expression *scientia amabilis* d'une note péjorative vis-à-vis de cette science.

5. L'observation des animaux en liberté ou en captivité

L'amour des animaux, qui est la condition première de leur patiente observation, peut s'expliquer par deux catégories de motivations instinctives relevant de deux types de comportements : celui du chasseur et celui du paysan. Beaucoup des plus grands éthologistes choisissent l'objet et la méthode par le plaisir de guetter l'animal, de l'épier, autrement dit de le « piéger ». Ils ne trouvent aucun plaisir à observer un animal en captivité, considèrent même que ce n'est « pas sportif » et parviennent aisément à justifier rationnellement ce refus purement affectif en argumentant qu'on ne peut jamais savoir dans quelle mesure le comportement d'un animal est altéré par ses conditions de vie en captivité. Effectivement, l'observation des animaux à l'état sauvage est absolument indispensable si l'on veut éliminer cette source d'erreur. Mais le principal avantage de l'observation de l'animal en liberté réside dans le fait qu'elle permet une appréhension directe de l'adaptation écologique de l'espèce étudiée.

Aux éthologistes du type chasseur, dont mon ami Nikolaas Tinbergen est un parfait représentant, s'opposent les éthologistes du type paysan, dont l'objectif est essentiellement de *posséder* des animaux, de les élever, de les faire se reproduire. Les représentants de cette dernière catégorie ne guettent les animaux que pour les attraper et les *détenir* en captivité. C. O. Whitman et Oskar Heinroth appartenaient à cette catégorie d'éleveurs, ce qui est également mon cas. Nous venons d'évoquer l'un des principaux inconvénients de l'observation des animaux en captivité, mais elle présente également un certain nombre d'avantages.

Le premier de ces aspects positifs est de permettre à l'éthologiste d'observer simultanément le comportement de plusieurs espèces animales. Cet avantage est encore accentué par le fait que l'amour des animaux se cristallise souvent sur une certaine classe, voire sur un petit groupe, un genre ou une famille, et qu'il ne s'étend que très progressivement à des unités taxonomiques plus importantes. En ce qui me concerne, je me suis d'abord intéressé aux canards colverts ; ce n'est que plus tard que ma recherche s'est étendue peu à peu à tout le groupe des anatidés. Heinroth et Whitman étaient également passionnés d'un groupe : dès sa jeunesse, Whitman éleva et étudia des pigeons, Heinroth diverses espèces de canards. Sans cela, on ne voit guère comment auraient pu être découvertes la *possibilité d'homologie* entre des schémas comportementaux et, avec elle, la possibilité d'homologie entre des coordinations motrices héréditaires qui est à la base de toute science du comportement.

Un second avantage de l'observation des animaux en captivité réside paradoxalement dans les *troubles* comportementaux provoqués par les conditions anormales de vie. Lorsque par exemple l'observateur des animaux à l'état sauvage voit un loup cacher un reste de proie dans un endroit reculé, creuser un trou dans la terre, y pousser la viande du bout de son museau, refermer le trou toujours avec son museau et aplanir l'ensemble du bout de son museau, il n'a certes aucune difficulté à répondre à la question de la valeur téléonomique de ce comportement, mais reste incapable d'en fournir l'explication causale. L'observateur de l'animal en captivité qui voit le jeune chien ou le jeune loup porter son os derrière le rideau de la salle à manger, gratter énergiquement le parquet à côté de l'os, pousser l'os à l'emplacement où il vient de gratter et frotter son museau contre le plancher pour repousser la terre imaginaire sur le trou qu'il n'a pas creusé pour s'en aller ensuite tout content en sait beaucoup plus long sur le programme phylogénétique qui est à l'origine de ce comportement. Lorsqu'il aura constaté, comme tous ceux qui possèdent un chien, que le jeune animal, une fois qu'il a exécuté la séquence de comportements à l'extérieur, ne tentera plus jamais d'enterrer une proie sur un sol où il n'a aucune chance d'y parvenir, il comprendra que certaines configurations de stimuli correspondant à une situation normale exercent une action de dressage, alors que leur absence produit l'effet inverse. C'est ainsi que l'observation des troubles comportementaux résultant de la captivité fournit bien souvent une foule d'informations inattendues sur la nature et la formation de l'enchaînement comportemental considéré.

Les troubles *pathologiques* constituent une deuxième source d'information. De la même manière que la pathologie est l'une des principales sources d'informations sur la physiologie et que le dérèglement pathologique d'une certaine fonction dévoile au chercheur la nature du mécanisme correspondant, l'éthologiste tire des informations capitales de l'observation des troubles pathologiques du comportement.

L'un des troubles qui apparaît le plus fréquemment chez les animaux vivant en captivité est la baisse de l'*intensité* avec laquelle sont mis en œuvre certains mouvements instinctifs et les enchaînements complexes qu'ils composent. L'une des meilleures illustrations de ce phénomène est la nidification chez les oiseaux en captivité. Combien de fois, aussi bien chez les ornithologues que dans les jardins zoologiques, n'observe-t-on pas chez les oiseaux les plus divers des velléités de construire un nid et combien de fois l'entreprise conduit-elle effectivement à la construction d'un nid conforme aux normes de l'espèce ?

L'inachèvement normal qui apparaît au travers de l'ontogenèse du jeune animal est très analogue à ce trouble pathologique des schémas comportementaux programmés phylogénétiquement. J'écrivais à ce propos en 1932 : « Chez les petits (il s'agit d'oiseaux), les comportements instinctifs orientés vers un objet déterminé se développent d'abord en l'absence de cet objet et c'est seulement en un second temps qu'ils sont transférés sur un objet adéquat. Chez les animaux d'un niveau d'intelligence supérieur, dont les enchaînements comportementaux présentent un grand nombre d'articulations de ce type susceptibles d'être modifiées par l'expérience individuelle, il se pourrait bien que ce déroulement de l'action qui n'atteint pas son véritable objectif revête en tant qu'exercice préparatoire une certaine importance biologique pour le jeune animal. » Les enchaînements comportementaux qui n'arrivent pas à leur terme par manque d'intensité avortent bien souvent juste avant d'assurer leur fonction au service de la conservation de l'espèce. C'est la première observation qui me donna à penser que l'animal n'avait pas le sens de la valeur téléonomique de son propre comportement et que le postulat de la psychologie finaliste (*purposive psychology*) selon lequel l'objectif poursuivi par l'animal, en tant que sujet, correspond exactement à la valeur de son comportement pour la conservation de l'espèce était complètement erroné. Dans l'étude mentionnée précédemment, j'écrivais que l'on pouvait admettre l'existence d'un programme instinctif à partir du moment où « un comportement, dont l'objectif nous apparaissait clairement, faisait également apparaître un décalage entre les facultés d'intelligence que nous avions généralement observées chez un animal et celles qu'il aurait fallu pour mener l'enchaînement en question à son terme volontairement… » et à partir du moment « où le déroulement du comportement en question présentait des failles qui montraient incontestablement que l'animal n'avait pas lui-même conscience de l'objectif de son action ».

Étant donné que l'intensité de beaucoup de comportements instinctifs dépend directement de l'état physique de l'animal, la plus grande prudence est de rigueur lorsqu'on prétend déduire de l'*absence* d'un certain comportement chez un animal en captivité l'existence ou l'inexistence de ce comportement chez l'ensemble des représentants de son espèce. L'absence d'un comportement donné chez un animal en captivité ne permet *absolument pas* de conclure à l'inexistence de ce comportement dans l'ensemble de son espèce. Lorsque Gustav Kramer montra l'existence d'une extrême agressivité chez le *Lancerta milisselensis*, un lézard du groupe des lézards des murailles, ses conclusions furent contestées par un certain nombre d'herpétologues qui avaient observé et même élevé des animaux de cette espèce pendant des années en terrarium sans jamais assister à de graves affrontements. Dans les conditions normales de vie en terrarium dans lesquelles les animaux vivent pendant des années, on peut effectivement faire cohabiter plusieurs mâles de l'espèce qui faisait le principal objet des recherches de Kramer alors que, dans les conditions de vie normales, cette espèce compte parmi les rares chez lesquelles on a pu observer des luttes de rivalité entraînant immédiatement la mort d'un des deux adversaires. Kramer montra ultérieurement que l'atténuation de l'agressivité chez les animaux en captivité résultait des conditions climatiques. Pour être dans une parfaite forme physique, ces animaux ont besoin de respirer un air frais, la température interne étant obtenue par irradiation. On ne peut donc tirer aucune conclusion de l'absence de tel ou tel comportement chez l'animal vivant en captivité.

Inversement, l'observation positive d'un schéma comportemental relativement complexe chez un animal vivant en captivité permet à coup sûr de conclure que ce comportement est propre à son espèce. En d'autres termes, les effets de la détention en captivité peuvent conduire à la *disparition* de certains comportements mais ils ne peuvent pas *engendrer* un comportement complexe et surtout pas un comportement complexe présentant une valeur téléonomique. Au congrès d'éthologie de La Haye, lorsque Janet Kear-Matthews rapporta qu'elle avait réussi à élever des oies semi-palmées (*Anseranas semi-palmatus*) et que ces oiseaux étaient les anatidés qui nourrissaient régulièrement leurs petits et dont les petits effectuaient des mouvements de quête de nourriture correspondants, un éminent chercheur australien pratiquant l'observation des animaux à l'état sauvage affirma dans le débat qui suivit que le comportement observé et filmé par Janet Kear-Matthews était suscité artificiellement par les conditions de vie en captivité. Cette déclaration témoignait d'une profonde ignorance de l'éthologie.

6. L'observation d'animaux apprivoisés vivant en liberté

Chez certains vertébrés supérieurs organisés en sociétés, on peut trouver un compromis entre l'observation de l'animal à l'état sauvage et la détention en captivité dans la mesure où l'on peut élever de jeunes représentants desdites espèces dans un biotope adéquat et observer ensuite ces sujets apprivoisés dans leur vie en liberté. Les avantages de ce type d'observation sont évidents et ses limites sont déterminées par les caractéristiques du processus d'empreinte qui joue un rôle particulièrement important chez les oiseaux (cf. p. 413 sq.). Chez les corvidés, les perroquets, les hérons et bien d'autres, il est extrêmement difficile d'élever les petits de telle sorte qu'ils fixent leurs pulsions infantiles et leur comportement social sur l'homme sans pour autant étendre cette fixation au comportement sexuel et au comportement de rivalité. Un grand cacatoès à huppe jaune ou un grand corbeau peuvent rendre toute observation nulle et non avenue en traitant leur maître comme un rival. En revanche, toutes les espèces d'ansérinés se prêtent admirablement au type d'observation dont nous venons de parler, car si leur comportement vis-à-vis de l'élément parental ou vis-à-vis du congénère dans un rapport social se fixe aisément sur la personne humaine, il n'y a pratiquement jamais d'empreinte sexuelle sur l'homme chez ces animaux.

Cependant, lorsqu'on essaie d'établir sur un territoire donné une colonie d'animaux apprivoisés vivant en liberté ou d'insérer dans une colonie sauvage des sujets apprivoisés, on se heurte parfois aux difficultés les plus inattendues, surtout chez les mammifères supérieurs. Même lorsqu'on réussit à les habituer à un environnement correspondant à leur milieu naturel, les sujets élevés par l'homme ne forment pas le type de société caractéristique de leur espèce. Les tentatives américaines d'acclimater dans de grandes réserves des chimpanzés qui avaient longtemps servi de sujets expérimentaux ont été des échecs complets. Katharina Heinroth rapporte qu'en dépit de tous ses efforts elle n'a pas réussi à faire entrer les jeunes papions qu'elle avait élevés dans la horde de singes de la même espèce qui habitaient le grand rocher du zoo de Berlin. Les sujets élevés par l'homme provoquaient sans arrêt les plus violentes colères de leurs congénères par des comportements « non conformes à l'organisation sociale » ; comme le dit Katharina Heinroth, ils avaient un comportement « marginal ». Ces différences sont très significatives, car elles dénotent l'existence de normes *traditionnelles* du comportement social.

Chez les sangliers apprivoisés, on ne rencontre pas les mêmes difficultés : tout l'inventaire des comportements sociaux est manifestement fixé génétiquement et n'a pas besoin du complément d'une tradition sociale. Mais ces difficultés de l'observation d'animaux apprivoisés vivant en liberté nous font toucher du doigt un problème que seule la comparaison de l'animal élevé par l'homme et de l'animal sauvage permet d'éclairer.

Sur le plan méthodologique, les conditions idéales d'observation sont réalisées à partir du moment où l'observateur réussit à accoutumer suffisamment l'animal à sa présence pour que celle-ci ne modifie en rien son comportement et pour qu'il puisse même entreprendre un certain nombre d'expériences avec l'animal en liberté dans son environnement naturel. Cette méthode revêt une importance particulière dans l'étude des primates, car la tradition sociale joue chez eux un tel rôle que l'on ne peut pas espérer observer le comportement social spécifique des animaux apprivoisés ayant d'abord vécu en captivité. C'est la raison pour laquelle les observations de Jane Goodalls sur les chimpanzés ont suscité tant d'admiration. De la même manière, les études de Washburn sur les papions, celles de de Vore et surtout de Hans Kummer montrent que, si l'application de cette méthode demande énormément de temps et de sacrifices, elle donne aussi d'excellents résultats.

7. La connaissance de l'animal à la base de toute recherche

Lorsque Erich von Holst entreprit ses célèbres expériences à partir d'excitations électriques de l'hypothalamus des poules, il prit bien soin de préciser que, sans une connaissance très approfondie de l'ensemble du comportement de l'espèce, cette recherche n'aurait eu aucun sens. Il prit donc comme collaborateur Erich Baeumer, médecin de campagne, qui avait acquis « en amateur » une parfaite connaissance du comportement de toutes les races de poules domestiques et pouvait donc apporter à Holst le concours dont il avait besoin en identifiant infailliblement la moindre ébauche de comportement connu. C'est exactement pour les mêmes raisons que pour interpréter les films de ses expériences sur l'excitation du cerveau des chats W. R. Hess sollicita en son temps la collaboration de Paul Leyhausen, qui connaissait sur le bout des doigts l'inventaire comportemental de ces animaux, bien plus étendu encore que celui des poules. Sans cela, les expériences d'excitation du cerveau ne présentent, selon moi, aucun intérêt.

Il y a d'ailleurs tout lieu de se demander si le même principe ne vaut pas pour toute étude du comportement animal. Même lorsqu'on limite délibérément son étude à un sous-système extrêmement restreint, la connaissance de l'ensemble du comportement de l'espèce me paraît indispensable. Sinon, je ne vois pas comment le chercheur pourrait identifier exactement les réactions du système à ses dispositions expérimentales, de quelque ordre qu'elles soient.

Ne serait-ce que pour savoir si le comportement qu'il observe correspond à celui de l'espèce à l'état naturel ou s'il s'agit d'un phénomène pathologique, il faut que l'observateur ait une connaissance très approfondie de l'espèce qu'il étudie. D'innombrables erreurs sont venues de ce que la baisse pathologique d'intensité (p. 83), voire la disparition complète d'un comportement donné étaient considérées comme « normales ». La connaissance de l'animal que nécessite toute recherche éthologique suppose également un certain « sens clinique » qui ne peut s'acquérir qu'au terme d'une longue expérience (p. 78). Je reproche à un grand nombre des jeunes chercheurs qui se prétendent éthologistes un cruel manque de connaissances du monde animal et un cruel manque de sens clinique.

8. L'expérience « complète »

Tout ce que nous avons dit dans ce chapitre de l'ordre de la démarche imposé au chercheur par le caractère systématique des organismes vivants implique un certain nombre de conclusions importantes au sujet de l'expérience.

Pour qu'une tentative d'étude expérimentale ait un sens, il faut d'abord qu'une analyse descriptive du système et de ses parties constituantes ait permis d'énoncer un certain nombre d'hypothèses sur l'interaction entre ces éléments. Il faut en outre que ces dernières présentent suffisamment de vraisemblance pour que leur vérification expérimentale vaille la peine d'être faite. En procédant au hasard à n'importe quelle expérience, on n'a guère de chances d'obtenir un résultat.

L'entreprise prématurée de l'étude expérimentale conduit le plus souvent à une *sous-estimation de la complexité* du système considéré. L'étude du système dans son ensemble et l'analyse de la fonction téléonomique de chacune de ses parties sont *indispensables*, mais elles ne doivent pas être prises comme objectifs en soi. Tout au long de ce travail préparatoire, le chercheur ne doit pas perdre de vue l'objectif de son étude, qui est toujours l'analyse causale du système. Otto Koehler a illustré par une assez belle image la nécessité d'allier, d'une part, la perception du système dans son ensemble et, d'autre part, son analyse et son étude expérimentale :

« Si l'on comparait notre ignorance de la nature de la vie et de ses manifestations diverses à une énorme montagne, les multiples branches de la recherche biologique et leurs sciences annexes seraient les tunnels qui s'enfoncent dans cette montagne en partant des points les plus écartés dans des directions différentes, certains en profondeur, d'autres plus près de la surface. Les savants qui utilisent les méthodes de la recherche biologique sont les ouvriers qui creusent ces tunnels : l'un pique les parois, l'autre fait avancer petit à petit l'extrémité du tunnel à coups d'explosifs, le troisième déblaie. Et, lorsqu'il se passe quelque chose comme ce qu'il s'est passé à la suite de la formulation des hypothèses de Boveri et Sutton, qui faisaient la liaison entre les phénomènes chromosomiques et les phénomènes héréditaires de telle sorte que l'on pouvait extrapoler d'un domaine à l'autre, cette démarche de l'esprit est comparable au dernier coup de pioche qui perce la paroi séparant deux tunnels se rejoignant au cœur de la montagne.

« Par rapport au creusement du tunnel, une recherche comme celle que nous présentons ici ressemblerait plutôt à une petite promenade à flanc de montagne. Mais, après leur dur labeur dans les galeries souterraines, on peut bien accorder aux travailleurs un coup d'œil sur le paysage pour le repos dominical. La lumière du jour fait du bien à l'œil habitué à l'obscurité des profondeurs et, mis à part le fait que cette détente est salutaire après le travail de la semaine, elle présente une utilité dans la mesure où elle permet de vérifier l'orientation du tunnel, de voir les progrès du voisin et de projeter avec lui l'ouverture de nouvelles galeries. Ce genre de flânerie ne présente aucun inconvénient tant qu'il ne devient pas la règle et ne conduit pas au mépris de l'homme de fond. Le poids des promeneurs ne risque pas d'enfoncer la montagne, la crainte serait plutôt de la voir s'effondrer à force de creuser des galeries en tous sens et de faire exploser des charges de dynamite : mais même ce dernier risque est infime car, en fait, la montagne est énorme ! »

Le chercheur a naturellement toute liberté de choisir l'endroit du système où il entreprend de creuser son tunnel pourvu qu'il sache exactement où il se situe par rapport à l'ensemble du système. Il est tout aussi légitime d'entreprendre son investigation au plus haut niveau d'intégration du système organique, c'est-à-dire au niveau de son interaction avec son environnement, au niveau écologique, que de choisir le plus petit sous-système, à la seule condition que le principe énoncé précédemment soit toujours respecté. Sur le plan épistémologique, la seule règle impérative est encore une fois celle de l'ordre dans lequel doivent se succéder observation globale et analyse expérimentale.

Il faut toujours avoir présents à l'esprit les effets secondaires qu'une expérience peut avoir sur l'ensemble du système et leur éventuelle rétroaction sur l'élément que l'on étudie. Ce problème est d'autant plus vite résolu que le sous-système en question fait partie de ces « éléments constitutifs relativement autonomes » (cf. p. 108). Dans les autres cas, c'est-à-dire les plus fréquents, il faut tenir compte du fait que, pour qu'un changement d'état provoqué expérimentalement exerce deux fois les mêmes effets, l'ensemble du système doit se trouver exactement dans le même état au moment des deux interventions expérimentales. H. J. Jordan a illustré ce principe par un excellent exemple mécanique : si, sur le tableau de commande d'une grande gare, on fait passer un aiguillage de la position oblique à la position droite, on provoque une collision entre le rapide Y et le train de marchandises Z. Le même effet ne peut être reproduit qu'à un moment où toutes les aiguilles se trouveraient dans la même position que lors de la première expérience et où les trains Y et Z se trouveraient en outre exactement aux mêmes points et se déplaceraient dans les mêmes directions et à la même vitesse que la première fois. La modification de l'aiguillage X à tout autre moment produit un tout autre effet.

Lorsque l'élément à étudier représente un sous-système extrêmement restreint de l'ensemble du système organique, on réussit à obtenir artificiellement l'égalité de tous les paramètres et à remplir cette exigence de *ceteris paribus* représentée dans la comparaison de Jordan par la nécessité de retrouver la même position de tous les aiguillages et des deux trains. Dans les études physiologiques de détail, cette méthode s'emploie couramment et donne de bons résultats. Malheureusement, le système de mécanismes sensoriels et de mécanismes du système nerveux central qui a pour fonction le comportement des animaux supérieurs est sans doute le plus complexe que nous connaissions. Il est totalement naïf de croire qu'il suffit de maintenir l'organisme dans des conditions extérieures constantes (*strictly controlled laboratory conditions*) pour provoquer en lui les mêmes états et les mêmes phénomènes.

Ainsi que nous aurons l'occasion de le montrer dans la section consacrée aux stimuli déclencheurs et à leur accumulation, un animal supérieur a constamment besoin d'une foule d'associations de stimuli extrêmement complexes pour conserver un comportement normal. Les « conditions de laboratoire » (*controlled laboratory conditions*) spécialement calculées pour présenter toutes les configurations de stimuli possibles suppriment inévitablement un certain nombre de stimuli indispensables à l'animal et créent en même temps une foule de stimuli inhabituels. Dans ses célèbres travaux sur la spontanéité du comportement agressif chez le poisson corallien *Microspathodon chrysurus* (Pomacentridé), Anne Rasa a expérimentalement prouvé que, même chez un vertébré « inférieur » de ce type, la constance absolue des conditions environnementales entraînait un abaissement pathologique du degré général d'excitabilité.

Il suffit d'avoir essayé d'organiser la vie d'animaux supérieurs en captivité de manière à éviter que la monotonie des conditions de vie n'entraîne cet abaissement du degré d'excitabilité pour avoir mesuré l'importance de la variation perpétuelle des stimuli environnementaux non spécifiques. On a constaté par exemple que même chez les oies qui volent librement le fait de vivre toujours sur le même étang entraînait un léger abaissement du degré d'excitabilité : par rapport aux oies sauvages qui vivent actuellement dans l'Almtal (on ne peut même plus parler de « captivité ») et qui doivent faire quotidiennement seize kilomètres pour se rendre de l'endroit où elles dorment à celui où elles sont nourries et dont les lieux de ponte se situent encore ailleurs, nos oies de Seewiesen paraissaient passablement endormies. À Seewiesen, les jars n'effectuaient pratiquement jamais les mouvements du combat aérien qui s'observent tous les jours à Grünau dans les derniers mois d'hiver.

Étant donné le caractère imprévisible des modifications qu'est susceptible de provoquer chez les animaux supérieurs le régime le plus doux de semi-captivité, toutes les tentatives de « contrôler » l'influence environnementale semblent vouées à l'échec. De ce fait, beaucoup de chercheurs, conscients de la nature de système de leur objet, finissent par se défier de toute forme d'expérimentation.

À considérer l'ensemble des ouvrages d'éthologie qui paraissent actuellement, il semble presque que les expressions « conforme à la nature du système » et « expérimental » soient opposées et ne puissent en aucun cas être employées simultanément à propos d'une même recherche. Trop de spécialistes de l'éthologie expérimentale, travaillant exclusivement en laboratoire, comme le font une grande partie des psychologues américains, sont certes très doués en matière de pratique expérimentale, mais ils ont des notions de biologie et d'écologie nettement insuffisantes, tandis qu'à l'inverse des éthologistes parfaitement compétents en matière de raisonnement biologique ou écologique se consacrent exclusivement à l'observation d'animaux en liberté et ne veulent guère entendre parler d'étude expérimentale, surtout en laboratoire.

Eu égard à cet état de choses regrettable mais vrai, je préconiserais que tous les éthologistes modernes se réfèrent à ces quelques phrases que le botaniste Fritz Knoll écrivait il y a cinquante-deux ans : « Pour que l'expérience éthologique puisse être mise au service de l'écologie végétale, le chercheur doit d'abord acquérir une connaissance précise des habitudes générales de vie de l'animal à étudier. Cette connaissance, il ne peut l'acquérir qu'au terme d'une longue observation très rigoureuse effectuée dans l'environnement naturel de la flore et de la faune qui s'y rattache. Cette étude est la condition préalable à toute expérience. Pour commencer, on fera bien d'organiser dans toute la mesure du possible les expériences prévues dans l'environnement naturel de la flore et des insectes correspondants. D'autres expériences, auxquelles l'environnement naturel se prêterait assez mal, devront être organisées toujours à l'extérieur mais dans des lieux mieux appropriés. Enfin, pour les expériences qui demandent que soient réunies des conditions très précises, on aura recours au laboratoire et à son équipement. Les expériences de laboratoire organisées rationnellement et exploitées avec tout le sens critique nécessaire permettent souvent de découvrir les dernières finesses d'un phénomène qui se dérobaient à une observation claire dans le trop complexe enchevêtrement de structures de l'environnement naturel. »

Il ne faut pas croire que ces principes s'appliquent uniquement aux comportements par lesquels les insectes établissent un rapport d'interaction avec les plantes sur lesquelles ils se posent. Ils s'appliquent sans la moindre restriction à toute étude du comportement. Pas un seul mode de comportement d'une quelconque espèce animale ne s'explique *autrement* qu'en corrélation avec l'écologie de l'espèce en question. Ces principes valent même pour la *pathologie* du comportement, et nul n'ignore que le pathologique ne saurait se définir sans référence à des concepts écologiques.

Cette stratégie de l'expérience si précisément définie par Fritz Knoll correspond très exactement à ce qu'Eckhard Hess a appelé *the unobstrusive experiment*, expression que nous traduirons par l'expérience non disruptive. La règle fondamentale, qui ressort également des paroles de Knoll, est que la modification des conditions naturelles de vie du fait de l'intervention expérimentale doit être aussi restreinte que possible. Plus l'intervention est restreinte, plus on a de chances qu'elle ne porte que sur un point précis du système et que l'effet soit fonction directe de la modification provoquée expérimentalement. Le grand maître de l'expérience non disruptive est Nikolaas Tinbergen, dont tous les jeunes éthologistes devraient étudier les écrits, ne serait-ce que pour ce principe méthodologique. Ses travaux sur la pariade du papillon *Eumelis semele L.* ont prouvé que même l'expérience non disruptive conduisait en dernier ressort à une vérification quantitative.

9. L'expérience de privation

Dans le débat sur l'inné et l'acquis, malheureusement fortement entaché de passion idéologique, la méthode consistant à *priver* l'animal de certaines expériences précises joue un rôle capital par rapport à la différenciation des comportements innés, c'est-à-dire programmés phylogénétiquement, et des comportements appris. Pour que cette méthode soit pleinement fructueuse, il faut que l'expérimentateur ait le sens du raisonnement biologique et qu'il applique les règles méthodologiques que nous exposerons dans le présent chapitre.

Nous tenterons d'abord de montrer, à la lumière d'un exemple, les erreurs grossières qui ont été commises par rapport aux exigences de base de l'expérience non disruptive : on éleva de jeunes chimpanzés dans l'obscurité totale et, du fait que ces animaux se révélaient incapables de saisir visuellement les images lorsqu'on les amena à la lumière, on conclut que la différenciation visuelle des points et l'appréhension visuelle d'images étaient des facultés *acquises* par l'apprentissage. Des recherches plus approfondies prouvèrent ultérieurement que la détention dans l'obscurité avait provoqué chez les jeunes singes une atrophie complète de la rétine.

Quelles conclusions peut-on tirer de l'expérience de privation ? En fait, on ne peut en tirer de conclusions définitives que lorsqu'on constate qu'*en dépit* de la privation d'une information donnée le sujet expérimental possède en lui-même cette information. Les prémisses de cette déduction sont simples : l'existence d'un comportement adapté signifie toujours qu'une information concernant les données de l'environnement auxquelles cette adaptation se rapporte a été enregistrée par l'organisme. Or elle ne peut avoir été enregistrée que de deux façons, au cours de la phylogenèse où l'*espèce* a dû se plier à cette donnée de l'environnement ou au cours de l'existence individuelle où le sujet a fait un certain nombre d'expériences qui lui ont apporté l'information correspondante. L'adaptation phylogénétique et la modification adaptative du comportement dans le cadre de l'ontogenèse sont les deux seules possibilités d'acquisition et d'enregistrement de l'information. L'expérience de privation peut nous permettre de déterminer, dans le meilleur des cas, laquelle de ces deux sources est à l'origine de l'information sur laquelle repose l'adaptation donnée. Si nous parvenons à exclure avec certitude l'une de ces deux voies, nous savons que c'est l'autre qui a fourni l'information. Il se trouve, pour les raisons que nous allons exposer, qu'il est plus facile d'exclure avec certitude la possibilité d'acquisition individuelle d'information que l'acquisition phylogénétique.

Lorsque nous constatons qu'une épinoche mâle privée dès sa naissance de tout contact avec ses congénères adopte dès le printemps suivant la réaction sélective spécifique vis-à-vis d'un leurre dont la partie inférieure est colorée de rouge et exécute les mouvements du combat de rivalité, ou lorsque nous voyons un jeune chiot qui n'a jamais gratté la terre exécuter dans le bon ordre l'enchaînement moteur que nous avons décrit p. 82 pour enfouir un os, nous pouvons être certains que l'information adaptative sur laquelle reposent ces comportements téléonomiques est inscrite dans le patrimoine héréditaire. Ce fait est curieusement contesté de diverses parts et l'on ne cesse de nous répéter que l'organisme pourrait avoir acquis l'information par l'apprentissage dès son séjour dans l'œuf ou dans l'utérus. Mais on est bien forcé de se demander alors : « D'où lui serait-elle venue ? » Ainsi que nous l'avons dit dans l'introduction, la thèse de Kuo et de nombreux autres behavioristes présuppose qu'avant même toute acquisition d'information les mécanismes d'apprentissage « savent » ce qui peut être utile à l'organisme et ce qui peut ne pas l'être : c'est le postulat d'une harmonie préétablie que pose ouvertement le grand vitaliste Jakob von Uexküll. Or, si l'on ne croit pas au miracle – et l'existence de cette harmonie préétablie en serait un –, on ne peut pas expliquer comment par exemple l'aquarium dans lequel a été élevée la jeune épinoche mâle contiendrait parmi les multiples aspects de sa faune et de sa flore l'information selon laquelle la face ventrale du rival à combattre doit être rouge. L'expérience nous fournit donc bien la preuve indubitable du caractère inné d'une certaine information.

Mais cette certitude, nous l'avons seulement dans le cas où la possession de l'information complète se manifeste en dépit de la privation expérimentale. Dans le cas contraire, on ne peut pas affirmer que l'information manquante à la suite de l'expérience de privation s'acquiert par l'apprentissage. Si par exemple notre épinoche mâle *n'avait pas* adopté la réaction spécifique à la robe de pariade de son rival, nous n'aurions en aucun cas pu en déduire que cette information devait être apprise individuellement.

En effet, dans ce dernier cas, il y a toujours une autre explication possible, à savoir qu'en prenant des mesures pour priver le sujet expérimental de certaines informations spécifiques on l'a en même temps, et sans le vouloir, privé de quelque autre « élément de construction » qui était indispensable à la mise en œuvre du mécanisme comportemental inscrit dans le schéma du génome. Il y a en outre la possibilité que dans la disposition de notre expérience, dans notre exemple, donc lors de la première présentation du rival à notre sujet expérimental, il ait manqué une quelconque combinaison de stimuli non spécifique mais indispensable au déclenchement du comportement étudié. Ainsi, non seulement les épinoches mâles, mais un grand nombre d'animaux qui défendent leur territoire ne luttent que dans un espace qu'ils ont déjà exploré à fond et qu'ils considèrent comme leur territoire ; si on les met en contact avec l'objet que l'on croit susceptible de déclencher la réaction de combat dans un environnement qui leur est totalement inconnu, on peut être sûr qu'ils ne se battront pas.

Les expériences de Riess (1954) nous fournissent un second exemple à ce sujet. Riess éleva des rats dans des conditions telles qu'ils n'eurent jamais l'occasion de saisir ni de transporter aucun objet solide. Lorsqu'il fournit ensuite à ces mêmes animaux dans des conditions expérimentales très précises du matériel de nidification, il constata que les rats ne construisaient rien. Riess en conclut que pour construire un nid les rats avaient besoin d'apprendre d'abord la manipulation d'objets solides. Ce que Riess ne vit pas, c'est que la réaction des rats était conditionnée par la situation expérimentale et par le trop court délai d'expérimentation, de sorte qu'avec ou sans expérience préalable de la manipulation d'objets solides aucun rat ne se serait mis à construire. Lorsque Eibl-Eibesfeldt réfuta, ainsi que nous le verrons, ces conclusions de Riess, j'eus toutes les peines du monde à le convaincre de placer un vieux rat expérimenté dans la situation expérimentale définie par Riess. Il considérait que c'était ridicule parce qu'il connaissait suffisamment les animaux pour savoir qu'un rat placé dans un environnement inconnu pratique longtemps un comportement exploratif avant de s'habituer à son cadre et de se mettre à construire. Il faut croire que Riess ne le savait pas !

Il peut aussi arriver que l'information innée reste cachée parce que l'animal ne se trouve pas en parfait état de santé et n'atteint pas le degré d'excitation générale nécessaire. Une erreur que j'ai commise à ce sujet il y a plus de quarante ans nous permettra d'illustrer ce propos. J'avais élevé de jeunes pies-grièches écorcheurs (*Lanius collurio L.*) pour observer l'ontogenèse d'un comportement extrêmement intéressant consistant pour ces oiseaux à enfiler leurs proies sur des épines et à les accumuler ainsi. Les animaux que j'avais élevés effectuaient certes le mouvement instinctif consistant à frotter leurs proies contre des branches, en appuyant s'ils sentaient une résistance, mais ils ne manifestaient pas la moindre intention d'orienter ce mouvement vers des épines sur lesquelles ils auraient véritablement pu piquer leurs proies. Toutefois, ils apprenaient cette dernière démarche après avoir réussi tout à fait par hasard et à plusieurs reprises l'enchaînement complet du mouvement. Il paraissait alors tout naturel de penser que c'était précisément cette réussite, plus exactement la rétroaction de la réussite, qui exerçait une action de dressage et que l'animal enregistrait ainsi la connaissance de l'épine. Je parlais alors d'une orientation de l'instinct par le dressage sans me rendre compte le moins du monde que tout apprentissage se greffe de la même manière sur un programme « instinctif », c'est-à-dire d'origine phylogénétique.

Des expériences ultérieures effectuées par U. von Saint-Paul et par moi-même montrèrent qu'aussi bien chez les pies-grièches écorcheurs (*Lanius collurio L.*) que chez les pies-grièches grises (*Lanius excubitor L.*) la connaissance de l'épine était innée. Les petits de ces deux espèces s'approchaient dès qu'on leur présentait un objet ressemblant à une épine, comme une aiguille traversant le barreau et ressortant sur le dessus ; ils piquaient l'objet du bec pour l'explorer un peu et se mettaient immédiatement en quête d'un substitut de proie (bout de papier, aile de papillon séchée) pour aller le piquer sur l'aiguille selon les règles de l'art. Inversement, un objet tendre, facile à piquer, comme un poussin à peine sorti de l'œuf, entier ou coupé en morceaux, déclenchait automatiquement la recherche d'une épine – et le comportement d'appétence correspondant. Nous essayâmes par la suite, U. von Saint-Paul et moi-même, d'élever de jeunes pies-grièches écorcheurs aussi mal que je l'avais manifestement fait quarante ans auparavant. Ce fut impossible, U. von Saint-Paul aime tant les oiseaux qu'elle ne réussit tout simplement pas à infliger à la couvée un traitement aussi rude qu'il l'aurait fallu pour entraîner l'oblitération du comportement en question.

Le fait que l'expérience de privation permette de prouver directement la présence d'information phylétique mais non son absence a conduit beaucoup de behavioristes à une grave erreur en les persuadant que les éthologistes cherchaient purement et simplement à nier l'existence de processus d'apprentissage ; ils virent dans la démarche de la démonstration précédente, pourtant fondamentalement irréfutable, ce qu'ils appelèrent *a highly protective theory*, comme si elle avait pour seul objectif d'empêcher l'identification des processus d'apprentissage.

Il est aussi des cas où la démarche en quelque sorte réciproque permet d'exclure d'emblée la possibilité d'information innée et où l'on peut affirmer que la valeur téléonomique d'un certain comportement est le produit d'une acquisition individuelle d'information. On peut le dire chaque fois qu'un organisme oppose une réaction manifestement téléonomique à une situation environnementale dont il est prouvé que son espèce n'a jamais été en situation de l'affronter.

Curt Richter a effectué un grand nombre d'expériences sur la sélection des aliments chez différentes espèces animales et en particulier chez les paresseux (bradypodidés). À l'état libre, ces animaux ne mangent pratiquement que les feuilles des arbres et, comme beaucoup d'espèces ayant un régime de ce type, en captivité ils se satisfont assez difficilement d'aliments de remplacement, même s'ils parviennent à le supporter pendant des années. Richter proposa à ses sujets un assortiment à peu près complet de toutes les matières végétales qu'il pouvait trouver dans le commerce ; il les nourrit ensuite avec le « menu » que les animaux s'étaient eux-mêmes composé et obtint ainsi un franc succès. Avec les rats, Richter tenta également une expérience très significative : il leur présenta les aliments les plus divers décomposés dans toute la mesure du possible en leurs éléments chimiques, le blanc d'œuf, par exemple, décomposé en acides aminés. Chaque substance était placée dans un récipient spécial, la quantité initiale et la consommation étant très précisément mesurées. Les rats prirent de chaque récipient exactement la quantité qu'il fallait pour établir un régime équilibré. Les quantités d'acides aminés consommées correspondaient à la proportion dans laquelle ils auraient dû intervenir dans une synthèse de l'albumine.

Étant donné que depuis l'apparition de la vie sur la Terre jamais un animal ne s'est trouvé en situation de faire la synthèse de l'albumine à partir des acides aminés, le rat ne peut pas avoir de connaissance innée de la proportion dans laquelle doivent intervenir les composants de ses aliments pour donner un régime équilibré. *Il faut donc bien* que cette information ait été acquise au cours de la vie individuelle du sujet, et John Garcia et ses collaborateurs ont réussi à montrer comment se faisait cette acquisition. Ils constatèrent que ni la douleur, ni les décharges électriques, ni la contrainte de nager dans l'eau froide, ni aucune autre punition, si dure fût-elle, ne permettait de dissuader un rat d'ingérer un aliment donné ; il était purement et simplement impossible de provoquer l'établissement d'une association entre ces stimuli et l'ingestion de l'aliment considéré. Au contraire, si l'on utilisait comme stimulus négatif une petite dose de rayons X ou l'injection d'une faible dose d'apomorphine, ces deux agents provoquant l'un comme l'autre un *dérangement* intestinal, les rats attribuaient automatiquement cette sensation désagréable à l'aliment qu'ils avaient mangé *en dernier*, toujours selon la bonne vieille loi de la continuité et des succédanés de Wilhelm Wundt. Il n'y a qu'un seul cas dans lequel leur réaction n'obéissait pas à cette loi : si l'on présentait aux rats, outre toute une série d'aliments connus, un aliment nouveau, ils attribuaient leur *malaise* à cet aliment nouveau, même s'il n'était pas le dernier ingéré. La prodigieuse valeur téléonomique de cette disposition innée à l'apprentissage saute aux yeux. Mais, ainsi que le montre notre exemple, même lorsque l'on a la certitude que la fonction téléonomique du comportement étudié repose sur l'apprentissage, on ne peut saisir le processus d'apprentissage lui-même qu'à partir du moment où l'on connaît la structure phylogénétique du système dans lequel il s'inscrit.

Toutefois, exception faite de quelques rares cas de ce genre, l'affirmation selon laquelle la fonction téléonomique d'un comportement repose sur l'apprentissage et non sur une information innée est plus difficile à prouver que son contraire. Et ce même s'il est vrai que le chercheur qui connaît bien ses animaux et possède le « coup d'œil clinique » indispensable pour juger de leur état de santé saura déterminer avec assez de certitude si l'absence d'un certain comportement provient du manque de possibilités d'apprentissage ou de la mauvaise « condition » des sujets expérimentaux.

Le seul processus qui autorise à conclure que le phénomène provient du manque de possibilités d'apprentissage consiste à priver l'animal de ces possibilités et à chercher ensuite à réparer le trouble comportemental ainsi provoqué en offrant ultérieurement lesdites possibilités. I. Eibl-Eibesfeldt étudia la nidification de rats inexpérimentés élevés dans des cages ne contenant aucun objet sur lequel ils auraient pu tenter l'action de « porter au nid ». Même les aliments leur étaient présentés sous forme de minuscules particules. Il fallut éliminer la première série de sujets expérimentaux parce qu'ils utilisaient leur propre queue comme matériel de nidification. Les rats partaient du coin où ils dormaient à la recherche de matériau, « trouvaient » ensuite leur propre queue et la portaient à l'endroit choisi pour la construction du nid, où ils la déposaient soigneusement. On reprit donc la même expérience avec une série de sujets que l'on avait amputés de la queue dès leur naissance. Avant même que ces sujets aient atteint l'âge de la maturité sexuelle, on leur présenta en guise de matériau de construction des bandes de papier buvard. La réaction des sujets expérimentaux ne se différencia de celle des sujets de contrôle normaux que par son intensité ; les sujets expérimentaux se jetèrent littéralement sur le matériau qui leur était offert et entreprirent la construction avec une activité d'une intensité supérieure à la normale ; autrement dit, ils se comportèrent exactement comme l'auraient fait des sujets normaux que l'on aurait privés de matériau de construction et de possibilité de construire pendant une période équivalente ; il y avait donc une très nette rétention et une « accumulation » (cf. p. 187) des comportements moteurs qui n'avaient jamais été pratiqués jusqu'alors. Les différents mouvements consistant à chercher les matériaux, à les ramasser, à les apporter et à les déposer à l'emplacement du nid, puis à les amonceler pour former les parois circulaires du nid et enfin à lisser la surface intérieure ne se différenciaient en rien de ceux des sujets normaux, même si l'on établissait la comparaison entre les deux filmés au ralenti.

Le seul élément par lequel le comportement des rats inexpérimentés se distinguait de celui des sujets normaux était l'ordre dans lequel ils exécutaient les mouvements que nous venons d'énumérer. Un rat normal n'effectue jamais les mouvements consistant à amonceler les matériaux pour monter les parois du nid avant d'en avoir apporté suffisamment, encore moins les mouvements de tapissage qui lui servent à lisser la surface intérieure. Or les sujets expérimentaux effectuaient souvent ces deux mouvements alors qu'ils n'avaient apporté qu'une ou deux bandes de papier buvard qui restaient posées à plat sur le sol et que leurs mouvements ne touchaient pas. Il semblait que l'extrême intensité mise à cette activité de construction était en partie la cause de la précipitation et du désordre observés dans l'enchaînement des opérations ; toutefois, l'enchaînement ordonné des différents mouvements se rétablissait tout à fait normalement chez les sujets expérimentaux une fois qu'on leur avait fourni du matériau de construction pendant une assez longue période.

Cette étude d'Eibl-Eibesfeldt, qui répond à toutes les exigences de la connaissance des animaux et de l'expérience non disruptive, nous apporte un certain nombre d'informations extrêmement importantes, non seulement en ce qui concerne le problème de l'inné, mais aussi et surtout en ce qui concerne la compréhension du processus d'apprentissage lui-même. Le fait que les rats cessent au bout de très peu de temps d'accomplir les mouvements de l'amoncellement et du lissage des parois dans le vide ne peut s'expliquer que par un processus de dressage par lequel la *réafférence*, c'est-à-dire la rétroaction des stimuli produits par les mouvements eux-mêmes, exerce une action positive ou négative. C'est manifestement une action de « récompense » lorsque les mouvements d'amoncellement des matériaux et de lissage des parois procurent à l'animal la combinaison de stimuli adéquate sur le plan téléonomique, et l'animal éprouve au contraire très vraisemblablement une insatisfaction lorsque l'exécution des mouvements en question ne remplit pas l'« attente » de stimuli programmée phylogénétiquement.

On ne peut pas énoncer de règle générale sur la manière dont les processus d'apprentissage s'intègrent à un tel système de comportement, ni même sur la façon dont ils interviennent pour établir un certain ordre dans le fonds de mouvements et de réactions innés qui leur est donné. Chez le jeune chiot, l'ordre de l'enchaînement moteur qu'il effectue pour enterrer un os est de toute évidence fixé phylogénétiquement, l'action de dressage est manifestement exercée par les réafférences du mouvement consistant à creuser dans la terre et sans doute aussi, dans la suite du processus d'apprentissage, par la redécouverte de la proie.

On peut en revanche formuler cinq règles impératives en ce qui concerne l'expérience de privation :

1. La seule conclusion que cette expérience en elle-même nous permette de tirer est qu'un certain élément de comportement n'a pas besoin d'être appris.

2. Il faut que l'expérimentateur possède une connaissance assez précise du système de comportement de l'espèce étudiée pour qu'il soit en mesure de reconnaître des fragments d'enchaînements comportementaux qui, du fait de la privation d'apprentissage, sont susceptibles de se présenter hors de leur contexte habituel. C'est seulement à cette condition qu'il pourra déterminer la nature du processus d'apprentissage et en étudier l'ontogenèse.

3. L'expérimentateur doit également connaître très précisément la configuration de stimuli déclenchant le comportement à étudier chez le sujet normal ; sinon, il risque d'attribuer abusivement aux effets de l'expérience de privation l'absence d'un comportement exclusivement due en réalité à l'absence des stimuli correspondants (Riess, 1954).

4. L'expérimentateur doit avoir une longue expérience de la détention d'animaux en captivité et avoir le « coup d'œil clinique » pour déceler les éventuelles conséquences pathologiques de mauvaises conditions de vie, en particulier le phénomène pathologique de la perte d'intensité de certains mouvements instinctifs.

5. Avec des sujets élevés dans des conditions de privation, l'expérimentation doit toujours commencer par les configurations de stimuli les plus simples, car chez l'animal inexpérimenté les processus d'apprentissage se déclenchent souvent très brutalement dès la présentation du premier leurre, de sorte que l'on n'est pas en mesure de déterminer *a posteriori* auquel des caractères présentés l'animal a répondu par son schéma de réaction innée.

10. La partie relativement indépendante du tout

Fort heureusement pour nos besoins d'analyse, la définition que nous a donnée Koehler du tout comme d'un système d'interactions généralisées ne s'applique pas entièrement à tous les systèmes ni à toutes les parties de systèmes. En réalité, il y a dans les mécanismes de tout organisme des éléments constituant des enclaves relativement immuables dans la chaîne causale amboréceptrice du reste du système. Ainsi, par exemple, la plume de l'oiseau telle que nous la connaissons n'est plus influencée par l'ensemble de l'organisme, elle constitue un « élément » mort au sens atomiste du terme. On pourrait dire à peu près la même chose de beaucoup d'éléments du squelette, au moins tels que nous les connaissons dans leur état actuel. On ne peut pas dire que ces parties composantes soient sensiblement influencées ni dans leur forme ni dans leur fonction par l'ensemble ; en revanche, elles exercent une influence déterminante sur la forme et sur la fonction du système dans son ensemble. Elles sont donc avec l'ensemble du système dans un rapport univoque de causalité et nous les désignons sous le nom d'*éléments constitutifs relativement autonomes*.

Si nous estimons nécessaire d'inclure à cette définition l'adverbe « relativement », c'est qu'il y a tous les stades possibles et imaginables entre les éléments absolument indépendants, dans un rapport de causalité purement univoque avec l'ensemble du système, et les éléments qui sont influencés plastiquement au cours de leur ontogenèse par l'ensemble du système et n'accèdent à une indépendance quasi totale que dans leur forme achevée, comme les os d'un vertébré. Il est difficile de trouver des cas extrêmes d'éléments constitutifs absolument indépendants de l'ensemble auquel ils appartiennent : même chez la fameuse demi-ascidie, qui naît comme chacun sait de la partition de l'embryon en deux au stade de l'existence de deux blastomères, l'embryon est recouvert d'épiderme du côté où il manque l'autre moitié alors qu'il ne le serait pas dans le cas normal.

La découverte d'un élément constitutif relativement indépendant de l'ensemble offre bien évidemment dans le cadre infiniment complexe des mécanismes de fonctionnement d'un système organique un excellent point de départ de l'analyse causale : c'est en effet un élément que l'on peut considérer *isolément* sans courir un trop grand risque d'erreur méthodologique. En outre, on peut prévoir que dans le cours de l'analyse ce type d'élément relativement indépendant se présentera sinon exclusivement en tant que cause, du moins beaucoup plus souvent en tant que cause qu'en tant qu'effet. C'est la raison pour laquelle la structure fixe fournit toujours dans le cadre de la recherche et de l'enseignement le point d'Archimède sur lequel doit s'appuyer toute considération.

Tous les manuels d'anatomie commencent par une description du squelette et, en ce qui concerne la recherche éthologique, ce sont tout naturellement certaines fonctions *immuables* du système nerveux central qui ont servi de point de départ à l'étude du comportement. La découverte du processus réflexe a été un noyau de cristallisation dans l'évolution de la physiologie du système nerveux central et la découverte de la réaction conditionnée donna naissance à l'école pavlovienne puis à celle du behaviorisme. L'une et l'autre tombèrent malheureusement dans l'erreur du monisme explicatif. Enfin, ainsi que nous l'avons dit dans l'introduction et que nous aurons l'occasion de le redire par la suite, la découverte de la coordination héréditaire, ou mouvement instinctif, par C. O. Whitman et O. Heinroth fournit ce point d'Archimède à partir duquel s'est construite toute l'éthologie comparée.

Les possibilités analytiques offertes par la découverte d'un élément constitutif relativement indépendant de l'ensemble font toutefois trop facilement oublier que la méthode de l'observation isolée ne se justifie qu'en ce qui concerne des composants de ce type et que la recherche doit toujours être prête à revenir à la seule méthode par ailleurs légitime qui est celle de l'analyse sur un large front, méthode à laquelle elle doit recourir dès lors qu'elle franchit les limites de l'élément fixe et doit à nouveau l'insérer dans l'ensemble du système ambocepteur de relations causales.

III

Limites des méthodes d'analyse fragmentaire dans le domaine de l'éthologie

1. L'atomisme

L'ordre de la démarche scientifique que nous venons d'exposer nous est dicté par la complexité des mécanismes de fonctionnement de tous les systèmes vivants. Cet ordre doit être respecté d'autant plus rigoureusement que le système est plus complexe. Pour les systèmes simples et surtout pour les objets inanimés, la règle n'est pas aussi impérative. Admettons, pour reprendre un exemple que nous avons utilisé ailleurs, qu'un habitant de Mars arrivé sur la Terre doive analyser une pendule. Une fois qu'il aura compris la fonction téléonomique de l'objet, saisi sans doute aussi le rapport de 1 à 12 entre les vitesses de déplacement des deux aiguilles et observé l'oscillation pendulaire, on peut penser qu'il sera en mesure de *réinventer la pendule*. Une fois comprises les lois du levier, du pendule, etc., il n'aura pas besoin de beaucoup d'esprit d'invention et avec un peu de chance notre habitant de Mars retombera sur les mêmes mécanismes que ceux du constructeur humain.

Le processus consistant à reconstruire un système à partir de l'observation de son fonctionnement et de la connaissance de règles générales mais *sans analyse de sa structure* est qualifié d'*atomiste*.

Ainsi que le montre notre exemple, l'atomisme n'est pas le moins du monde fatalement condamné à l'échec. C'est seulement une méthode de recherche qui est d'autant moins conseillée que le système à analyser est plus complexe ; or un système organique, avec l'ensemble de ses fonctions, constitue naturellement un système plus difficile à analyser qu'une pendule. Il y a cependant des fonctions organiques qui ont été découvertes par des techniciens avant même que les biologistes ne les aient aperçues. En tant que biologiste, on se sent même un peu honteux de penser par exemple que l'extrême importance du cycle régulateur de l'homéostase n'a été pleinement reconnue qu'après avoir été mise en lumière par les spécialistes des techniques de régulation.

En outre, même dans les cas où la complexité du système fait apparaître comme désespérée toute tentative d'en comprendre toutes les structures et les corrélations internes, le processus atomiste peut donner des résultats intéressants dans la mesure où il fournit des *représentations schématiques* permettant au moins de se faire une idée du nombre de fonctions à définir.

2. Le monisme explicatif

Si l'atomisme ne constitue pas forcément en soi une démarche erronée, le *monisme explicatif* est toujours une erreur. Certes, le monisme explicatif et l'atomisme se trouvent fréquemment réunis chez les adeptes de la pensée technomorphe, mais, en fait, ce sont deux démarches fondamentalement différentes. Alors que l'atomiste n'ignore pas que dans le système qu'il étudie peuvent entrer en jeu un grand nombre de sous-systèmes dont chacun obéit à ses propres lois, le moniste extrait arbitrairement de la totalité du système vivant un élément partiel pour lequel se présente une méthode d'analyse assez simple et, sans se soucier des autres structures constitutives du système, il s'efforce ensuite d'expliquer la fonction de l'ensemble à partir de la loi de fonctionnement interne de l'élément partiel qu'il a arbitrairement choisi. Pour illustrer l'erreur de cette démarche, nous reviendrons à l'exemple de notre habitant de Mars devant une automobile. En fait, il tomberait dans le piège du monisme explicatif si, ayant isolé une certaine pièce, par exemple un boulon avec son écrou, il tournait le dos au reste du système et tentait de reconstituer le tout à partir de ces seuls deux éléments faciles à isoler. De grandes écoles de psychologie s'enferrent dans cette erreur méthodologique en s'obstinant à ériger en seul et unique principe d'explication de l'ensemble du comportement animal et humain le mécanisme grâce auquel tous les animaux supérieurs sont capables d'apprentissage à partir de leur expérience.

Les succès partiels mais non négligeables que l'on connaît en utilisant cette méthode « bornée » au sens le plus littéral du terme s'expliquent par le fait que précisément ce type d'« appareil d'apprentissage » se retrouve sous des formes similaires chez des êtres vivants d'espèces très différentes et constitue justement un excellent exemple du genre de sous-systèmes que l'on peut considérer comme des éléments constitutifs relativement indépendants de l'ensemble.

3. Opérationnalisme et monisme explicatif des behavioristes

La plupart des hommes d'aujourd'hui n'ont à traiter dans leurs tâches quotidiennes qu'avec des objets fabriqués, c'est-à-dire des objets *que l'on peut fabriquer* ; ils ont perdu l'habitude du contact avec le vivant et perdu le respect de ce que l'homme ne peut pas construire. À cela vient s'ajouter une immense déférence vis-à-vis de la physique et de la chimie, déférence inspirée par l'impressionnante *augmentation de pouvoir* que l'homme doit aux sciences exactes – même si ce n'est pas à proprement parler une bénédiction.

Sous prétexte que « *the big science* » (« la science avec un grand S ») se fonde sur les mathématiques analytiques, beaucoup d'entre nous ont tendance à juger de l'« exactitude » et, par là même, de la valeur de tout résultat scientifique en fonction de la part qu'ont prise les opérations mathématiques dans l'obtention de ce résultat. Lorsqu'on pense que la mathématique est la seule source légitime de tout savoir, on doit logiquement fonder toute sa connaissance sur elle, autrement dit mener sa recherche *sans utiliser les autres fonctions cognitives* que l'homme a développées au cours de sa phylogenèse pour s'adapter à son environnement.

Le physicien est loin d'avoir une conception aussi limitative de ses propres facultés cognitives. Werner Heisenberg lui-même a souligné que les lois de la logique et de la mathématique n'étaient pas des lois naturelles régissant l'environnement extra-subjectif de l'homme, mais des lois commandant une certaine faculté cognitive de l'homme, même si cette faculté était capitale pour la compréhension de la plupart des processus naturels. Heisenberg accorde également à la perception des formes – qu'il nomme intuition – la place qui lui revient parmi les fonctions cognitives.

Mais, en physique atomique et dans l'étude de la théorie des particules, le physicien aborde des domaines dans lesquels la plupart des fonctions cognitives de l'homme sont impuissantes et dans lesquels on ne peut même pas utiliser les catégories kantiennes de la causalité et de la substantialité, encore moins les formes de perception de l'espace et du temps. Le physicien traite là de phénomènes qu'il ne peut ni décrire ni montrer et qu'il ne peut définir autrement qu'au travers des opérations qui permettent de les mettre en lumière et lui en font prendre connaissance. C'est la raison pour laquelle P. W. Bridgeman qualifie ces définitions conceptuelles d'*opérationnelles*. Pratiquement toutes les notions et tous les termes de la physique atomique répondent à des définitions de ce type.

Toutefois, si le physicien emploie des méthodes et des définitions opérationnelles, ce n'est pas parce qu'il les considère comme plus « exactes » ou plus « scientifiques » que d'autres, mais tout simplement parce que, dans les domaines en question, il ne dispose de rien d'autre. Le physicien qui dans la vie courante a affaire à un objet auquel il peut appliquer les méthodes cognitives habituelles s'empresse de revenir à ces méthodes. Admettons qu'on le mette dans le cas de réparer un appareil électronique construit par quelqu'un d'autre. Il ne recourrait certainement pas aux méthodes opérationnelles, mais entreprendrait plutôt de démonter le mécanisme, de voir de quels éléments il se compose et comment ils sont connectés, autrement dit, il commencerait son investigation par la description des structures.

Ainsi que nous l'avons dit, en ce qui concerne un système organique, cette appréhension descriptive des structures est d'autant plus nécessaire que ces structures elles-mêmes et du même coup les corrélations entre elles sont multiples. Les systèmes les plus complexes sont les systèmes nerveux centraux des organismes supérieurs et les interactions entre ces systèmes qui s'inscrivent à la base de tout système de société. Et, malgré cette complexité, une tendance à la mode dans les sciences du comportement, en psychologie, et plus nettement et plus paradoxalement encore en sociologie, veut que l'on imite les méthodes du physicien mais en les mésinterprétant. Dans sa généralisation réductrice, le physicien n'étudie pas les structures pour elles-mêmes, mais parce qu'il a besoin de les comprendre pour ramener les lois qui les régissent à des lois plus générales (cf. p. 31-33) ; il n'utilise de méthode opérationnelle que là où il n'y a pas de structures au sens propre du terme et là où toutes les autres fonctions cognitives de l'homme se dérobent. Il ne pense pas que les structures doivent être négligées ni que l'on puisse se dispenser de les étudier et il n'a pas de mépris pour la pluralité des fonctions cognitives de l'homme.

En revanche, les psychologues et les sociologues que nous stigmatisons tombent dans cette double erreur. Ils nourrissent manifestement l'espoir de pouvoir laisser de côté l'étude des structures et des fonctions de l'organisme vivant, et surtout de *s'épargner* celle de son système nerveux central, dans la mesure où, par le biais de méthodes opérationnelles et statistiques, ils arriveraient à déterminer des lois générales indépendantes des structures particulières. Autrement dit, ils ne pensent pas devoir expliquer le comportement animal et humain à partir des mécanismes physiologiques dont il est la fonction.

Le plus parfait représentant de cette méthode de recherche est actuellement B. F. Skinner, dont la doctrine de l'organisme vide (*empty organism doctrine*) a exercé une influence profonde sur la psychologie, tant en Amérique que dans les pays d'Europe. Sa méthode opérationnelle se limite à observer les effets de dressage (*contingencies of reinforcement*) découlant apparemment de l'application de certaines excitations pour étudier ensuite les modifications du comportement résultant de ces effets de dressage, sans accorder la moindre attention à ce sur quoi portent ces modifications. Curieusement, un grand nombre de spécialistes considèrent ce processus non seulement comme scientifiquement légitime, mais comme la seule et unique méthode valable pour l'étude du comportement.

Si l'on a pu découvrir par le biais de cette méthode des lois du comportement également valables pour les pigeons, les cochons d'Inde et l'homme, c'est tout simplement parce que l'on a trouvé chez tous ces êtres des mécanismes nerveux et sensoriels qui réagissent de la même manière à l'opération choisie par l'expérimentateur. Ainsi que nous aurons l'occasion de le redire dans la troisième partie de cet ouvrage consacrée à l'apprentissage, toutes les espèces (phyla) animales dont l'évolution est parvenue à la constitution d'un système nerveux central ont développé indépendamment les unes des autres un mécanisme nerveux qui leur permet d'enregistrer les effets d'un comportement dans ses phases initiales et de renforcer ce comportement en cas de réussite sur le plan biologique. L'adaptation parallèle de cet appareil à la même fonction téléonomique par excellence explique aisément que se retrouvent chez les céphalopodes, les arthropodes et les vertébrés pratiquement les mêmes lois de l'apprentissage par la réussite.

Le grand succès de l'école behavioriste ne vient par conséquent pas de l'exactitude de sa doctrine de l'organisme vide, mais paradoxalement de l'existence de ce qu'elle nie, à savoir la présence de structures hautement spécialisées et fonctionnant de façon analogue à peu près chez tous les animaux supérieurs. Sans avoir la moindre idée de ce que pouvaient être les phénomènes d'analogies et d'adaptations convergentes, les behavioristes ont découvert chez tous les êtres vivants qu'ils ont étudiés des mécanismes rigoureusement analogues. En outre, ils ont eu la chance – ou plus précisément sans doute l'intuition inconsciente reposant sur la perception des formes – de choisir un mécanisme qui constitue une partie relativement indépendante du tout au sens où nous avons défini ce terme et que l'on peut donc isoler conceptuellement et expérimentalement sans trop grand risque d'erreur.

Étant donné que l'apprentissage par la réussite joue un rôle capital chez les animaux supérieurs et chez l'homme, l'école behavioriste a fourni un travail très intéressant. Il est absolument nécessaire de le souligner ici, parce que l'on attribue à tort aux éthologistes la réputation de dénier toute valeur à la recherche behavioriste. En réalité, ce qu'en tant qu'éthologistes nous reprochons aux behavioristes, aussi bien sur le plan méthodologique que sur le plan pratique, ne porte pas sur ce qu'ils font – ils le font de manière exemplaire –, mais sur ce qu'ils *ne font pas*.

Nous leur reprochons d'exclure de leur centre d'intérêt absolument tout ce qui n'est pas directement en rapport avec le seul et unique mécanisme particulier de l'apprentissage par la réussite. Leur programme ne comporte aucune rubrique consacrée à l'étude des nombreux autres mécanismes d'apprentissage. Et nous verrons dans la troisième partie de ce livre à quel point ces mécanismes sont nombreux et divers.

Mais les behavioristes n'excluent pas uniquement de leur programme de recherche tous les autres processus d'apprentissage, ils en excluent purement et simplement tout ce qui n'est pas l'apprentissage par la réussite, c'est-à-dire *ni plus ni moins que tout le reste de l'organisme*. L'appareil d'apprentissage par la récompense est pratiquement le même chez toutes les espèces énumérées précédemment, à tel point que l'on peut même souvent utiliser un dispositif identique. Ce qui demeure *terra incognita*, c'est tout ce qui fait d'une pieuvre une pieuvre, d'un pigeon un pigeon, d'un rat un rat et d'un homme un homme, et c'est malheureusement aussi tout ce qui fait d'un homme en bonne santé un homme en bonne santé et d'un malade un malade.

Lorsque, dans ses expériences classiques sur le réflexe conditionné de salivation, I. P. Pavlov attachait ses sujets expérimentaux de telle sorte qu'ils ne puissent rien manifester d'autre que la réaction prévue, sa méthode ne pouvait être considérée comme légitime que dans la mesure où l'expérimentateur demeurait conscient d'étudier un élément de système isolé artificiellement, à peu près de la même manière qu'un physiologue pratiquant des expériences d'excitations sur un membre sectionné de grenouille Ischiadicus. Mais, lorsque les behavioristes enferment le sujet expérimental dans une caisse noire dont ils ne peuvent tirer aucune autre information que celle concernant la manière dont l'animal appuie sur un bouton et le nombre de fois où il le fait, je ne peux pas m'empêcher de les soupçonner de ne *pas vouloir* voir tout ce que l'animal fait d'autre parce qu'ils ont peur d'être ébranlés dans la certitude de leur monisme explicatif. Les motivations idéologiques de ce refus de savoir n'auraient pas leur place dans un manuel de l'éthologie comparée.

IV

La méthode comparative dans le domaine de la recherche phylogénétique

1. La reconstitution de l'évolution phylogénétique

Lorsque nous parlons d'anatomie ou de morphologie « comparée », le terme « comparer » indique l'utilisation d'une méthode très précise permettant de reconstituer à partir des analogies et des différences observées entre leurs caractères spécifiques ce qu'a pu être l'évolution phylogénétique des formes animales et végétales que nous connaissons aujourd'hui. Nous avons une première raison d'exposer ici cette méthode : nous lui devons en effet une découverte qui a été le point de départ de l'éthologie, à savoir la découverte de comportements moteurs qui constituent pour les espèces, les genres et les groupes catégoriels plus étendus des caractères tout aussi fiables que les caractères morphologiques et auxquels le concept d'homologie s'appliqua aussi bien qu'à ces derniers. Mais il y a une autre raison d'initier le futur éthologiste aux principes de l'étude comparative de la phylogenèse. La base d'éléments qui font de l'évolution une certitude prouve incontestablement que le mécanisme de nombreux schémas de comportement s'est élaboré jusque dans ses moindres détails au cours de la phylogenèse et qu'il est par conséquent *programmé dans le génome* très exactement de la même manière que les caractères morphologiques. S'il n'est pas superflu d'énoncer ici une pareille banalité, c'est que beaucoup d'auteurs croient encore que les notions de produits de l'évolution phylogénétique et d'acquis par l'apprentissage individuel sont non seulement inutiles, mais fallacieuses, ce qu'elles ne sont naturellement pas plus que les notions tout à fait voisines de génotype et de phénotype.

Comment savons-nous que les êtres vivants que nous connaissons aujourd'hui doivent leur existence et leurs formes si diverses à un processus de devenir historique ? Les non-biologistes pensent le plus souvent que nous devons cette connaissance à l'étude des fossiles contenus dans les différentes couches de l'écorce terrestre. En fait, même s'il est vrai que ces éléments nous fournissent une précieuse confirmation des résultats obtenus par la méthode comparative, celle-ci suffirait à elle seule à prouver que le monde organique est le produit d'un devenir phylogénétique.

C'est sous l'influence de l'idéalisme allemand qu'apparurent, à la fin du XVIIIe et dans la première moitié du XIXe siècle, des systèmes incroyablement sophistiqués, parmi lesquels il faut mentionner le « système naturel » de Johann Jakob Kaup, qui tenta de représenter la parenté entre les différentes espèces d'oiseaux sous la forme de pentagones et de pentagrammes, en expliquant le caractère « sacré » du chiffre cinq à partir des cinq sens (cf. fig. 5). Le fait que certaines cases du pentagramme dussent rester vides ne le troublait pas outre mesure et, en 1844 encore, il l'expliquait sans la moindre hésitation en disant que les espèces et les groupes correspondants vivaient, inconnus, dans des régions inaccessibles du globe.

On ne peut que s'étonner une fois de plus de constater que des hypothèses aussi aberrantes aient pu être exprimées et trouver une certaine audience bien longtemps

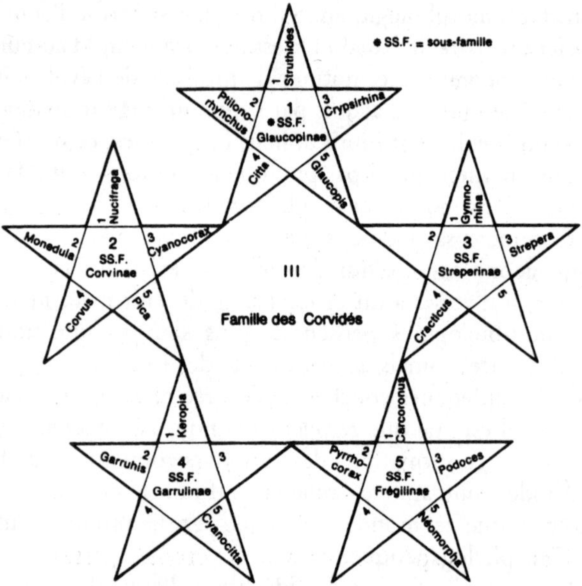

FIG. 5 : Pentagramme prétendant représenter la parenté entre les divers genres de corvidés. Les triangles vides sont ceux des genres « encore à découvrir ». Kaup, 1854 (cité d'après Stresemann, *Die Entwicklung der Ornithologie*).

après que la solution exacte du problème eut été découverte ; le naturaliste allemand Simon Peter Pallas n'avait-il pas écrit dès 1766 les phrases suivantes : « De toutes les représentations que l'on peut tenter de se donner du système des corps vivants, la meilleure serait sans doute celle d'un arbre qui aurait dès sa racine un double tronc, correspondant aux animaux et aux plantes les plus simples, donc un tronc animal et un tronc végétal avec différents points de contacts entre les deux. Le premier de ces deux troncs, qui partirait des animaux invertébrés pour s'élever jusqu'aux poissons, passerait immédiatement aux amphibiens après avoir donné une grosse branche latérale qui irait jusqu'aux insectes. Et, de la même manière que ce tronc porterait sur sa pointe extrême les quadrupèdes, il donnerait, au-dessous, une deuxième grosse branche latérale pour les oiseaux. » ?

Dans son ouvrage *Die Entwicklung der Ornithologie* (*Histoire de l'ornithologie*), dont nous avons tiré cette citation, Erwin Stresemann écrit à ce propos : « Par ces quelques phrases, le jeune Pallas exprimait l'idée d'une relation naturelle entre les organismes vivants, et il était le premier à choisir pour ce faire l'image de l'arbre. Bien qu'il n'ait jamais cessé de s'intéresser aux phénomènes de variabilité, il ne poussa pas plus loin l'étude du principe de l'évolution et de toutes ses implications. »

2. Caractères spécifiques des différents genres

Ce que Pallas apercevait par une intuition géniale, nous allons montrer qu'on peut aisément le prouver d'une façon très simple. Nous choisirons à cet effet le tronc des chordés (*Chordata*) parce qu'à peu près tout le monde connaît les vertébrés qui constituent l'essentiel de ce phylum.

Nous représenterons les différentes formes animales par des traits verticaux reliés par des lignes horizontales correspondant à des caractères communs. Nous nous limiterons à un nombre de caractères très restreint que nous choisirons, en outre faciles à décrire ou connus, même des non-zoologistes. Notre construction rendra les choses encore plus explicites si nous la présentons sous la forme d'un schéma à trois dimensions en réunissant les traits verticaux en faisceaux tenus par les liens représentant les caractères communs. La seule nouveauté de notre schéma consistera à représenter les liens d'autant plus proches de la base qu'ils sont communs à un plus grand nombre d'espèces. On pourrait aussi faire très exactement le contraire, auquel cas l'arbre qu'imaginait Pallas pousserait de haut en bas.

Nous commencerons donc par réunir toutes les formes animales considérées, à la base, par un lien qui les englobe toutes et correspond donc à un caractère qui leur est commun à toutes. Sur ce lien, nous placerons l'étiquette *chorda dorsalis*. Il semble bien que nous rencontrions là une première difficulté, car il y a toute une série d'animaux qui ne possèdent cette *chorda dorsalis* qu'à l'état de larve ; à l'état adulte, ils sont fixes et, à première vue, il ne viendrait à l'idée de personne qu'ils puissent être de proches parents des vertébrés. Ce sont les tuniciers ou urocordés. Tous les animaux de ce type possèdent cependant un système organique qui se retrouve sous la même forme chez toute une série de chordés inférieurs et qui est présent chez tous les vertébrés comme caractère du stade embryonnaire : il s'agit d'une portion antérieure de tube digestif percée de nombreuses fentes branchiales. Dans sa forme originelle, cette cavité sert aussi bien à la respiration qu'à l'alimentation, l'épithélium cilié qui recouvre les parois assure en permanence la circulation d'un courant d'eau apportant non seulement de l'oxygène, mais aussi d'infimes particules alimentaires recueillies dans l'endostyle, gouttière ventrale productrice de mucus, et acheminées de là, toujours par le mouvement des cils vibratiles, vers le cloaque. Par un très curieux changement de fonction, l'endostyle s'est transformé en une glande à sécrétion interne, la glande thyroïde. Le système organique que nous venons de décrire est commun à tous les chordés et nous pouvons sans hésitation le représenter comme un caractère commun à l'ensemble du tronc.

Tous les chordés ont également comme caractère commun l'ectoderme à partir duquel se forme le tube nerveux ainsi que de nombreux autres aspects du développement de l'embryon, et bien d'autres particularités.

Dans cette recherche d'identification des caractères communs, nous sommes nécessairement amenés à penser à faire figurer dans notre diagramme la tête avec les deux yeux et de nombreux autres organes comme caractéristiques propres à tous les vertébrés. Nous nous apercevons à ce moment-là qu'il y a des chordés qui ont bien une partie antérieure et une partie postérieure, mais sans avoir de tête ; c'est par exemple le cas du poisson lancette (*Acrania*). Chez cet animal, la partie antérieure de la *chorda* n'est en relation avec aucun autre élément du squelette et même le canal médulaire se termine par une extrémité sans aucune forme de différenciation pouvant évoquer un cerveau. Si nous réunissons donc le reste des chordés par le caractère que constitue la possession d'une « tête avec deux yeux », nous devons en écarter et faire dévier sur une branche latérale non seulement les tuniciers, mais aussi le poisson lancette.

De même qu'il paraîtra naturel au profane de penser que tous les animaux proches des vertébrés ont une tête et deux yeux, il lui paraîtra naturel de penser qu'ils possèdent une mâchoire inférieure ainsi qu'une paire d'extrémités antérieures et une paire d'extrémités postérieures. Il y a pourtant un petit groupe de vertébrés qui, avec leur tête, leurs deux yeux, leurs fentes branchiales et leurs nageoires non paires, ressemblent beaucoup aux poissons sans avoir pour autant ni extrémités ni appareil palato-maxillaire. Ce sont les cyclostomes (*Cyclostomata*), dont fait partie la lamproie, et qui sont pour la plupart des parasites des poissons supérieurs. Contrairement aux autres vertébrés, ils ne possèdent que dix nerfs crâniens, deux canaux circulaires au lieu de trois dans le

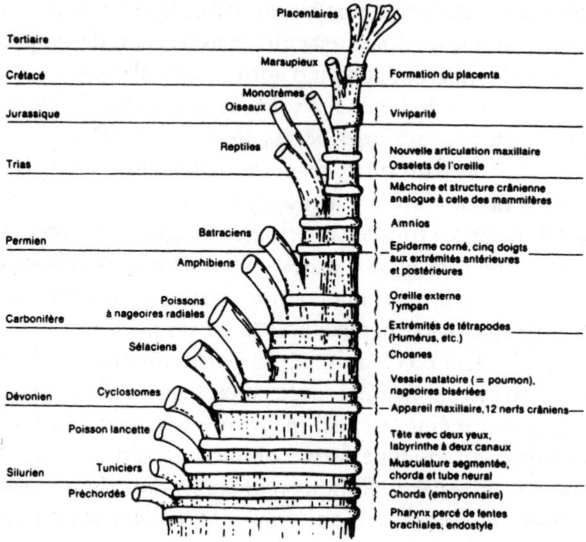

FIG. 6 : Schéma du tronc des chordés, explication dans le texte.

labyrinthe, et ils présentent un grand nombre d'autres caractères qui leur sont exclusivement propres. Nous devrons donc les placer sur une branche latérale lorsque nous voudrons réunir tous les vertébrés possédant « deux paires d'extrémités, un appareil palato-maxillaire, douze nerfs crâniens et trois canaux semi-circulaires dans le labyrinthe de l'oreille interne ».

Le principal tronc des chordés ainsi défini est constitué des gnathostomes réunissant pratiquement tout ce que le profane connaît sous le nom de vertébrés.

Dès l'abord, ces derniers semblent se diviser en deux catégories principales : celle des poissons et celle des quadrupèdes. Toutefois, toujours en suivant notre méthode de définition des groupes de parenté par les caractères communs, on s'aperçoit que la bipartition se situe à un autre endroit. Si l'on croyait jadis que la possession d'un squelette osseux était une nouvelle acquisition par rapport au squelette cartilagineux qui représentait l'état primitif, on sait aujourd'hui que les formes les plus primitives de poissons possédaient déjà de véritables os et que les sélaciens (élasmo-branches) réunis au sein d'un même groupe en raison de leur absence de squelette osseux ne sont pas les ancêtres de tous les vertébrés supérieurs mais doivent être considérés comme une autre branche, totalement indépendante.

Les poissons à nageoires radiales (actinoptérygiens), qui se caractérisent tous par le fait qu'ils possèdent une vessie natatoire, sont tout aussi anciens que les squales et ne sont pas issus d'eux. En dehors de la vessie natatoire, correspondant aux poumons des tétrapodes, les actinoptérygiens présentent aussi dans la configuration de leurs extrémités des caractères qui les différencient radicalement des squales et les allient à ces curieux poissons que sont les crossoptérygiens au sein d'un groupe caractérisé par la présence de formes transitoires avec les quadrupèdes (tétrapodes) : le crâne de ces poissons est construit de la même manière que celui des premières formes de tétrapodes, les stégocéphales. En ce qui concerne tous ces caractères, le cœlacanthe (*Latimeria chalumnae*), que la presse a rendu si célèbre, se rapproche beaucoup plus des tétrapodes que des poissons. D'une façon générale, le système zoologique continue à ne pas tenir compte de ces données phylogénétiques : on s'obstine toujours à assimiler les panthotères aux poissons. C'est la raison pour laquelle la majorité ignore que les ancêtres des poissons à nageoires radiales, les premiers téléostéens, étaient bien plus proches des tétrapodes que leurs descendants actuels. D'après O. Abel, la nageoire dite à rayons bisériés serait également issue de la nageoire monosériée, ainsi que le montre la figure 7 (p. 130). C'est ce qui nous conduit dans notre diagramme à réunir les poissons téléostéens caractérisés par leurs nageoires à rayons monosériés en un même groupe distinct de celui des cœlacanthidés et des tétrapodes.

Il manque cependant au fameux *Latimeria* un caractère propre à tous les tétrapodes : des narines internes ou choanes. Celles-ci apparaissent pour la première fois chez les eusthénoptéridés, authentiques cœlacanthidés possédant outre les narines internes un second caractère très important des tétrapodes, à savoir des dents avec des replis analogues au labyrinthe qui se retrouvent exactement sous la même forme chez les premiers amphibiens.

Les amphibiens, et avec eux tous les autres tétrapodes, ont en commun des caractères de leurs extrémités correspondant à un certain nombre d'éléments du squelette : l'omoplate, l'humérus, le radius, l'ulna, le carpe, le métacarpe, soit, pour les membres postérieurs, l'os iliaque, le fémur, le tibia et la fibule, le tarse, le métatarse et enfin les phalanges des doigts et des orteils.

Le tronc principal des tétrapodes se caractérise en outre par la constitution d'une oreille externe. Seuls les urodèles n'en possèdent pas, et il est difficile de savoir s'il faut considérer cette absence comme un caractère d'origine ou comme l'effet d'une régression. Les grenouilles possèdent toutes une oreille parfaitement conformée, le plus souvent avec un tympan visible de l'extérieur. Pour autant qu'elles se rapprochent des urodèles par bien des caractères, comme le mode de reproduction avec les œufs entourés de tissu muqueux, la peau humide, l'absence de griffes et quelques autres caractères, par la possession d'une oreille externe et un certain nombre de caractéristiques anatomiques de la colonne vertébrale, autrement dit par les témoignages de leur descendance directe du tronc des embolomères du carbonifère, elles se rattachent aux tétrapodes. De même que certains cœlacanthidés sont phylogénétiquement plus proches des tétrapodes que de la plupart des poissons, par les caractères que nous venons de mentionner, les grenouilles sont plus proches des reptiles, des oiseaux et des mammifères que des urodèles. On parle dans ces cas-là de groupes « paraphylétiques ».

Les reptiles, les oiseaux et les mammifères se distinguent des batraciens par un grand nombre de caractères, parmi lesquels nous énumérerons d'abord ceux qui sont extérieurement visibles : la présence de cinq doigts à toutes les extrémités (seuls les batraciens d'origine plus récente n'en possèdent que quatre aux extrémités antérieures !), un épiderme sec et corné, couvert le plus souvent d'organes protecteurs cornés, écailles, plumes, poils, des griffes au bout des doigts, de gros œufs riches en vitellin qui peuvent se développer sans eau, ou des petits qui naissent avec une respiration aérienne normale. La formation d'un amnios constitue un autre caractère commun. Le fœtus s'entoure de deux sacs, l'amnios et la sérotine, ainsi que de l'allantoïde formée à partir du sinus urogénital et qui s'accole à l'amnios pour lui amener tous les vaisseaux sanguins. Chez tous les animaux que l'on désigne sous le nom d'amniotes, le petit sort de l'œuf ou de la matrice complètement développé et ne passe jamais par le stade de larve.

On pourrait presque se dispenser d'énumérer les autres caractères qui divisent le tronc des amniotes en trois branches nettement distinctes : on reconnaît l'oiseau à ses plumes, dit le proverbe, et même si tous les reptiles ne portent pas d'écailles et si tous les mammifères ne sont pas couverts de poils, la classification d'un sujet donné dans une catégorie ou dans l'autre ne pose jamais le moindre problème. Nous donnerons donc plutôt

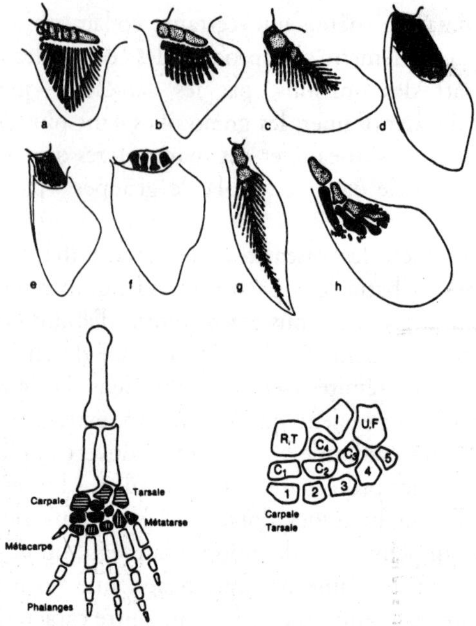

FIG. 7 : En haut : nageoire pectorale de différents poissons : a) squale primitif, disposition des rayons en parallèle ; b) *Isurus*, squale d'un plus haut niveau de développement, les *basalia* sont réunis en trois gros morceaux de cartilage (propterygium, mesopterygium et metapterygium) ; c) *Xenacanthus*, squale paléozoïque avec des *basalia* disposés en axe central ; d) *Cornubiscus* (actinoptérygien) ; e) *Amia* (holostéen), les rayons sont disposés en parallèle ; f) *Serranus* (téléostéen), armature des nageoires réduite ; g) *Neoceratodus* (dipneuste), nageoire bisériée ; h) *Eusthenopteron* (crossoptérygien fossile) ; la disposition des éléments du squelette de la nageoire est déjà proche de celle des éléments des extrémités chez les tétrapodes. En bas : extrémités des tétrapodes, os de la main ou du pied (termes concernant l'extrémité supérieure à gauche, l'extrémité inférieure à droite) : R *Radiale*, U *Ulnare*, T *Tibiale*, F *Fibulare*, I *Intermedium*, C_1-C_4 *Centralia*, 1-5 *Carpalia*, *Tarsalia*. (Extrait de Remane, Sorch, Welsch, *Kurzes Lehrbuch der Zoologie.)*

quelques précisions sur la répartition à l'intérieur de la classe des mammifères.

Tous les mammifères ont des poils associés à des glandes sébacées, ils ont des glandes mammaires issues très vraisemblablement des glandes sudoripares ; ils allaitent tous leurs petits et se caractérisent tous par une structuration particulière de l'articulation maxillaire. Il s'est développé chez eux une nouvelle articulation entre l'os dental et l'os squamosum alors que les os qui forment cette même articulation chez les reptiles, à savoir l'articulaire et le carré, se sont changés par une curieuse mutation fonctionnelle en deux osselets de l'oreille : le marteau et l'enclume.

Si nous voulons définir comme caractère commun à tous les mammifères la viviparité, nous sommes amenés à laisser de côté un certain nombre de genres et d'espèces qui pondent des œufs et possèdent un orifice commun, le cloaque, pour les excréments et les produits sexuels : ce sont les ornithodelphes ou monotrèmes. Ces curieux animaux pondent des œufs, les couvent et nourrissent les petits qui en sortent avec du lait. On ne peut pas dire qu'ils les « allaitent » dans la mesure où ils ne présentent pas de mamelles avec de véritables tétines, mais des plaques de glandes sécrétant le lait que le petit boit. Comme tous les ornithodelphes ont un « bec », on les considère souvent comme les représentants d'un stade intermédiaire entre les oiseaux et les mammifères. En réalité, ces caractères se sont certainement formés indépendamment les uns des autres.

Après avoir détaché la branche des monotrèmes, nous devons encore diviser le tronc des mammifères vivipares en deux grandes sous-classes : les marsupiaux et les placentaires. Il n'existe plus actuellement aucune forme intermédiaire et nous savons très peu de chose des formes ancestrales communes et disparues, les pantothériens ou « vrais mammifères ». C'étaient sans doute des formes assez analogues aux insectivores actuels. Tout ce que nous savons, c'est que les marsupiaux ne sont en aucun cas les ancêtres des placentaires mais constituent une sous-classe équivalente et indépendante. Ils ont en commun avec de nombreux mammifères fossiles toute une série de caractères manifestement très anciens, par exemple un nombre supérieur d'incisives. Tous les marsupiaux mettent leurs petits au monde à un stade de leur développement relativement peu évolué ; ils les placent ensuite dans leur poche, où les petits recherchent activement la région mammaire pour saisir un mamelon dans leur gueule : l'épithélium de leur lèvre se développe donc en symbiose avec celui du mamelon ; autrement dit, ils sont attachés par une sorte de cordon ombilical secondaire. Les placentaires sont réunis en un groupe bien défini par un grand nombre de caractères communs, en particulier par la structure des organes reproducteurs et le mode de développement de l'embryon, essentiellement caractérisé par la formation d'un authentique placenta issu de l'allantoïde. Le nombre plus restreint de dents, allié à leur plus grande différenciation, fait également partie de leurs caractères communs.

Nous renoncerons ici à une description plus précise de la seconde branche bien connue de l'arbre de l'évolution, celle des amniotes, des reptiles et des oiseaux, réunis sous le nom de sauropsidés, pour nous consacrer à l'analyse des conclusions que l'on peut tirer de la possibilité de classifier les différentes formes animales actuelles à l'intérieur d'un schéma qui, même en l'absence de tout présupposé théorique de départ, prend automatiquement la forme d'un arbre. On pourrait insérer dans le schéma ainsi ébauché un nombre incalculable d'autres caractères dont la pertinence viendrait confirmer la validité de la théorie de l'évolution et changerait cette hypothèse en certitude, sans même parler des éléments qu'apporte l'étude des formes fossiles que nous allons évoquer.

3. L'hypothèse de la croissance

Dans le monde animé, devant toute structure arborescente, que ce soit une plante, un récif corallien ou les ramures d'un cerf, on est habilité à postuler que sa *croissance* s'est déroulée suivant une orientation allant du tronc épais vers les extrémités ramifiées. Cette conclusion s'applique même à certaines structures anorganiques, à beaucoup de cristaux, dont les cristaux de glace sur les vitres, l'hiver. Nous pouvons donc formuler une hypothèse pour tenter d'expliquer notre découverte. Nous admettons que les caractères communs à un grand nombre de formes animales actuelles *sont les caractères hérités de leurs ancêtres communs* et nous qualifions ces caractères d'*homologues*.

Notre interprétation de l'arbre devant lequel nous nous trouvons consiste à dire que tous les chordés descendent de formes qui réunissaient tous les caractères symbolisés par la première barre transversale de notre schéma. Pour la suite, nous admettons que les caractères propres à un cercle plus restreint de formes animales correspondent à de *nouvelles* acquisitions dues à ce progrès de l'évolution que nous représentons symboliquement par la croissance de notre arbre. Ce postulat se vérifie lorsque les nouveaux caractères ne sont pas le produit de la disparition ou de la simplification de structures préexistantes, mais au contraire le résultat de la poursuite de l'élaboration et de la différenciation de ces structures ou, mieux encore, de l'adjonction de nouvelles structures jusqu'alors inexistantes. Notre hypothèse présenterait donc déjà une assez grande vraisemblance, même si les résultats de notre étude comparative n'étaient pas confirmés encore, et définitivement, par d'autres sources d'informations.

4. L'étude des fossiles

Si l'interprétation précédente est juste, en « remontant » à partir des couches géologiques les plus profondes, nous devons trouver des caractères de plus en plus spécialisés se présentant dans le même ordre que celui qu'ils ont pris d'« eux-mêmes » dans notre diagramme avant la formulation de toute hypothèse. Effectivement, c'est ce qui se passe.

Certes, nous ne pouvons pas nous référer à des fossiles d'ancêtres des chordés pour la bonne raison que leur organisme ne présentait aucune structure dure qui ait pu se fossiliser. Néanmoins, nous trouvons au silurien toute une série de poissons fossiles qui, d'après les recherches approfondies de Stensiö, appartiennent tous à la classe des cyclostomes. Ils ne sont pas tous semblables aux cyclostomes actuels, dont le caractère anguilliforme est à considérer comme une adaptation particulière ; beaucoup ont un profil fuselé et semblent avoir vécu en eau libre tandis qu'un grand nombre d'autres, comme le céphalaspis, étaient des formes plates caractérisées par un lourd bouclier céphalique, qui vivaient très certainement plaqués au fond. Tous ces poissons n'avaient ni extrémités ni complexe palato-maxillaire, mais possédaient, ainsi que l'a montré Stensiö au terme d'un énorme effort d'analyse sur de fines coupes de ces organismes fossiles, la même structure cérébrale et le même ensemble de nerfs crâniens que les cyclostomes actuels. Ils s'alimentaient très vraisemblablement en filtrant l'eau de mer, mais une chose est certaine : il n'y avait alors aucune autre forme de vertébrés que des cyclostomes.

Il se peut qu'il y ait eu quelques gnathostomes dès le silurien supérieur, mais nous n'en possédons de formes fossiles véritablement identifiables que datant du dévonien. C'est également au dévonien et à peu près en même temps qu'apparaissent les premiers squales et les premiers poissons à nageoires radiales. Les premiers poissons à nageoires radiales présentent du reste de profondes similitudes avec les crossoptérygiens, dont font également partie les cœlacanthidés. La grande subdivision du tronc des vertébrés en sélaciens, « authentiques » poissons et ancêtres des tétrapodes, se produisit dès le dévonien. C'est également dès cette époque que l'on trouve le premier vertébré possédant des narines internes (choanes), le rhipidistien ostéolépis, qui se rapproche également des amphibiens par la position des dents. Les étapes décisives de la ramification de notre arbre de l'évolution se suivent souvent de très près !

En observant le schéma qui s'est établi sous nos yeux, le lecteur n'aura pas manqué de noter que les formes animales possédant une nouvelle structure devenaient régulièrement les ancêtres de toutes les formes ultérieures de vertébrés, tandis que les formes « dépassées » ne subsistaient que chez un petit nombre de genres et d'espèces. Il est bien évident qu'une gueule avec laquelle l'animal peut attraper et dévorer des proies de taille plus importante constitue un avantage considérable et c'est ce qui explique que les cyclostomes ne se soient maintenus que dans une niche écologique très particulière, où il n'y avait pas de gnathostome pour leur faire concurrence.

La vessie natatoire a marqué une autre étape capitale de l'évolution. Dans la configuration générale, il y a une profonde analogie entre les premiers actinoptérygiens, comme le chéirolépis, et les crossoptérygiens de la même époque, comme l'ostéolépis, de même qu'il y a d'indiscutables analogies entre ces derniers et les poissons dipneumones à double respiration (dipneustes) subsistant actuellement. Les poissons de ce groupe que nous connaissons aujourd'hui vivent généralement dans les eaux douces marécageuses et souvent pauvres en oxygène, ce qui explique précisément qu'ils aient besoin de poumons pour compléter la respiration branchiale et pallier ses insuffisances. De plus, les actinoptérygiens, apparus plus tardivement, au carbonifère et au permien, vivaient très certainement en eau douce. La vessie natatoire a été « inventée » comme organe respiratoire, en eau douce, et c'est par une mutation fonctionnelle qu'elle s'est transformée ultérieurement en organe hydrostatique.

Si les requins et les raies ont toujours été des poissons d'eau de mer, les actinoptérygiens, apparus en eau douce, conquirent ultérieurement la mer. Leur énorme avantage, du point de vue de leur conservation, résidait justement dans la fonction hydrostatique de la vessie natatoire qui leur permit de constituer un squelette bien plus lourd et une musculature bien plus puissante qu'ils n'auraient pu le faire sans cette compensation de leur masse spécifique. De même, cet appareil moteur d'un plus haut degré de différenciation leur a donné une mobilité et une force qui dépassent de loin celles des squales de même taille. Un homme doté d'une force suffisante peut attraper un squale de la taille du bras par la queue et le sortir de l'eau ; qu'il essaie de faire la même chose avec un mérou de même taille ! Il n'y a rien d'étonnant à ce que ces espèces qui reconquirent plus tardivement la mer aient pu rivaliser avec les squales et si bien réussir.

C'est au dévonien supérieur que les premiers vertébrés gagnèrent la terre. Le seul représentant de ce passage transitoire que nous connaissons de cette époque est le curieux ichtyostégidé, qui possédait encore, outre des membres adaptés à la vie terrestre tels que nous les avons décrits précédemment, une authentique queue de poisson. Parmi les crossoptérygiens, on observe chez l'ostéolépis de véritables choanes, des replis sur les dents et un certain nombre de caractères de la voûte crânienne homologues de ceux des premiers amphibiens, les labyrinthodondes, apparus eux aussi au dévonien.

La séparation entre amphibiens et reptiles s'établit définitivement au carbonifère ; toutefois, la différenciation entre ces deux catégories est plus simple pour les formes les plus récentes que pour les ancêtres, dont les caractères que nous avons énumérés p. 128 ne sont pas faciles à établir et ne se répartissent pas aussi nettement entre les différentes formes. C'est ainsi que l'on trouve parmi les stégocéphales du carbonifère et du permien des formes chez qui, par les caractères anatomiques de la tête, le sujet adulte se rapproche beaucoup des cotylosauriens, les premiers véritables reptiles, tandis que, si l'on en juge par la forme de la tête, le jeune animal respirait selon toute vraisemblance par des branchies, comme les larves des salamandres telles que nous les connaissons aujourd'hui. Néanmoins, l'apparition simultanée d'un épiderme sec et corné, de griffes, de gros œufs riches en vitellin, avec la formation d'un amnios, remonte très certainement à la limite du carbonifère et du permien.

La division de la branche des reptiles entre les éosuchiens, ancêtres des reptiles actuels et des oiseaux, et les pélycosauriens, ancêtres des mammifères, se produisit immédiatement après l'apparition du groupe de leurs ancêtres communs, les cotylosauriens, que nous évoquions précédemment. Les pélycosauriens existèrent du carbonifère supérieur jusqu'au trias et, dès le permien, ils donnèrent naissance à la branche des thérapsidés, déjà étonnamment proches des mammifères par la dentition et l'anatomie du crâne, et dont on compte environ trois cents espèces du permien au trias.

Les premiers fossiles de véritables mammifères datent du trias supérieur. Nous n'en connaissons pratiquement que les mâchoires inférieures et les dents, qui étaient les éléments de squelette les plus fossilisables, mais nous pouvons affirmer avec certitude qu'il ne s'agissait ni de marsupiaux ni de placentaires, mais très certainement des ancêtres de ces deux groupes. Il est intéressant de noter que ces premières formes identifiables de mammifères fossiles ont été découvertes au même endroit et datent de la même période que la plupart des fossiles de formes de reptiles présentant des caractères proches des mammifères : dans les couches triasiques de la province du Cap.

De cette époque jusqu'au début du tertiaire, les mammifères menèrent une existence discrète sous la forme d'insectivores ressemblant extérieurement à la musaraigne et ils survécurent ainsi à l'âge d'or des dinosauriens. Ce n'est qu'immédiatement après qu'ils devinrent brusquement le groupe dominant de la faune terrestre, ce qui n'est certainement pas sans relation avec le développement des plantes à fleurs sur la terre ferme, au crétacé. Les abondantes ressources alimentaires qu'elles offraient avec leurs feuilles et leurs fruits offrirent aux mammifères la possibilité de s'adapter à une très grande variété de niches écologiques.

Bien que très succinct, le choix de caractères homologues et d'informations tirées de l'étude des fossiles que nous venons d'exposer ici devrait suffire à convaincre même le profane que la théorie de l'évolution n'est précisément pas une théorie mais une authentique histoire, beaucoup moins sujette à caution que l'histoire humaine telle qu'elle nous est transmise au travers du patrimoine culturel et des textes.

5. L'homologie et ses critères

Le concept d'homologie tel que nous l'utilisons dans le domaine de l'éthologie comparée se définit de façon assez simple : sont dits homologues les caractères dont l'analogie s'explique par la descendance d'une forme ancestrale commune. Adolf Remane a fixé toute une série de critères permettant d'établir l'homologie de deux caractères entre deux espèces animales différentes. Ces critères s'appliquent à la détermination de l'homologie de caractères *structurels*, nous verrons dans quelle mesure ils peuvent s'appliquer à l'homologie de caractères *comportementaux*.

Le premier, et pour nous le plus important, des critères d'homologie de Remane est celui de la particularité : plus on trouve de caractères particuliers concordants, plus ces caractères sont complexes et plus leur concordance est exacte, plus leur homologie est sûre.

Le deuxième critère de Remane est la position d'un élément structurel dans l'ensemble du mécanisme dont il fait partie. On reconnaît par exemple un os en cours de régression, et ayant subi un processus de réduction, à ce qu'il est toujours en contact avec les éléments du squelette avec lesquels il était en contact à l'origine, avant que ne s'amorce le processus de réduction.

Le troisième critère de Remane est le lien qui s'établit entre les caractères homologues d'espèces animales différentes au travers des *formes intermédiaires*. Ainsi que l'a très justement souligné Wolfgang Wickler, l'application de ce dernier critère correspond à une analyse qui découle logiquement de l'application adéquate des deux précédents ; autrement dit, il leur est dans une certaine mesure *supérieur*. D'un autre côté, il demeure assez indépendant des deux précédents, car l'existence de toute une série de formes intermédiaires permet d'établir l'homologie de deux caractères sans pour autant que ces deux caractères soient homologues, ni même situés de la même façon dans le système de l'organisme. Le critère des formes intermédiaires est d'autant plus intéressant que l'on dispose d'autres éléments permettant de conclure à la parenté des espèces porteuses de ces caractères.

6. Autre critère d'homologie : le nombre de caractères

Le critère d'homologie de la « qualité particulière » présente également un aspect quantitatif. « Plus le nombre de caractères particuliers » concordants est élevé et « plus ces caractères formels sont complexes » signifie dans la grande majorité des cas tout simplement « plus les caractères communs sont nombreux », c'est-à-dire plus les espèces considérées sont étroitement proches. Ainsi formulé, on peut en quelque sorte renverser le critère et dire : lorsque deux ou plusieurs formes ne présentent qu'un très petit nombre de caractères communs, alors que chacune d'entre elles est liée par de très nombreux caractères à une autre branche, on peut en conclure que ces caractères peu nombreux *ne sont pas homologues*, mais sont apparus chez les deux formes considérées par un processus d'adaptation convergente.

Dans notre schéma de l'arbre de l'évolution, nous avons par exemple indiqué la présence de quatre extrémités comme caractère commun aux squales, aux poissons, aux batraciens, aux reptiles et aux oiseaux, en omettant de dire qu'il y a dans beaucoup de ces groupes des animaux qui n'ont pas d'extrémités du tout. Ce sont les murènes et d'autres anguilliformes chez les poissons, les gymnophiones chez les amphibiens, les pinnipèdes (pygopodidés) et les anguidés chez les lézards apodes et enfin les serpents, qui sont certes relativement isolés parmi les reptiles squameux, mais sont pourtant liés aux varans (varanidés). De quel droit assimilons-nous ces animaux sans pattes aux tétrapodes ?

Nous nous fondons sur un simple calcul de probabilités. Considérer l'absence de pattes de tous ces êtres vivants comme relevant d'une homologie avec celle des seuls autres vertébrés dépourvus d'extrémités, à savoir les cyclostomes, serait admettre que les centaines d'autres caractères par lesquels une murène se définit comme un poisson téléostéen, un gymnophione comme un amphibien et un anguidé comme un reptile, et plus précisément comme un lézard apode, sont autant de caractères résultant d'une adaptation convergente, ce qui serait complètement aberrant eu égard aux différences de mode de vie de tous ces animaux.

Plus on connaît de caractères spécifiques, plus ce calcul de probabilités a de chances d'être exact. Inversement, on a d'autant plus de risques d'erreur que l'on fait entrer en ligne de compte un nombre de caractères trop restreint. On se trompe plus facilement de classification dans un certain groupe de parenté lorsqu'on étudie des fossiles, dont on n'identifie bien souvent que des caractères relatifs au squelette, que lorsqu'on étudie des espèces récentes et surtout des espèces vivantes dont on peut observer l'ensemble des caractères. C'est ainsi qu'un paléontologue de valeur comme Schindewolf a pu prendre les ichtyosauriens du jurassique pour des formes ancestrales des dauphins et des squales. C'est de toute évidence une erreur, car les ichtyosauriens sont par un grand nombre de caractères d'authentiques reptiles et leur ressemblance extérieure avec les dauphins repose sur un très petit nombre de caractères totalement indépendants les uns des autres, comme le profil fuselé, la structure des nageoires, le rostre et les dents. Et cette erreur a pourtant été commise par un homme de l'art.

7. Différence de fonction et adaptation convergente

Si le phylogénéticien est tellement soucieux de déceler les homologies, c'est qu'il y a un autre type d'identité de caractères qui peut aisément l'induire en erreur dans la détermination de la parenté entre les espèces porteuses de ces caractères. Ce deuxième type d'identité résulte d'un processus d'évolution par lequel deux espèces ont emprunté indépendamment l'une de l'autre la même voie pour résoudre un certain problème d'adaptation. Ainsi, tous les animaux se déplaçant rapidement ont en quelque sorte inventé le profil fuselé ou, plus exactement, seuls ceux qui ont adopté cette solution ont pu se spécialiser dans les modes de locomotion rapide comme l'ont fait beaucoup de poissons et de squales habitant les hautes mers, les ichtyosauriens et les dauphins et une multitude d'oiseaux au vol rapide. Nous pourrions donner un autre exemple classique d'adaptation convergente : la similitude de forme et de mode de déplacement entre certains sphingidés dans la catégorie des papillons de nuit et les colibris dans celle des oiseaux qui se sont spécialisés, les uns comme les autres, dans le même mode d'alimentation complètement invraisemblable consistant à sucer le miel des fleurs en position de vol vibrant. L'image qu'offrent alors ces animaux pourtant si différents présente effectivement une étonnante similitude, de même que les proportions des ailes et du corps.

L'adaptation convergente peut parfois aller si loin et porter sur tant de caractères isolés que l'on serait assez tenté d'appliquer le critère de la qualité particulière de Remane. La figure 8 montre l'œil d'une pieuvre par comparaison avec celui d'un vertébré. La légende suffit à montrer jusqu'où va l'analogie, qui résulte incontestablement d'un processus d'adaptation convergente, ainsi qu'on peut le prouver à partir d'un certain nombre d'autres critères.

En présence d'une identité de caractères dont on est absolument sûr qu'elle ne provient pas de la descendance d'un ancêtre commun, on peut être également absolument sûr qu'elle résulte d'un processus d'adaptation convergente, car la probabilité d'une identité purement fortuite entre dix caractères seulement est de 1 pour 512.

Inversement, on a d'autant plus de facilité à conclure à l'homologie que les organes présentant les caractères homologues ont des fonctions différentes. Lorsque nous retrouvons dans la structure de l'aile de la chauve-souris, ainsi que le montre la figure 9 (p. 146), le bras préhensile de l'homme, et lorsque nous retrouvons, dans la structure de toutes les autres extrémités de vertébrés représentées sur cette figure et fonctionnant différemment, les mêmes éléments de squelette, la différence de fonction suffit à rendre l'homologie certaine.

8. L'homoiologie

Il n'y a certes pas d'autres possibilités que l'homologie et l'adaptation convergente pour expliquer la similitude entre différents êtres vivants, mais une seule et même analogie structurelle peut fort bien reposer à la fois *sur les deux* phénomènes. Les ailes de sauriens volants et de la chauve-souris représentées sur la figure 9 sont homologues quant à la présence des mêmes éléments de squelette ; en revanche, la formation de la membrane de l'aile

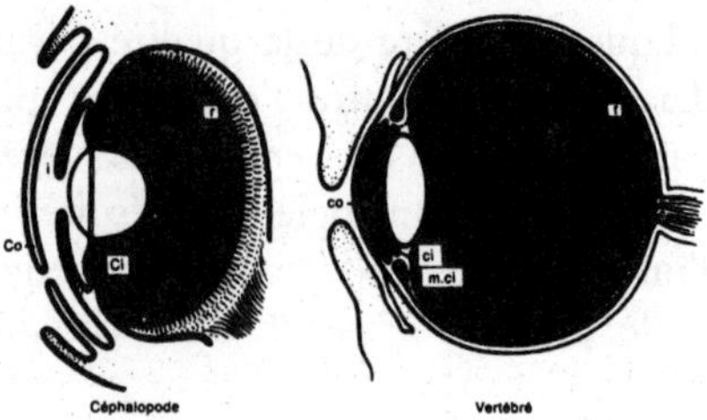

FIG. 8 : L'analogie entre ces deux organes de la vision qui ont suivi deux évolutions totalement indépendantes se retrouve jusque dans les moindres détails : à gauche, l'œil d'une pieuvre ; à droite, celui d'un homme. *co* = cornée, *ci* = corps ciliaire, *m. ci* = muscle ciliaire, *i* = iris, *r* = rétine (extrait de : Lorenz, *Analogy as a Source of Knowledge*).

résulte très certainement d'un processus d'évolution indépendant de l'évolution générale des reptiles et des mammifères. Nous pouvons donner un autre exemple de ce type : les ichthyosauriens et les baleines ont des extrémités antérieures formées des mêmes os. Cette identité de caractères du squelette repose certes sur une homologie, mais ces os ne se sont pas seulement élargis et aplatis chez les espèces de ces deux troncs. Chez les uns comme chez les autres, au niveau des os du métacarpe, les phalanges et les épiphyses se sont détachées des diaphyses (la partie centrale longue de l'os long), de sorte qu'un élément du squelette s'est divisé en trois. Tout cela sert à rendre les extrémités plus larges et plus flexibles, ce qui est particulièrement utile pour le fonctionnement efficace d'une nageoire. Cette analogie repose incontestablement sur un phénomène d'adaptation convergente. Ce type d'adaptation convergente sur des organes homologues est désigné dans notre taxonomie sous le nom d'*homoiologie*.

9. L'étude détaillée des systèmes requiert la connaissance d'un grand nombre de caractères

Les homoiologies se multiplient bien évidemment lorsque deux espèces, déjà proches de par leurs origines phylogénétiques, se rapprochent encore par un phénomène d'adaptation convergente. L'effet de cette corrélation a induit nombre de bons taxonomistes en erreur et l'espèce des aigles (*Aquila*) nous en offre un excellent exemple. Les ornithologues considéraient traditionnellement et sans la moindre hésitation toutes les catégories de rapaces (*Raptores*) dépassant une certaine taille comme des « aigles », parce que ces gros oiseaux de proie ont tous développé par un phénomène d'adaptation convergente à la capture de grosses proies toute une série de caractères communs. Ils ont tous une tête de dimensions relativement importantes avec un gros bec, des yeux enfoncés sous des arcades osseuses proéminentes et ainsi protégés, ce qui leur donne un regard faussement décidé et lugubre ; ils ont des pattes courtes relativement épaisses avec des orteils et des griffes puissantes, ils ont tous la queue plutôt courte et de grandes ailes, ce qui est en relation directe avec les nécessités techniques du vol qu'ils doivent pratiquer pour capturer et emporter de lourdes proies. Même dans la dernière *Encyclopédie des animaux* d'Urania, les aigles sont définis comme un seul et même groupe de parenté. En réalité, il y a au moins trois familles de rapaces qui ont donné des aigles : premièrement, les busards (*Buteonini*), auxquels se rattachent l'aigle doré, l'aigle impérial, l'aigle botté et quelques autres ; deuxièmement, les milans (*Milvini*), auxquels se rattachent entre autres toutes les formes de pygargues à queue blanche (*Haliaeetus*) et, troisièmement, les vautours (*Accipitrini*), parmi lesquels il faut compter l'aigle de Bonelli, l'aigle martial, l'aigle des

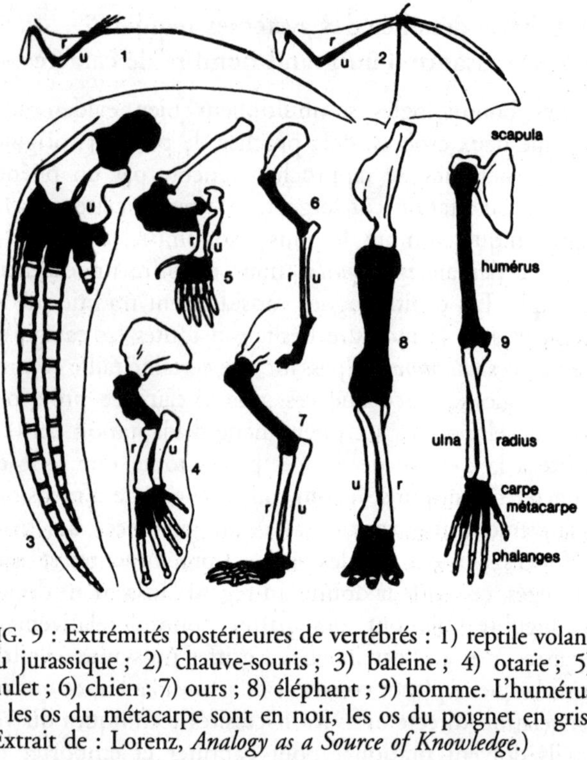

FIG. 9 : Extrémités postérieures de vertébrés : 1) reptile volant du jurassique ; 2) chauve-souris ; 3) baleine ; 4) otarie ; 5) mulet ; 6) chien ; 7) ours ; 8) éléphant ; 9) homme. L'humérus et les os du métacarpe sont en noir, les os du poignet en gris. (Extrait de : Lorenz, *Analogy as a Source of Knowledge*.)

singes et quelques autres. Lorsqu'on prend en considération tous les « petits caractères » observables, et en particulier ceux du comportement, on ne peut avoir le moindre doute sur cette appartenance des aigles à trois groupes différents. Tous les responsables de jardins zoologiques et tous les fauconniers que j'ai pu interroger parce que je les savais connaisseurs en la matière considéraient cette division en trois catégories comme allant absolument de soi. Au contraire, les taxonomistes du Muséum d'histoire naturelle, ces « spécialistes d'animaux empaillés », pour qui le vieux Alfred Edmund Brehm éprouvait tant de mépris, ont une fâcheuse tendance à considérer les structures osseuses, et surtout celles que l'on peut mesurer, comme les caractères les plus importants de tous. Mon maître Erwin Stresemann, qui avait le goût du sarcasme, disait toujours que ces gens croyaient que les caractères qui, au musée, résistaient le mieux aux attaques des mites et des anthrènes (*Anthrenus*) étaient aussi ceux qui se modifiaient le moins au cours de la phylogenèse. Les crânes des aigles appartenant à ces trois différents groupes se ressemblent effectivement à les confondre ; mais précisément « les os du crâne ne sont que de la cire entre les mains de l'évolution », pour reprendre, là encore, une citation de Stresemann.

A. E. Brehm, qui par ailleurs ne brillait pas par ses talents de taxonomiste, mais qui avait élevé beaucoup d'oiseaux, s'en remettait d'une façon assez naïve mais tout à fait justifiée à sa perception des formes et il *voyait* tout simplement que la harpie était « le plus puissant de tous les autours » et que les aigles d'Ayres étaient « des aigles au corps élancé avec des ailes relativement courtes ». L'exactitude de ce jugement du vieux Brehm et l'erreur relevée dans la classification de l'encyclopédie Urania reposent toutes deux sur le fait que, ainsi que nous l'avons dit en 1.II/3 à propos de la perception des formes, elle fait entrer en jeu dans son calcul bien plus de caractères que ne le peut la raison humaine. Une bonne part du réel est faussée et un bon nombre d'évidences deviennent invisibles lorsqu'on se limite à l'étude du quantifiable.

Pour prouver rationnellement ce que la perception des formes se contente de découvrir, il n'y a pas d'autre moyen que d'essayer de retrouver et de décrire tous ces nombreux caractères que la perception des formes a fait intervenir dans son calcul ou *doit nécessairement* avoir fait intervenir dans son calcul, car il est évident que l'admirable fonctionnement de la perception ne relève pas du miracle. Il faut donc que nous déterminions quels caractères l'aigle doré a en commun avec les busards, la pygargue avec les milans, et la harpie avec les autours. Il faut en outre que ce soient des caractères que chacun des groupes considérés possède *en exclusivité* et non des caractères généraux d'une unité taxonomique plus vaste, sinon ils ne nous diraient rien de la parenté spécifique considérée. Il faut être en mesure de prouver qu'il n'y a pas eu de groupe originel dont seraient issus tous les « aigles » et qui aurait possédé tous ces caractères. Seuls peuvent être comparés quantitativement avec les autres ceux qui se sont formés chez tous les gros rapaces par un phénomène d'adaptation convergente. Dans le cadre de cette étude quantitative des caractères analogues se pose une autre question délicate, qui est de savoir ce que l'on doit considérer comme « un » caractère. Il y a des caractères apparemment indépendants les uns des autres, et même bien souvent des caractères d'organes différents qui se présentent toujours ensemble et simultanément, de sorte qu'ils doivent en fait être comptés comme un seul et même caractère. Le profil fuselé et les ailes ou les nageoires en forme de lame de faux ne constituent en fait chez les oiseaux ou les baleines et les requins qu'un seul caractère.

Plus les points de départ de l'adaptation convergente sont proches, moins les caractères spécifiques de groupes, et les caractères permettant d'établir à coup sûr une homologie, sont nombreux. Si, chez les rapaces que nous venons d'évoquer, l'appartenance à un groupe est encore possible à prouver, il est d'autres cas où c'est quasi impossible. Il y a par exemple en Abyssinie un canard d'eau qui fait partie de la famille des tadornes (*Tadornini*) : la bernache à ailes bleues (*Cyanochen cyanopterus*). C'est l'une des nombreuses espèces d'anatidés qui, pour s'adapter à manger de l'herbe, ont développé un bec analogue à celui des oies. Mais il y a aussi, en Amérique du Sud, le groupe des chlœphages, qui réunit de nombreuses espèces qui font également partie des *Tadornini* et possèdent un bec analogue à celui des oies. On ne sait pas si la bernache descend d'un chlœphage qui aurait par hasard échoué d'Amérique du Sud en Afrique ou si les caractères qu'elle a en commun avec l'oie se sont tout simplement développés de façon autonome, dans les régions où elle vit actuellement, par un phénomène d'adaptation convergente. Personne ne s'est encore donné la peine de chercher très précisément dans l'anatomie et le comportement de la cyanoche des caractères de groupe qu'elle aurait en commun avec les chlœphages ; peut-être qu'une telle recherche permettrait de trancher la question posée précédemment.

10. Différences de valence

Le rapport entre le nombre de caractères homologues et le nombre de caractères analogues ne suffit pas à déterminer le degré de parenté entre deux espèces ; il faut en outre connaître la vitesse avec laquelle les différents caractères *se modifient* à l'intérieur même de chaque groupe taxonomique. Un même caractère peut se révéler au sein d'un certain groupe incroyablement conservateur, autrement dit se présenter à peu près sous la même forme chez tous les membres du groupe, tandis qu'il varie beaucoup d'une espèce à l'autre au sein d'un autre groupe, ce qui signifie qu'il se modifie très rapidement au cours de l'évolution phylogénétique. Chez la plupart des tétrapodes, l'existence de quatre extrémités constitue un caractère plutôt conservateur ; mais, dans certains groupes, par exemple les scincidés, on trouve des espèces très proches dont les unes présentent quatre extrémités, les autres deux et les troisièmes aucune. Chez les perroquets (*Psittaci*), la coloration du plumage varie énormément entre des formes très étroitement apparentées alors que la forme et la fonction du bec demeurent identiques chez tous les représentants de cet ordre. Chez les pinsons des Galapagos (*Geospizidae*), ainsi que chez les paradisiers des îles Hawaii (*Drepanidae*), c'est exactement l'inverse : la coloration du plumage est pratiquement uniforme dans chacun de ces groupes alors que la forme du bec varie énormément. Il n'est pas un seul caractère auquel on puisse attribuer *a priori* une valeur constante et invariable d'un groupe taxonomique à l'autre.

Dans son étude sur les oiseaux contenue dans l'ouvrage de Bronn, *Klassen und Ordnungen des Tierreichs*, Hans Gadow tente une expérience théorique intéressante : il entreprend une classification taxonomique à partir des trente caractères généralement considérés comme les plus importants, mais en accordant à chacun de ces caractères la même « dignitié taxonomique ». La classification taxonomique des oiseaux qui ressort de cette démarche présente, à côté d'un certain nombre de concordances claires avec la classification admise par tous les taxonomistes, toute une série de divergences totalement aberrantes. Gadow déclarait lui-même, et à juste titre, que l'intuition d'un bon zoologiste prenait en considération beaucoup plus de trente caractères.

À cela vient aussi incontestablement s'ajouter le fait que l'appareil de calcul de notre perception des formes fait également entrer en jeu la rapidité d'évolution d'un caractère donné au sein de tel ou de tel groupe et la valeur qu'il faut donc lui accorder dans chacun des cas.

Ce calcul requiert naturellement une base de références établies à partir de l'observation d'une foule de caractères d'une foule d'espèces étroitement apparentées. Il faut une quantité innombrable de caractères d'une foule innombrable de membres d'un groupe donné pour évaluer les différences de rythme dans l'évolution desdits caractères et par là même déterminer la valence que l'on doit attribuer à tel ou tel caractère. Pour que l'exactitude du résultat soit absolument certaine, il faudrait que l'observateur connaisse *tous* les caractères phylogénétiquement modifiables de *tous* les membres du groupe considéré, ce qui est utopique. Il n'en reste pas moins que les chances d'exactitude augmentent avec chaque nouveau caractère connu et avec chaque nouvelle espèce dont on étudie les caractères et qui fait partie du groupe considéré.

L'évaluation comparative de la variabilité relative d'un grand nombre de caractères fournit un critère d'homologie qui intervient certes dans l'appréciation de notre « toucher taxonomique », mais dont on a jusqu'à présent assez peu fait usage sur le plan conscient et rationnel. Ainsi que nous l'avons fait nous-mêmes dans la construction de notre arbre de l'évolution, tous les taxonomistes considèrent comme allant de soi que la présence de caractères homologues permet de conclure à la parenté des espèces porteuses de ces caractères.

Mais on peut aussi tirer la conclusion inverse : plus les caractères communs à un groupe taxonomique donné sont nombreux et divers, prouvant par là même l'origine phylogénétique commune, plus l'homologie de chacun de ces caractères est certaine. Cette proposition peut paraître assez banale au premier abord, mais dès lors que l'on approfondit l'étude taxonomique d'un groupe donné et que l'on se heurte, ainsi que nous avons pu le voir, à un nombre croissant d'homologies elle revêt une certaine importance. Elle revêt une importance encore plus grande lorsque la recherche d'homologie porte sur des caractères comportementaux, la plupart des critères d'homologie fondés sur des caractères structuraux ne nous étant plus alors d'aucun secours. Dans son étude homologique des comportements moteurs complexes chez les canards (anatidés), Dagmar Kaltenhäuser en vient à conclure que la démonstration de la parenté ne dépend pas de l'identification d'homologie autant que l'on serait porté à le croire et qu'il serait plus juste de dire, au contraire, que l'identification d'une homologie entre deux comportements moteurs complexes suppose la démonstration de la parenté entre les deux espèces considérées. En fait, les deux démonstrations sont interdépendantes et s'éclairent mutuellement.

11. Valeur et difficulté de l'étude taxonomique

Ainsi que nous l'avons vu, toutes les conclusions que nous pouvons tirer sur la parenté phylogénétique entre différentes espèces vivantes reposent sur un calcul de probabilités et la probabilité de leur exactitude est proportionnelle au nombre de caractères considérés et au nombre de sujets porteurs de ces caractères. Il est donc bien évident que notre reconstruction des plus grosses branches de notre arbre de l'évolution est d'une probabilité presque certaine et que nos conclusions deviennent de moins en moins sûres au fur et à mesure que notre recherche avance vers les ramifications les plus fines et les plus *récentes* de cette prodigieuse arborescence. À cela vient s'ajouter le fait que pour cette étude taxonomique fine l'aide de la paléontologie nous fait totalement défaut.

Cette incertitude constitue un obstacle sur l'une des voies les plus importantes de la biologie moderne qui serait celle de la synthèse entre phylogénétique et génétique. Seules les connaissances les plus subtiles de la taxonomie pourraient nous fournir la base nécessaire à l'établissement de la liaison entre ces deux disciplines. C'est une regrettable erreur que de se moquer du chercheur qui semble monomaniaque d'un certain groupe d'espèces le plus souvent restreint, sous prétexte qu'il n'étudie que des petits crustacés, par exemple des cladocères, et compte les soies sur leurs petites pattes ou s'applique à dénombrer les petites artères sur les ailes de minuscules mouches : ce n'est pas un ridicule professeur Nimbus. Même en ornithologie, Erwin Stresemann raconte qu'un homme comme Ernst Hartert éveillait l'impatience de ses collègues en prétendant qu'il fallait aller « jusqu'à la différenciation la plus subtile des formes locales », appuyant en 1899 cette exigence du commentaire suivant : « Il faut observer les formes les plus difficiles à différencier pour la simple raison qu'elles sont présentes dans la nature (et notre étude ne doit négliger aucun des phénomènes qui y sont présents). » On serait presque tenté de penser que ce grand taxonomiste pressentait intuitivement que l'étude de ces formes et d'autres formes animales très voisines fournirait précisément des données extrêmement intéressantes pour certains problèmes de l'évolution.

Pour autant que je sache, Erwin Stresemann fut le premier à s'en apercevoir et c'est lui qui fit le premier pas pour rendre accessible aux spécialistes de l'évolution l'extraordinaire patrimoine de connaissances et de préparations amassé par les ornithologues des musées. Aucune classe n'a été mieux étudiée que les oiseaux en ce qui concerne les relations de parenté intraspécifique, la répartition géographique des différentes formes, l'écologie et la marge de variabilité des différentes espèces. Stresemann s'opposa à l'opinion alors prépondérante en ornithologie selon laquelle la continuité des variations entre différentes formes très analogues ne pouvait s'expliquer que par la transmission de caractères héréditaires modifiés par les conditions climatiques. Cette thèse était pourtant défendue par des hommes importants comme Charles Otis Whitman et Bernhard Rensch. Dans son étude sur la variation discontinue, considérée aujourd'hui comme un classique, Stresemann montra qu'une transition progressive entre deux races clairement distinctes en tant que telles sur le plan géographique ne se faisait que si ces deux races étaient en contact *sur un second plan* et se mêlaient. Stresemann extirpa du fond des armoires des musées l'extraordinaire masse de connaissances qui y reposaient et en permit une exploitation qui fut à l'origine d'une découverte historique et scientifique extrêmement importante : elle confirma définitivement l'exactitude de la théorie de la mutation biologique et réfuta l'hypothèse de la transmission héréditaire des caractères acquis.

Ces travaux ouvrirent la voie à une nouvelle science, la génétique des populations, dont Sewall Wright aux États-Unis et Ronald A. Fisher en Grande-Bretagne firent une branche véritablement autonome. Du côté des généticiens, ce fut Theodosius Dobzhansky qui associa la problématique des théories de l'hérédité à celle de la recherche phylogénétique. En ce qui concerne la formation des espèces, l'un des ouvrages les plus novateurs fut *Systematics and the Origin of Species*, publié en 1942 par un ornithologue élève d'Erwin Stresemann : Ernst Mayr. C'est un livre que l'on peut conseiller à tous les étudiants en éthologie comme l'œuvre qui, ainsi que le dit Stresemann, « pourra encore longtemps servir de guide au taxonomiste à travers le terrible labyrinthe des phénomènes dont ses prédécesseurs ont cherché en vain la sortie depuis plus de cent cinquante ans ».

12. Naissance de l'étude comparée du comportement, ou éthologie

La patiente recherche du taxonomiste ne nous a pas valu seulement l'établissement de la liaison entre recherche phylogénétique et génétique, elle a eu pour effet secondaire, qui devait se développer dans une direction tout à fait inattendue, la naissance de cette branche de la science qui fait précisément l'objet du présent ouvrage.

Ce que nous avons dit au chapitre II des fonctions cognitives de la perception des formes et de la façon dont l'amour de son objet de recherche et ce que l'on taxe parfois d'amateurisme créaient les conditions optimales pour le développement de cette perception aura sans doute déjà permis de comprendre l'importance du rôle qu'elle joue dans la recherche phylogénétique en général et dans l'étude taxonomique en particulier. Ce n'est pas par hasard que l'ornithologie, si souvent taxée de *scientia amabilis*, est devenue la mère de la dynamique des populations, de la génétique des populations et de l'étude comparée du comportement. C'est le plaisir d'observer la beauté des formes organiques qui motive l'activité du collectionneur, qu'il collectionne des animaux ou réunisse des connaissances.

La découverte que l'on peut considérer comme l'acte de naissance de l'étude comparée du comportement a été faite par des taxonomistes toujours en quête de caractères spécifiques nouveaux. Et, encore une fois, ce n'est pas un hasard s'ils étaient ornithologues, amateurs passionnés des oiseaux. Ceux qui se passionnent pour les insectes ne s'intéressent pas seulement au sujet vivant, mais aussi au sujet mort, soigneusement préparé. L'ornithologue doit nécessairement observer des sujets vivants, que ce soit en liberté ou en captivité. La passion de collectionner joue également son rôle dans cette affaire : les deux grands pionniers de l'éthologie travaillaient sur des collections d'oiseaux vivants. Charles Otis Whitman avait de multiples espèces de columbidés dans des volières et Oskar Heinroth avait à sa disposition la riche colonie d'anatidés du zoo de Berlin. Ainsi que nous l'avons dit à la section 5 du chapitre II à propos de l'observation d'animaux en liberté comparée à celle d'animaux en captivité, la seconde présente l'indiscutable avantage d'offrir simultanément la possibilité d'observer le comportement de multiples espèces de tous les coins du monde. Dans ces conditions, le taxonomiste en quête de caractères spécifiques et doué d'une perception aiguë ne peut manquer de constater que certains comportements constituent pour une espèce, un genre ou un ordre des caractères distinctifs fiables et même bien souvent très constants, au même titre que certains caractères morphologiques. Ainsi que l'a montré très clairement Heinroth dans sa brève étude *Über bestimmte Bewegungsweisen bei Wirbeltieren* (*De certains comportements moteurs des vertébrés*), la notion d'homologie s'applique pleinement à des comportements de ce type.

L'histoire des sciences naturelles montre qu'il faut souvent un cas particulier très simple pour attirer l'attention du savant sur le règne d'une certaine loi naturelle. Georges Mendel découvrit les lois qui portent son nom lorsqu'il eut la chance de les voir appliquées, fût-ce sous la forme la plus élémentaire, sur des plantes monohybrides. Whitman et Heinroth découvrirent indépendamment l'un de l'autre la possibilité d'homologie entre des caractères comportementaux lorsque, dans leur inlassable quête de caractères nouveaux, ils observèrent des enchaînements moteurs de la forme la plus constante qui puisse être, à savoir des coordinations héréditaires sous la forme plus particulière de signaux ritualisés d'intensité constante. Contentons-nous de dire ici qu'il s'agit de comportements moteurs qui ont pris, pour remplir leur fonction de signaux, une constance formelle encore plus grande que celle que la coordination héréditaire possédait déjà par elle-même.

13. Résumé

L'étude comparée du comportement, ou éthologie, est rendue possible par l'existence de comportements moteurs dont la variabilité phylogénétique est exactement la même que celle d'éléments organiques et auxquels on peut donc appliquer le concept d'homologie. Étant donné que tout comportement repose sur les fonctions de structures physiques d'origine phylogénétique, cela va de soi. Il n'en reste pas moins que l'existence de ces comportements moteurs de forme constante échappa aux zoologistes qui étudiaient par des méthodes comparatives des groupes d'espèces animales relativement restreints.

Comparer signifie en l'occurrence reconstituer l'origine phylogénétique à partir des analogies et des différences de caractères spécifiques. Si l'on représente sur un schéma assez simple les formes animales existantes par des traits verticaux et si on les réunit ensuite par des traits horizontaux symbolisant les caractères communs, en disposant ces caractères dans l'ordre de leur diffusion au sein des catégories animales considérées, les plus répandus en bas et les moins répandus vers le haut, on obtient par cette représentation sans postulat préalable le schéma d'un *arbre* (fig. 6, p. 126).

Or, dans la nature, pratiquement chaque fois que l'on rencontre une figure arborescente de ce type avec ses ramifications, c'est qu'elle *a poussé* et pris en poussant cette forme d'arbre. Les parties qui constituent la base du tronc ont représenté jadis l'arbre tout entier, y compris ce qui était alors sa cime. Même sans aller chercher d'autres preuves, l'organisation « arborescente » des formes animales que nous connaissons rendrait plus que vraisemblable leur descendance d'une racine commune.

Cette forte probabilité devient certitude absolue à partir du moment où les formes de vies fossiles découvertes dans les couches géologiques sont disposées dans un ordre correspondant, jusque dans les moindres détails, aux ramifications du schéma arborescent établi par la méthode comparative.

Nous qualifions d'*homologues* les caractères dont l'analogie repose sur la descendance d'une forme ancestrale commune qui possédait ces mêmes caractères. En effet, l'analogie peut également se former d'une autre façon : les organes de deux espèces relativement éloignées l'une de l'autre peuvent parvenir, par un mécanisme d'adaptation à une même fonction, à une analogie qui peut aller jusque dans les moindres caractères de détail. L'exemple classique nous est fourni à cet égard par la forme d'œil à laquelle ont abouti, indépendamment les uns des autres, les vertébrés et les céphalopodes. On qualifie d'*analogies* ce type de similitudes résultant d'un phénomène d'adaptation convergente.

Pour évaluer les liens de parenté intraspécifique, il est absolument indispensable d'établir strictement la distinction entre homologies et analogies. Le plus sûr moyen de le faire consiste en un calcul de probabilités. Un dauphin et un ichthyosaure sont assez semblables en ce qui concerne la forme du corps, la structure des organes moteurs et quelques autres caractères, mais par des milliers d'autres caractères le premier se rattache à la classe des mammifères, le second à celle des reptiles. Pour pouvoir expliquer la similitude entre les deux espèces par la descendance d'une forme ancestrale commune, il faudrait à l'inverse pouvoir expliquer les multiples caractères que l'ichthyosaure a en commun avec les reptiles et le dauphin avec les mammifères par un phénomène d'adaptation convergente, ce qui serait manifestement impossible.

Plus les deux espèces qui se sont rapprochées par un phénomène d'adaptation convergente étaient déjà apparentées à l'origine, moins ce calcul de probabilités est sûr. Les caractères qui différencient de petits groupes comme, chez les rapaces, celui des buses de celui des autours, ne sont guère plus nombreux que ceux qui se sont développés par un mécanisme d'adaptation convergente lorsque sont issus de ces deux groupes les gros oiseaux de proie qui constituent l'ensemble des aigles. Pour pouvoir affirmer sans trop de risques d'erreur que l'aigle doré est plus proche de la buse et l'aigle huppard plus proche de l'autour que les deux « aigles » ne sont proches l'un de l'autre, il faut avoir une connaissance précise du nombre de caractères *exclusivement* propres à chacun des groupes et le comparer au nombre de caractères communs aux « aigles » et résultant d'un mécanisme d'adaptation convergente. Plus le groupe taxonomique est restreint, plus le nombre de caractères qui lui sont exclusivement propres est réduit, et plus il est difficile de distinguer homologie et analogie. C'est la raison pour laquelle les conclusions que nous tirons à propos des branches les plus grosses et les plus anciennes de notre arbre de l'évolution sont beaucoup moins sujettes à caution que celles que nous tirons à propos des ramifications les plus fines et les plus récentes, qui sont pourtant précisément celles qui intéressent le plus les généticiens et les spécialistes de la dynamique des populations.

Pour tirer des conclusions sur les phénomènes les plus récents de la phylogenèse, le taxonomiste poursuit inlassablement sa quête de nouveaux caractères distinctifs. Cette patiente recherche nous a valu non seulement l'établissement de la liaison entre phylogénétique et génétique, mais aussi la découverte sur laquelle s'est fondée l'éthologie : en quête de caractères distinctifs toujours plus nombreux, Whitman et Heinroth s'aperçurent en effet que certains comportements constituaient des caractères distinctifs fiables et même parfois particulièrement constants pour des espèces, des genres et même quelquefois des groupes taxonomiques plus importants.

L'importance de l'histoire de cette découverte que nous retraçons au chapitre IV réside dans le fait que l'ensemble des données de l'étude phylogénétique comparée *apportent la preuve que les innombrables petits caractères communs à des comportements moteurs comparables doivent leur similitude à un programme génétique qui s'est établi au fur et à mesure de l'évolution phylogénétique, exactement de la même façon que celui qui détermine la structure des organes physiologiques.*

Deuxième partie

MÉCANISMES PHYSIOLOGIQUES DU COMPORTEMENT PROGRAMMÉS PHYLOGÉNÉTIQUEMENT

I

La coordination héréditaire ou mouvement instinctif

1. Formation du concept

Les comportements moteurs, dont la similitude taxonomique frappa Charles Otis Whitman et Oskar Heinroth, étaient des mouvements instinctifs « ritualisés » de la pariade des pigeons (Whitman) et des canards (Heinroth). C'est souvent en tombant par hasard sur l'une des applications les plus simples d'une loi naturelle qu'un chercheur découvre cette loi et de là sont souvent issues les découvertes les plus marquantes : l'illustration classique nous en est offerte par la découverte des lois de Mendel. Certains comportements moteurs à fonction de signaux ont pris pour des besoins de clarté une forme fixe, indépendante de l'intensité d'excitation ; ils ont, comme le dit D. Morris, qui a découvert cet effet, une intensité caractéristique (*typical intensity*). La découverte qu'ils avaient d'abord faite sur les mouvements ritualisés conduisit vite les deux pionniers de l'éthologie à s'apercevoir du caractère *spécifique* d'autres schémas moteurs. Cependant, ils s'intéressèrent davantage à la fonction qu'à l'origine physiologique de ces comportements. Ainsi que nous l'avons dit, aucun d'eux n'exprima jamais la moindre opinion sur la nature physiologique du mouvement instinctif. Ils considéraient les modes de comportements comme des unités fonctionnelles et les décrivaient en tant que tels. Heinroth créa la notion de *Arteigene Triebhandlung* (activité instinctive spécifique), qui englobait aussi bien la réaction à une configuration de stimuli spécifique que le comportement ainsi déclenché. Il n'est pas étonnant que, à une époque où le réflexe était systématiquement considéré comme le seul élément important de tout comportement, on n'ait pas su séparer sur le plan conceptuel la première réaction du comportement qui lui faisait suite.

Même les chercheurs qui étudièrent les réactions d'orientation adoptèrent en un premier temps une attitude analogue. Sous le nom de taxie et en particulier de phototaxie, Alfred Kühn définissait, au départ, non seulement l'orientation de l'organisme dans la direction du stimulus déclencheur ou dans la direction opposée à ce stimulus, mais aussi le déplacement qui s'ensuivait dans la direction ainsi adoptée.

La notion d'« activité instinctive spécifique » recouvre chez Heinroth une unité fonctionnelle de type analogue. Elle comporte à la fois la recherche active de l'animal pour atteindre une situation de stimuli donnée – d'où le qualificatif « instinctif » –, la réponse réactive du mécanisme de déclenchement à cette configuration de stimuli et, enfin, le déroulement du ou des mouvements instinctifs déclenchés. Heinroth donnait comme exemple d'activité instinctive spécifique le comportement du jeune autour élevé en captivité attrapant sans la moindre expérience préalable un faisan qui volait dans la pièce et emportant sa proie tuée, dans les règles de l'art, sur le coin de l'armoire avant même que l'observateur ait pu intervenir. « Ce premier "acte professionnel" de l'autour en tant que tel nous laissa un souvenir inoubliable », écrit Heinroth.

On trouve des traces du raccourci conceptuel de Heinroth jusque dans les travaux les plus récents. Dans le manuel de Theodore Holms Bullock, *Introduction to*

Nervous System, par exemple, on trouve au nombre des caractères constitutifs du mouvement instinctif (*fixed action pattern*, en anglais), outre le caractère conditionné, l'insensibilité aux stimuli extérieurs et la spécificité, le fait que le mouvement instinctif ne peut être déclenché que par une combinaison spécifique de stimuli extérieurs. Or ce dernier point vaut pour beaucoup de mouvements instinctifs mais pas pour tous : « l'automatisme appétitif » (Prechtl et Schleidt) de beaucoup de petits mammifères n'est pas lié à un mécanisme de déclenchement sélectionnant certains stimuli, mais fonctionne sans interruption, ainsi que nous le verrons à la section 2 du chapitre IV, tant que l'animal est éveillé et tant qu'il n'a pas trouvé de tétine.

La possibilité innée d'« identifier » la situation environnementale adéquate, d'un côté, et la « capacité » innée d'adopter précisément dans cette situation le comportement téléonomique voulu, de l'autre, sont deux fonctions physiologiquement distinctes. Ainsi que nous avons pu le dire dans notre présentation historique, Charlotte Kogon fut la première à établir une distinction conceptuelle entre le mécanisme de déclenchement et le mouvement déclenché. Elle écrivait, en 1941 : « Dans la logique de la terminologie de Lorenz, il ne peut plus être question d'acte instinctif ; il faut plutôt parler de mouvement instinctif ; mais les conclusions, il ne les a pas tirées lui-même. » Ce fut fait immédiatement après, ainsi que nous venons de le rapporter. Les relations d'interaction dynamique entre mouvement instinctif et mécanisme inné de déclenchement n'apparurent clairement qu'au travers des recherches expérimentales d'Alfred Seitz, dont nous aurons l'occasion de parler dans la section 3.

Pour comprendre ses travaux, il faut d'abord connaître les différentes formes que peut prendre un mouvement instinctif en fonction des différentes intensités d'excitation.

2. Différences d'intensité

La loi du « tout ou rien » bien connue dans la physiologie du système nerveux central ne s'applique pas à la plupart des mouvements instinctifs. Au contraire, lorsque le type d'excitation spécifique d'un certain mouvement commence à monter, l'animal esquisse le mouvement en question. Un oiseau de proie ou un héron chez qui l'excitation motivant l'envol commence à se faire sentir fait des mouvements de tête dans la direction où il va s'envoler, piétine sur place, se baisse un peu comme pour prendre son élan et déplie ses ailes. Les mouvements de ce type permettent au spécialiste de l'espèce observée de savoir ce que l'animal va faire immédiatement après ; ils trahissent en quelque sorte l'intention de l'animal et c'est la raison pour laquelle Heinroth les a qualifiés de mouvements intentionnels.

La montée de l'excitation spécifique d'une activité donnée, qui se traduit par un mouvement intentionnel, peut à tout instant cesser et se mettre à baisser. Une oie cendrée, par exemple, peut pousser le mouvement intentionnel de l'envol où, les ailes levées et largement déployées, elle s'abaisse comme pour s'élancer, puis s'arrêter là – ressemblant alors à un oiseau mal empaillé –, se redresser, replier ses ailes et passer à une autre activité.

Néanmoins, en observant attentivement le mouvement intentionnel de l'envol de l'oie cendrée prête à s'envoler, on peut dire avec une relative certitude si l'animal va effectivement prendre ou non son envol. J'ai moi-même mis du temps à déterminer d'où je tirais cette information : elle est fournie par la vitesse avec laquelle l'oiseau passe par les différents degrés d'intensité de l'excitation spécifique. C'est comme si la montée de l'excitation était soumise à sa propre force d'inertie : si l'animal franchit très vite les stades un, deux et trois, on peut extrapoler pratiquement à coup sûr qu'il ne s'arrêtera pas brusquement au stade quatre et que, même si l'excitation devait en définitive retomber, il atteindra au moins le stade suivant. Inversement, on peut par une extrapolation similaire prévoir à coup sûr que, si la montée se ralentit à un certain stade de sorte que l'on observe assez longtemps des mouvements correspondant à un degré donné d'excitation et que les mouvements correspondant au degré suivant n'apparaissent que tardivement, la suite de la courbe ascensionnelle ne conduira pas à des degrés d'intensité plus élevés.

Une autre question se pose, qui est de savoir comment l'observateur reconnaît le mouvement instinctif au travers du mouvement intentionnel, qui n'en est qu'une pâle esquisse. La réponse à cette question nous est donnée par Wolfgang Schleidt, ainsi que nous le verrons p. 223, dans son étude *How fixed are fixed motor patterns ?* (*À quel point les patrons moteurs fixes sont-ils vraiment « fixes » ?*). Ce qui demeure constant depuis le mouvement intentionnel jusqu'au déroulement complet du mouvement instinctif et qui rend le mouvement identifiable non seulement pour l'observateur humain, mais manifestement aussi pour les congénères, ce sont l'*écart entre les différentes phases* et les *rapports entre les amplitudes*. La perception des formes joue dans l'identification du patron moteur à peu près le même rôle que dans l'identification d'une mélodie.

3. Différents mouvements instinctifs commandés par un même type d'excitation

Dans la plupart des cas, un même type d'excitation ne commande *pas une seule et unique* coordination motrice héréditaire mais toute une série de mouvements instinctifs très nettement différents les uns des autres et correspondant dans un ordre donné aux différentes intensités d'une excitation de même nature. Lorsqu'un cichlidé *Astatotilapia strigigena* mâle, incubateur buccal, qui fut le principal objet de recherche d'Alfred Seitz [1], est rendu agressif par l'arrivée d'un congénère rival ou la présentation d'un leurre du même type, la disposition au combat se manifeste d'abord par le fait que l'animal redresse ses nageoires verticales, revêt ses plus belles couleurs et se rapproche de l'objet visé. Il prend alors une position transversale, de manière que son profil le plus imposant se présente perpendiculairement à la ligne de vision de l'adversaire ; c'est ce qu'on appelle le « mouvement de parade transversale ». Une fois dans cette position, il abaisse la membrane branchiale noire afin qu'elle forme un peigne vertical au-dessous de la tête et en grossisse considérablement les contours de profil. Le mouvement de parade transversale est immédiatement suivi par le « coup de queue », mouvement par lequel les muscles de tout un côté du corps se contractent simultanément – et non de façon « métachronique » comme dans la nage frétillante –, de sorte que tout le corps du poisson se recourbe latéralement et que sa tête et davantage encore la nageoire caudale largement

1. Le nom spécifique est sans doute faux, il s'agit très certainement d'une espèce de *Genus haplochromis*, étroitement proche du *Haplochromis multicolor* mais non identique, comme Wickler l'a affirmé à tort. Les derniers représentants de l'espèce s'étant éteints au cours de la Seconde Guerre mondiale dans les aquariums de quelques amateurs, il est impossible d'en savoir davantage actuellement.

déployée envoient une vague de pression en direction de l'adversaire. Si l'excitation monte encore, l'animal modifie brusquement son orientation, adopte une position frontale par rapport à l'adversaire, soulève ses opercules branchiaux et déploie sa membrane branchiale, de telle sorte qu'elle forme cette fois un bouclier frontal qui grossit les contours de la tête vue de devant. Les deux rivaux se livrent alors à un combat buccal – chez d'autres cichlidés le choc bouche à bouche ou le tiraillement mutuel de la bouche constitue la partie essentielle du combat ritualisé. Chez l'*Astatotilapia*, cette phase est très rapide et immédiatement après chacun des deux adversaires essaie de cogner l'autre dans les flancs, ce qui donne très vite ce que l'on a appelé le « carrousel », les deux poissons se tournant autour à toute allure. C'est à ce moment-là qu'ils se font les premières blessures et que les écailles commencent à voler.

Les mouvements ne peuvent pas se succéder dans un autre ordre que celui que nous venons d'indiquer, l'animal ne peut adopter le comportement de parade avant d'avoir revêtu son habit de parade et redressé ses nageoires, il ne peut pas faire le « coup de queue » avant d'avoir abaissé la membrane branchiale, et ainsi de suite. Avec la montée de l'excitation, au cours des quatre phases que nous venons de décrire, d'autres mouvements viennent s'ajouter aux mouvements élémentaires précédents sans que ces derniers soient pour autant interrompus. La différence entre les faibles et les hauts niveaux d'intensité, en ce qui concerne les mouvements de combat, ne peut donc pas s'expliquer par le même principe que celui qu'énonce Erich von Holst dans son analyse du dualisme entre fonctions automatiques et fonctions motrices. L'automatisme détermine la « mélodie des impulsions », la forme identifiable du mouvement, le nombre de cellules motrices qui entrent en jeu selon les cas détermine l'« intensité » du mouvement dans la simple oscillation d'une nageoire, l'amplitude de cette oscillation. Ainsi que l'a montré Holst, les cellules motrices répondent à la montée de l'excitation avec des seuils un peu différents : elles sont « recrutées », pour reprendre l'expression technique, dans l'ordre des valeurs de leurs seuils de stimuli.

Pour expliquer physiologiquement la succession des différentes phases d'intensité des mouvements de combat chez notre poisson, ce principe ne suffit pas. Lors du passage du coup de queue à la menace frontale et de là au carrousel, nous n'assistons manifestement pas uniquement au recrutement de nouveaux éléments moteurs, mais aussi à la *disparition* d'autres éléments moteurs qui avaient été activés à un niveau d'intensité moindre.

Ainsi que l'a montré Martin Moynihan dans son analyse des motivations du comportement de menace chez diverses espèces de mouettes, chez les animaux supérieurs, des coordinations héréditaires de formes très différentes peuvent correspondre aux différents niveaux d'intensité d'une excitation endogène de même nature. Il suffit que deux sources de motivation de nature différente entrent en conflit pour que la simple différence quantitative entre elles donne une multitude de formes motrices diverses qui ne proviennent en fait que de deux types d'excitations. Nous aurons l'occasion de revenir sur l'analyse des comportements qui peuvent en résulter (voir p. 365 sq.).

4. Homogénéité qualitative de la motivation

Les différences d'intensité dans le déroulement des mouvements instinctifs ne consistent pas seulement en variations d'amplitude et de force des différentes composantes, mais provoquent souvent une modification fondamentale de la configuration du mouvement qui ne peut pas s'expliquer par le seul principe du recrutement d'autres éléments moteurs. Nous ne savons pas quels processus physiologiques entrent en jeu lorsqu'un *Astatotilapia* mâle passe du mouvement de parade transversale au mouvement de menace frontale ou une oie cendrée du secouement du bec au mouvement de plongée.

La question se pose donc de savoir comment nous avons acquis la certitude que tous ces mouvements de nature différente sont commandés par une seule et même source de motivation. L'information sur laquelle se fonde la perception de l'observateur pour interpréter les choses de cette façon n'est pas facile à analyser. Il y est conduit d'abord par le caractère prévisible de l'enchaînement, par la régularité avec laquelle la phase d'intensité supérieure commence dès lors que la précédente, correspondant à un moindre degré d'excitation, s'achève. Lorsque Alfred Seitz montrait des combats de poissons à nos étudiants de Königsberg, il procédait exactement comme il avait coutume de le faire pour la présentation de films et, afin de laisser à ses auditeurs le temps de réagir, annonçait les différents mouvements, qu'il avait préalablement décrits très précisément, au moins une seconde *avant* que les poissons ne les exécutent.

Outre la prévisibilité de la phase d'intensité supérieure du mouvement instinctif, c'est l'existence de transitions conduisant des phases inférieures à cette phase ultime qui nous conduit à postuler une motivation unique. De même qu'à l'état de repos complet l'animal peut exécuter des mouvements intentionnels correspondant à un certain mouvement instinctif, il arrive qu'encore occupé par les mouvements correspondant à une phase de faible intensité il esquisse certains mouvements de la phase suivante. Dans la position de parade transversale, il peut arriver qu'un poisson ébauche un changement de position susceptible de le conduire au comportement de menace frontale, etc.

Le troisième argument qui plaide en faveur de différences purement quantitatives d'une excitation de même nature du système nerveux central à l'origine de toute l'échelle de comportements moteurs successifs est la rapidité du passage d'un mouvement à l'autre. Dans les mouvements instinctifs commandés par différentes motivations, le passage d'une « disposition » à l'autre demande toujours un certain délai, lequel est d'autant plus important que les systèmes mis en jeu sont importants et dans un rapport d'inhibition mutuelle. Dans les cas très rares et très particuliers où l'animal pris entre deux motivations conflictuelles passe rapidement d'un mouvement à l'autre, son comportement prend une tout autre allure, ainsi que nous le verrons plus précisément dans la section consacrée au comportement conflictuel (voir p. 365 sq.).

Il existe une quatrième raison de postuler une motivation unique des différentes phases d'intensité d'une coordination comportementale du système nerveux central : c'est l'identité du mécanisme de déclenchement qui les commande toutes. Cela nous est confirmé par l'expérience d'Erich von Holst montrant que l'excitation électrique de l'hypothalamus à partir d'un même point peut déclencher des séries de comportements appartenant à une même coordination, l'intensité des mouvements correspondant exactement aux différents degrés d'excitation.

Mais l'argument le plus puissant en faveur de la motivation physiologique unique des « ensembles » de comportements moteurs coordonnés héréditairement réside dans le fait que les dispositions à tous ces mouvements se développent ou au contraire disparaissent parallèlement. Si l'on constate expérimentalement qu'un mouvement correspondant à une faible intensité de motivation est déclenché par une faible excitation, on peut être absolument certain que le déclenchement de tous les autres mouvements de la même série présentera la même facilité. Inversement, si le déclenchement d'une forme motrice « faible » exige une très forte intensité de stimuli, on peut être tout aussi certain que l'on ne parviendra pas à déclencher chez le sujet expérimental et au moment donné les mouvements correspondant aux plus hauts degrés d'excitation spécifique du comportement instinctif qui est en jeu.

5. La double mesure quantitative

Dans ce qui précède, j'ai présenté comme allant de soi toute une série de faits que nous n'avons en réalité découverts, Alfred Seitz et moi-même, qu'au fur et à mesure des expériences dont nous allons traiter. De la même façon, je serais amené à anticiper ici un certain nombre de points dont nous ne traiterons en fait qu'au prochain chapitre. C'est une difficulté que l'on rencontre inévitablement dans la description de systèmes entiers dans lesquels tout se tient. Tant que l'on n'avait pas découvert la loi régissant les différentes formes motrices commandées par divers degrés d'intensité d'un même type d'excitation spécifique, on ne pouvait pas s'apercevoir que différentes configurations de stimuli pouvant s'additionner produisaient un effet qualitativement identique mais quantitativement différent dans son intensité – et inversement. Les travaux de Seitz, à qui nous devons l'analyse de ces rapports d'interdépendance, constituent précisément à cet égard un modèle d'analyse systématique globale (cf. 1. II/1). Le projet de Seitz était à l'origine très ambitieux : il espérait découvrir un rapport constant entre intensité d'excitation et intensité de réaction. Il découvrit, en fait, ces différences d'intensité du mouvement instinctif dont nous avons parlé dans la section précédente et ce que l'on a appelé la règle de la sommation hétérogène des stimuli, qui commande les fonctions du mécanisme inné de déclenchement (MID ou *IRM : Innate Releasing Mechanism*). En poursuivant l'analyse de ces deux effets, Alfred Seitz fut le premier physiologiste qui prouva l'existence d'un rapport constant entre intensité d'excitation et intensité de réaction.

Seitz présenta à un *Astatotilapia* mâle des leurres ayant, grossièrement simplifiés, les caractères d'un rival. Il constata pour commencer – et de façon tout à fait inattendue – que la similitude que le leurre pouvait présenter d'un point de vue humain avec l'objet naturel déclenchant le comportement de combat n'intervenait en rien dans son efficacité. Le mécanisme inné de déclenchement n'est pas – comme pourrait le faire croire l'expression « schéma inné » – une *image* simplifiée de l'objet naturel. Un simple bloc parallélépipédique de pâte à modeler incolore balancé au bout d'une baguette de verre devant les yeux du poisson exerçait un fort effet déclencheur dès lors que l'on s'en servait pour imiter le mouvement du coup de queue, ce que l'on réussissait aisément en faisant simplement tourner la baguette entre ses doigts. Procédant par expériences graduelles en ajoutant à ce leurre d'autres caractères et en observant lesquels de ces caractères augmentaient le plus son efficacité, Seitz conclut que la « forme » générale et surtout les contours du rival ne jouaient quasi aucun rôle. Les caractères dont la présence revêtait au contraire une grande importance étaient le trait noir caractéristique en travers de l'œil, les nageoires verticales déployées, bordées de rouge en haut et de noir en bas, l'éclat bleu des flancs, la présentation d'un flanc large et plat, le coup de queue et enfin le coup de bélier, que l'on imitait en touchant le poisson avec une mince baguette de verre.

Tous ces caractères provoquaient un effet qualitativement identique mais quantitativement très différent. Au départ, on ne s'aperçut pas que les divers comportements réactifs du poisson relevaient d'une même « série » correspondant aux différentes phases d'intensité d'une coordination héréditaire, parce que la représentation que l'on avait d'« un » mouvement instinctif demeurait calquée sur ces mouvements instinctifs d'intensité fixe sur lesquels Whitman et Heinroth avaient découvert la possibilité d'homologie entre des comportements moteurs (p. 156). C'est ainsi que la parade transversale, le coup de queue, etc., apparurent d'abord comme des comportements totalement indépendants les uns des autres.

Seitz constata – à sa grande déception, dans un premier temps – que la présentation d'un certain leurre ne produisait un certain effet qu'une seule et unique fois ; dès la seconde présentation l'effet était plus faible. En pareil cas, l'expérimentateur essaie automatiquement d'exciter davantage l'animal, par exemple en faisant bouger le leurre, et il a alors la surprise de voir réapparaître la réaction précédente, « plus forte », une deuxième fois !

Pour parvenir à une juste interprétation de ses observations, il fallait d'abord que Seitz se rendît compte qu'il étudiait au travers de ses expériences non pas un, mais *deux* effets différents : d'une part, l'efficacité de la configuration de stimuli que présentaient ses leurres, d'autre part, la disposition intérieure de l'animal à l'activité en question, disposition extrêmement variable et moindre après chaque expérience. Seitz s'aperçut rapidement que très exactement le même mouvement pouvait être provoqué tantôt par une forte disposition intérieure, avec un faible degré d'excitation, tantôt par un fort degré d'excitation, avec une faible disposition intérieure. En fait, sa première découverte fut que, lorsque la disposition intérieure de l'animal baissait par un phénomène de fatigue spécifique de l'activité en question, le niveau d'excitation de l'animal pouvait être maintenu par renforcement du stimulus extérieur.

L'idée que chacune de ses expériences avec un leurre représentait une équation à deux inconnues conduisit Seitz à l'application d'une méthode à la fois élégante et simple : dans un premier temps, il présentait au poisson le leurre dont il étudiait l'efficacité, enregistrait le degré d'excitation atteint et présentait immédiatement après la plus forte configuration de stimuli possible, à savoir un autre *Astatotilapia* mâle prêt au combat. Cela lui permettait de mesurer le degré d'excitation subsistant après la première expérience et prouvait l'existence d'une relation constante entre la « puissance » de la situation de stimuli et l'intensité du mouvement déclenché.

Dans le chapitre consacré au mécanisme inné de déclenchement (MID), nous aurons l'occasion de revenir sur la loi la plus importante que découvrit Seitz, selon laquelle l'effet de tout leurre est égal à la somme des effets des différents caractères qu'il présente. L'effet de chacune des configurations de stimuli décrites précédemment restait le même quelle que fût la combinaison dans laquelle elles se présentaient. Cette règle de la sommation hétérogène des stimuli fut pleinement confirmée ultérieurement par les expériences très différentes que firent W. Heiligenberg et C. Y. Leong (p. 240-241).

Ce que nous venons de dire ici de la loi de la sommation des stimuli et de l'effet déclencheur constant des différentes configurations de stimuli suffit à comprendre avec quelle relative exactitude on peut déduire, de l'intensité avec laquelle un animal réagit à une configuration de stimuli d'effet connu, sa disposition momentanée à l'activité spécifique considérée.

6. Fatigabilité spécifique d'une activité

Dans les expériences de Seitz, l'intensité des mouvements déclenchés diminuait considérablement chaque fois que l'on présentait le même leurre plusieurs fois de suite. En revanche, on pouvait maintenir assez longtemps la même intensité d'activité en présentant à chaque nouvelle expérience des configurations de stimuli plus fortes. Un sujet qui, par exemple, réagissait à la présentation d'un bloc de pâte à modeler gris par le mouvement de parade transversale et le coup de queue, ne faisait qu'exécuter le mouvement de parade transversale lorsqu'on lui présentait le même objet pour la seconde fois. Mais il réussissait à exécuter le coup de queue si on lui présentait, au lieu du bloc gris mat, un bloc d'un éclat bleuté. Par sommation successive des configurations de stimuli additionnables, on parvenait à maintenir au même niveau le degré d'excitation spécifique de ladite activité.

La baisse de la disposition intérieure à une activité donnée provoquée par la mise en œuvre du comportement moteur considéré correspond donc sur le plan récepteur à une *montée du seuil de stimuli* déclencheurs. Nous qualifions ces deux phénomènes corrélatifs de fatigue de l'activité donnée. L'activité qui se « fatigue » ainsi est très exactement ce qu'Oskar Heinroth a désigné sous le terme d'« activité instinctive spécifique », à savoir l'unité composée d'un mécanisme inné de déclenchement et du mouvement instinctif qu'il déclenche. Étant donné que nous savons que ces deux éléments reposent sur des processus physiologiques très différents, la question se pose de savoir dans lequel des deux se manifeste le phénomène de fatigue.

La fatigue propre à une activité a entre autres une propriété importante en commun avec le phénomène d'accoutumance au stimulus ou habituation, souvent qualifié d'adaptation sensorielle : c'est qu'elle porte exclusivement sur une certaine activité spécifique et sur la configuration de stimuli qui déclenche cette activité. Cela pourrait induire en erreur et porter à la prendre pour un processus se déroulant exclusivement sur le plan récepteur du comportement. Au moment où il procéda à ses expériences, Seitz et moi-même postulâmes l'inverse. L'idée d'une excitation spécifique d'une activité donnée (*usée* par l'exercice de cette activité) d'un processus se déroulant donc sur le plan moteur du système de comportement nous était suggérée par la mise en lumière d'un processus réciproque : si, après lui avoir présenté de nombreuses fois les leurres les plus efficaces, on laisse un *Astatotilapia* mâle complètement « épuisé » se reposer un ou deux jours, sa disposition au combat se retrouve au niveau antérieur. Si l'on prive l'animal pendant plusieurs jours de tout stimulus déclencheur du comportement de combat, non content de revenir au niveau antérieur « normal », son degré d'excitabilité remonte à un niveau nettement supérieur. Le sujet réagit alors par des mouvements de combat à des configurations de stimuli totalement inadéquates, qui ne sont absolument pas caractéristiques de la situation environnementale « juste ». H. Lissmann a longuement étudié ce phénomène sur le combattant (*Betta splendens*) et analysé l'effet de l'*abaissement de seuil* des stimuli déclencheurs. Nous reviendrons sur ce point dans la section suivante.

L'hypothèse selon laquelle les variations régulières de la disposition intérieure de l'animal reposent sur l'« accumulation » et la « consommation » d'une excitation spécifique d'une activité donnée constamment produite par les mécanismes endogènes et réduite par le déroulement du mouvement en question fut également confirmée par les découvertes d'Erich von Holst sur les poissons, et en particulier les hippocampes (*Hippocampus*) spinaux. Nous reviendrons sur ces expériences aux sections 13 et 14 du présent chapitre.

En dehors de ces modifications de la disposition intérieure de l'animal relevant du secteur moteur de l'activité comportementale, il y a d'autres modifications qui relèvent du secteur récepteur, mais Alfred Seitz ne les prit pas en considération lorsqu'il mit au point sa méthode de la double mesure quantitative. On serait assez tenté de dire : « Dieu soit loué ! nous ne savions encore rien de cette complication supplémentaire ! » Dans les variations de disposition intérieure étudiées par Seitz, ces processus jouent en fait un rôle si minime qu'ils ne constituent pas une véritable source d'erreurs. Heinz Prechtl étudia en 1949 le mécanisme de déclenchement inné du bâillement de quête chez les jeunes pinsons des arbres. Il montra que la loi de la sommation hétérogène des stimuli s'appliquait également dans ce cas-là. Les configurations de stimuli déclencheurs sont l'ébranlement du bord du nid, un sifflement très aigu, la perception optique d'un des parents descendant vers le nid – ou la main de l'homme qui nourrit les petits. On peut également déclencher le bâillement de quête en tapotant légèrement le dessus de la tête et le dos du petit oiseau. Prechtl constata que, lorsqu'il utilisait une de ces excitations pour provoquer le bâillement jusqu'à épuisement, il pouvait ensuite obtenir le même effet avec une autre excitation. Les plus longues séries de bâillements, il les obtint en passant d'une excitation à l'autre avant même que la première ait totalement perdu son efficacité. L'effet global du changement d'excitation était pratiquement analogue à celui qu'exerce la composition d'un menu par un grand cuisinier sur un gastronome. Conformément à la loi de la sommation des stimuli, les différentes configurations de stimuli présentées séparément exerçaient sur le jeune oiseau un effet moindre que lorsqu'elles se présentaient simultanément. Ces expériences permirent de découvrir que les phénomènes de fatigue d'une activité donnée intervenaient aussi bien sur le plan récepteur que sur le plan moteur. C'est un fait qu'il ne faut jamais perdre de vue lorsque l'on étudie les phénomènes de fatigue dans le cadre du mouvement instinctif.

Dans ses travaux sur les mouvements d'essuyage de la grenouille spinale, Ludwig Franzisket parvint à établir expérimentalement une séparation claire entre les phénomènes de fatigue sur le plan des mécanismes moteurs et sur le plan des mécanismes afférents, et à mesurer les deux. Il sectionna la moelle épinière du sujet de telle sorte que la respiration se poursuive, tandis que les mouvements spontanés des extrémités étaient paralysés. Les mouvements d'essuyage « réflexes » au moyen desquels la grenouille se débarrasse d'objets qui la gênent sur son dos étaient encore déclenchables, mais il fallait un certain « entraînement » pour que s'établisse un rodage durable de ce mouvement instinctif ; c'est ce que Franzisket appela la « formation d'une habitude ». Sur le sujet ainsi préparé, il essaya de déterminer dans quelle mesure le niveau de l'excitabilité était spécifique d'un mouvement instinctif donné, autrement dit comment l'épuisement d'un certain comportement pouvait influer sur le déclenchement d'un autre de fonction analogue. Il étudia deux mouvements : d'une part, le réflexe d'essuyage classique par lequel la grenouille se passe l'extrémité d'une patte postérieure d'arrière en avant, sur tout le dos ; d'autre part, le mouvement d'essuyage du talon, par lequel l'animal passe avec son talon, d'avant en arrière, sur les parties caudales du dos. Ainsi que le montre le diagramme de la figure 10, le phénomène de fatigue qui se manifeste au niveau d'un des mouvements instinctifs n'a aucune influence sur le déclenchement de l'autre.

La seconde question importante que posa Franzisket était de savoir si « le quantum d'excitabilité était attribué globalement à un type de comportement moteur ou si c'était un phénomène inscrit dans les fonctions de chaque *voie* réactive ». Chacun des mouvements d'essuyage considérés peut être déclenché à partir de deux régions de l'épiderme tout à fait distinctes, tant sur le plan topographique que neurologique. Ces régions sont séparées extérieurement par le bourrelet qui suit toute la longueur du dos depuis les yeux jusqu'aux cuisses, et chacune d'elles est desservie par un nerf de l'épiderme : le dos par le *Rami cutanei dorsi medialis*, le flanc par le *Rami cutanei dorsi lateralis* (Eckers Wiedersheim Gaupp, 1899).

Si l'on déclenchait à partir du dos une première série de mouvements d'essuyage des orteils avec un taux de réaction normal, la même série d'excitations reportée sur le point sensible des flancs donnait un taux de réaction fort inférieur – mais supérieur toutefois au taux que l'on aurait obtenu en poursuivant les excitations sur le point précédent. La même expérience en sens inverse, excitation du flanc, puis du dos, donnait le même résultat. Franzisket en conclut que « le mouvement d'essuyage des orteils possède en tant que comportement moteur un certain quantum d'excitabilité. Pour ces deux points d'excitabilité, le lieu à partir duquel était appliquée l'excitation, autrement dit la voie réactive par laquelle cette excitabilité était consommée, ne revêtait aucune importance ».

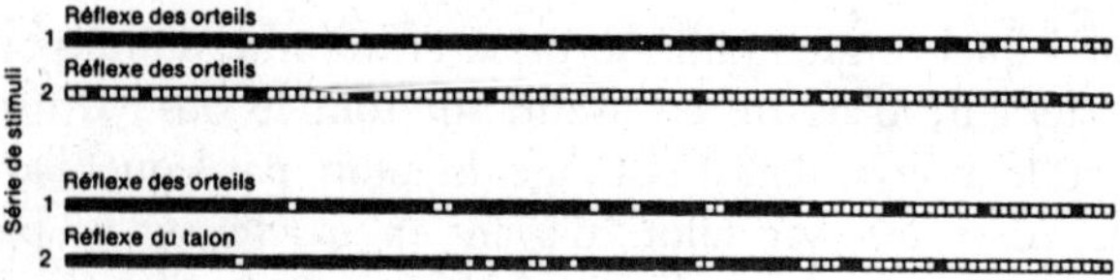

FIG. 10 : 200 stimuli appliqués au même point de la région dorsale déclenchent dans les cent premiers cas un nombre considérable de mouvements d'essuyage des orteils, dans les cent derniers cas un nombre nettement plus restreint de ce même mouvement (cf. les deux diagrammes supérieurs). Si l'on applique au contraire les cent derniers stimuli sur la partie caudale du tronc pour déclencher le mouvement d'essuyage du talon, on constate que les mouvements précédents n'ont influencé en rien le quantum d'excitabilité du mouvement d'essuyage du talon. (Extrait de Franzisket, *Untersuchungen zur Spezifität und Kumulierung der Erregungsfähigkeit und zur Wirkung einer Ermüdung in der Afferenz bei Wischbewegungen des Rückenmarksfrosches – Étude de la spécificité et du cumul de l'excitabilité et de l'effet des phénomènes de fatigue dans le domaine afférent des mouvements d'essuyage chez la grenouille spinale*).

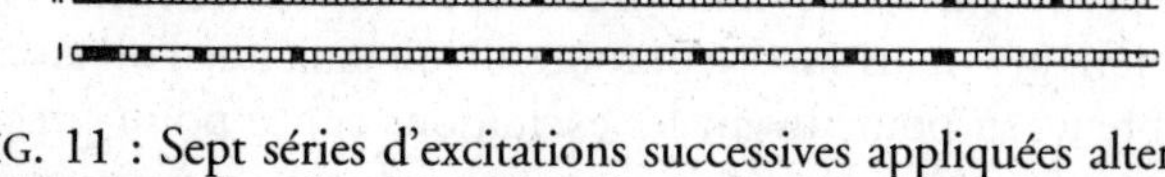

FIG. 11 : Sept séries d'excitations successives appliquées alternativement dans la région dorsale (point I) et dans la région des flancs (point II) pour déclencher le mouvement d'essuyage des orteils. Dix jours de repos ayant été observés avant cette expérience, les mouvements d'essuyage déclenchés, assez nombreux jusqu'au milieu de la quatrième série, montrent le cumul de l'excitabilité. (Extrait de Franzisket, *Untersuchungen zur Spezifität und Kumulierung der Erregungsfähigkeit und zur Wirkung einer Ermüdung in der Afferenz bei Wischbewegungen des Rückenmarksfrosches.*)

Au cours d'une autre série d'expériences, Franzisket montra le cumul de l'excitabilité propre à une certaine activité dans le secteur moteur. Lorsqu'on laissait l'animal au repos pendant dix jours, on constatait que le déclenchement du mouvement d'essuyage des orteils ne s'arrêtait pas, comme dans les autres expériences, au bout d'une centaine d'excitations. Au lieu de s'atténuer au bout d'une série de cent, le niveau d'excitabilité se maintenait pendant les deux séries suivantes au même niveau que celui observé dans la première série après une pause de un à deux jours. Le degré d'excitabilité baissait à peine au cours de la troisième série, et ce n'est qu'au cours de la quatrième qu'un phénomène de fatigue propre à l'activité en question se faisait véritablement sentir.

Toutefois, cet effet n'était obtenu qu'à la condition de changer le point d'application des stimuli après chaque série d'excitations. Si l'on conservait la même voie réactive, on observait au bout de cinquante à quatre-vingts mouvements d'essuyage déclenchés à intervalles de dix secondes un phénomène de fatigue. Si, au lieu de changer de voie réactive, on observait une pause, ne fût-ce que de trente minutes entre deux séries, on observait le même effet qu'en changeant le point d'application des stimuli.

Après épuisement total, l'excitation se rétablit nettement plus vite dans le secteur récepteur que dans le secteur moteur. Inversement, les phénomènes de fatigue se font également plus rapidement sentir dans le secteur récepteur que dans le secteur moteur. Ces différences de « rythme » dans le déroulement chronologique permirent à Franzisket de délimiter l'ampleur des phénomènes de fatigue et de reconstitution de l'excitabilité dans chacun des deux secteurs. Il en conclut que « le quantum d'excitabilité était une fonction des structures du système nerveux central (en tant qu'état trophique des neurones intermédiaires qui coordonnent le mouvement), que la fatigabilité était au contraire liée à la voie afférente (en tant que fonction des synapses reliant la voie afférente et certains groupes particuliers de neurones intermédiaires qui coordonnent le mouvement d'essuyage) ». Pour appuyer l'hypothèse selon laquelle l'excitabilité du mouvement d'essuyage correspond à un trophisme des neurones intermédiaires coordonnant ce mouvement, Franzisket montra également que la reconstitution de l'excitabilité spécifique après son épuisement dépendait de la température (1952). Le résultat essentiel des recherches de Franzisket auxquelles nous nous référons ici est le suivant : son affirmation selon laquelle « à la représentation d'un quantum spécifique d'excitabilité doit nécessairement correspondre une réalité physiologique ».

Ce quantum d'excitabilité « à la disposition » de l'organisme varie non seulement d'un mouvement instinctif à l'autre, mais aussi d'une espèce à l'autre. En ce qui concerne le mouvement sinueux et « métachrone » de la nage du maquereau (*Scomber*) ou d'un squale pélagique, il ne peut guère davantage être question de « fatigue » que pour les battements du cœur ou les mouvements respiratoires. Au contraire, chez l'hippocampe, le battement rythmique de la nageoire pectorale s'épuise en quelques secondes, tout au plus quelques minutes ; chez le labre, le mouvement homologue se poursuit très vraisemblablement sans interruption tant que l'animal est éveillé. Cela correspond très exactement au « besoin » quotidien moyen du mouvement considéré pour chacune des espèces observées. Ce n'est pas par hasard que les mouvements locomoteurs sont le plus souvent quasi inépuisables. Chez la plupart de ces squales, habitants des hautes mers, que nous avons mentionnés précédemment, le mouvement natatoire en avant est pratiquement équivalent à un mouvement respiratoire : ces animaux ont même pu se permettre de laisser s'atrophier les organes qui, chez la plupart des poissons, font circuler de l'eau sur les branchies, car le passage d'un courant d'eau était de toute façon assuré par leur constant déplacement. Ces animaux s'étouffent dès lors que l'on interrompt leur locomotion.

Une autre raison explique sans doute que les mouvements locomoteurs ont revêtu au cours de l'évolution phylogénétique ce caractère inépuisable ; c'est leur importance pour la fuite. Pour la plupart des mouvements instinctifs, les possibilités de déclenchement s'épuisent avant que l'animal lui-même ne soit entièrement épuisé. Nous ne connaissons qu'un petit nombre de comportements moteurs pour lesquels le phénomène de fatigue spécifique de l'activité en question se manifeste plus tard que pour l'ensemble de l'organisme, et surtout pour les activités de ses organes respiratoires et de sa musculature. Or la disposition nerveuse à la fuite se maintient même après épuisement total de ces fonctions de base. D'un point de vue téléonomique, il est tout à fait compréhensible que la fuite devant l'ennemi prédateur ait priorité absolue sur tout autre comportement.

Ainsi que nous aurons encore l'occasion de le voir à la section 12 du présent chapitre, la locomotion dépend de nombreux « centres de commandement », et chacun la met au service d'une autre fonction. Le chevreuil doit courir pour échapper au loup, pour chasser de son territoire un rival vaincu, pour attraper une femelle, pour chercher de meilleures prairies, etc. On pourrait dire la même chose d'autres mouvements instinctifs à multiples applications. La souris doit ronger pour ouvrir une coque de noix, pour élargir un passage, pour installer son nid, etc. J'ai qualifié ce type de mouvements d'« activités instrumentales », mais l'expression « mouvements plurivalents » est sans doute meilleure.

Le fait que ces mouvements soient soumis à l'impulsion d'instances supérieures du système nerveux central ne signifie en aucun cas qu'ils n'ont aucune spontanéité. Leur perpétuelle disponibilité repose tout au contraire sur l'importance de la production endogène d'excitation propre à l'activité correspondante, ce qui se traduit à la fois par une baisse très rapide du seuil de déclenchement en cas de non-utilisation et par une forte tendance au déroulement de l'activité à vide.

7. Abaissement des seuils de stimuli déclencheurs

Nous avons traité des expériences de Seitz à la section 2. I/5, mais nous n'avons guère insisté sur leur principal résultat. C'est la raison pour laquelle je tiens à y revenir ici : lorsque, dans des conditions par ailleurs favorables, on ne donne pas au poisson la possibilité de manifester sa réaction de combat pendant un laps de temps dépassant de beaucoup l'intervalle habituel entre les expériences, on constate non seulement que la réaction se déclenche un beaucoup plus grand nombre de fois de suite, comme le mouvement d'essuyage des grenouilles de Franzisket, mais aussi qu'on peut la déclencher avec une configuration de stimuli plus faible. Franzisket a fait toutes ses expériences en utilisant le même stimulus. S'il avait utilisé des stimuli graduels d'intensité mesurable, il aurait très certainement constaté lui aussi un abaissement du seuil d'excitation. Au cours des longues périodes de repos, la disposition intérieure à l'action ne se contente pas de se reconstituer (au sens de se rétablir d'une fatigue) ; du fait que dans les conditions de l'expérience on prive l'animal de tout contact avec les stimuli déclencheurs, l'excitabilité remonte nettement au-delà du niveau moyen auquel elle se situe dans les conditions de vie en liberté. Le premier à étudier cet effet fut Wallace Craig et il l'étudia sur les mouvements de pariade de la tourterelle domestique (*Streptopelia risoria L.*). Un mâle privé de tout contact avec ses congénères exécute au bout d'un certain temps des mouvements de pariade devant un pigeon domestique auquel il n'avait prêté jusqu'alors aucune attention ; au bout d'une période d'isolement encore plus prolongée, il exécute les mêmes mouvements devant un poing tendu ou un torchon roulé en boule ; si l'isolement se prolonge encore, il exécute ses courbettes nuptiales dans un coin de sa cage vide où l'angle, avec le croisement des trois arêtes, offre au moins un point à fixer. Presque tous les croisements interspécifiques obtenus par des éleveurs sont précisément obtenus au terme de longues périodes d'isolement où, à force d'être privé de contact avec ses congénères, c'est-à-dire de ne plus rencontrer la situation de stimuli adéquate, l'animal montre des dispositions sexuelles exacerbées. Étudiant le combat de rivalité du poisson combattant (*Betta splendens*) en procédant avec des leurres, Lissmann est parvenu à des résultats analogues à ceux de Craig avec les tourterelles.

L'abaissement du seuil des stimuli déclencheurs est très certainement le résultat de cet état physiologique qui produit aussi bien l'augmentation du nombre de mouvements déclenchés que l'appétence de l'animal pour la situation de stimuli déclenchante. Dans le « jargon de l'institut », on a pris l'habitude de parler de « rétention » et d'« accumulation » du mouvement instinctif pour désigner l'ensemble abaissement du seuil d'excitation – augmentation de l'appétence. Il faudrait procéder à une étude particulière de chaque cas pour savoir dans quelle mesure cet effet relève de processus du secteur moteur, d'une accumulation de l'excitation propre au comportement en question, et dans quelle mesure il relève de processus du secteur récepteur. Nous savons qu'une production automatique d'excitation a également lieu dans le secteur récepteur, mais nous ne savons pas jusqu'où va la spécificité de ses effets.

Sur le plan phénoménologique, c'est une banalité que de dire que toute rétention se manifeste d'abord sur le plan récepteur. Si nous passons juste avant midi, à l'heure où l'on a très faim, devant l'étal d'un boucher dans quelque pays du sud de l'Europe, l'odeur de viande rouge crue nous est agréable ; si nous passons au même endroit juste après le repas, nous avons très nettement l'impression de sentir une odeur de charogne. Le capitaine d'un petit croiseur, ami d'Oskar Heinroth, lui demanda un jour, inquiet, comment il pouvait expliquer que, lorsqu'il revenait à Hambourg après une longue croisière, toutes les femmes lui paraissaient très jolies, alors que quand il restait plus longtemps à terre il les trouvait le plus souvent assez laides. C'est ainsi que Goethe fait dire à Méphisto, qui atteint là le comble de son cynisme : « Et avec cette boisson tu verras Hélène en toute femme. »

Pour autant que je sache, personne n'a encore jamais essayé de savoir si en présentant à de multiples reprises un même stimulus déclencheur on pouvait fatiguer un MID et réduire l'accumulation d'excitation propre à une certaine activité sans que soit consommée sur le plan moteur une part de l'excitation propre à l'activité en question. Mais je ne le crois pas.

8. Effets voilant la rétention d'un mouvement instinctif

Si, pour étudier les mécanismes d'abaissement des seuils de stimuli déclencheurs et d'augmentation de l'appétence, on fait vivre un animal dans des conditions dépourvues des stimuli déclencheurs, on peut très bien provoquer deux effets qui empêchent de voir l'abaissement des seuils de stimuli et l'augmentation de l'appétence.

Le premier de ces deux effets est une légère atrophie des comportements moteurs résultant de leur inactivation. Lorsque W. Heiligenberg fit vivre un cichlidé mâle de l'espèce *Pelmatochromis cribensis* très longtemps isolé, le sujet se montra certes très agressif au départ, lorsqu'il fut mis en contact avec un de ses congénères ; mais, au lieu de s'épuiser moins vite du fait de la « rétention », son comportement belliqueux s'épuisa beaucoup plus vite que normalement. Un nouvel entraînement suffisait cependant à corriger en peu de temps cette fatigabilité.

Un autre cas d'atrophie à long terme d'un comportement moteur donné est utilisé par les responsables de jardins zoologiques et par les amateurs pour rendre relativement sédentaires des canards sauvages. Si on leur raccourcit les rémiges avant même qu'ils aient atteint l'âge de voler, de manière à les en rendre incapables jusqu'à la mue suivante, même après avoir recouvré l'aptitude au vol, ils ne voleront plus jamais autant que leurs congénères qui n'ont jamais eu le bout des ailes coupé. Il semble que l'effet soit encore plus durable si, en recoupant régulièrement le bout des rémiges, on fait persister l'incapacité de voler pendant plus d'un an. Je peux citer l'exemple d'une oie cendrée à qui le propriétaire précédent avait coupé le bout des ailes jusqu'à sa troisième année : des nombreuses années qu'elle passa avec moi, elle ne vola jamais comme le font normalement les oies sauvages, pour le plaisir d'exécuter le mouvement ; elle ne tournoyait jamais dans les hauteurs mais volait uniquement en droite ligne d'un point à un autre. Ce faisant, elle montra cependant par son aptitude à monter à la verticale, à piquer le long des pentes abruptes et à se poser dans les endroits difficiles que ce n'était ni la force physique ni les capacités techniques qui lui manquaient.

Le second effet susceptible de masquer l'accumulation de l'excitabilité propre à un certain comportement est l'*abaissement général d'excitabilité* dont sont atteints pratiquement tous les organismes supérieurs dès lors qu'ils sont soumis longtemps aux conditions d'un dispositif expérimental « strictement contrôlé ». Cette importante source d'erreurs, qui n'est presque jamais mentionnée, fut étudiée très précisément par O. A. Rasa dans ses travaux sur le *Microspathodon chrysurus*, un pomacentridé. Lorsque son sujet expérimental restait longtemps dans le petit aquarium sans aucun accessoire, son excitabilité baissait à tous égards d'une façon qui faisait beaucoup penser à la remontée générale des seuils d'excitation chez l'animal endormi. La fréquence des mouvements natatoires baissait, et ces mouvements eux-mêmes paraissaient plus lents. Cela s'accompagnait d'un pâlissement de toutes les couleurs de l'animal, dont la corrélation avec les autres manifestations était si directe que l'on pouvait le prendre comme indice de l'excitabilité générale du moment.

L'idée d'un degré d'excitation générale variable exerçant une influence et un effet de régulation sur le seuil de déclenchement de toutes les réactions de l'organisme n'a rien de nouveau en physiologie. Stellar (1954) a émis l'hypothèse selon laquelle ce degré d'excitation générale serait déterminé par une certaine région de l'hypothalamus, et même la *Formatio reticularis* a été mise en relation avec ce degré d'excitabilité générale. R. Jung montra que l'application de stimuli électriques sur ces régions entraînait chez le chat une augmentation sensible de l'excitabilité générale.

La baisse d'excitabilité générale dans des conditions expérimentales fixes, et par là même pauvres en stimuli, laisse déjà à penser que l'existence de stimuli non spécifiques et leur alternance sont nécessaires pour maintenir le degré normal d'excitabilité. O. A. Rasa montra effectivement qu'un mouvement de l'eau, un plus fort éclairement ou toute autre modification sensible de l'environnement du poisson produisait ce résultat. En fait, la baisse de l'excitabilité générale est un effet quasi inévitable de la détention en captivité des organismes supérieurs. Comme il n'atteint pas seulement des fonctions nerveuses, mais exerce également une forte influence sur le métabolisme, il représente l'une des principales causes de maladie des animaux détenus en captivité.

Les variations d'excitabilité générale mises en lumière par O. A. Rasa revêtent une extrême importance théorique, car elles contribuent beaucoup à rendre visible la parenté fonctionnelle entre stimuli chargeurs et stimuli déclencheurs, sur lesquels nous reviendrons en 2. IV/4, où nous tenterons également de montrer que les notions d'excitation et d'excitabilité sont très vraisemblablement indissociables.

9. L'activité « à vide »

Si l'on fait vivre un sujet expérimental dans des conditions environnementales à peu près normales, qui ne doivent pas susciter de baisse de l'excitabilité générale mais dans lesquelles les stimuli déclencheurs propres à un certain comportement instinctif font défaut, il peut arriver que les mouvements en question soient exécutés en l'absence des stimuli déclencheurs, « à vide », comme nous avons coutume de dire.

Ce phénomène est particulièrement impressionnant lorsque le mouvement s'applique normalement à un certain objet et est exécuté en l'absence de cet objet. Le tisserin (*Quelea*) exécute dans sa cage, même en l'absence de tout matériel de construction, l'enchaînement moteur complexe qui sert à fixer une tige à une branche d'arbre. Mon exemple traditionnel d'activité « à vide » est un comportement de l'étourneau qui me fit découvrir le mécanisme lorsque j'étais encore au lycée. Perché, très en hauteur, aux aguets, l'oiseau fixait intensément le plafond blanc de la pièce, comme s'il y voyait voler des insectes ; au bout d'un moment, il prenait son envol, claquait du bec dans l'air, retournait à son point de départ, exécutait les mouvements qu'il aurait exécutés pour tuer une proie, faisait des mouvements de déglutition, puis se calmait. Je mis du temps à me persuader qu'il n'y avait pas le moindre insecte dans la pièce en question.

Aussi bien dans le cas de la nidification à vide du tisserin que dans celui de la capture de proie chez cet étourneau, le sujet a l'illusion de la présence de l'objet de son activité. Cette interprétation n'est pas aussi absurde qu'elle peut le paraître. Ce qui se passe au sein du système nerveux central est certainement identique dans le cas de l'activité à vide et dans le cas de l'activité normale. L'animal ne doit donc vraisemblablement pas ressentir de différence entre « rêve et réalité ».

Pour beaucoup de mouvements instinctifs, il est purement et simplement impossible d'obtenir l'absence totale de stimuli déclencheurs, car l'animal exécute au besoin les mouvements en question sur des parties de son propre corps. Une femelle de canari que j'avais élevée dans l'isolement pour les besoins d'autres expériences orienta les mouvements de la recherche de matériel pour la construction du nid sur ses propres plumes : elle prenait les plumes de son poitrail dans le bec, les portait dans un coin de la cage et s'efforçait ensuite d'exécuter les mouvements de la construction. Les jeunes rats sur lesquels Eibl-Eibesfeldt tenta d'étudier les mouvements de la nidification firent la même chose avec leur propre queue. Je peux citer trois cas d'animaux qui, élevés dans l'isolement, orientent leur comportement d'agressivité contre leur propre corps. Des coqs bankivas que Krujit avait élevés dans l'isolement complet essayaient constamment d'atteindre leur propre queue avec leurs ergots : ils louchaient vers l'arrière, vers leurs rectrices, se retournaient d'un saut à cent quatre-vingts degrés et frappaient de leurs ergots l'emplacement naturellement vide où se trouvait antérieurement leur queue. Les canards colverts élevés isolément par F. Schutz se mordaient constamment la queue en tournant comme des fous et ils conservèrent ce schéma moteur comme stéréotype même une fois sortis de leur isolement, alors qu'ils vivaient parmi d'autres canards colverts sur le Ess-See. L'explication de la ronde infernale de ces canards colverts faisait l'objet d'une question test que nous ne manquions pas de poser aux éthologistes qui nous rendaient visite. À l'heure où j'écris ces lignes, je possède un *Zanclus canescens* qui vit isolé depuis longtemps et qui se met, lui aussi, à danser une ronde analogue dès lors qu'en se tournant brusquement il vient à trouver sa propre nageoire caudale dans son champ de vision. Le mouvement de combat normal de cette espèce prend au point de la plus forte intensité la forme de ce que l'on appelle le carrousel, c'est-à-dire un mouvement extrêmement rapide des deux adversaires se poursuivant en rond ; en fait, ce dernier mouvement ne se différencie de l'activité à vide de mon poisson que par la taille du rayon du cercle.

La fréquence de déroulement à vide d'un mouvement instinctif est très nettement en rapport avec la fréquence de son utilisation normale. Les gallinacés de différentes espèces ont, pour fouiller la terre et chercher leur nourriture dans le sol, un certain mouvement du bec qu'ils ne cessent d'exécuter à vide en captivité ; les perdrix sont particulièrement remarquables à cet égard et les coqs grattent même avec les pattes. Les rongeurs, par exemple les souris, éprouvent sans cesse le besoin de ronger, etc.

De tous les mouvements se déroulant à vide les plus fréquents sont ceux de la locomotion. Il faut souligner que chez beaucoup d'oiseaux et de mammifères les mouvements de fuite obéissent à la même motivation que ceux de la locomotion : à cet égard, la fuite n'est rien d'autre que le degré d'intensité le plus extrême de la locomotion. Tous les cavaliers savent que chez un cheval qui a été à l'arrêt et dont les mouvements locomoteurs ont donc été bloqués pendant longtemps, un mouvement de locomotion d'une haute intensité risque fort de dégénérer en mouvement de fuite ; cette « impatience » du cheval peut aussi donner, et c'est très significatif, des mouvements servant normalement à se débarrasser d'un animal prédateur, le cabrement et le saut de côté. Le comportement du cheval dans ce cas est très proche de la surexcitation de beaucoup de jeunes animaux dans leurs activités de jeu : les petits lapins et les petits lièvres courent à toute allure et sautent en frappant le sol des talons, les chevreaux font des zigzags et des bonds de côté, les grands corbeaux et les hirondelles, fort différents d'un point de vue écologique, ne se contentent pas de s'envoler à tire-d'aile dès lors qu'on les libère après une longue captivité ; dès qu'ils ont atteint une certaine hauteur, ils exécutent régulièrement les mouvements du vol retourné, c'est-à-dire les mouvements destinés à échapper à un oiseau de proie qui fondrait sur eux. Ainsi que nous avons pu le dire, les mouvements de la locomotion, qui obéissent plus que tout autre mouvement instinctif à un commandement « central », loin de ne pas avoir de production endogène d'excitation qui leur soit propre, en ont au contraire une très intense.

10. Le comportement d'appétence

J'avais déjà assez bien analysé les lois de l'abaissement des seuils d'excitation et de la réaction à vide lorsque mon maître, Wallace Craig, attira mon attention sur une autre conséquence importante de la longue « rétention » d'un mouvement instinctif. Ainsi qu'il l'a montré dans son étude classique *Appetites and Aversions as Constituents of Instincts* (*Appétences et aversions comme éléments constitutifs de l'instinct*), au bout d'un certain temps de non-exécution d'un mouvement instinctif, non seulement le seuil des stimuli déclencheurs de ce mouvement s'abaisse, mais l'organisme tout entier est plongé dans un état d'agitation qui l'incite à rechercher activement la configuration de stimuli adéquate. Cette recherche que Wallace Craig désigne sous le nom d'*appetitive behaviour* (comportement d'appétence) consiste le plus souvent en une locomotion désordonnée, en une agitation motrice qui n'augmente que très faiblement les chances de rencontre des stimuli en question. Chez les organismes supérieurs, capables d'apprentissage, le comportement d'appétence se compose presque toujours d'une série de réactions conditionnées, c'est-à-dire de comportements acquis. Inversement, on ne connaît pas de réaction conditionnée par la récompense

– *response conditionned by reinforcement* – dont l'acquisition n'aurait pas été inscrite dans le cadre d'un comportement d'appétence. La forme de réaction conditionnée que l'on pourrait dire réciproque, l'apprentissage par la punition, s'inscrit généralement à peu près de la même manière dans ce que Wallace Craig qualifie d'« aversion », tandis que Monika Meyer-Holzapfel préfère parler d'« appétence pour les états de repos » (*Appetenz nach Ruhezuständen*) (cf. p. 451 sq.).

Nous ne connaissons jusqu'à présent qu'un très petit nombre de coordinations héréditaires pour lesquelles la privation durable de la configuration de stimuli déclencheurs n'entraîne pas un comportement d'appétence pour ces stimuli. D'après M. Schleidt, le glouglou du dindon constituerait l'une de ces exceptions. Même en cas de fort abaissement des seuils de stimuli déclencheurs, l'animal ne manifeste pas le moindre comportement d'appétence qui lui ferait rechercher activement ces stimuli. En revanche, il semble qu'il n'existe pas de mouvement instinctif dont le seuil de stimuli déclencheurs ne serait pas susceptible de s'abaisser.

11. Abaissement du seuil de stimuli et comportement d'appétence dans les réactions d'évitement

Pour les activités qui supposent un mouvement de l'animal vers l'objet de son comportement instinctif, on comprend aisément la valeur que revêt pour la conservation de l'espèce l'abaissement du seuil de stimuli ou l'accentuation du comportement d'appétence en l'absence de l'objet concerné. L'accentuation du comportement d'appétence augmente les chances de trouver l'objet ; l'abaissement du seuil de stimuli permet à l'organisme de se contenter d'un objet moins satisfaisant : faute de grives, on mange des merles, c'est bien connu !

Au contraire, en ce qui concerne les réactions d'évitement, cette fluctuation des seuils de stimuli dont nous avons traité dans les sections précédentes paraît « dystéléonomique ». Lorsqu'on étudie le comportement des oies sauvages à l'état libre, on ne peut pas manquer d'être frappé par l'amplitude des variations du seuil de déclenchement du comportement de fuite par lequel l'animal réagit à l'approche d'un prédateur. Il peut arriver qu'une simple petite plume volant au vent déclenche la fuite précipitée de tout un troupeau d'oies, alors que dans d'autres cas même un leurre d'oiseau de proie présentant les caractères « supra-optimaux », par exemple un cerf-volant passant au-dessus du troupeau, provoque simplement quelques regards inquiets vers le ciel mais pas le moindre cri d'alarme ni même la fuite. Si l'on pense à l'énergie que fait gaspiller le déclenchement du comportement de fuite devant des stimuli mineurs et au danger que peut représenter par ailleurs la faiblesse de la réaction, on peut s'étonner que l'évolution n'ait apparemment pas réussi à trouver un mécanisme de déclenchement ayant un seuil de réaction constant à la configuration de stimuli caractéristiques du seul volatile prédateur ennemi de l'oie sauvage : le pygargue à queue.

D'un point de vue fonctionnel, le comportement de lutte intraspécifique fait également partie des réactions d'évitement, car il sert essentiellement à assurer la « dispersion » des animaux de même espèce. Dans l'espoir de sauver la théorie des réflexes et surtout pour des raisons idéologiques, on tente toujours de nier l'accumulation des disponibilités au comportement instinctif d'agressivité et surtout l'existence d'une authentique appétence pour ce comportement.

L'abaissement du seuil des stimuli déclencheurs du comportement de combat a été démontré par H. Lissmann il y a bien longtemps avec ses expériences sur le poisson combattant (cf. p. 178). J'ai observé le premier comportement actif d'appétence pour la lutte avec des congénères sur le *Zanclus cancescens*. Plusieurs sujets dominateurs régnaient sur tout un bassin ; un poisson un peu plus faible qui avait lutté avec le plus fort et avait été battu était condamné à rester caché derrière un rocher qui le rendait invisible aux autres poissons. Le *Zanclus* le plus fort de tous prenait de temps en temps l'attitude d'attaque la plus violente, caractérisée par la position des nageoires dorsale et caudale couchées en arrière, et décrivait un grand arc de cercle par-dessus la bordure supérieure du rocher pour aller chercher le congénère caché, lui déchirer un peu plus les nageoires et lui arracher quelques morceaux de peau. D'après la seule position des nageoires, j'étais très exactement en mesure de dire quand le *Zanclus* allait passer par-dessus le rocher pour attaquer le congénère qu'il ne voyait absolument pas. Ce même comportement, j'ai pu l'observer, depuis, un nombre incalculable de fois et dans de meilleures conditions avec les *Zanclus canescens* que j'ai dans mon grand aquarium de poissons de récifs coralliens.

L'étude du comportement d'appétence pour le combat, qu'Anne Rasa effectua sur le pomacentridé *Microspathodon chrysurus*, partit des observations précédentes. Elle réussit à montrer que l'appétence pour le comportement de combat était une motivation aussi puissante que l'appétence alimentaire pour enseigner à un poisson comment trouver son itinéraire dans un labyrinthe. Les sujets devaient apprendre à trouver leur chemin dans un simple labyrinthe en L, à la sortie duquel la récompense était de voir par un dôme de plastique relativement étroit un adversaire de la même espèce. La boule de plastique avec « vue sur l'ennemi » était de conception suffisamment étroite pour que l'animal ne soit pas tenté d'y séjourner continuellement. On constata que les périodes passées dans la boule transparente étaient proportionnelles aux durées d'isolement, sachant bien qu'il fallait tenir compte, comme nous l'avons dit (p. 189 sq.), de l'abaissement du seuil d'excitabilité générale, point sur lequel nous aurons l'occasion de revenir.

Jerry Hogan a montré sur le poisson combattant (*Betta*) que dans les expériences de labyrinthes la présentation d'un adversaire à combattre à un sujet dont les pulsions d'agressivité ont été accumulées peut exercer le même effet de dressage que la présentation de nourriture à un poisson qui a faim. Même sans avoir pratiqué aucune expérience à ce sujet, tous les gens qui connaissent les animaux savent bien quelle force revêt chez de nombreuses espèces l'appétence pour le combat de rivalité.

Par ses observations sur le porte-glaive (*Xiphophorus helleri*), D. Franck a montré les possibilités d'accumulation du comportement d'agressivité au travers de l'abaissement du seuil de stimuli et de l'augmentation du comportement d'appétence : en d'autres termes, il a montré que le comportement de combat avait exactement la même spontanéité que tous les autres mouvements instinctifs. À vrai dire, on ne voit pas pourquoi il en serait autrement [1].

1. Il est très significatif que les rédacteurs de la revue de vulgarisation dans laquelle Franck publia ces résultats aient jugé utile, sans consulter l'auteur, de donner à son étude le titre : « Spontanéité de l'agressivité – Non ! » L'éloge que l'on peut faire de travaux qui ne présentent pas la moindre valeur scientifique comme prétendues démonstrations de la non-existence d'une agressivité spontanée montre également à quel point les faits considérés peuvent être idéologiquement gênants.

12. Comportements motivants et motivés

Presque tous les mouvements instinctifs peuvent en principe constituer une motivation autonome du comportement et, de la même manière, peuvent tous être motivés par des agents provenant d'autres sources d'influence. Mais, du point de vue quantitatif, la capacité à motiver ou à être motivé varie énormément entre les différentes espèces de coordinations motrices héréditaires. Celles qui sont spécialisées dans des fonctions de type particulier, intervenant assez rarement, par exemple l'accouplement, et que l'on n'observe par conséquent que dans une seule situation extérieure donnée, ne peuvent guère être entraînées par un autre système ni par une instance supérieure, à moins que l'on ne considère les hormones comme telles. Au contraire, ces mouvements polyvalents que nous avons déjà évoqués sont utilisés au service de différents systèmes supérieurs et motivés par d'autres appétences.

Mais tous les mouvements instinctifs sont par définition « action et réaction tout en un », pour reprendre l'expression un peu longue et emphatique mais tout à fait juste qu'emploie A. F. S. Portielje dans son très beau livre *Dieren zien en leeren kennen*. Le principe déjà cité, selon lequel la production de mouvements instinctifs est toujours adaptée à leur consommation, ne vaut pas uniquement au niveau élémentaire des mouvements des nageoires du poisson (p. 177). Chez une mésange qui fait bouger ses ailes toutes les deux secondes tant qu'elle est éveillée, la production de mouvements de vol est pratiquement illimitée et il semble que l'animal en dispose « à volonté ». Une oie cendrée qui ne vole normalement qu'un petit nombre de fois par jour peut très bien se trouver dans une situation où elle « voudrait » prendre son envol mais ne le peut pas. Si par exemple, au retour d'un long vol, elle se pose maladroitement dans une haie d'où elle ne peut repartir qu'en volant, elle a certes une assez grande compréhension de la situation pour essayer d'atteindre, par des mouvements de secouement du bec et des mouvements d'envol, une accumulation d'excitation suffisante pour s'envoler, mais elle peut mettre très longtemps à y parvenir. Un stimulus extérieur supplémentaire peut provoquer la motivation nécessaire, mais en dépit de sa compréhension l'animal n'a pas la possibilité de se donner cette impulsion, que nous appellerions chez l'homme une « décision ».

Paul Leyhausen a étudié sur les chats la production endogène des différents mouvements de capture en mettant des chats affamés en présence d'un grand nombre de souris dans un espace à ciel ouvert. Les chats commencèrent par chasser, par tuer et par manger un petit nombre de souris. Ensuite, ils en tuèrent encore quelques-unes, sans les manger ; dans un troisième temps, ils effectuèrent encore « par jeu » quelques sauts et quelques mouvements de capture, mais à la fin les sujets se tenaient tranquillement couchés dans leur coin, observant de loin les souris qui couraient le long du mur opposé, tandis que d'autres, auxquelles ils ne prêtaient pas la moindre attention, leur couraient entre les pattes. Le rythme d'épuisement des différents schémas comportementaux est en corrélation très nette avec leur emploi moyen : un chat doit souvent guetter très longtemps avant d'être en situation d'effectuer le saut et les mouvements de capture, et ces mouvements ne conduisent pas toujours à la réussite, qui est la condition de la morsure finale. Et même cette dernière ne réussit pas toujours, de sorte qu'il faut que soient « prévues » plusieurs morsures pour chaque proie capturée.

Dans les systèmes d'instincts hiérarchisés et complexes qui servent à la quête de nourriture, l'appétence pour la nourriture ne constitue pas toujours en elle-même la motivation principale. Il est bien connu que l'alimentation la plus riche et la plus abondante ne détourne pas les chiens de chasse les plus passionnés de la chasse : leur appétence principale est orientée vers la capture et le secouement létal de la proie, que l'animal ne mange bien souvent pas.

Waltraud Neweklovsky a étudié le mouvement de forage rotatif de l'étourneau pour déterminer dans quelle mesure ce mouvement instinctif relevant de la quête de nourriture et incroyablement fréquent était motivé par la faim et dans quelle mesure il était commandé par d'autres motivations. C'est un mouvement par lequel l'oiseau enfonce son bec fermé dans le sol ou dans une fente d'écorce, l'ouvre ensuite en déployant une très grande force, de manière à avoir une vue de l'espace ainsi ménagé. Tous les oiseaux qui effectuent ce mouvement de forage rotatif ont une configuration de la tête et du bec particulière, adaptée à ce mouvement : la fente du bec forme toujours une ligne dont le prolongement passe très exactement par la pupille de l'œil, de sorte que l'oiseau peut voir dans la fente qu'il ménage même s'il ne parvient à l'ouvrir que de quelques millimètres.

Le mouvement de forage est exécuté dans des conditions optimales dans le cas de fentes assez étroites dont les parois relativement molles cèdent avec une certaine élasticité, même si ce n'est pas sans résistance : les passereaux apprivoisés sont très heureux quand ils effectuent leur mouvement de forage entre deux doigts de la main et qu'on leur cède doucement après une légère résistance. Même dans un environnement où il n'y a pas la moindre fente, le passereau effectue très souvent son mouvement de forage, y compris lorsqu'on lui donne toute la nourriture qu'il veut. Dans ce cas-là, il montre une forte appétence pour toutes les fentes lui permettant d'exercer son activité, mais aussi pour tous les objets qui lui sont inconnus. Dès qu'on lui en présente, il s'emploie très activement à leur appliquer son mouvement de forage, qui a manifestement une forte motivation relevant du comportement exploratif (cf. p. 476 sq.).

Le nombre de mouvements de forage effectués par unité de temps n'est guère influencé par la situation extérieure. Dans les espaces ne présentant pas de fentes permettant au sujet d'exercer son activité de forage et la nourriture étant fournie à volonté, le nombre de mouvements de forage effectués par le passereau n'est guère inférieur à ce qu'il serait s'il devait rechercher sa nourriture par ce moyen dans des fentes difficiles à explorer. Dans un environnement où la nourriture est offerte à volonté, avec un grand nombre de fentes faciles à explorer, le nombre de mouvements de forage effectués n'est pas non plus tellement inférieur à ce qu'il était dans l'expérience précédente. Lorsqu'une espèce, comme c'est le cas pour les passereaux, utilise un seul mouvement instinctif pour chercher toute sa nourriture, la motivation endogène du comportement moteur suffit à assurer une activité assez intense dans la quête de nourriture, et l'intervention d'une motivation supplémentaire créée par les besoins histologiques engendrés par la faim n'est pas nécessaire.

Le pinson-pic (*Cactospiza pallida*) se procure l'essentiel de sa nourriture grâce à un schéma moteur extrêmement particulier : il se sert d'une épine de cactus pour extraire de petits insectes des fentes dans lesquelles ils vivent. Mais, lorsque l'animal a la possibilité de satisfaire la totalité de ses besoins alimentaires sans recourir à cette technique, il effectue quand même le mouvement aussi souvent que le passereau celui du forage rotatif. Le comportement d'appétence pour l'extraction des insectes de leurs fentes s'oriente vers l'objectif intermédiaire que représente une épine appropriée présentant les qualités optimales pour déclencher le comportement telles que les a étudiées Eibl-Eibesfeldt. Si l'on présente une épine appropriée à un pinson-pic vivant en captivité, il se met immédiatement à fouiller dans toutes les fentes qu'il trouve, même s'il a par ailleurs à sa disposition la meilleure nourriture qui soit, par exemple des larves de teigne de la cire. S'il parvient, en revanche, à extraire d'une fente une larve de cette même espèce, il la mangera. On pourrait dire, en l'occurrence, que le comportement alimentaire est entraîné par l'instinct d'extraction et non l'inverse. Un pinson-pic affamé se dirige le plus souvent d'abord vers l'épine lorsqu'on lui présente simultanément une grosse larve de teigne de cire et une belle épine.

13. Neurophysiologie de la spontanéité

Même si je ne disposais pas encore de tous les éléments quantificatifs mentionnés à plusieurs reprises dans ce qui précède, tous les phénomènes que nous avons exposés dans ces dernières sections m'étaient connus en 1935, année où je donnai à la Harnack-Haus de Berlin une conférence intitulée *Der Begriff des Instinktes einst und jetzt* (*Évolution de la notion d'instinct*). Je traitai de tous les effets de l'abaissement des seuils de stimuli, de l'activité à vide et du comportement d'appétence, et je citai un passage d'une lettre de Wallace Craig où il critiquait la théorie des réflexes en disant qu'il était de toute évidence absurde de parler de *réaction* de l'animal à des stimuli alors qu'il ne les avait même pas encore reçus. Malgré tout, je m'en tenais encore à la théorie selon laquelle les fondements physiologiques des mouvements instinctifs seraient des enchaînements de réflexes, sinon linéaires, polysynaptiques et extrêmement complexes. Je pensais par ailleurs que tous les effets de spontanéité devaient s'expliquer par des hypothèses complémentaires. Ce qui me faisait adopter cette attitude doctrinaire, c'était d'abord la similitude et la rigidité des réflexes avec lesquelles se déroulent les activités instinctives déclenchées par une configuration de stimuli particulière et spécifique à l'espèce, mais aussi le préjugé qui faisait croire que ce serait une concession aux doctrines des vitalistes – représentés alors par des savants aussi illustres que William McDougall et Bierens de Haan – que de s'écarter de la théorie mécaniste des réflexes en chaîne.

Peut-être aurions-nous dû nous demander si nous ne connaissions pas d'autres processus physiologiques se déroulant de la même façon mécanique et immuable que les mouvements instinctifs, dépendant comme eux de récepteurs internes et externes et présentant la même tendance à se répéter de façon rythmique. La réponse serait venue tout de suite : il y a longtemps que nous connaissons des processus du même ordre dans le cadre du fonctionnement des centres de production de stimuli du cœur des vertébrés, dont le rôle est en principe analogue dans son activité à celui de l'ensemble de l'organisme de l'animal lorsqu'il exécute un mouvement instinctif. Les nœuds de tissu producteur de stimuli, baptisés à tort « ganglions », sont de la même manière à la fois actifs et réactifs. Le nœud sino-auriculaire a sa propre production d'excitation, rythmée, mais qui demeure normalement cachée, parce que le rythme dominant du sinus cardiaque a une fréquence un peu plus rapide et provoque toujours la décharge du nœud sino-auriculaire qu'il commande une fraction de seconde plus tôt que si ce dernier ne subissait pas cette influence.

Si l'on annule l'effet du sinus cardiaque en sectionnant le faisceau conducteur d'excitation, les oreillettes puis les ventricules commencent par s'arrêter brièvement – ce que l'on appelle la pause préautomatique –, ensuite le cœur continue de battre à un rythme un peu plus lent correspondant à la fréquence des stimuli émanant du nœud sino-auriculaire.

Outre les mécanismes de production de stimuli liés au fonctionnement du cœur, on connaissait encore, dans le domaine neurophysiologique, des mécanismes rythmiques-automatiques de production endogène d'excitation et l'on disposait surtout des conclusions des travaux d'Erich von Holst, qui avait prouvé l'existence d'une analogie entre les processus neurophysiologiques et les phénomènes dont nous venons de parler dans les sections précédentes. Curieusement, beaucoup de manuels d'éthologie reconnus comme valables omettent presque de mentionner ces conclusions.

Les premiers travaux d'Erich von Holst, qui devaient en définitive briser le monopole explicatif du réflexe, étaient paradoxalement destinés à appuyer la théorie des « réflexes en chaîne ». L'un des exemples classiques, que l'on citait le plus souvent à l'appui de cette théorie et que même Jakob von Uexküll cita maintes fois en dépit de son hostilité à la notion même de réflexe, est le suivant : lorsque l'on coupe en deux un ver de terre et que l'on rattache ou que l'on coud ensemble avec un fil de soie les deux morceaux ainsi obtenus, les deux moitiés continuent à effectuer le mouvement de reptation de façon parfaitement coordonnée, la section transversale n'interrompt en rien les ondes de contractions segmentaires qui parcourent le corps de l'animal. On ne pouvait imaginer de meilleure preuve à l'appui de la théorie selon laquelle l'extension d'un segment par le mouvement de traction de celui qui le précède entraîne la contraction de celui qui le suit ! De la même manière, selon la théorie classique, dans le mouvement natatoire ondulant de l'anguille, la contraction ou la détente d'un segment musculaire est censé influer sur l'état du segment suivant, exciter ses éléments propriocepteurs et l'entraîner ainsi par l'intermédiaire d'un arc réflexe à la contraction ou au relâchement correspondant. C'est le génie de la perception des formes d'Erich von Holst qui lui permit de comprendre que ces tentatives d'explications étaient fausses, car dans les expériences que nous allons décrire il est très vraisemblable qu'il prévoyait dès le départ le résultat qu'il allait obtenir.

Ses premières expériences partirent des observations suivantes : si la transmission d'excitation d'un bout à l'autre de l'organisme du ver reposait vraiment sur une chaîne de réflexes déclenchés en série, elle remplirait un certain nombre de conditions. Pour commencer, l'excitation atteindrait toujours un segment *après* l'autre, de la même manière que dans une rangée de bouteilles, si l'on cogne la première, elles tombent les unes après les autres. Or ce n'est pas toujours le cas : sous l'effet de l'éther, par exemple, tous les segments de l'organisme du ver se détendent en même temps. Par ailleurs, l'excitation ne devrait pas pouvoir passer par toute une partie de la chaîne nerveuse ventrale lorsqu'on a sectionné de part et d'autre les nerfs qui en sont issus, car la chaîne des processus réflexes s'interrompt à cet endroit. Or, en fait, l'excitation traverse ces segments de moelle désafférentée et les traverse même à une plus grande vitesse que les autres segments. Après ces observations préalables, Holst isola complètement la chaîne nerveuse du reste de l'organisme, il supprima également le ganglion surpharyngien, plongea la préparation dans une solution de Ringer et relia chacun des ganglions ventraux à un voltmètre extrêmement sensible. Il constata non seulement que ces instruments oscillaient constamment – ce qui était déjà une observation importante –, mais aussi qu'ils oscillaient à intervalles réguliers, les uns après les autres, l'onde du potentiel d'activité parcourant toute la préparation, de son extrémité antérieure à son extrémité postérieure, à peu près au même rythme et à la même vitesse que le mouvement de contraction des différents segments se propageant d'un bout à l'autre du corps du ver de terre lorsqu'il rampe. Les impulsions électriques ainsi rendues visibles étaient effectivement identiques à celles des mouvements coordonnés de reptation : Holst le prouva en laissant au milieu d'une préparation de même type deux segments intacts qui effectuèrent ensuite d'authentiques mouvements de reptation et dont les contractions étaient exactement en phase avec les impulsions des instruments reliés aux autres ganglions.

Des expériences du même ordre effectuées sur les poissons ont donné des résultats analogues. Si, en laissant intactes toutes les racines ventrales motrices de la moelle épinière, on sectionne chez une tanche (*Tinca tinca*) toutes les racines dorsales, sensibles, de la moelle épinière, l'animal ne réagit plus aux excitations de la peau et des muscles du tronc, mais répond aux excitations optiques et statiques par des mouvements natatoires parfaitement coordonnés.

Une anguille traitée de la même façon effectue normalement ses mouvements ondulatoires. Si l'on immobilise la partie centrale de ce long organisme en sectionnant aussi les racines ventrales dans cette région, le mouvement ondulatoire issu de la partie antérieure disparaît de la section paralysée, « comme un train dans un tunnel », et il réapparaît à l'extrémité postérieure, presque en relation de phase normale – pas tout à fait cependant, car la propagation de l'onde de stimuli est très curieusement légèrement *plus rapide* que la normale dans la partie du corps du poisson qui a été immobilisée. On obtient exactement le même effet lorsqu'on immobilise la partie centrale du corps de l'anguille non pas en la paralysant, mais en l'enfilant dans un tube étroit de même longueur.

Toutes ces observations prouvent qu'aucun des mouvements étudiés ne repose sur des réflexes en chaîne, mais qu'ils sont tous le produit d'impulsions issues du système nerveux central et coordonnées par lui. Elles prouvent aussi que l'intervention de processus extrérocepteurs ou propriocepteurs, ou d'arcs réflexes segmentaux, n'est pas nécessaire.

En ce qui concerne le mouvement ondulatoire des poissons, la simple observation de l'animal à l'état normal le laisse déjà à penser : lorsque l'animal commence à se déplacer, tous les segments se mettent en mouvement en même temps et s'arrêtent en même temps. Ce ne sont donc pas des ondes qui se propagent progressivement vers la partie postérieure.

Erich von Holst se posa alors la question de savoir quels étaient les facteurs qui assuraient la *coordination* des mouvements dont il venait de prouver qu'ils étaient indépendants des stimuli afférents. Il n'était pas facile d'y répondre. La première difficulté résidait dans le fait que le déroulement manifestement coordonné des processus moteurs se présentait à nous comme un tout fermé sur lui-même. Dès l'instant où l'animal passe de l'état de repos au mouvement, l'ordre est déjà établi et c'est la raison pour laquelle, comme le dit Holst, « il est tout aussi impossible de tirer de la forme qu'ils prennent des conclusions *a posteriori* sur leur développement qu'il est impossible, pour les physiologistes de l'évolution, de tirer de la forme de l'organisme des conclusions sur les ressorts de son évolution. Cette difficulté nous contraint à choisir comme objets d'étude des organismes dans lesquels la coordination fixe et absolue entre les différents organes moteurs n'est pas le seul type de relation possible, mais représente un cas extrême – l'autre extrême serait l'absence totale de relation entre les différents éléments moteurs. Les mouvements de ce type peuvent sans doute nous donner une image de tous les stades intermédiaires, de tous les degrés d'influence réciproque, depuis le tout début d'établissement d'une liaison jusqu'à l'interdépendance la plus totale ».

Erich von Holst trouva l'objet d'étude qu'il recherchait dans les mouvements natatoires de toutes les espèces de poissons qui ne progressent pas, comme la plupart, suivant un mouvement ondulatoire mais qui, dès qu'elles atteignent une vitesse moyenne, immobilisent la partie centrale du corps et n'avancent plus que par oscillations rythmiques des nageoires molles. Ainsi que le montre la simple analyse de séquences filmées sur des sujets intacts, ces nageoires battent soit exactement au même rythme – en « coordination absolue » –, soit, et le passage se fait parfois instantanément, totalement indépendamment l'une de l'autre, c'est-à-dire sans aucune coordination. Mais, dans le cas le plus fréquent, et le plus intéressant pour notre analyse, les deux rythmes ont certes leur propre fréquence, mais n'en exercent pas moins l'un sur l'autre une certaine influence quantitative en ce qui concerne tant la fréquence que l'amplitude du mouvement. Erich von Holst définit ce mécanisme physiologique comme un nouveau principe de classification qu'il baptise *coordination relative*, par opposition à la coordination absolue.

Holst mit au point une méthode simple d'enregistrement des mouvements des nageoires obéissant à ce type de coordination relative. Il sectionna en certains points la moelle épinière du poisson anesthésié et, comme une telle opération détruit le centre de la respiration, il assura une respiration artificielle du sujet ainsi préparé. Holst le dit lui-même, cette opération transforme « d'un seul coup un être de comportement imprévisible en appareil de précision dont les mouvements se déroulent avec une parfaite régularité tant que l'on maintient les conditions intérieures et extérieures constantes, et qui réagit à toute intervention nouvelle par une modification donnée de son activité ». Au moyen d'un système de leviers, très léger et presque sans frottements, composé de brins de paille inscrivant directement leurs oscillations sur un tambour noirci, Erich von Holst enregistra les mouvements du sujet. Le premier levier du système était relié à quelques rayons de chaque nageoire dont le reste avait été coupé pour réduire l'effet de résistance à l'eau.

Pour interpréter les courbes, Erich von Holst appliqua une méthode fondée sur les séries de Fourier et couramment employée en technologie, dont l'exposition ici nous mènerait trop loin. Nous ne saurions trop conseiller à tous les éthologistes et biologistes qui s'intéressent à la physiologie du système nerveux central de se reporter directement à ces travaux d'Erich von Holst qui ont été publiés en édition de poche. Nous nous contenterons d'en faire ici une présentation très simple.

D'une façon générale, les battements des deux nageoires s'influencent mutuellement, mais l'influence peut ne pas être égale de part et d'autre : on parle alors de rythme dominant et de rythme dépendant ; dans le cas le plus extrême, celui où le rythme dépendant est le moins influencé par le rythme dominant, on parle de rythme indépendant. Dans la plupart des cas, c'est le rythme des nageoires pectorales qui paraît le plus indépendant, les deux nageoires pectorales battant en parfaite coordination, et ce de deux façons. Ou bien elles battent simultanément, exerçant une traction avant, ou bien elles battent alternativement d'un mouvement un peu ondulant (mouvement ondulatoire du battement successif de leurs rayons) et suscitent ainsi un courant d'eau dirigé vers le bas. L'influence du rythme des nageoires pectorales sur les parties molles de la nageoire dorsale et anale ainsi que sur la nageoire caudale apparaît on ne peut mieux dès lors qu'on essaie de l'annuler par une intervention extérieure, par exemple par une pression exercée sur les flancs, pour la laisser ensuite s'exercer librement. Tant que l'influence du rythme de battement des nageoires pectorales est annulée, les autres battements ont un rythme régulier d'oscillations sinusoïdales et montrent la forme que prendrait le mouvement qu'ils provoqueraient sans l'influence dominante du rythme des nageoires pectorales. La figure 12 (p. 215) montre cette courbe et celle que l'on obtient après le rétablissement de l'influence dominante du rythme des nageoires pectorales.

L'influence d'un rythme absolument dominant sur un rythme absolument indépendant, autrement dit qui n'a aucune rétroaction sur le précédent, est le cas le plus simple de coordination relative qui se puisse présenter et c'est celui que nous décrirons plus précisément ici.

Chaque nageoire a tendance à vouloir conserver son propre rythme moteur – c'est la tendance à la persistance au sens où l'entend Erich von Holst. L'action du rythme dominant consiste à « essayer » d'imposer sa propre fréquence au rythme dépendant. Mais la force de cette influence varie – et c'est là un point très important – périodiquement avec les écarts de phase qui existent chaque fois entre les deux rythmes. Si le rythme dépendant a une phase plus rapide que le rythme dominant, il est ralenti par ce dernier ; s'il est en retard sur le rythme dominant, celui-ci contribue à l'accélérer. Du fait de la différence de fréquence entre les deux rythmes, leur relation de phase se modifie périodiquement et la fréquence du rythme dépendant enregistre donc une oscillation périodique vers le haut puis vers le bas, autour de la propre valeur moyenne. Plus les sommets du rythme dominant et du rythme dépendant sont proches, plus le rythme dépendant est accéléré par le rythme dominant si le sommet du rythme dominant précède, ou ralenti si le rythme dépendant devance un peu le rythme dominant. Ce phénomène, qu'Erich von Holst a qualifié d'effet magnétique, est général et influence presque tous les processus moteurs des animaux supérieurs. Étant donné que l'intensité de l'influence augmente avec la fréquence des cas où le sommet de la courbe d'un rythme est proche de celui de l'autre, elle atteint son amplitude maximale lorsque les fréquences des deux rythmes coïncident *presque* ou bien lorsqu'elles sont dans un rapport s'exprimant quasiment en nombre entier, de telle sorte, par exemple, que deux battements du rythme dépendant coïncident avec un battement du rythme dominant. La ressemblance extérieure avec l'attraction exercée sur un corps métallique par un aimant vient surtout du fait qu'en cas de gros écarts entre les sommets des deux courbes l'influence d'abord imperceptible augmente progressivement, exactement dans la même mesure que la périodicité des deux sinusoïdes entraîne un rapprochement des sommets. Dès lors qu'une certaine proximité est atteinte, le rythme indépendant se rapproche d'un bond du rythme dominant, exactement comme dans le cas d'une attraction magnétique.

Outre l'effet magnétique, il existe une seconde forme d'influence réciproque beaucoup plus simple à comprendre : la superposition (fig. 13). Pour des besoins de simplicité, nous l'expliquerons ici encore à partir du cas relativement rare où se présentent un rythme absolument dominant et un rythme absolument dépendant. Chaque fois que le battement du rythme dépendant va dans le sens de celui du rythme dominant, il se trouve accentué dans une proportion qui correspond exactement à l'amplitude du rythme dominant à l'instant donné. C'est la raison pour laquelle l'enregistrement du rythme dépendant donne alors des courbes correspondant à la superposition des deux rythmes de base et pouvant être déduites de la superposition en courbes oscillatoires sinusoïdales simples.

L'effet magnétique à l'état pur est tout aussi rare que l'effet de superposition à l'état pur, et le seul cas connu de rythme dominant totalement indépendant des rythmes subalternes est celui de l'influence des nageoires pectorales sur les éléments de nageoires de la région caudale.

Un détail intéressant : chez la plupart des poissons percomorphes – ainsi que nous l'avons mentionné p. 210 –, les nageoires pectorales battent alternativement tant que l'animal est à l'arrêt et en synchronie dès qu'il avance. L'influence que le rythme des nageoires pectorales exerce sur les autres nageoires n'est sensible que pendant le battement alternatif des nageoires pectorales, il disparaît lorsqu'elles battent de façon synchrone. Le rythme dépendant devient alors régulier, non pas parce que les nageoires pectorales n'exercent plus aucune influence sur lui mais parce que leurs deux actions s'annulent.

Pour autant que je sache, Erich von Holst ne parle nulle part de la manière dont il convient de concevoir le rapport entre les deux nageoires pectorales : en fait, elles battent toujours avec la même fréquence ; ce qui change, c'est la valence du mouvement.

Il y a tous les stades possibles entre la coordination absolue et la coordination relative. L'effet magnétique et l'effet de superposition suffisent à expliquer toutes les formes

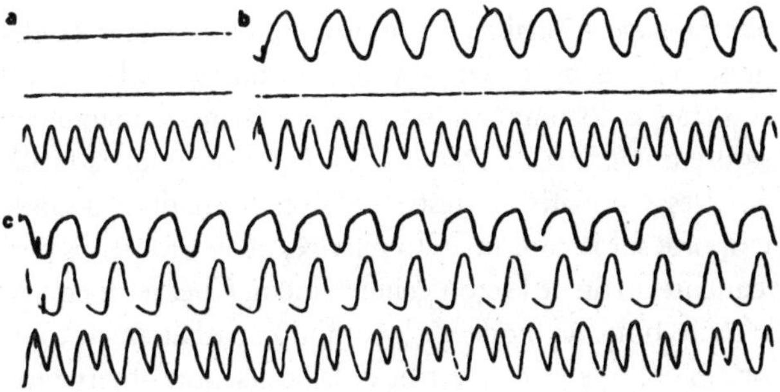

FIG. 12 : Mouvement d'une nageoire pectorale (courbe supérieure), de l'autre (courbe du milieu) et de la nageoire caudale (courbe inférieure). En *a*, les deux rythmes pectoraux sont inhibés par une pression sur les flancs ; en *b*, un seul rythme est annulé ; en *c*, les deux nageoires battent alternativement. (Extrait d'Erich von Holst, *Zur Verhaltensphysiologie bei Tieren und Menschen*, vol. I – *De la physiologie du comportement chez les animaux et chez l'homme.*)

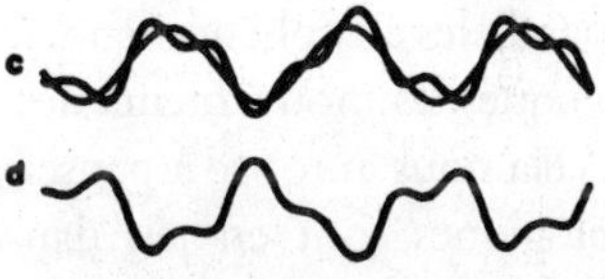

FIG. 13 : Schéma explicatif de la figure 12. Voir le développement dans le texte. (Extrait d'Erich von Holst, *Zur Verhaltensphysiologie bei Tieren und Menschen*, vol. I.)

intermédiaires. Chez les animaux aquatiques comme les poissons, la coordination relative que nous avons observée entre les différentes nageoires et parties de nageoires suffit naturellement à produire une locomotion organisée. Même dans la nage humaine, les mouvements des bras et des jambes sont dans un rapport de coordination relative. En revanche, la locomotion sur la terre ferme demande un rigoureux rapport de phase. C'est la raison pour laquelle, chez les animaux terrestres, la coordination absolue l'emporte sur la coordination relative, qui est toutefois plus fréquente qu'on ne le croit généralement. Chez le chien, par exemple, outre les modes de locomotion parfaitement coordonnés comme le pas, le trot et la course, on observe fréquemment des modes de coordination relative lorsque l'animal passe d'un rythme locomoteur à l'autre. Un chien qui passe de la marche au trot adopte souvent le pas normal, mais il adopte le pas alterné, qui est moins habituel, lorsqu'il passe de la course au trot. Dans ce dernier cas, il trotte pendant un certain temps « au pas » (c'est-à-dire en avançant simultanément les deux membres d'un même côté du corps) jusqu'à ce que les rythmes des pattes antérieures et des pattes postérieures ne puissent plus maintenir leur relation de phase et qu'après une brève période de coordination relative le pas habituel reprenne le dessus.

Ces phénomènes et quelques autres du même type sont en tous points parallèles aux phénomènes d'influence réciproque ou univoque des mouvements des nageoires chez les poissons, et cela nous autorise à penser que les mêmes facteurs physiologiques sont en jeu dans les deux cas. L'effet magnétique est encore plus répandu et a été observé aussi bien sur les mouvements de tremblement de la maladie de Parkinson que sur un certain nombre de mouvements incontrôlés. Ce dernier point est du reste bien connu, et chacun sait quelle difficulté on peut avoir à jouer des triolets d'une main et des noires de l'autre.

Erich von Holst a montré, par des moyens qu'il serait trop long d'exposer ici, que deux fonctions distinctes du système nerveux central étaient à l'origine des phénomènes que nous venons d'exposer. La production rythmique de stimuli est assurée par une certaine catégorie de cellules. Étudiant le dualisme entre fonctions automatiques et fonctions motrices au sein de la moelle épinière, Erich von Holst a prouvé que la fréquence et l'amplitude étaient déterminées par deux instances différentes. Les phénomènes que nous venons d'exposer ici seraient assez difficiles à interpréter si l'on s'en tenait à l'idée que les éléments moteurs qui envoient leurs impulsions aux muscles sont eux-mêmes producteurs du rythme automatique. « Les choses s'éclairent au contraire d'elles-mêmes dès lors que l'on pose l'hypothèse de la présence au sein de la moelle épinière de deux catégories d'éléments : premièrement, ceux qui produisent le processus rythmique central, deuxièmement, les cellules véritablement motrices qui, tantôt excitées, tantôt inhibées par les précédentes, envoient les impulsions musculaires correspondantes. » Dans le cas de coordination relative de deux rythmes, l'amplitude du battement de nageoire du rythme dominant est parallèle à la force de son influence sur le rythme dépendant, c'est-à-dire à la mesure de sa périodicité. L'influence du rythme dominant sur le rythme dépendant se fait également sentir quand, par exemple, la nageoire pectorale commence à battre avec une amplitude très restreinte mais déjà avec la fréquence qu'elle conservera par la suite. L'augmentation progressive de l'amplitude du battement de nageoires s'explique, ainsi que nous l'avons dit, par le « recrutement » d'un nombre de plus en plus important de cellules motrices réagissant à des seuils de stimuli divers. C'est ainsi que l'influence de plusieurs rythmes les uns sur les autres peut donner une constance de relations de phase indépendante de l'amplitude des mouvements. Cette constance engendre, comme nous l'avons dit p. 167, une « forme » motrice, identifiable en tant que telle, même lorsque l'intensité, c'est-à-dire l'amplitude des éléments moteurs qui interviennent, varie. Tous ces processus moteurs complexes et harmonieux se déroulent sans intervention d'éléments propriocepteurs ni même d'aucun élément du secteur afférent.

L'existence d'une production endogène de stimuli a été prouvée depuis chez de nombreux animaux et dans différentes parties du système nerveux central : par exemple dans les fibres musculaires du cœur des vertébrés, dans des cultures histologiques, dans la paroi de l'organisme des cœlentérés (Pantin, 1950), dans les muscles des polychètes (Wells, 1950), au sein du système nerveux central de l'écrevisse (Prosser, 1943), au sein de celui de la mante religieuse, de diverses blattes et de la sauterelle (Roeder, 1960), dans des parties isolées d'écorce cérébrale du chat (Christiansen et Courtoir, 1994), dans tous les épithéliums sensoriels étudiés jusqu'à présent et tout récemment dans des cultures de cellules de ganglions du lièvre de mer (aplysie).

14. Éléments nerveux à fonctions analogues et systèmes intégrés

Le système nerveux central assure souvent des fonctions analogues à des niveaux d'intégration différents, mais d'une manière si parallèle que même le spécialiste est susceptible de s'y tromper et de les prendre pour la « même chose ». L'exemple le plus classique d'erreur de ce type est la thèse de Helmholtz selon laquelle les fonctions d'abstraction de la perception reposeraient sur un raisonnement inconscient. Il faut être très prudent quand on tente de mettre en rapport les propriétés de certains éléments avec celles des systèmes intégrés auxquels ils appartiennent. Mais toute cette prudence ne doit pas non plus faire oublier que même les plus petits éléments neuraux, même une neurite isolée, ont une spontanéité analogue à celle d'un organisme animal tout entier. L'ancienne théorie des réflexes prétendait que les cellules sensorielles et les neurones ne « parlaient » pas tant qu'on ne leur « adressait pas la parole » et demeuraient dans un silence et une passivité totaux tant qu'on ne suscitait pas leur activité avec une intensité suffisante. Selon cette thèse, ils possédaient aussi peu d'autonomie qu'un interrupteur électrique. En fait, on ne sait pas s'il existe des éléments de ce type. Dans tous les cas qui ont pu être étudiés, la cellule nerveuse s'est révélée, ainsi que le dit Roeder, « dotée d'un comportement propre, hautement différencié et déterminé par les propriétés de la membrane cellulaire, par la forme de la cellule dans l'espace, par la concentration ionique, les processus neurohumoraux et par la configuration spatiale et temporelle d'éléments extracellulaires influant sur le corps cellulaire et les dendrites (*The neuron has been shown to have an elaborate intrinsic behavior determined by membrane properties, cell geometry, ion concentrations, neurohumoral processes and the temporal and spatial configuration of extra-cellular impacts*) ».

Sur des neurites isolées on parvient à montrer qu'un même élément peut être à la fois actif et réactif. La figure 14 (p. 221) montre le rapport entre les variations d'excitabilité au sein d'un élément réactif et au sein d'un élément spontanément réactif. Sur l'axe des ordonnées est porté le degré d'excitabilité à un moment donné, qui ne peut guère se mesurer qu'au travers de la puissance des stimuli qui incitent l'élément à envoyer une impulsion motrice. L'axe horizontal supérieur représente le seuil à partir duquel ce processus se déclenche ; l'horizontale audessous représente le niveau de l'état de repos, par exemple pour un neurone du *Nervus ischiadicus* d'un mammifère plongé dans une solution de Ringer. La courbe montre les variations d'excitabilité du neurone faisant suite à l'application de l'excitation S. Après une montée rapide de l'excitation, le neurone envoie son impulsion, à la suite de quoi son excitabilité redescend pour une brève période au niveau zéro – c'est la période dite réfractaire. Enfin, l'excitabilité remonte par une courbe très raide nettement au-dessus du niveau de repos, auquel elle ne redescend que très lentement et très progressivement, ainsi que le montre notre schéma.

Toutefois, il suffit d'augmenter légèrement l'excitabilité, en diminuant par exemple la teneur en calcium de la solution de Ringer, pour que la remontée d'excitation suivant immédiatement la période réfractaire dépasse de si loin le niveau de repos qu'elle atteint le seuil de déclenchement d'une nouvelle décharge d'impulsion motrice, transformant ainsi le processus en une suite rythmique de décharges d'impulsions.

Ainsi que nous aurons l'occasion de le voir (cf. p. 264), il a été définitivement prouvé que les cellules sensorielles, considérées jadis comme des exemples types d'éléments attendant passivement la réception d'excitations, produisaient toutes sans exception et sans interruption des impulsions motrices. Pumphrey explique assez simplement la chose : l'élément constamment actif n'a pas de seuil de déclenchement au sens propre du terme. Quel que soit le stimulus qui se présente – si faible soit-il –, il entraîne toujours une variation de fréquence dans l'envoi des impulsions motrices. Tous les signaux de toutes les cellules sensorielles qui ont été étudiées de ce point de vue sont des modulations de fréquences. On peut déjà dire du neurone, et même de la neurite coupée du corps cellulaire, que sa fonction est « action et réaction tout en un ».

Chez les animaux pluricellulaires, toutes les activités spontanées, y compris celles des plus petits éléments, sont

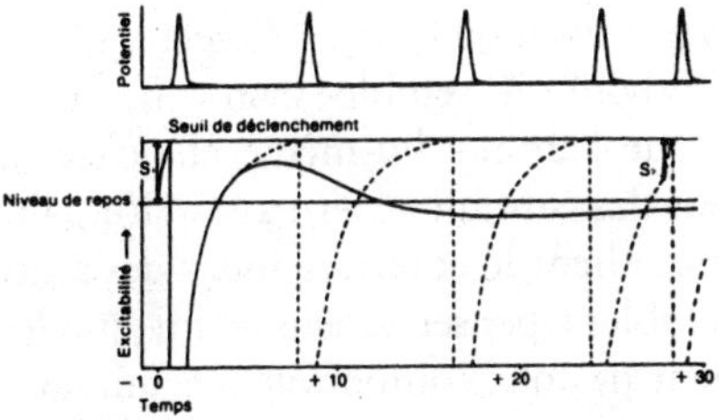

FIG. 14 : Explication dans le texte. (Extrait de Roeder, *Spontaneous Activity and Behaviour.*)

également soumises à l'influence des instances supérieures de commandement ou, dans le cas d'organismes ne possédant pas de système nerveux central, à l'action directe des stimuli extérieurs. Si l'essentiel du comportement reposait sur un processus de réaction à l'excitation au sens de la vieille théorie des réflexes, il faudrait s'attendre, comme le dit Roeder, qu'un organisme placé dans un environnement ne procurant guère d'excitations s'arrête et reste en quelque sorte au point mort en attendant qu'un changement des conditions extérieures exerce une influence sur lui. Or on ne connaît qu'un très petit nombre d'animaux qui tombent de temps en temps dans ce type d'« akinésie » naturelle, ce sont des animaux prédateurs hautement spécialisés qui ont un mode de vie cryptique et guettent sans bouger leurs proies, comme les larves de fourmis-lions (*Myrmeleo*) et certains poissons prédateurs vivant au fond de l'eau. Mais, pour la plupart des animaux se mouvant librement, la vieille formule de McDougall *the healthy animal is up and doing* – « l'animal en bonne santé est plein d'initiative », si l'on traduit assez librement – est toujours valable.

Au terme de son étude sur les mouvements spontanés de l'anémone de mer, c'est-à-dire d'un animal qui vit fixé à un support et qui n'est pas le moins du monde « plein d'initiative », Pantin conclut : « Quelle que soit l'origine de cette activité, il semble bien qu'elle réside dans l'organisme de l'animal lui-même et qu'elle ne soit pas suscitée par des stimuli extérieurs. » En fait, les chercheurs qui étudient le comportement des animaux supérieurs et semblent penser sérieusement que le réflexe est le fondement de tout comportement animal ou humain ne font que défendre un certain nombre de préjugés. Ainsi que l'a si bien dit Theodore H. Bullock : « Pour une raison ou pour une autre, il semble que les behavioristes n'aient jamais été très marqués par le fait qu'une mouche sur une table puisse s'envoler sans intervention notable d'un quelconque stimulus extérieur. » L'obstination avec laquelle un grand nombre de psychologues restent exclusivement attachés à la théorie des réflexes ne peut s'expliquer que par l'extrême simplicité de la notion de réflexe. En réalité, l'existence d'un élément totalement passif et vivant en attente des stimuli extérieurs n'a absolument jamais été *prouvée*, alors que le principe « action et réaction tout en un » s'est vérifié partout où on a cherché à en trouver l'application.

Ce qui vaut pour les propriétés de l'élément nerveux et pour la très grande analogie de sa fonction avec celle du mouvement instinctif vaut encore davantage pour les processus harmonieusement intégrés qui se déroulent au sein de la moelle épinière et dont nous devons la connaissance à Erich von Holst. Toutes les tentatives de faire découler les propriétés du mouvement instinctif d'un processus réflexe semblent si tirées par les cheveux que la motivation idéologique d'une telle démarche transparaît inévitablement. Si l'on admet au contraire qu'une production endogène d'excitation est à la base de la plupart des comportements animaux et que ce sont les mécanismes de coordination centrale qui assurent l'harmonie et la téléonomie des comportements moteurs innés, ces propriétés du mouvement instinctif qui ne trouvent pas d'explication satisfaisante dans le cadre de la théorie des réflexes trouvent au contraire là une explication toute naturelle et semblent même répondre à une nécessité théorique. Ainsi que le montre Wolfgang Schleidt dans son étude *How fixed is a fixed motor pattern ?*, même les modifications formelles que subit un mouvement instinctif, du fait de ses variations d'intensité, s'expliquent à partir de cette dualité entre fonctions automatiques et fonctions motrices démontrée par Erich von Holst : ce qui reste constant, c'est la relation de phase entre les éléments du mouvement, et cette relation demeure constante même lorsque l'amplitude, la mesure des impulsions, descend presque à zéro.

15. Résumé

1. Il est des enchaînements moteurs, immuables dans leur coordination et invariablement reconnaissables, qui constituent des caractères distinctifs d'espèces, de genres et même de groupes taxonomiques plus importants tout aussi fiables que n'importe quels caractères morphologiques ou ensembles de caractères morphologiques. La notion d'homologie peut donc leur être appliquée comme aux caractères morphologiques. Cela suffit à prouver que ces coordinations motrices sont inscrites dans le génome au même titre que la forme du corps. On les qualifie de mouvements instinctifs ou de coordinations motrices héréditaires. Elles sont souvent, mais pas toujours, liées à un mécanisme inné de déclenchement avec lequel elles forment une unité fonctionnelle que Heinroth désignait sous le nom d'activité instinctive spécifique. Toutefois, le mécanisme inné de déclenchement (*IRM : Innate Releasing Mechanism* ou MID) et le

mouvement instinctif (MI) sont deux processus physiologiques distincts qui peuvent aussi exister séparément l'un de l'autre dans le cadre du comportement.

2. Les mouvements instinctifs peuvent se présenter avec tous les degrés d'intensité spécifique, à tous les stades, depuis les premières esquisses de mouvement, les mouvements intentionnels jusqu'au déroulement téléonomique de tout l'enchaînement dans sa pleine intensité. Mais la relation de phase et le rapport de taille entre les impulsions motrices demeurent constants.

3. Dans certains cas, une même catégorie d'excitation déclenche des mouvements instinctifs différents dont chacun correspond à un degré particulier d'intensité d'excitation.

4. Les éléments qui permettent de penser que les mouvements instinctifs répondant aux différents degrés successifs d'intensité sont motivés par une excitation de même nature sont les suivants : ils sont tous commandés par le même MID et peuvent tous être déclenchés par une excitation électrique d'un même point de l'encéphale intermédiaire ; leur succession correspond rigoureusement à celle des intensités d'excitation, leurs seuils de déclenchement varient toujours parallèlement les uns aux autres et leur succession dans le temps n'est pas marquée par ce temps de latence que l'on observe généralement en cas de passage d'une catégorie d'excitation à une autre.

5. L'intensité avec laquelle se déroule un mouvement instinctif dépend de deux facteurs : la disposition intérieure de l'animal et l'efficacité du stimulus déclencheur. L'observation d'un mouvement instinctif donné dans une situation de stimuli donnée représente donc une équation à deux inconnues. Après chacune des expériences qu'il effectuait avec des leurres, A. Seitz présentait toujours au sujet expérimental la même configuration de stimuli d'efficacité maximale : il pouvait ainsi déterminer

combien il restait de disponibilité intérieure après la première expérience (méthode de la double mesure quantitative). La découverte des lois régissant la baisse de disponibilité intérieure après chaque déclenchement et l'efficacité des différentes configurations de stimuli supposait l'étude simultanée des deux. C'est également cette étude qui permit l'établissement d'une relation constante entre puissance de l'excitation et intensité de la réaction.

6. La disposition de l'animal à exécuter un certain mouvement instinctif baisse après chaque déroulement de ce mouvement, *sans* que l'organisme dans son ensemble en subisse un mécanisme de fatigue ni même que sa disponibilité pour d'autres mouvements instinctifs se trouve diminuée. Seuls les mouvements locomoteurs du comportement de fuite se déclenchent encore même lorsque l'ensemble de l'organisme, système respiratoire et circulatoire compris, est épuisé.

7. Le phénomène de fatigue spécifique de l'activité correspondant à un certain mouvement instinctif se distingue du phénomène de fatigue générale habituel par le fait qu'en cas de non-utilisation forcée d'un mouvement instinctif dans le cadre d'un dispositif expérimental le niveau du seuil des stimuli déclencheurs s'abaisse à un niveau très inférieur au niveau moyen de déclenchement dans l'organisme de l'animal vivant en liberté. La réaction peut alors être déclenchée par des objets de substitution totalement inadéquats.

8. Si pour étudier le phénomène de « rétention » d'un mouvement instinctif on maintient un animal dans des conditions environnementales constantes excluant la présence des stimuli déclencheurs du mouvement en question, on provoque deux phénomènes susceptibles de masquer celui de l'abaissement des seuils de stimuli :

premièrement, un phénomène d'atrophie due à la non-activation du comportement concerné, deuxièmement, une baisse du niveau général d'excitabilité provoquant aussi une remontée des seuils de déclenchement d'autres mouvements instinctifs. L'étude du processus de baisse de l'excitabilité générale a contribué à faire comprendre les analogies fonctionnelles entre stimuli rechargeurs et stimuli déclencheurs.

9. Si l'on maintient un sujet expérimental dans des conditions environnementales ne provoquant pas de baisse de l'excitabilité générale mais excluant l'intervention des stimuli déclencheurs d'un mouvement donné, la baisse du seuil de déclenchement de ce stimulus peut atteindre un point extrême où le mouvement se déclenche spontanément, sans intervention d'un stimulus spécifique. C'est ce que l'on appelle l'activité à vide.

10. À long terme, la non-utilisation d'un mouvement instinctif ne provoque pas seulement l'abaissement des seuils de stimuli, mais plonge aussi l'organisme tout entier dans un état d'agitation qui le pousse à rechercher activement la situation de stimuli adéquate. Ce comportement, qui se présente dans les cas les plus simples comme une pure agitation motrice, mais peut mettre en jeu dans les cas plus complexes les fonctions les plus hautes de l'apprentissage et de l'intuition, est qualifié par Wallace Craig de comportement d'appétence. L'apprentissage par la récompense (*reinforcement*) s'inscrit toujours dans le cadre d'un comportement d'appétence.

11. Le phénomène d'abaissement des seuils de stimuli se manifeste également dans le cadre des comportements d'évitement de l'ennemi et de l'agressivité intraspécifique, bien que la fuite devant des objets inadéquats soit dystéléonomique au plus haut degré. Les mécanismes de l'évolution ne sont manifestement pas en mesure de construire un appareil récepteur ayant un seuil d'activité

absolument constant. Dans le cadre des mouvements instinctifs du combat, on observe non seulement les phénomènes habituels d'abaissement des seuils de stimuli, mais aussi un très net comportement d'appétence.

12. Toute coordination héréditaire qui suscite un comportement d'appétence se constitue en motivation autonome du comportement animal, ce qui ne signifie cependant pas qu'elle ne puisse pas être motivée, de son côté, par d'autres facteurs. Depuis le niveau d'intégration le plus faible, comme celui des centres de stimuli du cœur des vertébrés, jusqu'aux mouvements instinctifs les plus complexes, toutes les activités spontanées sont « action et réaction tout en un » (A. F. J. Portielje). C'est la quantité d'excitation spécifique de l'activité en question produite par unité de temps et conjuguée au degré de disposition intérieure qui détermine les possibilités de motivation du comportement correspondant.

13. Les faits exposés dans les paragraphes précédents ont trouvé une explication toute naturelle au travers des résultats des travaux d'Erich von Holst, qui prouva, en étudiant d'abord sur la chaîne nerveuse ventrale du ver de terre puis sur la moelle épinière des vertébrés les plus divers l'existence d'un mécanisme de production endogène d'excitation et d'une coordination centrale des stimuli assurant le déroulement harmonieux et la fonction téléonomique de certains comportements moteurs. Il a été prouvé que ces derniers entraient en jeu sans intervention d'aucun élément récepteur et qui réfute définitivement l'interprétation du mouvement instinctif suivant la théorie des réflexes en chaîne.

Les effets d'influence réciproque que deux rythmes producteurs d'excitation exercent l'un sur l'autre tendent à l'établissement d'un rapport de phase, d'une harmonie s'exprimant dans toute la mesure du possible par un nombre entier (effet magnétique). Cette influence est d'autant plus forte que les sommets des courbes des deux rythmes sont plus proches. Si cela se produit, comme c'est souvent le cas lorsque le rapport entre les fréquences est très proche d'un nombre entier, l'effet magnétique peut maintenir constamment les deux rythmes en cadence et transformer ainsi la coordination relative en coordination absolue. La production endogène d'excitation et les mécanismes de coordination centrale sont partout présents au sein du système nerveux central : la coordination relative prédomine chez les animaux aquatiques, la coordination absolue chez les animaux terrestres.

14. En dépit de toute la prudence qui s'impose lorsqu'on tire des propriétés des éléments nerveux des conclusions sur le comportement intégré d'organismes tout entiers, on peut dire que le comportement des plus petits éléments, comme les neurites (K. Roeder), et plus encore celui de la moelle épinière et de ses éléments fonctionnels (Erich von Holst) montrent une étonnante analogie avec celui de l'animal intact. Tous ces phénomènes qui restent inexplicables dans le cadre de la théorie des réflexes deviennent non seulement explicables, mais théoriquement nécessaires si l'on postule que les mécanismes nerveux de production spontanée d'excitation découverts par K. Roeder, Erich von Holst et quelques autres sont également à la base du mouvement instinctif de l'organisme intact. Le processus réflexe au sens traditionnel du terme, supposant qu'un « élément silencieux ne parle qu'à partir du moment où on lui adresse la parole » (Roeder), n'existe sans doute tout simplement pas.

L'essentiel de ce que nous avons dit dans ce chapitre peut se résumer par une citation d'Erich von Holst : « Le système nerveux ne ressemble donc pas tant à un âne paresseux à qui il faudrait donner des coups, ou plus exactement qui devrait à chaque pas se mordre lui-même la queue pour se décider à avancer, qu'à un cheval fougueux qui a autant besoin du frein que du fouet. »

II

Processus afférents

1. Le mécanisme inné de déclenchement

Deux mécanismes physiologiques fondamentalement différents interviennent, comme nous l'avons dit, dans cette unité fonctionnelle du comportement qu'Oskar Heinroth qualifiait d'activité instinctive spécifique : premièrement, un mécanisme inné de déclenchement (MID), qui donne à l'animal une « connaissance innée » de la situation environnementale biologiquement adéquate pour l'emploi du comportement en question ; deuxièmement, la coordination motrice héréditaire programmée phylogénétiquement, qui, mise en œuvre par le mécanisme de déclenchement, maîtrise cette situation avec une « connaissance innée ». Ainsi que nous l'avons noté dans notre introduction historique, la nature physiologique différente de ces deux fonctions n'apparaissait guère tant que l'on considérait tout le schéma comportemental comme une chaîne de processus identiques, un enchaînement de réflexes. La connaissance plus précise de la nature physiologique de la coordination héréditaire fit apparaître la nécessité de considérer l'appareil qui opérait son déclenchement, ou plus exactement sa « désinhibition », comme un mécanisme de nature particulière.

Dans les dernières sections du chapitre précédent, nous avons été contraints d'anticiper un peu en parlant de ce mécanisme qui réagit sélectivement à certaines configurations de stimuli et déclenche un mouvement instinctif – ou tout autre mode de comportement. N. Tinbergen et moi-même avions tout d'abord qualifié ce mécanisme de schéma inné de déclenchement parce que, ainsi que nous l'avons montré en exposant la méthode de la double mesure quantitative, l'organisme ne réagit pas à une image complète de la situation environnementale adéquate, mais à une somme de configurations de stimuli bien précises qui caractérisent « schématiquement » cette situation. On a abandonné depuis l'expression schéma inné parce qu'elle évoquait encore trop la représentation d'une image, même simplifiée, de la situation ou de l'objet d'un comportement donné, et l'on parle désormais de mécanisme inné de déclenchement (MID).

La définition de cette notion est de nature purement fonctionnelle et il est bien évident que, chez des organismes différents et à différents niveaux d'intégration de leurs fonctions cognitives et de leur comportement, les exigences de sélectivité dans la réponse aux stimuli diffèrent et que ce sont des mécanismes physiologiques également différents qui répondent à ces exigences.

Même chez les organismes inférieurs, la question se pose de savoir d'où l'organisme « sait » lequel de ses comportements il doit choisir pour répondre à un stimulus extérieur donné de telle façon qu'il serve la conservation de l'espèce. Pourquoi, par exemple, une amibe n'encercle-t-elle pas tous les corpuscules qu'elle rencontre mais uniquement ceux dont elle peut se nourrir, même si elle commet parfois quelques « erreurs » ? Comment un flagellé qui évolue dans l'existence par un processus de kinesis (cf. p. 340 sq.) « sait-il » quand il doit accélérer ou ralentir sa nage ?

Chez les unicellulaires et les pluricellulaires inférieurs qui ne disposent que d'un petit inventaire de comportements moteurs et dont le comportement général se limite essentiellement à éviter certains dangers, à rechercher des proies ou des partenaires sexuels, il n'y a pas de très grande exigence de sélectivité du mécanisme inné de déclenchement. Il n'en reste pas moins que même une amibe répond de façon sélective et téléonomique à tout un éventail de combinaisons de stimuli même si les comportements employés ne diffèrent que par l'intensité ou la valence dont ils sont affectés (cf. p. 338 sq.). L'animal ne peut que s'approcher ou s'éloigner plus ou moins rapidement d'un stimulus donné et, dans les cas les plus extrêmes, encercler l'objet porteur du stimulus ou encore se protéger derrière un épaississement de son ectoplasme. La plupart du temps c'est à des excitations chimiques que l'animal réagit de cette façon téléonomique, mais il peut aussi s'agir d'excitations tactiles ou thermiques.

Les configurations de stimuli auxquelles réagissent les infusoires ciliés (*Ciliata*), dont fait partie la paramécie (*Paramaecium caudatum*), sont plus simples et mieux connues de nous. Utilisant les mécanismes de la réaction phobique et de la réaction topique que nous étudierons plus précisément au chapitre IV (p. 341 et 344), le petit organisme est capable de rechercher une situation environnementale caractérisée par une certaine concentration d'ions d'hydrogène qui la rend favorable et de s'y maintenir. Le gaz acide qui se rencontre le plus fréquemment dans les étendues d'eaux naturelles est le CO_2, qui se concentre plus particulièrement dans l'environnement immédiat des matières végétales en putréfaction, car les nombreuses bactéries qui s'en nourrissent dégagent du gaz carbonique. Devant une concentration optimale d'acidité, la paramécie « jette l'ancre » : quand la partie antérieure de son corps rencontre des substances assez molles, quand elle peut s'y enfoncer, elle arrête les battements de ses cils latéraux qui la font avancer et se contente de ramener avec les cils de la région buccale les nombreuses bactéries vers son pharynx. Les zooglées de bactéries fournissent les deux stimuli correspondants. La corrélation favorable est statistiquement si fréquente et les autres acides toxiques si rares que leur existence n'a pas à être envisagée dans le programme phylogénétique de l'animal. La goutte d'acide oxalique que l'expérimentateur fait tomber dans l'environnement de la paramécie n'est naturellement « pas prévue » !

La paramécie a également un certain nombre d'ennemis naturels qui exploitent le manque de sélectivité de ce mécanisme : les grosses amibes représentent un terrible piège pour la paramécie. Elles dégagent du CO_2 et sont aussi molles que les agglomérats de bactéries, c'est-à-dire qu'elles cèdent à la poussée de la paramécie, de sorte que celle-ci « jette aussi l'ancre » devant elles. L'amibe forme alors une vésicule avec ses pseudopodes et encercle le petit organisme. J'ai vu une fois une paramécie qui était presque complètement encerclée par une amibe partir brusquement en marche arrière et se faufiler en contractant son propre corps dans le passage encore ouvert. Quand elle se retrouva libre, elle reprit sa nage vers l'avant et se faufila à nouveau en se repliant sur elle-même dans la vésicule formée par l'amibe. Immédiatement après, le piège se referma ; la paramécie manifesta quelques violentes réactions de fuite, réussissant presque à percer la mince couche de plasma qui la tenait prisonnière ; ensuite, elle sécréta ses trichocystes et mourut, ce qui se traduit de manière très spectaculaire par la dissolution immédiate des structures du plasma. L'ensemble du processus suffit à montrer les redoutables erreurs que peut entraîner pour l'organisme la trop grande simplicité du mécanisme inné de déclenchement.

Toutefois, l'éventail de configurations de stimuli auxquelles le MID réagit est toujours composé de telle sorte que les réactions « erronées » et dangereuses pour la conservation de l'espèce sont assez peu vraisemblables. L'exemple classique est celui de la piqûre de la tique femelle (*Ixode rhicinus*), qui répond à la combinaison de deux stimuli relevant de deux domaines sensoriels différents : pour déclencher la réaction, l'objet qui se présente doit avoir une température de trente-sept degrés Celsius et une odeur d'acide butyrique. Un autre élément intervient dans le déroulement général de ce comportement : la tique vit sur des plantes qu'elle quitte lorsqu'on les heurte pour tomber sur l'objet qui a produit ce mouvement. Si cet objet sent l'acide butyrique et s'il est assez chaud, elle pique. On peut penser qu'il est très vraisemblable que le programme phylogénétique ainsi conçu induise l'animal en erreur et le conduise à piquer autre chose que l'objet adéquat, à savoir un mammifère.

Le problème de savoir dans quelle partie du système nerveux central est assurée la fonction de sélection du MID doit être étudié séparément pour chaque espèce. Le cas le plus simple est celui dans lequel un seul organe sensoriel assure une seule et unique réaction. Prenons par exemple le cas du grillon femelle (*Acheta domesticus*) : du fait de la structure particulière de son organe de l'ouïe, cet animal n'est pas en mesure d'entendre quoi que ce soit d'autre que le chant nuptial du mâle, auquel la femelle réagit, ainsi que l'a montré Regen, en s'orientant vers lui et en se rapprochant de lui. Dans une des expériences de Regen, la femelle se précipita même dans le cornet du haut-parleur dont émanait le chant.

Les choses se compliquent chez les animaux disposant d'une vaste gamme de modes de comportements et chez lesquels un même organe sensoriel, par exemple l'œil, est susceptible de déclencher sélectivement, en réponse à toute une série de configurations de stimuli diverses, toute une série de comportements divers. Dans ces cas-là, il faut bien qu'entre en jeu un appareil physiologique qui commande les différents types de réponses motrices, qui *filtre* en quelque sorte les stimuli qui lui parviennent et ne « laisse passer » qu'un certain nombre de configurations bien précises qu'il transmet à une instance qui commande les différents comportements.

Plusieurs savants ont éprouvé la nécessité de postuler l'existence de cette sorte de filtre. I. P. Pavlov l'a qualifié de « détecteur » et l'ornithologue américain F. Herrick écrivait déjà il y a plus d'un demi-siècle, « *the instincts of a species fit like lock and key* », comparant les stimuli reçus avec les clés d'une serrure. C'est la raison pour laquelle on qualifie encore aujourd'hui ces configurations de stimuli auxquelles le MID réagit de *stimuli clés*. L'expression mécanisme inné de déclenchement traduit également un reste de la conception traditionnelle selon laquelle la fonction du MID serait le plus souvent le déclenchement d'un mouvement instinctif. Or, comme nous l'avons souligné p. 165, mouvement instinctif et MID sont des processus physiologiques indépendants dont les mécanismes peuvent aussi intervenir de toute autre manière dans le programme comportemental. Ainsi que nous aurons l'occasion de le dire en 3. IV/3, la fonction la plus fréquente du MID est le passage d'un type de comportement d'appétence à un autre. Il est également très fréquent que le MID « déclenche » une inhibition.

Nous ne savons pas encore grand-chose des fonctions physiologiques au travers desquelles est assuré le filtrage sélectif des stimuli par le mécanisme inné de déclenchement. On peut trouver un début d'éclaircissement à ce sujet dans les travaux de J. Y. Lettvins et de ses collaborateurs, qui ont montré sur la rétine de la grenouille la réaction très sélective de certains groupes de récepteurs à certaines configurations de stimuli. Des groupes d'éléments de la vision sont reliés chacun à une cellule ganglionnaire : certains d'entre eux réagissent au passage à la clarté ou à l'obscurité, d'autres à des stimuli très particuliers, comme la limite entre une zone claire et une zone sombre, avec une bordure sombre convexe, qui s'oriente d'une certaine façon au-delà des éléments visuels du groupe. Un élément visuel peut faire partie de toute une série de groupes, c'est-à-dire être en relation avec différentes cellules ganglionnaires. On ne peut qu'être tenté de postuler au-delà de ces groupes une instance centrale d'un niveau d'intégration supérieur qui tire, des informations fournies par ces sous-systèmes, une information globale telle que « le passage d'une mouche se dirigeant de gauche à droite dans le champ de vision ».

À partir d'un dispositif électrique appliqué aux cellules ganglionnaires ventrales de la sauterelle, Schwarzkopff et ses collaborateurs ont montré comment la voie auditive qui parcourt cette chaîne de ganglions depuis le tympan jusqu'au cerveau filtrait les stimuli auditifs reçus. Ils ont donné une explication physiologique très plausible au fait que la sauterelle mâle réagit à une configuration de stimuli par un chant de rivalité et à une autre par un chant nuptial.

E. et P. Kuenzer ont étudié la réaction de jeunes cichlidés nains, qui savent établir optiquement la différence entre l'image de leur mère et celle d'un poisson prédateur de même taille puisqu'ils se dirigent vers la première alors qu'ils adoptent devant la seconde une réaction de fuite. La réaction sélective à l'image de la mère est opérée par un mécanisme inné de déclenchement qui réagit à la robe blanche et noire de la mère ainsi qu'à un mouvement de la tête en arrière que la mère fait par intermittence. Ce n'est pas la clarté dominante du motif noir et blanc qui exerce le plus fort attrait, il semble plutôt que les motifs noirs et blancs fournissent des informations séparées : il faut que le fond noir de la robe de la mère soit plus sombre que l'arrière-plan ; quant aux éléments blancs, ils agissent par contraste avec le noir. Ce n'est pas la puissance absolue des stimuli, mais leur effet de contraste qui joue le rôle le plus important. E. et P. Kuenzer ont étudié de très près les conditions sensorielles et physiologiques du processus de déclenchement. Ils réussirent même à fabriquer des leurres d'une efficacité « supra-optimale », c'est-à-dire des leurres qui étaient de loin plus efficaces que les configurations de stimuli émanant de la véritable mère.

Lorsqu'on observe dans des conditions naturelles la précision et la fonctionnalité avec lesquelles un MID conduit l'organisme à adopter le comportement adéquat au moment voulu, on est assez tenté de surestimer la somme d'informations pertinentes dont l'animal dispose au sujet de son environnement. C'est souvent l'observation d'une erreur comportementale qui fait ressortir le caractère succinct, mais aussi extrêmement rationnel, du choix des stimuli clés opérant le déclenchement du mouvement instinctif. Un courlis à peine sorti de l'œuf ou un jeune dindon se précipite dans le premier buisson dès lors qu'un oiseau de proie apparaît dans le ciel, mais il fait exactement le même mouvement lorsqu'il est dans une pièce et qu'il voit une mouche sur le plafond blanc. Le jeune faucon crécerelle, qui nous émerveille la première fois qu'il voit de l'eau en s'empressant d'aller s'y baigner, nous déçoit quand il exécute les mêmes mouvements de baignade sur une plaque de marbre poli.

Nikolaas Tinbergen a montré l'étonnante simplicité et la sommation des stimuli clés en étudiant le mécanisme inné de déclenchement qui commande le bâillement de quête du petit merle vers ses parents. Si l'on présente à ces jeunes oiseaux deux bâtonnets à la même hauteur, ils orientent leur mouvement vers celui qui se trouve un tout petit peu plus près. Si on leur présente deux objets de même taille, par exemple deux morceaux de carton qui se touchent, à la même distance mais à des hauteurs différentes, ils orientent leur bâillement vers celui qui est le plus haut. Si on leur présente deux morceaux de carton de taille différente à la même hauteur, ils orientent leur mouvement vers le plus petit. Tinbergen a ensuite fait jouer les critères de taille et de proximité contre le critère de hauteur en utilisant un leurre composé de deux disques de carton disposés de telle sorte que, lorsqu'on le faisait tourner, le plus petit passait au-dessous du plus grand. Il constata qu'à partir d'un certain stade de ce mouvement les oisillons cessaient d'orienter leur bâillement vers le plus petit disque et l'orientaient vers la bordure supérieure du leurre (cf. fig. 15, p. 240). Une expérience similaire axée sur les critères de proximité et de hauteur donna les mêmes résultats (cf. fig. 16, p. 241). Au cours d'une étude dont les résultats n'ont pas été publiés, Ilse Prechtl tenta de faire agir simultanément les critères de proximité et de petite taille, et elle constata que, lorsque les deux critères se présentaient simultanément, le mouvement de bâillement des oisillons suivait bien plus longtemps le simulacre de « tête » que lorsqu'un seul des deux critères était utilisé. Elle constata en outre que l'efficacité du leurre augmentait si l'on plaçait au milieu de cette fausse « tête » une quelconque structure proéminente. Le leurre à trois dimensions qu'elle confectionna ressemblait étonnamment à un jouet en forme de tête d'oiseau. Tinbergen établit également que, dans la représentation schématique de la « tête » d'un de ses parents pour le jeune merle, un autre caractère intervenait : le resserrement représentant symboliquement le cou dans le contour général des deux parties du leurre. Une tête exclusivement caractérisée par les deux encoches de la base du cou suffisait à orienter le mouvement de bâillement ; toutefois, lors de la rotation du leurre, les jeunes oiseaux ne suivaient pas très longtemps le mouvement vers le bas.

Ces expériences illustrent toute une série de propriétés du mécanisme inné de déclenchement et permettent de comprendre pourquoi on a parlé au départ de « schéma inné » d'un certain objet de l'environnement. D'un autre côté, elles montrent que l'information n'est pas fournie à l'organisme sous la forme d'une image globale simplifiée, mais sous la forme d'un certain nombre de réactions à des stimuli clés qui sont certes susceptibles de s'ajouter, mais fonctionnent en fait indépendamment les uns des autres. Ce n'est que relativement et par l'intermédiaire de la somme des effets des différentes configurations de stimuli que l'image globale a une action plus forte que chacun de ces stimuli pris séparément. Nous revenons ici à ce que nous avons dit dans la section consacrée à la méthode de la double mesure quantitative et à la règle de la sommation des stimuli.

Le MID ne réagit donc pas à la forme complexe de l'objet naturel. Toutefois, on peut représenter les différentes configurations de stimuli qui agissent comme des stimuli clés sous des formes simplifiées. Ce ne sont pas des données absolues mais des écarts, la perception de différences qui déterminent leur efficacité, ainsi que nous avons pu le voir au travers des expériences de E. et P. Kuenzer. Même les stimuli acoustiques, qui sont extrêmement

FIG. 15 : explication dans le corps du texte. (Extrait de Lorenz : *Über tierisches und menschliches Verhalten*, vol. II.)

nombreux, se présentent sous forme de rapports, c'est-à-dire d'éléments mélodiques simples dans lesquels ce ne sont pas les valeurs absolues mais les intervalles de tons qui jouent le rôle déterminant. La femelle du grillon de Regen, avec son organe auditif réglé sur un unique ton, est la seule exception que pour ma part je connaisse à cette règle.

Un bon exemple de réaction à un caractère relatif nous est offert par les incubateurs buccaux mâles (*Haplochromis burtoni*), qui réagissent au trait qui souligne l'œil de mâles de la même espèce. Ce trait part dans la diagonale de l'œil du poisson jusqu'à la partie inférieure de l'avant de la tête et constitue l'un des plus forts stimuli déclencheurs du combat de rivalité. C. Y. Leong a montré, au travers d'expériences faites avec des leurres, que l'effet

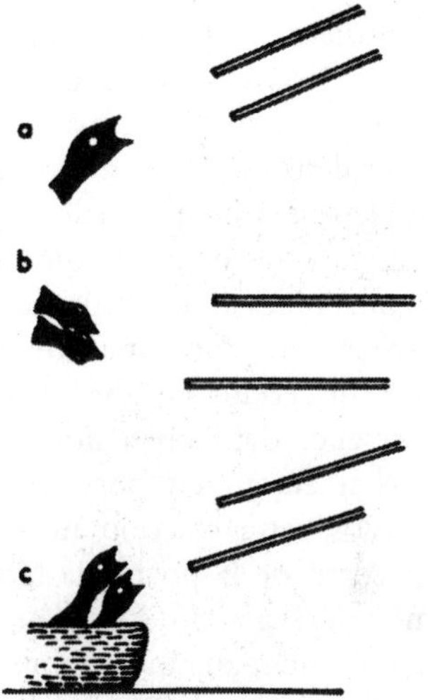

FIG. 16 : *a* et *b* : schéma d'orientation de la réaction de bâillement de quête du jeune merle. De deux bâtonnets à égale distance de lui, c'est celui qui est situé le plus haut que vise le jeune oiseau (*a* vue latérale) ; entre deux bâtonnets situés à la même hauteur, l'animal oriente son mouvement vers celui qui est le plus près de lui (*b* vue d'en haut). En *c* (vue latérale), on fait jouer le critère de hauteur contre le critère de proximité : c'est la hauteur qui l'emporte. (Extrait de Lorenz, *Über tierisches und menschliches Verhalten*, vol. II. D'après les travaux de Tinbergen – *Du comportement animal et humain.*)

déclencheur ne dépendait pas de l'angle que faisait ce trait avec la verticale, mais de l'angle qu'il faisait avec l'axe longitudinal du corps du poisson. Étant donné que les mâles de cette espèce prennent, pour manifester un comportement de menace, une position proche de l'horizontale, l'angle avec la verticale aurait lui aussi pu être le stimuli déclencheur.

Presque tous les mécanismes innés de déclenchement dans lesquels interviennent des caractères relatifs se composent de plusieurs stimuli clés qui s'ajoutent. Personnellement, je ne connais que deux cas dans lesquels un seul caractère relatif joue à lui seul un rôle déclencheur et, dans ces deux cas, il s'agit d'une configuration plutôt compliquée qui ressemble assez à une forme. La réaction de « hargne » du choucas, qui est une réaction de défense des congénères attaqués par un ennemi prédateur, ne se déclenche que dans une situation caractérisée par la réunion d'un certain nombre d'éléments. Elle se déclenche en présence d'un objet noir et animé, qui se secoue ou se débat et qui est porté par un autre être vivant. Je découvris cette réaction un jour où, devant mes choucas, je sortis de la poche de mon pantalon un maillot noir mouillé. La nature de l'être qui porte cet objet noir n'a absolument aucune importance ; même un congénère portant dans son bec une plume noire déclenche la réaction dans sa pleine intensité. Les objets noirs de forme fixe et totalement inanimés n'exercent aucun effet : je pouvais manier mon appareil photographique comme je voulais sans éveiller la moindre réaction de la part de mes choucas. En revanche, lorsque je sortais la bande d'amorce de la pellicule que j'utilisais à l'époque, il fallait que je fasse très attention à me tenir hors de la vue des choucas si je ne voulais pas subir une attaque massive. Or c'était tout particulièrement à éviter, parce que le déclenchement de la réaction exerçait un effet d'intimidation qui se prolongeait assez longtemps et risquait d'entraver mes observations ultérieures.

Le deuxième exemple de mécanisme inné de déclenchement répondant à une unique configuration de stimuli particulièrement complexe revient à O. Drees et concerne les saltiques. Ces animaux se précipitent sur tous les objets noirs de petite taille sans que l'on sache au départ si c'est l'amorce d'un comportement de pariade ou d'un comportement prédateur. Cela ne se décide qu'au moment où l'animal est à quelques centimètres de l'objet, ses facultés de vision de l'image globale lui permettant alors de la voir très précisément. S'il se révèle que l'objet noir repose sur des petits « pieds » courts et verticaux, c'est le comportement prédateur qui l'emporte ; si l'objet a au contraire des pattes articulées en accent circonflexe, précisément comme les pattes d'araignées, la saltique (araignée sauteuse) mâle entreprend immédiatement ses mouvements de parade spécifique.

Les deux mécanismes innés de déclenchement que nous venons de décrire chez le choucas et chez la saltique sont deux cas extrêmes de réaction à une unique configuration de stimuli relativement complexe ; dans tous les autres cas que nous connaissons et qui ont été analysés, les mécanismes innés de déclenchement répondent à un plus grand nombre de caractères relatifs plus simples et dont les effets s'ajoutent.

2. Le mécanisme inné de déclenchement et ses limites

Il ressort de tout ce que nous venons de dire que les mécanismes innés de déclenchement *ne sont pas* en mesure de répondre à des qualités complexes, alors que les fonctions de la perception des formes fondées sur l'apprentissage le font avec une parfaite aisance. Ma fille, alors âgée de cinq ans, reconnaissait sans peine chez les diverses espèces de râles qui vivaient dans le jardin zoologique du château de Schoenbrunn l'appartenance à un même groupe. Cette perspicacité était d'autant plus remarquable que cet ordre comporte des formes très diverses adaptées à des biotopes non moins divers : des formes adaptées à la steppe, extrêmement proches des gallinacés, et des râles d'eau, beaucoup plus proches des anatidés ; de toutes ces formes, ma fille ne connaissait que la foulque macroule (*Fulica atra*) et la poule d'eau (*Gallinula chloropus*), mais elle connaissait ces deux formes très précisément. Contrairement à l'information transmise par un mécanisme inné de déclenchement, l'information transmise par les fonctions de la perception des formes est assez difficile à résumer verbalement. Quand on lui demandait à quoi elle reconnaissait ces différentes formes de râles, ma fille répondait simplement qu'ils étaient « presque comme une poule d'eau ».

Dans certains cas, la trop grande simplicité et le caractère laconique de l'information fournie par le mécanisme inné de déclenchement sont source d'erreurs, et cela peut arriver sans raison particulière, dans les conditions de vie naturelle. Il n'est pas rare que des oies prennent inutilement la fuite devant une feuille emportée par le vent tout simplement « parce qu'elles l'ont prise pour un aigle ». Pendant la période d'incubation, les oies font souvent rouler jusqu'à leur nid des galets ronds ou des boîtes de cigarettes vides uniquement parce que le mécanisme inné de déclenchement de la réaction de roulage des œufs vers le nid répond à tout objet ayant une surface assez lisse et ne présentant ni aspérités ni pointes proéminentes.

Le mécanisme inné de déclenchement a une autre « faiblesse » provenant du fait que les informations qu'il fournit correspondent, comme nous avons pu le voir, non pas à des valeurs absolues, mais à des valeurs relatives. De là la possibilité d'*exagérer* les caractères jouant le rôle de stimuli clés et de fabriquer de toutes pièces des objets que l'animal préférera à l'objet naturel biologiquement adéquat. Deux études, l'une de N. Tinbergen sur les mouettes en période d'incubation et l'autre de G. B. Baerends sur les huîtriers, ont montré que les sujets préféraient à leurs propres œufs des œufs de plus grande taille avec des couleurs plus contrastées. La disponibilité du leurre « supra-optimal » empêche l'animal de continuer à couver ses propres œufs.

Le comportement de copulation des jars nous fournit un autre exemple de mécanisme inné de déclenchement répondant à des configurations de stimuli faciles à reproduire en les exagérant. Toute une série de stimuli très spécifiques émanant du partenaire interviennent certes dans le comportement préalable à l'accouplement, mais la principale configuration déclenchante réside dans la présentation d'une large surface horizontale juste au-dessous de la surface de l'eau, surface analogue à celle que présente la femelle invitant son partenaire à l'accouplement. Mais cet aspect est très facile à exagérer et l'on augmente la violence de l'effet déclencheur si l'on présente la surface en question légèrement en dessous de la surface de l'eau, comme le fait la femelle pendant l'accouplement. La présence de l'homme nageant à leurs côtés déclenche des mouvements copulatoires mâles non seulement chez les sujets adultes apprivoisés, mais aussi chez les jeunes oies encore incapables de voler, et même chez les jeunes femelles, sans que pour autant les sujets en question ait été marqués d'une empreinte sexuelle sur l'homme. Le message du MID est tout simplement le suivant : « Surface horizontale d'un congénère juste au-dessous de la surface de l'eau. »

On peut dire que dans certains cas le MID reste « ouvert d'un côté » ; si l'on voulait traduire verbalement l'information qu'il fournit, il faudrait dire « aussi gros que possible », « aussi contrasté que possible », etc. Il y a un bon nombre de parasites sociaux qui exploitent cet état de choses : par exemple, les parasites des nids parmi les oiseaux et un certain nombre de parasites sociaux des fourmis ou d'autres insectes vivant en sociétés. Heinroth a constaté qu'un jeune coucou déjà apte au vol placé dans une volière avec d'autres espèces d'oiseaux insectivores déclenchait un comportement alimentaire non seulement de la part des autres sujets adultes, mais aussi de la part des autres sujets de l'année n'ayant pas encore atteint l'âge de la maturité sexuelle. Heinroth dit : « Le comportement consistant à nourrir un jeune coucou est une sorte de vice chez les oiseaux » et il y a là une très profonde vérité.

L'homme possède lui aussi un certain nombre de mécanismes innés de déclenchement répondant à des stimuli clés dont on peut aisément exagérer les caractères. Ses réactions de soins à la progéniture sont suscitées par toute une série de caractères configuratifs de ce type : en particulier la rondeur et la hauteur du front, la prépondérance de la boîte crânienne sur la face, de grands yeux, des joues rondes, des extrémités courtes et potelées, des formes arrondies. Parmi les caractères moteurs, une certaine maladresse, une ataxie, surtout dans le domaine de la locomotion. Chacun sait comme on est amusé par l'image du tout jeune enfant encore titubant qui n'arrive pas à se maintenir dans la direction de l'objectif qu'il s'est fixé. Heinroth a qualifié cette première phase de « stade de la progression de travers ». Nous sommes tout aussi amusés et attendris par le jeune teckel qui réussit certes à se maintenir dans une direction donnée tant qu'il marche ou trotte, mais n'y réussit plus dès qu'il se met à courir. En ce qui concerne les mécanismes innés de ce type de déclenchement, il est très significatif que nous trouvions « mignons » les animaux qui présentent un certain nombre des caractères configuratifs énumérés précédemment, sans qu'ils doivent nécessairement les présenter tous puisque leur effet obéit naturellement à la loi de la sommation des stimuli. En allemand, le nom de ces animaux se termine très souvent par le diminutif *chen* (cf. fig. 17, p. 248).

L'industrie n'a pas manqué de découvrir que la sensibilité de l'homme à ce type de leurres supra-normaux pouvait être exploitée à des fins financières. C'est dans le domaine de l'industrie du jouet et de la fabrication de poupées que l'on s'en aperçut d'abord : les fameuses Cupie-Dolls américaines qui eurent leur grande vogue et, d'une manière générale, même si c'est moins marqué, la grande majorité des poupées modernes présentent cette hypertrophie des caractères physiques de la petite enfance. Dire d'un bébé que c'est « une vraie poupée » est le plus beau compliment qui se puisse imaginer. Dans le domaine de l'art culinaire, on pourrait donner une multitude d'exemples de fabrication de leurres supra-optimaux dont l'effet n'est pas toujours inoffensif sur les conditions de vie de l'homme moderne. Pour l'homme de l'âge de la pierre, presque constamment talonné par la faim, c'était certainement une très bonne tactique que de se laisser guider par l'information fournie par un certain nombre de MID, eux aussi « ouverts d'un côté », et qui conseillaient de manger de préférence les aliments les plus gras, les plus sucrés et les moins chargés de substances de lest indigestes et de faible valeur nutritive. Les sucreries, par exemple le chocolat, réunissent ces trois caractères, le poison culturel de la pure farine de froment agit par l'intermédiaire du troisième stimulus clé en causant chez des millions d'hommes civilisés des troubles digestifs.

Même du point de vue de la consistance de la nourriture, il y a chez l'homme un certain nombre de stimuli clés déterminant une configuration optimale dont se rapproche tout ce qui craque sous la dent. En définitive, le programme alimentaire qui était pour nos ancêtres d'une parfaite adaptation téléonomique se transforme aujourd'hui en suicide par la gastronomie si la raison ne vient pas y mettre un frein.

FIG. 17 : schéma déclencheur des réactions de soin à la progéniture chez l'homme. À gauche, les proportions de l'enfant ou de l'animal que l'on trouve « mignon » (jeune enfant, gerboise, pékinois, rouge-gorge) ; à droite, êtres voisins ne déclenchant pas les mêmes réactions (homme adulte, lièvre, chien de chasse, loriot). (Extrait de Lorenz, *Essais sur le comportement animal et humain*, Le Seuil, 1970.)

Dans le domaine sexuel aussi, il existe toute une série d'artifices qui, le plus souvent sous l'aile protectrice de la mode, dépassent les effets de tous les déclencheurs naturels. Assistant à la projection d'un film de G. P. Baerends qui montrait un huîtrier essayant de couver un œuf coloré de taille si démesurée qu'il ne pouvait même pas se tenir à cheval dessus, un Américain, spécialiste de la publicité, s'exclama : « Chouette, ça c'est la cover-girl ! » Et il ne se trompait pas.

3. Le mécanisme inné de déclenchement et le déclencheur

Lorsqu'un animal doit réagir de façon sélective à un objet du monde extérieur, par exemple une proie ou un ennemi prédateur, la configuration idéale du mécanisme inné de déclenchement est celle qui lui permet de répondre avec la plus grande sélectivité possible aux stimuli correspondant à des caractères que l'objet possède en propre. L'évolution de l'espèce n'a généralement pas le pouvoir de modifier l'objet de ce comportement de manière à rendre plus nets les stimuli qui en émanent. Mais elle a ce pouvoir dès lors que c'est un congénère qui devient l'objet du comportement. Le brochet qui se précipite sur tout ce qui brille d'un éclat argenté n'est pas en mesure de trouver sur les proies adéquates une marque qui lui éviterait de se précipiter parfois sur des objets d'autre nature ; en revanche, l'espèce des moineaux a su marquer le pharynx de ses petits de taches colorées qui réunissent les propriétés requises par le mécanisme inné de déclenchement dans la mesure où elles constituent un signal d'une extrême simplicité dont le caractère unique est pratiquement garanti.

Un grand nombre de motifs de la robe des oiseaux ou des poissons se sont dessinés sous la pression de sélection d'un mécanisme inné de déclenchement. On peut dire la même chose d'un aussi grand nombre de schémas moteurs uniques qui se sont développés au service d'une fonction de signal et agissent presque toujours en corrélation avec des structures morphologiques. Nous désignons sous le nom de *déclencheurs* ce type de mouvements, de motifs colorés et de structures qui se sont développés au service d'une fonction de signal. Chez les vertébrés, pratiquement aucune tache colorée particulièrement remarquable, aucune nageoire ou plume plus longue que les autres, et surtout aucun mouvement se distinguant particulièrement par sa répétition rythmique et par sa nette orientation vers l'objet auquel il s'adresse n'assure une fonction de déclencheur. Lorsque Nikolaas Tinbergen et moi-même vîmes pour la première fois, à la même époque, le cichlidé « gueule de pourpre » (*Cichlasoma meeki*), qui présente une tache en forme d'œil non pas, comme les autres cichlidés, sur l'opercule branchial, mais sur la membrane branchiale, il y eut entre nous un échange de lettres dans lesquelles nous prévoyions déjà la forme particulière de comportement de menace frontale par laquelle cette espèce se distingue des autres cichlidés.

Quelques exemples de déclencheurs suffiront à illustrer le principe. Les déclencheurs morphologiques viennent parfois souligner de façon optique ou acoustique une coordination héréditaire qui n'a pas été modifiée au service d'une fonction de signal. Beaucoup d'oiseaux dévoilent des motifs colorés en déployant leurs ailes, c'est le cas chez beaucoup de canards : ils possèdent des plumes latérales qui, à l'état de repos, sont recouvertes par la couche protectrice des rectrices centrales, des colorations du bas du dos ou du croupion cachées par les ailes lorsqu'elles sont repliées et de nombreux autres éléments de ce type. On peut inscrire dans le même registre les « couleurs publicitaires » qu'arborent en permanence certains poissons coralliens des tropiques, lesquelles ont une fonction d'identification spécifique et de déclenchement du comportement de combat. Les coussinets de graisse que présentent certaines parties du corps de l'enfant ou de la femme ont également fonction de déclencheurs. En ce qui concerne les grosses joues du petit enfant, on a cherché à en donner les explications les plus curieuses : on a dit par exemple qu'elles étaient faites pour faciliter la tétée, ce qui ne peut pas être exact puisque chez nos plus proches parents, les singes, ces coussinets graisseux n'existent pas. Contrairement à ce *corpus adiposum buccae*, il semble qu'aux yeux de la plupart des observateurs les rondeurs bien délimitées que présentent certaines régions du corps féminin n'aient pas nécessité d'explication particulière !

La plupart des caractères morphologiques ayant fonction de déclencheurs sont en relation étroite avec le mouvement instinctif ritualisé, dont ils renforcent l'effet de signal. L'homologie entre les mouvements de pariade de diverses espèces d'anatidés (1. IV/12) permet de montrer clairement la fréquence avec laquelle un certain comportement moteur, commun à de multiples espèces, est souligné et renforcé dans sa fonction de signalisation par la disposition des plumes ou des motifs colorés. Dans ces cas-là, il ne fait aucun doute que le schéma moteur est plus ancien que les caractères morphologiques qui se sont développés à son service. Étant donné qu'en ce qui concerne le déclenchement des mouvements instinctifs nous avons de bons exemples de gammes de différenciation très précises, nous avons une connaissance plus précise de leur phylogenèse que de celle de tout autre mode de comportement.

On a proposé de qualifier les appareils d'émission de stimuli dont il est question ici de déclencheurs « sociaux » (*social releasers*). Ce serait oublier qu'un nombre non négligeable de déclencheurs s'adressent au mécanisme de déclenchement d'*une autre* espèce. Les belles taches en forme d'œil que présentent les ailes de certains papillons ou les mantes religieuses (*Mantidae*) sur leur première patte sont manifestement destinées à exercer un effet sur l'ennemi prédateur, qui prend peur et s'enfuit en voyant brusquement surgir devant lui deux yeux dont la taille et la distance laissent à penser qu'ils appartiennent à un animal plus gros que lui. Des taches ocellaires servant à effrayer les ennemis prédateurs sont également apparues chez beaucoup de céphalopodes possédant un système de chromatophores qui réagit très rapidement et leur permet de se dessiner brusquement une paire d'yeux menaçants sur le dos, comme le fait la pieuvre, ou sur les nageoires latérales, comme le *Sepiotheutis*.

Il y a aussi des déclencheurs qui s'adressent aux proies et non aux ennemis prédateurs. Les poissons pêcheurs ont de véritables hameçons à l'extrémité du premier rayon de la nageoire dorsale. Chez le poisson-grenouille (*Phrynelox scaber*), qui fait partie des poissons pêcheurs, cet hameçon ressemble à s'y méprendre à un ver qui se tortillerait ; la tortue-alligator (*Macroclemys temminckii*) porte au bout de la langue un mince appendice rouge qui remue également comme un ver tandis que l'animal géant repose, la gueule largement ouverte, dans la vase.

Les déclencheurs de ce type correspondent à un processus d'imitation. Lorsque ce processus atteint un très haut degré de différenciation, on parle de mimétisme. Les cas de mimétisme les plus connus et sans doute les plus fréquents sont ceux des formes animales qui se défendent de leurs ennemis prédateurs par l'excrétion de substances venimeuses, leur mauvais goût ou quelque autre moyen, et sont imitées par des formes totalement inoffensives qui n'ont pas mauvais goût mais bénéficient de la sorte de la même immunité. Nous nous intéresserons plus particulièrement ici aux cas de mimétisme dans lesquels le déclencheur de l'imitation agit sur un mécanisme inné de déclenchement de comportement *social* d'une autre espèce, le mime parvenant ainsi à être traité par l'autre comme un congénère. Chez les veuves (viduinés) qui parasitent les nids d'autres espèces, le petit oiseau imite très exactement le bâillement de quête et la configuration de la tête des petits de ses hôtes. Ainsi que l'a montré J. Nicolai, l'évolution des viduinés est allée de pair avec celle des estrildinés qu'ils parasitent. Du fait que les petits des veuves ne font pas disparaître leurs frères de lait, comme le fait le coucou, mais qu'ils sont au contraire élevés en même temps, il faut que l'aspect extérieur et le comportement du nouveau-né ressemble en tous points à ceux de ses hôtes : chaque espèce de veuves doit donc être particulièrement adaptée à « son » espèce d'estrildinés. Bien que certaines espèces de veuves étroitement proches présentent un aspect très semblable à l'état adulte et qu'elles aient donc pu être classées sur le plan taxonomique comme des sous-espèces, elles doivent en fait être considérées comme des espèces à part entière dans la mesure où elles cohabitent sur les mêmes territoires sans jamais pouvoir se mêler, car, du fait du croisement, les petits ne seraient adaptés ni à une espèce d'hôte ni à l'autre et n'auraient donc aucune chance de survie. Les croisements seraient par conséquent profondément dystéléonomiques chez les viduinés et ils sont de ce fait empêchés par un certain nombre de mécanismes dans lesquels interviennent curieusement des processus d'apprentissage et d'empreinte. Nous aurons l'occasion d'y revenir dans la section consacrée à l'empreinte (3. III/6).

Un exemple de mimétisme particulièrement intéressant nous est offert par les déclencheurs d'un sujet imitant un organe de sa propre espèce. À Seewiesen, lorsque nous avons reçu pour la première fois des incubateurs buccaux de l'espèce *Haplochromis burtoni* et que nous les avons mis en quarantaine dans un aquarium spécial, nous avons immédiatement remarqué les curieuses taches jaune orangé, sombres ou bordées d'une auréole transparente, sur la nageoire anale des mâles. Un de nos hôtes, l'Américain John Burchard, supputa immédiatement qu'il s'agissait de leurres d'œufs et qu'après avoir pris les véritables œufs de la fraie la femelle essaierait d'attraper les taches dans sa gueule comme elle l'aurait fait pour des œufs et qu'à cet instant précis le mâle excréterait la semence fécondant les œufs dans la gueule de la femelle. W. Wickler a pleinement confirmé l'exactitude de ces prévisions et découvert d'autres cas d'automimétisme. Les mâles de certaines espèces de singes (papions, cercopithèques) portent sur le postérieur, et une espèce particulière (*gelada*) sur la poitrine, le dessin des parties génitales de la femelle. Ils le présentent à leurs rivaux en signe de soumission et ce geste exerce un effet d'apaisement. Il est tout à fait intéressant de constater que les structures imitées ne sont pas homologues de leurs modèles et sont même constituées d'un tissu de nature fondamentalement différente. C'est ainsi que les cercopithèques mâles ont des poils roux sur les parties du corps qui ont chez la femelle une coloration rouge parce qu'elles sont abondamment irriguées de vaisseaux sanguins.

Si l'étude d'un déclencheur développé par un mime en fonction du MID d'une autre espèce est aussi satisfaisante sur le plan de l'analyse, c'est parce que l'évolution du déclencheur est, dans ce cas-là, un processus d'adaptation univoque et non réciproque, comme c'est le cas dans la formation de tous les déclencheurs sociaux. Le développement des déclencheurs reposant sur un phénomène de mimétisme représente donc le cas le plus simple de ce processus d'évolution.

4. Une règle générale importante

Nous pouvons tirer d'une des propriétés communes à tous les déclencheurs telles que nous les avons exposées précédemment une conclusion importante en ce qui concerne le fonctionnement et les limites de fonctionnement du mécanisme inné de déclenchement : tous les déclencheurs connus reposent sur des configurations de caractères spatiaux ou temporels d'une relative simplicité. Il est très significatif qu'en dépit du caractère linéaire de la succession des mots dans le langage on parvienne toujours à décrire de façon exhaustive les configurations en question. Il n'est, pour s'en apercevoir, que de lire la description du mâle et de la femelle d'une même espèce d'oiseau, le mâle portant une robe de parade composée presque exclusivement de déclencheurs, tandis que la femelle a des couleurs tout à fait ternes. « C'est en vain que le mot s'efforce de créer la forme », dit Goethe ; en réalité, cette limitation du langage réside dans le caractère unidimensionnel que revêt dans le temps la transmission d'information. Pour s'en convaincre, il n'est que d'essayer de lire dans n'importe quel ouvrage d'ornithologie une description du plumage d'une femelle de canard colvert ou de quelque autre oiseau à plumage coloré et de se faire, à partir de la description écrite, une idée de la réalité, de se représenter une « image » équivalente à celle que donnerait la perception des formes. On s'aperçoit que c'est impossible pour la simple raison que l'on a oublié où se trouvait telle ou telle tache marron ou jaune sur le corps de l'animal avant d'avoir réuni toute l'information requise sur toutes les autres taches et sur tous les autres points. Nous avons la preuve patente que cette impossibilité provient de la faiblesse de nos facultés de mémoire et nous savons bien qu'une succession linéaire d'informations ponctuelles est parfaitement en mesure de « créer la forme », à la condition qu'elle soit assez rapide pour que l'image persistante formée sur la rétine retienne encore la première information lorsque la dernière lui parvient. C'est sur ce principe que repose, comme chacun sait, la télévision.

Notre perception des formes a un pouvoir que le MID n'a pas, elle peut *répondre sélectivement à des qualités complexes*. C'est une règle générale pratiquement infaillible : lorsqu'un organisme réagit à un leurre ne présentant qu'une imitation grossière de la configuration de stimuli adéquate, le processus qui entre en jeu est un MID. S'il faut, au contraire, une imitation si fidèle de la situation biologique adéquate qu'elle n'est guère réalisable avec un leurre, on est habilité à conclure que le comportement en question est déclenché par la perception apprise d'une forme complexe. La validité de cette règle m'a été prouvée il y a très longtemps par des expériences de A. Seitz que nous allons décrire. Après avoir procédé aux expériences classiques que nous avons évoquées en 2. I/4 sur des mâles d'*Astatotilapia strigigena* (cf. note p. 168), Seitz tenta de déclencher après les comportements de rivalité des comportements de parade nuptiale. N'obtenant aucun succès avec des leurres grossiers, il passa à des imitations de plus en plus raffinées de femelles d'*Astatotilapia* et finit par utiliser des objets de paraffine transparente coulée sur une femelle réelle avec des nageoires transparentes en celluloïd et recouverts d'une poussière d'aluminium qui leur donnait un éclat argenté. Ces leurres suspendus dans le bassin par des fils de Nylon auraient trompé plus d'un observateur humain ; mais ils ne troublaient pas le moins du monde le congénère mâle, même lorsque le seuil de déclenchement de son comportement de parade était considérablement abaissé.

Seitz en conclut que la réaction à la femelle reposait sur une perception acquise. Pour ma part, je n'en étais pas le moins du monde persuadé, bien que j'eusse déjà énoncé et publié dans mes travaux la règle précédente, et je ne poussais pas le moins du monde Seitz à tenter l'expérience de privation, en l'occurrence assez compliquée. Cette expérience présente toujours de considérables difficultés techniques avec les incubateurs buccaux, car, dans les conditions normales, les œufs sont constamment agités par le courant d'eau qui assure la respiration. Pour permettre l'incubation artificielle, il faut maintenir constamment les œufs dans un courant d'eau ascendant. La patience du chercheur ne recula pas devant la nécessité de construire un dispositif adéquat. Lorsque Seitz eut réussi à mener de cette façon cinq mâles à l'âge de la maturité, il procéda en ma présence à la première expérience, qui m'a laissé un souvenir inoubliable. Pour ne pas risquer de créer, dès le début, une adaptation à certains caractères particuliers du leurre utilisé, il commença par utiliser l'objet le plus simple possible : une boule de pâte à modeler grise qui, fichée au bout d'une baguette de verre, était présentée à l'animal et agitée devant lui. Il faut croire que je nourrissais une louable méfiance vis-à-vis de mes propres hypothèses puisque je fus très profondément étonné de constater que le poisson, qui n'avait jusqu'alors pas vu le moindre objet mobile dans son bassin, perdit les rayures transversales et longitudinales de sa robe, commença à prendre un éclat bleuté, redressa ses nageoires et sa membrane branchiale, se présenta dans sa largeur par rapport au leurre et adopta, immédiatement après, un comportement de parade nuptiale de la plus violente intensité. Je n'avais pas imaginé que l'apprentissage des formes pût jouer un rôle aussi capital au niveau des poissons ;

l'énoncé de ma règle générale découlait essentiellement de l'observation des oiseaux.

L'une des conséquences les plus importantes de tout ce que nous savons des déclencheurs et de leur fonctionnement est la suivante : l'évolution du système neurosensoriel des animaux supérieurs n'est pas en mesure de mettre au point un appareil de réception des stimuli inné, c'est-à-dire programmé phylogénétiquement, capable de répondre sélectivement à des qualités de nature complexe. En revanche, les processus de la perception apprise sont parfaitement en mesure de commander des réactions répondant avec une incroyable sélectivité aux configurations les plus complexes. Une oie cendrée de quelques jours reconnaît ses parents à l'aspect physionomique, cette identification se fondant essentiellement, comme chez l'homme, sur la région de la tête comportant le nez et les yeux.

Ces différences considérables entre les fonctions du MID, d'un côté, et les fonctions acquises de la perception des formes, de l'autre, ne doivent pas faire oublier ce que les deux mécanismes ont en commun. Les similitudes entre les deux reposent sur le rôle décisif que jouent, dans un cas comme dans l'autre, les mêmes mécanismes physiologiques périphériques de la réception d'excitation. Pour des raisons assez faciles à comprendre d'un point de vue biocybernétique, il est d'autant plus facile de construire un appareil récepteur réagissant à un certain signal que ce signal est simple et qu'il exclut, par son originalité et sa faible fréquence, les risques de confusion avec d'autres configurations de stimuli. Felix Krüger a désigné sous le nom de *prégnance* la combinaison de la simplicité avec la rareté générale. C'est par un effet de cette tendance à la prégnance inhérente à toute perception que les couleurs pures du spectre et les formes géométriques simples ou, dans le domaine acoustique, les sons purs et les relations simples entre leurs fréquences ou la régularité de leur enchaînement rythmique jouent presque le même rôle dans les déclencheurs programmés phylogénétiquement que dans les signaux inventés par l'homme.

Il n'est pas aberrant d'imaginer qu'il existe d'authentiques déclencheurs, autrement dit des appareils d'émission de stimuli élaborés pour remplir une fonction de signal, auxquels correspondraient sur le plan récepteur de l'espèce considérée non pas un MID mais une perception apprise. Cette dernière pourrait, aussi bien qu'un MID, exercer sur l'évolution du signal une pression de sélection dans le sens de la plus grande prégnance. Toutefois, alors que nous connaissons une foule de signaux humains dont l'évolution a très certainement été dictée par le besoin de prégnance de la perception apprise, nous ne connaissons guère de cas de déclencheur programmé phylogénétiquement auquel répondrait un mécanisme de la perception apprise. Sjölander (communication orale, 1977) a précisément découvert un cas de ce type : celui du bec rouge du diamant mandarin (*Taeniopygia castanotis*), qui joue manifestement un rôle de signal, bien que la réaction à sa couleur soit une réaction acquise. Sjölander a réussi à susciter un mécanisme d'empreinte par lequel les diamants mandarins se fixaient sur la couleur verte du bec. L'empreinte est effectivement un processus d'apprentissage de nature très particulière qui, ainsi que nous le verrons p. 413 sq., produit bien souvent des réactions hautement sélectives à des configurations de stimuli des plus complexes.

5. Les mécanismes innés de déclenchement complétés par l'acquis (MIDA)

Le zoologiste viennois Otto Storch fut le premier à souligner que dans le règne animal les modifications adaptatives du comportement dans le secteur récepteur survenaient à un niveau de l'évolution phylogénétique bien inférieur à celui auquel apparaissaient les modifications adaptatives du secteur moteur. Il établissait une différence entre réceptivité acquise et motricité acquise. L'un des processus d'apprentissage les plus répandus, et sans doute le plus ancien, consiste à rendre un MID plus *sélectif* en lui faisant enregistrer un certain nombre de caractères supplémentaires propres à la configuration de stimuli déclenchante. Ce mécanisme correspond bien évidemment à une *modification adaptative du comportement* et relève donc de la troisième partie de ce livre, où nous reviendrons effectivement sur ce point à la section 2 du chapitre III. Néanmoins, ce processus est si étroitement lié aux propriétés fonctionnelles du MID que nous ne pouvons éviter d'en parler ici.

Ainsi que l'ont montré les expériences de Seitz, le MID par lequel un *Astatotilapia* mâle réagit à une femelle se compose d'un très petit nombre de configurations ayant valeur de stimuli clés. Il faut que l'objet en question ait approximativement la taille d'un congénère, se dirige lentement vers le sujet, ne recule pas devant son comportement de parade et enfin le suive dans sa nage de pilotage jusqu'au nid. Dans la phase suivante, au cours de laquelle les deux poissons se poursuivent en rond, il ne faut jamais que le mâle ait devant lui une surface plane et verticale, car la vue d'une telle surface est un stimulus clé du comportement de combat. C'est la raison pour laquelle, au cours des expériences que nous avons décrites p. 256, Seitz ne réussit pas à déclencher la ronde du mâle avec un leurre présentant des surfaces planes, il n'y parvint qu'avec un leurre en forme de boule. Ainsi que nous l'avons vu, le déclenchement du comportement de parade nuptiale chez un *Astatotilapia* mâle à l'aide d'un leurre n'est possible que chez un sujet privé de toute expérience préalable. Chez un sujet normal, ayant grandi parmi les siens, il faut que *les stimuli en question émanent d'un congénère.* L'information génétique que le poisson a reçue pourrait donc s'exprimer comme suit : une femelle est un congénère qui se comporte de la façon que nous avons décrite précédemment. Mais ce qu'est un congénère, il faut d'abord que l'animal l'ait appris dans sa vie individuelle au travers d'une foule d'expériences dont se dégage une image perceptive complexe.

Les mécanismes innés de déclenchement dont la sélectivité n'*est pas* augmentée par l'apprentissage se trouvent essentiellement chez les invertébrés, chez les insectes et les arachnomorphes, surtout dans les cas où un certain mode de réaction n'est utilisé et déclenché qu'une seule et unique fois dans la vie individuelle de l'animal. Chez les animaux supérieurs, nous ne connaissons pratiquement pas de MID dont la sélectivité ne soit enrichie par l'apprentissage. Seul le glougloutement du dindon constitue, selon Margret Schleidt, une exception à cette règle, puisque c'est un mécanisme sur lequel on n'a pas pu déceler d'augmentation de la sélectivité par l'apprentissage.

La règle générale que nous venons d'énoncer dans la section précédente, selon laquelle la possibilité de déclencher une réaction à l'aide d'un leurre grossier laisse supposer la présence d'un MID, n'implique pas que, dans les conditions normales, celui-ci ne puisse être rendu plus sélectif par des processus d'apprentissage. À ma connaissance, on n'a malheureusement jamais encore essayé de comparer les effets déclenchés chez un sujet normal par un leurre grossier et par l'objet réel. Il serait intéressant de savoir si le rouge-gorge mâle ne combat pas malgré tout avec plus d'ardeur le véritable adversaire que la touffe de plumes du poitrail qu'on lui présente isolément, ou si une épinoche, qui se jette sur n'importe quel leurre avec un ventre rouge, ainsi que l'ont montré les expériences de Tinbergen, n'aurait pas une réaction encore plus vive vis-à-vis d'un véritable rival. S'il est assez difficile de trancher la question, c'est que l'on présente bien souvent sur le leurre des stimuli clés dont l'efficacité dépasse de loin celle des stimuli normaux. La réaction copulatoire du jars cendré est déclenchée par la vue d'un congénère profondément enfoncé dans l'eau et étiré en longueur. Les oies cendrées élevées par l'homme ne sont certes jamais sexuellement fixées sur l'homme, il n'en reste pas moins que le maître nageant à leurs côtés a, comme nous l'avons dit p. 245, un effet supra-optimal en tant que déclencheur des réactions d'accouplement.

III

Les problèmes de l'« excitation »

1. Définition générale du concept

On allie souvent au mot « excitation » un concept très vaste recouvrant pratiquement tous les agents extérieurs provoquant au sein d'un système organique, que ce soit un unicellulaire, un organisme pluricellulaire tout entier, une cellule nerveuse, voire une neurite isolée, une réaction notable. Nous parlons par exemple de stimulus clé à propos d'une configuration complexe composée de plusieurs stimuli extérieurs déclenchant chez un animal supérieur une réaction téléonomique, alors que nous savons pertinemment que cette réaction n'intervient qu'à la suite d'une sorte de filtrage par un appareil qui exploite une infinité de stimuli pour ne transmettre au système effecteur de l'animal qu'un seul signal fiable. Nous parlons de stimulus lorsqu'un courant électrique d'une intensité mesurable, de quelques millivolts, provoque la réaction d'un neurone et nous parlons même de stimuli lorsque des agents non spécifiques et non « inscrits » dans le programme phylogénétique des réactions nerveuses, comme une diminution anormale de la teneur en calcium du sang ou de la solution nutritive, entraînent une réaction des cellules nerveuses.

2. Stabilité et activité spontanée des éléments nerveux

Au faible niveau d'intégration de la cellule nerveuse prise isolément, on peut désigner sous le nom de stimulation dans un sens très large tout ce qui provoque, ou contribue à provoquer, un renversement de potentiel à l'échelle de la membrane cellulaire. Le terme « renversement » rend plus exactement compte du processus réel que le terme « effondrement », plus imagé et d'un emploi plus ancien. Sur la face externe de la membrane, la charge positive se transforme en charge négative moins forte et le processus inverse se déroule sur la face interne. Ce processus correspond au « tir » de la cellule, c'est-à-dire à l'envoi d'un signal adressé à un ou plusieurs autres neurones, car le renversement de potentiel au niveau de la membrane se répercute sur les neurites, se propage jusqu'à leur extrémité et provoque, dans des conditions sur lesquelles nous aurons l'occasion de revenir, le même renversement du potentiel membranaire auprès de la cellule destinataire. Le fait que ce renversement se produise ou non à ce dernier stade dépend de l'excitabilité de l'élément concerné à l'instant donné.

Nous nous heurtons ici à une difficulté conceptuelle que Kenneth Roeder a très bien exposée. Il dit : « L'excitabilité d'un nerf ne peut pas être définie en termes physico-chimiques. Le seul moyen de la mettre en évidence et de la rendre mesurable consiste à déterminer quelle est la plus petite modification du potentiel énergétique qui doit se produire dans un intervalle de temps et dans un sens donné pour conduire la cellule nerveuse à décharger une impulsion. Si l'on utilise une stimulation électrique, cette modification du potentiel énergétique peut se mesurer en termes d'intensité de courant électrique et son sens est celui du signe du potentiel. Nous pouvons donc dire que la valeur réciproque de l'excitabilité d'un nerf, sa stabilité, est proportionnelle à la quantité d'énergie nécessaire pour détruire cette stabilité de l'état de repos ; mais nous ne pouvons pas la définir comme une propriété constante du tissu vivant. Il est possible d'emprunter une démarche analogue pour définir la stabilité d'un édifice ou de tout autre structure. Dans ce dernier cas, la stabilité peut se mesurer en fonction de la force (charge par unité de surface, vitesse du vent, etc.) nécessaire et suffisante pour provoquer un effondrement. Cette force peut être comparée avec celle qui assure, dans les conditions normales, la stabilité de l'édifice. »

Ces considérations de Kenneth Roeder sont parfaitement illustrées par le schéma que nous avons reproduit p. 221. « Le potentiel de repos représenté par l'axe horizontal inférieur correspond à la charge normale que supporte l'édifice, pour reprendre la comparaison établie précédemment. L'axe horizontal supérieur représente le degré d'excitabilité du seuil de déclenchement, soit, pour conserver la même image, la charge qui provoque son effondrement. La courbe montre la succession des modifications d'excitation qui se produisent lorsque le nerf, à l'origine "à l'état de repos", est soumis pendant une brève période à une stimulation d'intensité S1. On constate qu'à la suite de la stimulation l'excitabilité (ou le degré d'instabilité) passe très rapidement du niveau du potentiel de repos à celui de la valeur liminaire ou seuil de déclenchement. Dans notre comparaison avec une construction, ce seuil correspond au moment de l'effondrement ; pour le nerf, c'est le moment de la transmission d'une impulsion, dont le signe extérieur est cette modification électrique qui obéit à la loi du tout ou rien et qui est le potentiel d'action (partie supérieure du diagramme). Au moment de l'envoi de l'impulsion, l'excitabilité du nerf tombe à zéro – période réfractaire absolue : pour notre édifice, ce serait l'achèvement de l'effondrement. Le parallèle entre l'édifice construit et le nerf s'arrête là, le métabolisme du nerf lui conférant la possibilité de retrouver son état initial. La suite du déroulement du processus diffère selon les catégories de nerfs. Dans les longues fibres des vertébrés, l'excitabilité ne retombe pas immédiatement au niveau du potentiel de repos, mais dépasse d'abord sa mesure, ce qui crée au contraire une phase d'hyperexcitabilité. Néanmoins, ainsi que le montre la courbe, cette phase est à son tour suivie par une phase d'hypoexcitabilité relativement plus longue, et enfin d'un lent retour au niveau du potentiel de repos.

« La remontée de l'excitabilité au-delà de la mesure normale est particulièrement intéressante parce qu'elle correspond à la transition entre l'état de repos et l'activité spontanée d'un nerf. L'importance relative de l'hyperexcitabilité, autrement dit les valeurs relatives du potentiel de repos et du seuil de déclenchement, varie considérablement. Lorsque le degré d'hyperexcitabilité est relativement élevé ou l'écart entre le niveau du potentiel de repos et le seuil de déclenchement relativement faible, la suite des variations d'excitabilité suit la courbe tracée en pointillés. La montée d'excitabilité qui fait suite à une décharge atteint le niveau du seuil, la fibre nerveuse devient alors autoexcitable et les impulsions se succèdent à intervalles réguliers (ainsi que le montre le schéma p. 221). À chaque impulsion succèdent une période réfractaire absolue puis une montée d'excitation qui atteint le seuil de déclenchement. C'est ainsi qu'une seule stimulation peut entraîner une succession d'impulsions qui se perpétue indéfiniment tant qu'aucun phénomène d'adaptation ou de fatigue ne vient y mettre un terme.

« Cette activité peut, dans un certain sens, être considérée comme spontanée dans la mesure où la stimulation qui déclenche la longue série d'impulsions peut passer inaperçue. En fait, c'est une activité répétitive. On ne peut parler d'activité véritablement spontanée que lorsque les valeurs du potentiel de repos et du seuil de déclenchement (les deux axes horizontaux de notre fig. 14) coïncident. Dans ce cas-là, le nerf est dans un état d'instabilité permanente qui provoque une succession analogue d'impulsions même sans l'intervention d'un stimulus déclencheur.

« La figure 14 montre également qu'une fibre nerveuse en état d'activité spontanée n'a pas de valeur liminaire fixe. C'est ce qu'a souligné R. J. Pumphrey, ainsi que nous l'avons signalé. Une stimulation comme S2 peut intervenir à n'importe quel point de la courbe d'excitabilité. Si elle intervient au moment indiqué sur notre diagramme, il faut qu'elle ait les dimensions relatives de la double flèche pour ramener le nerf au niveau du seuil de déclenchement dans le laps de temps donné. L'émission de l'impulsion et la période réfractaire qui lui fait suite doivent donc se présenter un peu plus tôt que si l'élément poursuivait le cours de son activité spontanée. Plus la stimulation intervient tardivement dans la phase de montée de l'excitation, plus la valeur critique de S2 est faible et plus son influence sur la fréquence des décharges rythmiques est faible. D'un autre côté, une stimulation d'intensité S2 n'aurait aucun effet si elle intervenait très exactement au moment où intervient sur notre diagramme la stimulation S1. La sensibilité d'un élément nerveux spontanément actif, dont la fréquence d'activité peut être modulée par des stimulations de toutes intensités, est donc seulement limitée par la faculté des autres mécanismes du système nerveux central d'exercer une action sur les faibles modulations de fréquence de ses décharges rythmiques. »

Les considérations de Pumphrey nous fournissent une excellente explication du fait que toutes les cellules sensorielles qui ont été étudiées jusqu'à présent ont une activité spontanée et que les signaux qu'elles émettent consistent toujours non pas en une stimulation isolée, mais en une modulation de fréquences de stimulations produites spontanément.

3. Comportements analogues des systèmes nerveux intégrés

Ce que nous avons dit précédemment du passage et des rapports entre potentiel de repos et seuil de déclenchement abolit, au moins en ce qui concerne les processus nerveux élémentaires, toute limite rigoureuse entre stimuli chargeurs et stimuli déclencheurs. À long terme, toute charge « tonique » du potentiel membranaire influe sur le potentiel de repos et fait baisser le degré de stabilité de l'élément considéré. Du point de vue de la physiologie du comportement, une des questions importantes qui se posent est : les mêmes lois s'appliquent-elles également aux configurations de stimuli qui exercent leur influence sur des systèmes nerveux complexes, comme l'ensemble constitué d'un MID et d'un mouvement instinctif, l'activité instinctive au sens où l'entendait Heinroth ?

Ainsi que nous l'avons dit en 2. I/14, la plus grande prudence s'impose dès lors que l'on cherche à expliquer les propriétés d'un système intégré à partir de celles des éléments dont il se compose. Le système nerveux central assure bien souvent à des niveaux d'intégration différents des fonctions si analogues que l'on est très tenté de penser qu'elles sont également identiques sur le plan causal et que leur origine physiologique est la même. Il n'en reste pas moins que, dans la mesure où elles sont vérifiables, ce type d'analogies nous autorise à formuler un certain nombre d'hypothèses, et ce que nous avons pu dire (p. 221-222) sur les rapports entre la production spontanée d'excitation, la coordination centrale et les propriétés du mouvement instinctif nous autorise à formuler autant d'hypothèses valables que ce que nous avons dit dans la section précédente de l'effet des stimuli.

Les différentes configurations de stimuli qui suscitent la réaction d'un MID agissent, à un niveau d'intégration supérieur, de façon très analogue aux facteurs énergétiques évoqués précédemment, qui provoquent en définitive le renversement du potentiel membranaire de la cellule nerveuse. Certaines configurations de stimuli, sélectionnées de toute évidence par un appareil de filtrage hautement différencié (cf. p. 263 sq.) avant de pouvoir exercer une influence sur un système moteur effecteur, exercent dans la majorité des cas une action variable, augmentant les dispositions de l'organisme à une certaine activité, ou véritablement déclenchante, selon les dispositions du moment de l'ensemble du système. La partie afférente du comportement « agit » donc dans la plupart des cas comme le potentiel membranaire d'un élément nerveux. Le niveau du seuil de déclenchement et du potentiel de repos n'est pas plus mesurable que dans les neurites de l'*Ischiadicus* dans les travaux de Roeder. La seule donnée directement mesurable est l'intensité de la stimulation qui correspond à l'écart entre les deux axes, écart qui représente effectivement dans le schéma de Roeder l'intensité S de la stimulation.

Mon vieux schéma de la figure 18 (p. 272) avec la montée constante du niveau de l'énergie spécifique d'une activité précise et la soupape actionnée de l'extérieur ne rend pas compte du fait que l'intervention de toute stimulation n'ayant pas un effet immédiatement déclencheur augmente les dispositions à l'activité en question. Le fait que des stimulations de même sorte prises isolément n'exercent pas d'effet immédiatement déclencheur mais exercent cet effet dès lors qu'elles se présentent en série est connu depuis longtemps sous le nom de loi de la sommation des stimuli.

L'une des questions les plus délicates qui se posent à ce propos et qui occupa une place considérable dans les colloques présidés par Erich von Holst est de savoir si ces stimulations qui ont un effet de recharge et en définitive de déclenchement augmentent le potentiel de repos ou diminuent la valeur liminaire correspondant au seuil de déclenchement. D'après ce que semble indiquer la comparaison de Roeder avec un édifice qui s'effondre, c'est le potentiel de repos qui est modifié. Partant de ce principe, on peut représenter lesdits processus par un schéma qui reflète l'analogie entre les effets des stimulations augmentant les dispositions à l'action et des stimulations déclenchantes. On peut poser comme constante la résistance du ressort au niveau de la soupape inférieure et représenter symboliquement la différence entre l'effet des stimulations rechargeantes et l'effet des stimulations déclenchantes par la quantité de liquide supplémentaire versée d'un coup dans le récipient. Selon ce schéma, les configurations de stimuli immédiatement déclenchantes et les configurations de recharge ne se différencient que par la rapidité de leur action (cf. fig. 18).

C'est exactement ce que Walter Heiligenberg conclut de ses études sur les grillons et les poissons. Il déclare : « On pourrait penser qu'un comportement donné se déclenche systématiquement lorsqu'une valeur physiologique X qui lui est hypothétiquement attribuée dépasse un seuil X° et qu'il y a d'autant plus de raisons que ce phénomène se produise que le niveau de base de cette valeur X est élevé. Dans cette hypothèse, les comportements spontanés comme la stridulation du grillon sont caractérisés par le fait que la valeur X qui leur est attribuée atteint pratiquement constamment le seuil critique X° sans nécessiter l'intervention d'une quelconque influence extérieure. Les autres types de comportements ne se déclenchent, au contraire, qu'à la suite de l'intervention d'un stimulus extérieur adéquat entraînant l'élévation de leur valeur X au-dessus du niveau du seuil X°. Toujours dans cette hypothèse, la nature de l'effet exercé par la stimulation – augmentation des dispositions à l'activité donnée ou déclenchement effectif – dépend de la vitesse de l'élévation de la valeur X à la suite de la stimulation. Une forte élévation dans une brève période de temps entraînant un déclenchement rapide du comportement, on parle dans ce cas de déclenchement du comportement par le stimulus en question. Une élévation durable, à répercussion lente, entraînant au contraire une simple augmentation des chances qu'ont les stimulations suivantes d'amener la valeur X déjà augmentée à dépasser le niveau du seuil de déclenchement du comportement en question, on parle dans ce cas d'augmentation des dispositions à l'activité en question. »

Si l'on compare les déclarations de Heiligenberg à propos du comportement de systèmes nerveux complexes – se composant au moins d'un appareil de filtrage des stimuli assez différencié et de plusieurs mouvements instinctifs correspondant à différents degrés d'intensité – avec celles de Kenneth Roeder citées précédemment, on

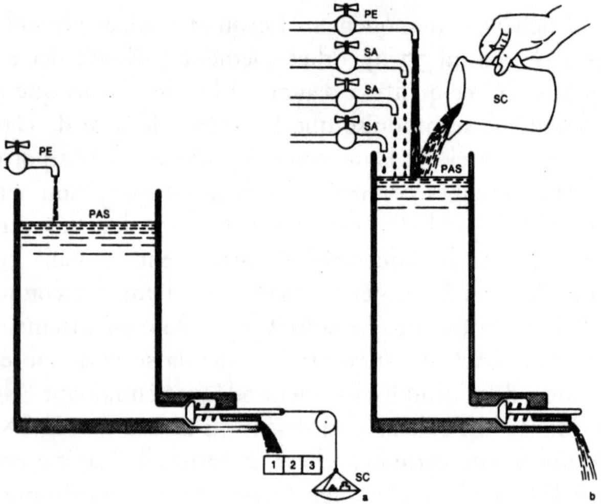

FIG. 18 : *a.* Le vieux schéma « psychohydraulique ». Le robinet PE représente la production d'excitations endogène et automatique, la ligne PAS le niveau du potentiel spécifique d'activité, le ressort placé dans le tuyau d'évacuation représente le degré de stabilité du système, la traction exercée sur la ficelle, l'action des stimuli clés. *b.* Ce second schéma rend compte de l'intervention de stimulations rechargeantes supplémentaires et montre que c'est uniquement par la rapidité de son action que le stimulus clé SC se distingue des autres stimuli rechargeants. Les différences de hauteur entre les deux « réservoirs » de PAS sont censés montrer que dans la nouvelle hypothèse l'ouverture de la soupape est déterminée exclusivement par la pression interne.

ne manquera pas de constater l'analogie entre les fonctions similaires que le système nerveux central assure aux niveaux d'intégration inférieur et supérieur. Si prudent que l'on puisse être, on ne peut s'empêcher de voir là un fort argument en faveur de la thèse selon laquelle les propriétés fondamentales des neurones déterminent celles des systèmes qu'ils composent.

Il est cependant un point sur lequel l'élément nerveux se différencie des systèmes dont il est partie constituante, c'est la vitesse de réaction. Heiligenberg parle de forte élévation de l'excitabilité dans une brève période de temps et d'élévation durable à répercussion lente ; je dirais pour ma part que cette distinction n'existe qu'au sein des systèmes nerveux d'un haut degré d'intégration. Au terme de ses expériences de stimulations électriques du tronc cérébral chez les poules, Holst montra que la stimulation des systèmes d'un haut degré d'intégration se propageait beaucoup plus lentement que celle des sous-systèmes d'une même unité. Si par exemple l'électrode était placée de manière à déclencher toute la série de réactions de la poule à un ennemi prédateur au sol, des premiers caquettements d'alarme à l'envol, après l'application du stimulus en question l'animal mettait un certain temps à se départir de l'« attitude » décrite pour se montrer prêt à d'autres modes de réaction. Si au contraire le point d'application du stimulus était placé de telle sorte que l'on ne déclenchait pas le comportement de fuite devant un ennemi prédateur dans son intégralité, mais seulement partiellement, les effets s'effaçaient presque instantanément à la fin de l'application du stimulus.

Même les expériences sur des sujets intacts permettent de montrer la lenteur de réaction des systèmes complexes et la lenteur de répercussion de leur potentiel d'activité spécifique. Lorsqu'on présente à un *Astatotilapia* mâle maintenu assez longtemps dans l'isolement un leurre ayant toutes les caractéristiques requises pour déclencher une intense réaction de combat, l'animal a besoin de quelques secondes, en dépit de l'accumulation de fortes dispositions au comportement de combat, pour exécuter toute la série de mouvements correspondant aux différentes intensités d'excitation décrites en 2. I/3 avant d'engager véritablement le combat. Il semble que ce « phénomène d'inertie » se situe plutôt dans le secteur afférent que dans le secteur efférent. Pour étudier le rapport entre stimulation augmentant la motivation et stimulation déclenchante sur le poisson cichlidé *Pelmatochromis kribensis*, Walter Heiligenberg plaça un mâle adulte en compagnie de jeunes sujets qui devaient déclencher un nombre moyen de réactions de combat par unité de temps – le nombre de sujets et la taille du bassin étant correctement choisis. Les conditions requises pour créer chez le poisson adulte une disposition générale à l'attaque étaient donc réunies. Or, présentant à ce poisson adulte pendant des périodes de trente secondes un autre mâle ou un leurre, Heiligenberg n'observa quasi aucune velléité de menace ni de combat. En revanche, trois ou quatre minutes après le retrait du leurre, le nombre d'attaques dirigées contre les jeunes poissons doublait presque. Un phénomène d'inertie intervient donc également dans l'écoulement du potentiel d'activité spécifique.

Lorsque Seitz retirait du bassin le leurre de mâle ou le rival authentique au moment précis où le comportement de combat du sujet expérimental avait atteint une forte intensité, le poisson s'attaquait dans les secondes suivantes à des « leurres » totalement inadéquats et s'en prenait par exemple assez régulièrement au petit tuyau de caoutchouc qui fixait l'appareil de ventilation au conduit d'air. On pourrait dire la même chose de nombreux modes de réaction dont le MID réagit de façon sommative à un grand nombre de stimuli clés.

Les mécanismes innés de déclenchement qui exercent leur effet déclencheur avec le moins de perte de temps sont manifestement toujours assez simples, surtout pour ceux de la fuite. Concernant certaines réactions de fuite, même sur l'animal à l'état naturel, on parvient à faire la différence entre les stimulations augmentant la motivation et les stimulations immédiatement déclenchantes. Par exemple, pour les petits oiseaux qui se tiennent généralement dans les branchages ou sous quelque autre abri, le séjour dans un endroit découvert est extrêmement dangereux. Cette situation de stimuli a donc d'emblée un effet d'augmentation des dispositions de fuite. En observant un vol d'étourneaux ou de bruants sortis de leurs cachettes pour manger du crottin de cheval au beau milieu d'un chemin, on constate qu'à intervalles réguliers ces oiseaux pris de panique se précipitent vers le premier buisson ou le premier arbre venu, mais reviennent poursuivre leur festin quelques instants après. La configuration de stimuli représentée par l'absence de toute protection et par cette situation à découvert ne correspond pas au véritable stimulus déclencheur de la réaction de fuite, qui est l'image d'une silhouette sombre se détachant sur le ciel ; elle n'en exerce pas moins un tel effet d'augmentation de la stimulation qu'elle suscite très vite les dispositions au comportement de fuite au niveau de son seuil de déclenchement. C'est bien évidemment en raison de phénomènes analogues que le comportement de fuite n'a pas de valeur liminaire ou de seuil de déclenchement fixe (cf. p. 196).

4. La notion de potentiel d'activité spécifique

Erich von Holst n'a pas seulement découvert et étudié, au travers de ses expériences sur les poissons spinaux, les effets de la production endogène d'excitations et des mécanismes de coordination centrale ; ses expériences ont également montré sur l'hippocampe spinal l'importance d'un autre phénomène que Sherrington a désigné sous le nom de contraste spinal. Chez un hippocampe ayant subi une désafférentation de la moelle épinière et respirant artificiellement, la nageoire dorsale qui constitue le principal organe de locomotion de cet animal n'effectue aucun mouvement. Elle demeure immobile, non pas dans la position correspondant à l'état de repos chez l'animal intact, c'est-à-dire repliée dans la gouttière dorsale conçue pour la recevoir, mais partiellement dépliée. Seuls certains stimuli extérieurs, comme une pression sur la région du cou de l'animal, peuvent amener la nageoire à se replier totalement et à reprendre la position de repos normale. Dès lors que cette stimulation cesse, la nageoire se déplie à nouveau, et même davantage que précédemment. Plus la période pendant laquelle elle a été maintenue pliée a été longue, plus elle se déplie. Si on la maintient pliée le temps qu'il faut, non seulement la nageoire se déplie ensuite complètement, mais elle effectue pendant une brève période les mouvements ondulatoires de la locomotion pour retomber progressivement, selon une courbe asymptotique, dans la position de « drapeau en berne » caractéristique de l'hippocampe spinal.

Pour interpréter ce phénomène, Holst a émis l'hypothèse suivante : il pense qu'il y a constamment, même pendant les périodes où la coordination motrice centrale est au repos, production d'un *potentiel d'excitation spécifique* de cette coordination, potentiel qui est consommé lors de son déroulement. Le montant de la consommation dépend de l'intensité dudit comportement moteur, mais même le faible degré d'intensité d'un mouvement intentionnel correspond à une certaine consommation. L'importance de la production endogène d'excitation est adaptée de façon téléonomique à sa consommation : chez le labre qui nage pratiquement sans interruption tant qu'il fait jour, il faut que cette production suffise à assurer toute la journée le battement des nageoires ; chez l'hippocampe, elle ne doit l'assurer que pendant les quelques minutes que cet animal passe à nager chaque jour. Tant que les mécanismes centraux d'inhibition du mouvement locomoteur maintiennent la nageoire dorsale de l'hippocampe totalement repliée, l'excitation endogène produite est économisée ; lorsque l'inhibition est brusquement levée, l'animal dispose d'un potentiel suffisant pour se déplacer énergiquement. Chez le sujet spinal qui ne possède plus de mécanisme d'inhibition centrale, l'excitation produite ne peut entraîner qu'un mouvement de faible intensité, un déploiement partiel de la nageoire qui suffit à consommer l'énergie nécessaire dès qu'elle est produite. Pour amener le niveau du potentiel d'action spécifique à celui du déclenchement du mouvement ondulatoire, il faut empêcher sa « fuite » par le canal d'un redressement de la nageoire de faible intensité en imposant artificiellement l'inhibition qui existe chez l'animal à l'état naturel.

Nous retrouvons là, dans le cadre de processus se déroulant au sein de la moelle épinière, des effets rigoureusement analogues à ceux dont nous avons traité p. 177 sq.

Notre hypothèse selon laquelle ce qui s'accumule pour exercer ces effets est de nature très concrète est renforcée encore par le fait qu'il existe toute une série de comportements qui, en ce qui concerne la variabilité des seuils de déclenchement et de l'intensité des mouvements déclenchés, fonctionnent de façon très exactement analogue aux processus simples évoqués antérieurement, pour lesquels nous connaissons la nature chimique et physiologique des agents de base. Ils peuvent donc nous servir de modèles. Ces comportements sont de deux ordres : premièrement, ceux dont le déclenchement dépend du remplissage de certains organes creux ; deuxièmement, ceux qui satisfont des besoins histologiques.

Les comportements qu'entraîne, par exemple, le besoin d'uriner chez un chien présentent tous les aspects que nous avons évoqués. La situation de stimuli dans laquelle le chien lève la patte arrière est caractérisée par tout un ensemble de configurations de stimuli. Lorsque sa vessie n'est pas très pleine, le chien ne lève la patte pour uriner que s'il se trouve dans une situation particulièrement influante, par exemple lorsqu'il sent sur son propre territoire la marque de l'urine d'un autre chien. Si au contraire l'animal éprouve un très fort besoin d'uriner, il lève la patte sur n'importe quel objet vertical et manifeste un très fort comportement d'appétence pour les objets de ce type. En cas de besoin encore plus pressant, le chien oubliera même toutes les inhibitions du dressage pour se laisser aller sur le tapis, souvent sans même lever la patte. Les adeptes de la psychologie réactionnelle ont également voulu expliquer la pulsion sexuelle des mammifères mâles et de l'homme à partir du degré de tumescence des vésicules séminales. C'est à eux que nous devons l'expression « instinct de détumescence ».

Les mouvements instinctifs qui satisfont des besoins métaboliques, c'est-à-dire qui sont censés maintenir à l'intérieur de l'organisme le degré de concentration requis de certaines substances vitales, comme les comportements moteurs de l'alimentation et de la boisson, fonctionnent fondamentalement de la même manière. Toutefois, l'effet de ces processus se trouve compliqué par le fait qu'interviennent aussi, outre la stimulation du besoin métabolique, le degré de remplissage de certains organes creux, ce qu'ont montré L. De Ruiter et V. G. Dethier, et le niveau du potentiel d'excitation des différents mouvements instinctifs qui entrent en jeu. On peut cependant dire que, dans le cadre de ces comportements, l'intensité de l'appétence et du comportement qui en fait l'objet augmente avec le manque de la substance recherchée et que la sélectivité des mécanismes déclencheurs diminue proportionnellement : « Faute de grives, on mange des merles », dit le proverbe.

En ce qui concerne le processus respiratoire, également destiné à satisfaire des besoins métaboliques, les choses se présentent encore plus simplement que pour les comportements d'absorption d'aliments et de liquide. L'organisme produit constamment de l'acide carbonique, CO_2, qui stimule le centre de la respiration dans le plexus respiratoire et qui est ensuite éliminé par les comportements moteurs commandés par ce centre. J. B. S. Haldane a souligné qu'à cet égard la respiration constituait un parfait modèle de mouvement instinctif.

Nous ne connaissons pas le mystérieux élément dont l'accumulation détermine la disposition à exécuter une certaine coordination motrice et la possibilité de le faire ; tout ce que nous savons, c'est que les fonctions des stimulations rechargeantes et déclenchantes s'ajoutent aux effets d'une production endogène d'excitation totalement indépendante de tout processus afférent, de telle sorte que nous obtenons extérieurement un effet rigoureusement identique, que ce soit en présence d'un potentiel d'excitation endogène élevé conjugué à un faible stimulus extérieur ou en présence d'un faible potentiel d'excitation endogène conjugué à un puissant stimulus extérieur. La *qualité*, la nature du comportement moteur, demeure exactement la même, seule l'*intensité* de ce comportement est influencée par les différents facteurs endogènes et extérieurs ; en d'autres termes, la nature de l'excitation spécifique demeure identique quelle qu'aient été dans son accumulation la part de la production d'excitation endogène et celle des configurations de stimuli extérieurs incroyablement diverses, dont les effets s'ajoutent selon la loi de la sommation hétérogène des stimuli. Pour reprendre l'image de notre schéma, l'orifice d'évacuation inférieur est le seul canal et la force de son débit le seul effet, au travers desquels s'exprime l'intensité des stimuli qui s'y sont ajoutés. C'est précisément en cela que réside la spécificité qualitative du système téléonomique d'origine phylogénétique qui assure la disposition de l'animal à un comportement bien précis dans la situation extérieure adéquate.

La diversité des causes qui s'accumulent pour créer un même effet laisse à penser que la spécificité de l'activité d'un système de ce type – dont on peut véritablement dire que la fonction est « action et réaction tout en un » – ne réside pas tant dans la nature des éléments qui s'ajoutent que dans celle du « réservoir » dans lequel se produit l'accumulation d'excitation. Nous ignorons comment il faut se représenter ce réservoir. Cela dit, si on tente de représenter les phénomènes en question, dont la réalité ne peut plus faire de doute, par un graphique ou par un dispositif de physique expérimentale, on est nécessairement amené à penser qu'il y a accumulation d'un potentiel spécifique créant les dispositions spécifiques au comportement correspondant. Le potentiel d'action spécifique – PAS – m'apparaît une désignation neutre et assez fonctionnelle.

Le seul risque de malentendu me semble résider dans la tentation d'établir une relation directe entre le « potentiel » d'action spécifique d'un mouvement instinctif et le « potentiel » membranaire d'une cellule nerveuse. Si profondes que soient les analogies évoquées précédemment entre les processus de recharge du potentiel d'activité et de déclenchement de cette activité aux niveaux de l'élément nerveux et du système intégré, rien n'autorise à les assimiler entièrement les uns aux autres.

IV

Systèmes complexes reposant sur les mécanismes comportementaux étudiés précédemment

1. Appétence pour les états de repos

Ainsi que nous l'avons dit dans notre présentation historique et dans la première section du premier chapitre, Oskar Heinroth et moi-même restâmes longtemps persuadés que l'acte instinctif spécifique, système composé d'une appétence, d'un MID et d'un mouvement instinctif, constituait la première et la seule forme de toute action. Toutes les sciences connaissent à leurs débuts ce type de simplifications erronées qui se révèlent parfois fructueuses.

Dans son étude devenue classique intitulée *Appetites and Aversions as Constituents of Instinct* (*Appétences et Aversions comme éléments constitutifs de l'instinct*), Wallace Craig montrait déjà très clairement que le comportement d'appétence pour un objectif précis, le mécanisme inné de déclenchement et les comportements moteurs pouvaient se combiner d'autres façons pour former des systèmes téléonomiques de comportement. Il définissait l'appétence et l'aversion de la manière suivante : l'appétence est un état d'excitation qui se perpétue tant qu'une certaine situation de stimuli qu'il qualifie de stimulus recherché (*appeted stimulus*) *ne se présente pas*. Si, enfin, cette situation de stimuli recherchée par le comportement d'apparence se présente, elle déclenche l'acte consommatoire final (*consummatory action*), qui met un terme au comportement d'appétence, remplacé alors par un état de repos relatif.

Craig définit au contraire l'aversion comme une autre forme d'excitation qui se maintient tant qu'un certain stimulus qu'il qualifie de stimulus irritant est présent et qui diminue dès que ce stimulus n'agit plus. Comme exemple d'aversion, Craig décrit « ce que l'on peut appeler la jalousie de la tourterelle mâle, qui se manifeste surtout dans les premiers jours du cycle reproducteur, peu avant la ponte. Durant cette période, le mâle a horreur de voir sa femelle à proximité d'une autre tourterelle. La vue d'une autre tourterelle près de sa femelle exerce l'effet de ce que Thorndike appelait un "*original annoyer*" (stimulus fondamentalement gênant). Dès qu'il aperçoit un congénère près de sa femelle, le mâle adopte l'un des deux comportements suivants : ou bien il attaque l'intrus et adopte une attitude de combat, ou bien, par un comportement plus doux et très nettement différencié de l'attitude de combat, il écarte la femelle du visiteur indésiré. Dès qu'il a réussi à se débarrasser de la vision troublante d'un congénère à proximité de son épouse soit en se battant avec l'adversaire et en le chassant, soit en éloignant sa femelle, son excitation disparaît. Si on l'empêche de parvenir à ce résultat par une de ces deux méthodes, en mettant le couple dans une cage et la troisième tourterelle dans une autre cage placée tout à côté de la première, le mâle continue de s'acharner à employer l'un des deux comportements. Lorsqu'on met les tourterelles ensemble dans une grande cage ou dans une volière, le mâle du couple commence par évaluer les forces de combat de l'adversaire et par essayer de le vaincre ; s'il n'y réussit pas, il emploie toute son énergie à essayer d'en éloigner sa femelle. Une fois que l'animal a pris exactement la mesure de l'adversaire (soit il a été vaincu par lui, soit il l'a vaincu une fois), il adopte directement le comportement adéquat. Bref, l'aversion instinctive pousse l'animal à un véritable effort de recherche pour se débarrasser du stimulus gênant ».

L'une des principales différences entre l'appétence et l'aversion réside dans l'effet de conditionnement positif ou négatif opéré par le stimulus déclencheur. Dans le cadre du comportement d'appétence, la découverte de tout stimulus relevant de la situation de stimuli déclenchante exerce un effet de conditionnement positif. Tout renforcement de la situation de stimuli rechargeant le potentiel d'activité ou exerçant un effet déclencheur constitue un « encouragement ». Dans le cadre de l'aversion, c'est au contraire l'atténuation de l'intensité du stimulus gênant qui exerce un effet d'encouragement, et inversement.

La définition du comportement d'aversion ainsi formulée ne peut pas s'appliquer à un certain nombre de comportements, assez fréquents, que l'on serait tenté d'assimiler à des aversions parce que leur fonction consiste essentiellement à *éviter* certaines situations. Toutes les réactions qui conduisent l'animal à privilégier un milieu lui offrant des conditions environnementales plus favorables, comme le choix d'une température, d'un degré d'humidité ou d'éclairement préférables, ainsi que l'a étudié Herter, correspondent tout à fait à la définition que nous donne Craig de l'aversion : l'animal parcourt toute la gamme des stimuli dans les deux sens jusqu'à ce qu'il se soit débarrassé du stimulus désagréable. Mais il y a aussi des cas où le comportement de quête ne s'apaise qu'en présence d'une certaine configuration de stimuli, sans que l'animal puisse être guidé par une progression de quelque type que ce soit. Beaucoup d'oiseaux vivant en milieu marécageux, par exemple, ne peuvent pas trouver le repos tant qu'ils ne sont pas accrochés à une tige de roseau, les pattes de chaque côté de la tige, tournées vers le haut, dans un endroit abrité. Une jeune oie sauvage qui vient juste de commencer à voler et qui s'est écartée de sa famille cherche inlassablement jusqu'à ce qu'elle ait retrouvé les siens.

Il paraît assez artificiel de prétendre que le butor ou la mésange à moustaches éprouvent une aversion pour tous les paysages autres que celui du marécage avec ses roseaux ou que la jeune oie en éprouve une pour toutes les situations environnementales dans lesquelles ne se trouve pas son cercle de famille. Reprenant une expression de Monika Meyer-Holzapfel, nous qualifions ces comportements d'*appétences pour les états de repos* et nous les distinguons des comportements d'aversion par le fait que, dans leur cas, l'effet de renforcement n'est pas exercé par une diminution du stimulus désagréable mais par l'accession à une situation de stimuli relativement complexe.

Il y a naturellement des mélanges de comportements d'aversion et de comportements d'appétence pour un état de repos et l'on peut d'ailleurs se demander si le fait de rechercher le coin du feu en plein hiver correspond à un comportement d'appétence pour une chaleur réconfortante ou à un comportement d'aversion pour le froid. Même du point de vue de l'apprentissage, c'est vraisemblablement un mélange des deux.

2. L'automatisme de quête

Lorsque Monika Meyer-Holzapfel définit la notion d'appétence pour l'état de repos, on s'aperçut que les trois éléments que constituaient la coordination héréditaire, le MID et le comportement d'appétence pouvaient se combiner dans un autre ordre et s'inscrire dans un autre système téléonomique que celui de l'acte instinctif spécifique (cf. p. 163).

H. Prechtl et W. Schleidt ont étudié une forme particulière de combinaison de cet ordre chez le chaton nouveau-né. Quand il est éveillé et qu'il ne tète pas, l'animal secoue inlassablement la tête de droite à gauche à un rythme régulier. Tant qu'il n'a pas trouvé le contact avec sa mère, il effectue en même temps un mouvement de reptation en avant et, par une réaction d'orientation « thigmotactique », il se presse contre tous les obstacles verticaux qu'il rencontre. Lorsqu'il se retrouve contre sa mère, le mouvement de la tête s'oriente de telle sorte que le petit fouille du bout de son museau dans la fourrure de la mère. Les oscillations se poursuivent sans interruption, ce qui explique que nos auteurs les aient qualifiés d'automatisme de quête. Dès que le chaton rencontre une surface sans poils, comme l'aréole du mamelon, il interrompt son mouvement automatique pour tenter de saisir la tétine. S'il réussit, il la prend entre la mâchoire supérieure et la langue puis commence à téter.

Nous avons donc, à l'origine de cet enchaînement comportemental, le déroulement ininterrompu d'une coordination motrice héréditaire qui ne demande pas de situation déclenchante particulière. Seule la rencontre d'une certaine configuration de stimuli, correspondant à l'aspect du mamelon, inhibe l'automatisme de quête et déclenche un autre comportement moteur consistant à saisir la tétine. Dans cette nouvelle situation, la présence de la tétine dans la gueule du petit chat déclenche à son tour les mouvements de la tétée, à savoir les poussées alternatives et rythmiques du museau et des pattes contre le ventre de la mère.

H. Prechtl a très bien montré que les comportements de la recherche du sein et de la tétée chez le nourrisson obéissaient à des règles très analogues ; il s'y ajoute seulement une réaction d'orientation particulière : le nouveau-né humain interrompt ses oscillations rythmiques de la tête lorsqu'on lui caresse doucement la joue ; il tourne alors la tête et effectue un mouvement de quête du côté de la main qui le caresse.

3. Systèmes hiérarchisés

Le processus découvert par Prechtl et Schleidt, par lequel un MID inhibe le déroulement d'un certain mouvement instinctif pour en déclencher un autre, est extraordinairement fréquent. Lorsqu'on explore un domaine encore inconnu, en tant que chercheur, il est tout à fait légitime de s'en tenir aux cas les plus simples, qui sont aussi les premiers que l'on parvient à analyser. Seulement, on risque fort de tomber dans l'erreur de croire que, sous prétexte que ses lois paraissent le plus souvent évidentes, le cas le plus simple est aussi le cas le plus fréquent : ce qu'Oskar Heinroth et moi-même avions cru à propos de l'acte instinctif spécifique.

La suite des recherches a montré effectivement que les systèmes comportementaux les plus fréquents étaient beaucoup plus complexes même s'ils se composaient des mêmes éléments. Il est très rare que l'appétence initiale conduise directement à la situation de stimuli déclenchante entraînant l'acte consommatoire final, le *consummatory act* de Wallace Craig. Le plus souvent, le premier comportement d'appétence conduit à un MID qui interrompt l'activité antérieure pour en déclencher une autre, exactement comme nous l'avons vu dans l'exemple du petit chat. Il n'est pas rare que plusieurs enchaînements de ce type se succèdent. Dans une série d'activités de cette sorte, le mouvement instinctif peut jouer un double rôle : il peut constituer à la fois l'acte consommatoire final d'un comportement d'appétence qui le précède et le comportement d'appétence commandant la recherche de la situation déclenchante suivante, le plus souvent à l'aide de réactions d'orientation.

Tinbergen qualifie toute organisation de ce type d'instinct *hiérarchisé* et il en donne de nombreux exemples. Le faucon s'oriente pour chasser vers les zones où il a des chances de trouver de nombreuses proies. S'il y aperçoit une colonie de passereaux ou de palombes se pressant les uns contre les autres à son approche, cette configuration de stimuli déclenche un mouvement instinctif très particulier : un simulacre d'attaque destiné à disperser le groupe ou, tout au moins, à isoler un de ses membres. Ce comportement peut se répéter plusieurs fois, mais dès que le faucon a réussi à isoler une proie, il passe à un tout autre mode d'attaque consistant à porter à l'animal un coup très violent, le plus souvent par en bas. Cette démarche exerce un puissant effet d'« abréaction » et le faucon reste ensuite un moment absent et immobile sur sa proie ; lorsqu'il entreprend enfin de la plumer et de la dépecer lentement, on n'a pas l'impression que ces tâches, qui semblent l'ennuyer, relèvent encore du même système de comportement de la quête de nourriture.

Tinbergen a tenté de représenter le principe de ce type d'organisation hiérarchique par un schéma qui constitue une simplification grossière de la réalité mais suffit à éclairer les phénomènes en question. Il souligne l'importance d'établir la distinction entre la fonction des processus endogènes de production d'excitation et celle des mécanismes innés de déclenchement répondant spécifiquement à des stimuli extérieurs. Il emprunte à Frank Beach la notion générale de *central excitatory mechanism*, qui recouvre tous les facteurs susceptibles d'augmenter les dispositions intérieures d'un organisme à un comportement donné, que ce soient des processus hormonaux, la production endogène d'excitation, les stimuli rechargeant le potentiel d'activité ou, pour finir, les stimuli déclencheurs émanant d'un centre supérieur.

Tinbergen écrit : « On a essayé de représenter le système "mécanisme central d'excitation" (CEM) – mécanisme inné de déclenchement (MID) par les figures 19 a et 19 b. Examinons tout d'abord la figure 19 a, qui représente un centre intermédiaire, de rang n si le niveau supérieur est 1.

« Le centre est "chargé" d'influx motivationnels de différentes sortes. Il reçoit, en premier lieu, des influx du centre supérieur le plus voisin (du centre de rang n-1). Les influx de ce centre supérieur sont également transmis à d'autres centres, en fait, à tous les centres de rang n-1. En second lieu, notre centre Cn peut recevoir des influx d'un centre "automatique" en rapport avec lui (voir la double nature des centres telle que von Holst l'a découverte). Cette possibilité n'est pas représentée sur la figure 19 a. En troisième lieu, une hormone peut contribuer à la motivation, en agissant soit directement sur Cn, soit par l'intermédiaire d'un centre automatique. En quatrième lieu, des stimuli sensoriels internes peuvent aider au "chargement" du centre n. En cinquième lieu, des stimuli sensoriels externes peuvent également agir directement sur le centre et contribuer à sa motivation. Il y aurait une sixième possibilité à évoquer, mais nous en traiterons plus loin.

« Ce système composé de Cn et de toutes les flèches qui en émanent représente en même temps un CEM au sens de Beach, appartenant à l'un des niveaux du système hiérarchique.

« Les influx qui jaillissent de ce centre sont bloqués tant que le mécanisme inné de déclenchement n'est pas

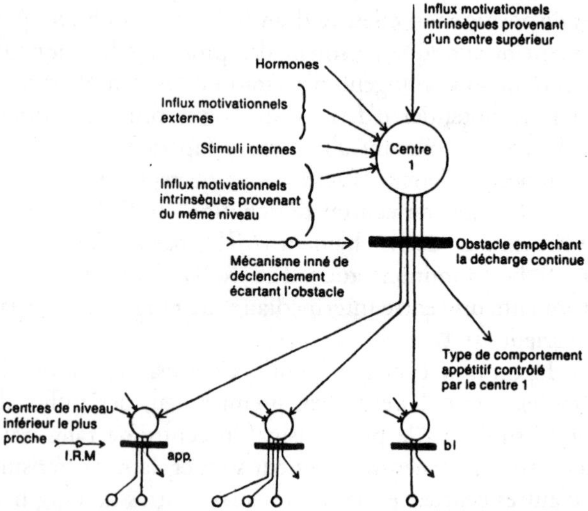

FIG. 19 a : essai de représentation d'un « centre » instinctif intermédiaire. Explication dans le texte. (Extrait de Tinbergen : *L'Étude de l'instinct*, traduit de l'anglais par B. de Zélicourt et F. Bourlière, Éditions Payot.)

stimulé. Quand les stimuli-signaux adéquats frappent le MID (représenté par la barre hachurée), l'obstacle est levé. Les influx peuvent alors se propager le long de plusieurs voies. Tous, sauf un, conduisent aux centres subordonnés du niveau inférieur le plus proche (n + 1). Toutefois, tous ces centres sont à leur tour empêchés d'agir par leurs propres dispositifs de blocage, et la plupart des influx s'en vont, par suite, aux structures nerveuses qui contrôlent le comportement d'appétence. Ce comportement d'appétence se poursuit, comme nous l'avons vu, jusqu'à ce qu'un des mécanismes innés de déclenchement du niveau inférieur (n + 1) lève un obstacle, ce qui aura pour résultat de rendre libre le passage à travers le centre correspondant du niveau inférieur suivant (n + 2). Les influx sont ainsi "drainés" hors du mécanisme du comportement d'appétence de Cn et dirigés vers le mécanisme du comportement d'appétence du centre inférieur (n + 1).

« La figure 19 b montre comment les centres de ce type pourraient être organisés à l'intérieur d'un instinct majeur. L'instinct reproducteur de l'épinoche mâle a été pris comme exemple. L'influence hormonale, probablement exercée par la testostérone, agit sur le centre le plus élevé. Ce centre est très probablement aussi influencé par une élévation de la température. Ces deux influences réunies font migrer le poisson de la mer (ou d'une eau douce profonde) vers une eau douce moins profonde. Ce centre supérieur, qu'on pourrait appeler centre de migration, paraît ne pas comporter d'obstacle à sa sortie. Un certain degré de motivation détermine le comportement migrateur sans qu'un déclenchement par un ensemble quelconque de stimuli clés soit nécessaire, ce qui est caractéristique du véritable comportement d'appétence. Ce comportement d'appétence se poursuit – le poisson migre – jusqu'à ce que les stimuli clés émanant d'un territoire favorable (eau chaude, peu profonde et végétation convenable) agissent sur le MID bloquant le centre reproducteur *stricto sensu*, qui pourrait être appelé "centre territorial". Les influx se répandent, alors, à travers ce centre. Là encore, les voies conduisant aux centres subordonnés (bataille, construction du nid, etc.) sont bloquées tant que les stimuli clés adéquats pour ces niveaux inférieurs ne font pas leur apparition. La seule voie ouverte est celle conduisant au comportement appétitif, lequel consiste à nager de-ci de-là, à attendre un autre mâle pour le combattre ou une femelle pour la courtiser, ou encore des matériaux propres à construire un nid.

« Si, par exemple, la bataille est déclenchée par un autre mâle franchissant les limites du territoire, le mâle

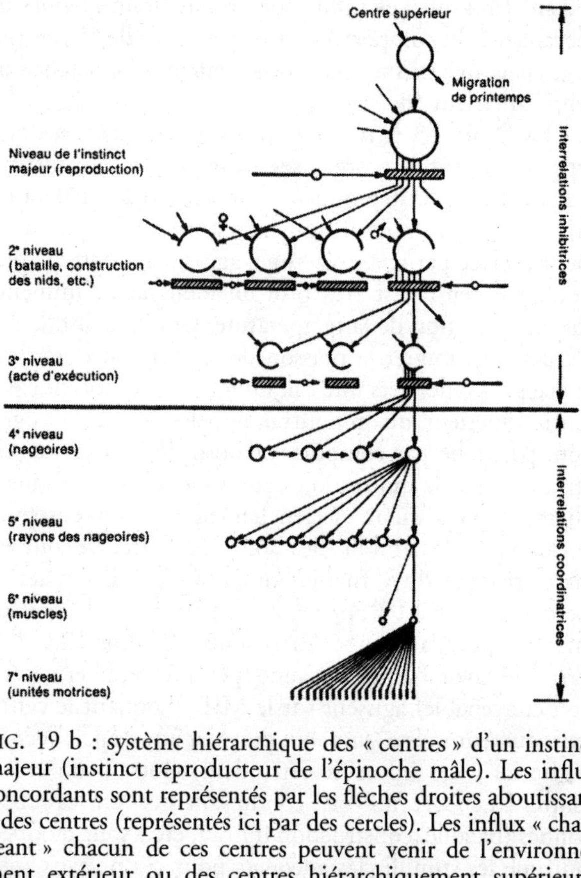

FIG. 19 b : système hiérarchique des « centres » d'un instinct majeur (instinct reproducteur de l'épinoche mâle). Les influx concordants sont représentés par les flèches droites aboutissant à des centres (représentés ici par des cercles). Les influx « chargeant » chacun de ces centres peuvent venir de l'environnement extérieur ou des centres hiérarchiquement supérieurs, mais ils peuvent aussi être produits par le centre lui-même – ce qui n'est pas représenté sur ce schéma. Les barres transversales représentent des instances inhibitrices qui empêchent une décharge constante des impulsions motrices. Ces inhibitions ne sont levées que sur intervention d'un mécanisme inné de déclenchement. Dès qu'elles le sont, l'animal manifeste un comportement d'appétence spécifique jusqu'à ce que des stimuli déclencheurs plus spécialisés déclenchent le comportenage vers l'adversaire (comportement d'appétence). L'adversaire doit émettre de nouveaux stimuli-signaux, plus spécifiques, lesquels lèveront l'obstacle empêchant la manifestation de l'un des actes d'exécution (morsure, poursuite, menace, etc.) et dirigeront le flot d'influx vers le centre dont dépend l'un de ces actes d'exécution.

« Les divers centres situés aux différents niveaux ne sont, par conséquent, pas organisés exactement de la même façon. Le centre qui est vraiment le plus élevé ne comporte pas d'obstacle à sa "sortie". S'il y avait des obstacles à ces centres extrêmement élevés, l'animal n'aurait absolument aucun moyen de se "débarrasser" des influx, ce qui, pour autant que nous le sachions, conduirait à la névrose. Le centre suivant répond, comparativement aux centres inférieurs, à un nombre relativement plus grand de facteurs motivationnels.

« Les centres du comportement reproducteur de l'épinoche mâle qui viennent ensuite, comme ceux correspondant à la bataille et à la construction des nids, sont "chargés" à l'origine par des influx venant du centre supérieur. Il n'est pas certain qu'il y ait des facteurs motivationnels spéciaux pour chacun de ces centres, en plus de ceux en provenance du centre supérieur ; mais je

ment instinctif de rang immédiatement inférieur et par là même le comportement d'appétence suivant. Les doubles flèches concaves entre centres d'un même niveau représentent des relations inhibitrices et des possibilités d'activités de déplacement (cf. p. 366 sq.). Plusieurs centres de même rang sont activés au moment de l'acte consommatoire final. Des forces de coordination représentées ici par des doubles flèches horizontales interviennent entre eux. On trouvera le développement de ces explications dans le corps du texte. (D'après Tinbergen ; extrait de Eibl-Eibesfeldt : *Grundriss der vergleichenden Verhaltensforschung*.)

pense qu'il y en a, car l'impulsion à la bataille fait apparaître le phénomène d'"after-discharge" et semble, en outre, "motivée" (et non seulement déclenchée) par des stimuli extérieurs. En général, il semble que plus nous descendons dans la hiérarchie, plus l'influence des stimuli de déclenchement extérieurs devient prononcée.

« Les flèches entre les centres d'un même niveau indiquent les connexions suggérées par l'existence de l'inhibition mutuelle et des activités de déplacement. Il est parfaitement possible, on se doit d'insister, qu'en réalité ces interconnexions ne se propagent pas directement d'un centre à l'autre, mais le fassent par l'intermédiaire du centre de niveau supérieur et que l'"inhibition" d'un centre par l'autre soit en réalité une compétition, le centre "inhibiteur" détournant, par diminution de la résistance, le flot d'influx aux dépens du centre ayant subi l'inhibition.

« Ainsi, la motivation agit à différents niveaux, qui peuvent être en nombre différent dans les divers instincts, jusqu'au niveau de l'acte d'exécution. Ici, le tableau change. Quand l'obstacle du centre de l'acte d'exécution est écarté, plusieurs centres entrent en action simultanément et les forces de coordination horizontales se manifestent entre eux. Dans le cas des poissons, ces centres inférieurs sont disposés sur deux ou trois plans, dont le plus bas est le centre du muscle droit ou gauche du rayon de la nageoire, type relativement simple. Les relations entre les centres de niveau inférieur à l'acte d'exécution et de même niveau entre eux sont représentées par les doubles flèches horizontales. »

Tinbergen souligne que ces schémas ne constituent qu'une hypothèse de travail destinée à aider à construire un raisonnement. Dans ses communications orales, il ajoute toujours que son schéma ne rend pas compte des innombrables mécanismes de rétroaction et des innombrables cycles régulateurs qui se forment entre les niveaux inférieurs et les niveaux supérieurs de la hiérarchie. Il est par exemple pratiquement certain que le PAS accumulé dans un centre de niveau inférieur (cf. p. 275 sq.) modifierait considérablement le comportement d'appétence présenté dans le schéma de Tinbergen comme exclusivement motivé par un centre supérieur. Mais ce qu'il faut surtout préciser très explicitement, c'est que les niveaux en question existent réellement. On peut déterminer leur nombre et leur ordre expérimentalement à partir du nombre et de la nature des configurations de stimuli provoquant le passage du comportement d'appétence d'un niveau supérieur à celui du niveau immédiatement inférieur.

G. B. Baerends a procédé, en 1956, à une étude très approfondie du système du comportement de soins à la progéniture chez la guêpe des sables *(Ammophila)* et il a établi que les comportements des niveaux inférieurs étaient souvent commandés par plusieurs instances supérieures. Au niveau de la coordination héréditaire, cela n'a rien d'étonnant, car il est bien évident qu'une contraction musculaire est au service de nombreux modes de coordination supérieurs. Il est plus intéressant d'étudier le même phénomène à un niveau supérieur. Nous avons vu comment cela pouvait s'appliquer aux activités instrumentales ou activités à pulsions multiples. La représentation schématique d'un ordre hiérarchique proposée par Baerends et reproduite figure 20 rend compte de ces données.

Cette représentation schématique d'organisation hiérarchique du comportement repose sur l'analyse qu'avait faite Baerends du comportement de soins à la progéniture chez la guêpe fouisseuse, *Ammophila campestris Jur.*

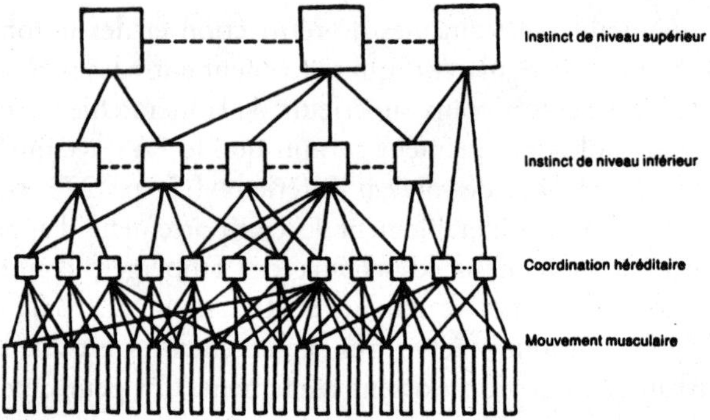

FIG. 20 : schéma d'ordre hiérarchique de l'instinct par Baerends. La figure montre clairement l'interconnexion des centres et elle montre en particulier que les centres inférieurs subissent souvent le contrôle de plusieurs centres supérieurs. Les lignes en pointillés représentent les relations inhibitrices entre mécanismes d'un même niveau. (Extrait de Eibl-Eibesfeldt : *Grundriss der vergleichenden Verhaltensforschung*.)

Il écrit : « Les femelles qui sortent des chrysalides du début à la mi-juin s'accouplent peu de temps après avec les mâles qui sont sortis de leurs chrysalides plus tôt, et elles commencent peu après à creuser le premier nid. Il se compose d'un puits vertical d'environ deux centimètres et demi de profondeur se terminant par une cellule d'environ deux centimètres de long. Une fois le nid terminé, la guêpe ferme provisoirement l'entrée et part à la chasse. Elle en revient quelques heures plus tard avec une chenille qu'elle a déjà paralysée. La guêpe rouvre son nid, y dépose la chenille et pond un œuf. Ensuite, elle referme le nid beaucoup plus soigneusement qu'elle ne l'avait fait la première fois. Puis elle délaisse ce nid pour quelques jours ; elle y reviendra ensuite pour réapprovisionner la larve qui sera entre-temps sortie de l'œuf.

« La guêpe n'interrompt généralement pas son travail entre le moment où elle entame la construction d'un nid et le moment où elle y pond un œuf. Cette première série d'activités correspond à la première phase de soins à la progéniture. »

Peu après avoir terminé le premier nid, la femelle entreprend d'en creuser un second, ce qui lui demande à nouveau un ou plusieurs jours, selon les conditions atmosphériques du moment. Une fois qu'elle a terminé la première phase d'activités sur le second nid, la guêpe retourne au premier nid et l'ouvre, sans apporter de nouvelle chenille. C'est ce que Baerends qualifie de *solitary visit* et que j'appellerai « visite à vide », par opposition aux visites d'approvisionnement. Après cette première visite à vide, la guêpe apporte généralement d'autres chenilles paralysées avant d'abandonner à nouveau le nid. C'est ce que Baerends appelle la deuxième phase, composée d'une visite à vide et de l'apport de une à trois chenilles. Cette deuxième phase comporte exclusivement une visite à vide dans le cas où au moment de cette première visite l'œuf n'est pas encore éclos.

« Une fois que la guêpe a terminé la première série d'activités auprès du premier nid, elle effectue la même auprès du second. Ensuite, elle refait une visite à vide au premier nid et entame la troisième et dernière phase du comportement de soin à la progéniture, qui consiste à apporter encore de trois à sept chenilles au nid après y avoir effectué une ou plusieurs visites à vide. Cette dernière phase achevée, l'animal referme le nid avec un soin tout particulier qui se traduit aussi par des mouvements spécifiques : la guêpe tasse avec sa tête la terre à l'ouverture du puits et elle émet, ce faisant, un fort bourdonnement.

« Elle se rend ensuite au second nid pour y accomplir les activités de la troisième phase. Dès qu'elle a fini, elle entreprend la construction d'un troisième nid. Les trois phases sont strictement distinctes les unes des autres ;

pendant chacune d'elles, la guêpe ne s'occupe que d'un nid donné et elle n'interrompt son travail que pour chasser pour elle-même, pour aller chercher des chenilles ou pour dormir, mais jamais pour travailler sur un autre nid. C'est seulement une fois qu'elle a terminé une série d'activités sur un nid qu'elle se rend au nid suivant pour y accomplir à nouveau la série d'activités complète. Si, au terme de cette série plus aucun nid n'a besoin d'être approvisionné, la guêpe commence d'en creuser un nouveau. Il peut arriver, lorsque les conditions atmosphériques sont particulièrement favorables, que la guêpe entame le creusement d'un troisième nid, à la fin de la deuxième série d'activités auprès du premier nid et *avant* d'avoir accompli cette deuxième série sur le deuxième nid. C'est ainsi qu'elle peut approvisionner trois nids en même temps.

« La deuxième et la troisième phase commencent toujours par une visite à vide, elles ne comportent même parfois qu'une visite à vide, essentiellement dans les cas où le nid a été détruit entre-temps ou, en ce qui concerne la deuxième phase, dans les cas où l'œuf n'est pas encore éclos. Cela laisse à penser que la visite à vide a une fonction d'"inspection", c'est-à-dire qu'au moment de sa visite le contenu du nid présente pour la guêpe un certain nombre de stimuli qui déterminent si elle laisse le nid tel qu'il est ou ressort pour chercher de nouvelles chenilles.

« L'hypothèse que nous venons d'émettre se vérifie expérimentalement. Si la visite à vide a effectivement la fonction régulative qu'on lui suppose, on doit parvenir à influencer le comportement de la guêpe en modifiant le contenu du nid avant qu'elle ne procède à sa visite à vide. L'expérience s'est révélée techniquement impossible avec les nids réels, mais on s'aperçut qu'à condition de prendre certaines précautions on ne dérangeait pas les guêpes dans leur travail d'approvisionnement, même si l'on remplaçait le nid réel par un nid artificiel. Les nids artificiels étaient en plâtre et se composaient d'une partie inférieure correspondant à la cellule inférieure et d'une partie supérieure légère et amovible, de sorte que l'on pouvait facilement atteindre le contenu du nid et le changer. Je procédai alors aux expériences suivantes :

« 1) Les nids dont on devait s'attendre qu'ils soient approvisionnés à la suite de la première visite à vide étaient détruits si l'on enlevait la larve avant cette visite. Après cette première visite à vide de la deuxième phase d'activités, les nids étaient alors définitivement abandonnés.

« 2) Dans les nids parvenus à la même phase de développement, je remplaçai la larve sortie de l'œuf par un œuf d'Ammophile et une chenille paralysée pris dans un autre nid. Dans ce cas, la guêpe n'entreprenait pas l'approvisionnement après la première visite à vide (comme elle l'aurait fait si elle avait trouvé la larve sortie de l'œuf), mais attendait la visite à vide suivante et le moment où elle trouvait dans le nid une larve sortie de l'œuf.

« 3) Peu avant le moment de la visite à vide de la troisième phase, j'ajoutai au contenu du nid quelques chenilles paralysées. Devant cette modification, la guêpe interrompait tout approvisionnement ou apportait moins de chenilles que le nombre minimal observé dans les conditions normales.

« 4) Dans les nids contenant une chenille paralysée et un œuf, ceux qui par conséquent ne devaient pas être approvisionnés tout de suite, je remplaçai l'œuf par une larve. Les guêpes apportèrent de nouvelles chenilles immédiatement après la visite à vide.

« 5) Il arrive que les guêpes fassent une visite à vide vers le milieu de la troisième phase. Dans les conditions normales, les guêpes n'auraient alors apporté qu'un petit nombre de chenilles supplémentaires ; dans les conditions de l'expérience, elles se mirent immédiatement à réapprovisionner, de sorte qu'à la fin la quantité de nourriture apportée était de loin supérieure à ce qu'elle aurait été dans des conditions normales.

« On procéda à des expériences identiques peu avant les visites d'approvisionnement (c'est-à-dire après une préalable visite à vide – K. L.). Dans ce cas, les guêpes ne réagissaient pas aux modifications du contenu du nid, elles poursuivaient leurs activités d'approvisionnement même lorsqu'on avait enlevé la larve en même temps que le reste du contenu du nid.

« Ces expériences prouvent bien que la visite à vide constitue une véritable "inspection" au moyen de laquelle la guêpe évalue ce qu'elle aura à faire dans les heures, voire dans les jours suivants. Outre sa fonction de principe régulateur, la visite à vide présente un aspect psychologique extrêmement intéressant : bien que la situation de stimuli extérieure soit exactement la même lors de la visite à vide et lors de la visite d'approvisionnement, dans le premier cas, elle exerce une profonde influence sur le comportement de la guêpe alors que dans le second cas elle n'en exerce pas la moindre.

« Il y a cependant un cas dans lequel le contenu du nid influence le comportement ultérieur de la guêpe même au cours d'une visite d'approvisionnement. Lorsque je déposais certains objets dans la cellule du nid, peu avant que la guêpe y ait rendu sa première visite à vide, celle où elle aurait dû normalement pondre l'œuf, elle réagissait. Lorsque j'avais déposé une chenille avec un œuf d'Ammophile ou une chrysalide, la guêpe les sortait du nid et les jetait. Lorsque j'avais déposé une larve, la guêpe déposait immédiatement dans le nid la chenille qu'elle avait apportée mais elle ne pondait pas d'œuf. Bien souvent, elle chassait encore d'autres chenilles qu'elle apportait et elle retardait encore plus longtemps sa ponte. Pour une larve tout récemment sortie de l'œuf, la guêpe apporte, semble-t-il, de une à trois chenilles, ce qui correspond à la deuxième phase d'activité ; pour une larve plus vieille, la guêpe apporte de trois à sept chenilles, c'est ce qu'elle fait normalement durant la troisième phase.

« Si, comme nous avons pu le voir, le comportement ultérieur de la guêpe est influencé au cours de la deuxième et de la troisième phase par la quantité de provisions qu'elle trouve au nid, au moment de sa toute première visite à vide la guêpe réagit à l'âge de la larve qu'elle trouve.

« Les deux séries d'expériences, qui étaient destinées à définir la fonction de la visite à vide, montrèrent la mise en œuvre d'un cycle régulateur au cours des deuxième et troisième phases. Mais elles ne permirent pas de déterminer les facteurs qui, sur un même nid, faisaient passer la guêpe d'une phase d'activité à l'autre.

« À cet égard, la troisième série nous autorise à émettre une hypothèse. C'est l'âge de la larve que la guêpe trouve au nid lors de sa première visite à vide qui la fait opter pour un comportement relevant de la deuxième phase d'activités ou pour un comportement relevant de la troisième. Cet élément et quelques autres que nous ne pouvons pas exposer ici dans le détail laissent à penser que l'âge de la larve exerce la même influence au cours de toutes les visites à vide.

« L'histoire du comportement d'un sujet donné GO permet de mettre en lumière un certain nombre d'éléments. On marqua la guêpe peu après qu'elle eut terminé la première phase d'activités au nid A. Comme j'avais fermé ce nid, la guêpe effectua une visite à vide auprès du nid B. L'œuf du nid B n'étant pas encore éclos, la guêpe referma ce nid sans avoir apporté de chenille et commença à creuser un nouveau nid C. Le lendemain matin, elle y apporta une chenille et y pondit un œuf. Ensuite, elle effectua une nouvelle visite à vide auprès du nid B, où la larve venait de sortir de l'œuf. C'est ainsi que débuta la troisième phase d'approvisionnement qui allait durer les deux jours suivants. Après avoir fermé définitivement le nid B, la guêpe fit une visite à vide au nid C. À ce moment-là, l'œuf du nid C n'était pas encore éclos ; la guêpe abandonna donc provisoirement C et commença le creusement d'un nouveau nid D. Comme elle n'avait entrepris ce creusement qu'en fin d'après-midi, elle ne l'acheva pas le soir même. Le lendemain matin, elle fit une visite à vide auprès du nid C ; elle avait abandonné D. L'œuf du nid C était éclos ; la guêpe y apporta une chenille. Elle entreprit ensuite le creusement d'un nid E et y pondit un œuf. Le lendemain matin, elle entama la troisième phase d'activités auprès du nid C et l'acheva en deux jours. Le troisième jour, elle fit une visite à vide au nid E, où la larve venait de sortir de l'œuf et elle y déposa une chenille. Elle entreprit ensuite le creusement d'un autre nid, dont nous ne parlerons pas parce que je ne l'ai pas observé jusqu'au bout. Le lendemain, la guêpe effectua la troisième série d'activités auprès du nid E. »

Ces observations, dont est également issu le schéma d'organisation hiérarchique de l'instinct de Baerends cité précédemment, montrent bien la prodigieuse souplesse et les possibilités d'adaptation que peut offrir un système comportemental d'origine phylogénétique, sans que l'apprentissage joue le moindre rôle. Tout ce que la guêpe acquiert par l'apprentissage se limite à des itinéraires et n'exerce pas la moindre influence sur l'adaptabilité de son comportement, adaptabilité telle que l'animal est en mesure d'assurer simultanément l'entretien de quatre nids à quatre stades différents d'évolution, en respectant les impératifs téléonomiques et les nécessités de la conservation de l'espèce.

4. La hiérarchie relative des motivations (Leyhausen)

Ainsi que nous l'avons vu, une coordination motrice héréditaire revêt toujours le caractère d'objectif en soi du comportement d'appétence, même lorsqu'elle s'insère dans un enchaînement d'éléments organisés hiérarchiquement au sein duquel elle constitue le comportement d'appétence pour une autre configuration de stimuli déclenchante. Cette auto-appétence peut être si puissante qu'elle l'emporte quantitativement sur l'influx émanant de l'instance immédiatement supérieure (cf. le schéma de Tinbergen, p. 292). Nous pouvons en donner un exemple : des oies cendrées élevées sur un plan d'eau sans végétation dans lequel il n'y a pas lieu de barboter consacrent quand même beaucoup de temps à cette occupation (position verticale de l'axe du corps, la tête en bas, le cou étiré, claquements du bec sous l'eau, etc.). J'ai cependant tenté, il y a de longues années, une expérience dont j'ai pu tirer les conclusions qui vont suivre. Des oies vivant sur un plan d'eau de ce type et que l'on nourrit exclusivement de grains que l'on répand au sec sur le rivage, passent presque tous les jours un long moment à barboter « à vide ». Lorsque, toujours dans le même cadre, on permet aux oies de satisfaire pleinement leur besoin alimentaire avec le grain répandu sur le rivage et qu'on leur jette ensuite du grain dans l'eau, les oies barbotent et mangent les grains qu'elles attrapent. Si l'on contraint, au contraire, les oies à se procurer toute leur nourriture en barbotant à un endroit du lac juste assez profond pour qu'elles puissent atteindre les grains déposés au fond, de manière qu'elles aient barboté « à satiété », à la fin de cette activité, elles sont encore tout à fait disposées à manger les grains qu'on leur jette au sec sur le rivage. On peut dire en quelque sorte que dans le premier cas les oies mangent pour barboter – en fait, elles mangent tout à fait accessoirement ce qui vient à se trouver dans leur bec au cours de ce barbotement qu'elles pratiquent pour lui-même. Dans le second cas, elles barbotent manifestement pour se nourrir.

Ursula von Saint-Paul et moi-même découvrîmes un autre exemple d'interversion des rôles entre différentes appétences à l'occasion de notre étude de l'ontogenèse du comportement d'embrochage des proies chez les pies-grièches. Notre objectif était de déterminer si la réaction à l'épine sur laquelle la proie est embrochée était une réaction innée ou acquise. Au cours d'une étude préalable effectuée sur des pies-grièches écorcheurs (*Lanius collurio*) élevées dans des conditions assez insatisfaisantes, j'avais découvert que, si le mouvement d'embrochage était inné, son orientation sur une épine s'acquérait par l'apprentissage. Les pies-grièches d'Ursula von Saint-Paul, élevées selon une meilleure technique, réagirent à la première épine qu'elles virent sans avoir la moindre expérience préalable. Elles explorèrent la première épine que nous leur présentâmes à coups de bec, se mirent immédiatement en quête d'un reste d'aliment à y embrocher et, ne trouvant rien, se rabattirent sur les substituts les plus inadéquats. Une pie-grièche grise (*Lanius excubitor*) embrocha un fragment d'aile de papillon sur la première épine qu'elle trouva. La présence d'une épine suscitait donc un comportement d'appétence pour un objet à y embrocher. Inversement, nous parvînmes à prouver que la présence d'un morceau de nourriture « embrochable » éveillait, même chez les sujets privés de toute expérience préalable, un comportement d'appétence pour une épine.

Il faut se défaire de l'idée selon laquelle l'enchaînement téléonomique des mouvements dans un ordre conforme aux nécessités de la conservation de l'espèce correspond exactement à l'ordre dans lequel, suivant le schéma de N. Tinbergen, les centres supérieurs transmettent les impulsions nerveuses à ceux qui les suivent. L'expérience simple que nous avons décrite précédemment montre que le barbotement, instance très nettement soumise à l'instinct alimentaire, si on peut l'appeler ainsi, exerce une rétroaction sur l'alimentation elle-même.

Chez les prédateurs félins (*Felidae*), pour qui l'apprentissage joue un rôle nettement plus important que pour n'importe quel oiseau, on observe des possibilités d'interaction bien plus complexes entre les différents éléments d'une hiérarchie. Paul Leyhausen qualifie cette interaction très variable d'un cas à l'autre de « hiérarchie relative des motivations », et il l'a étudiée plus précisément sur le comportement prédateur des chats. Il a montré à maintes reprises que, même à ce très haut niveau d'intégration, la coordination motrice héréditaire conservait son caractère immuable, qu'elle soit employée au service d'une appétence d'un ordre supérieur, de manière imposée ou simplement fonctionnelle, ou qu'elle soit employée pour elle-même, « pour le plaisir », comme dans le cadre du comportement ludique.

Même si, comme nous l'avons vu en 2. II/4, la production endogène de PAS est adaptée au besoin moyen d'utilisation de chaque comportement moteur, on trouve incontestablement un assez grand nombre de mouvements instinctifs qui sont presque exclusivement utilisés au service d'autres appétences et presque jamais pour eux-mêmes. Cela vaut en particulier pour les comportements plurivalents (cf. p. 186 et 200) comme la locomotion. Il est bien évident qu'un loup erre davantage dans les régions où le gibier est rare qu'il ne le ferait « pour le plaisir ».

Du fait même que, comme nous l'avons vu en 2. I/ 12, tout mouvement endogène automatique peut être tant motivé que motivant, chez les vertébrés supérieurs et surtout chez l'homme les comportements apparus dans le cours de la phylogenèse comme dans celui de l'ontogenèse, sous la forme d'éléments d'une hiérarchie, peuvent se combiner de toutes les manières avec une adaptabilité de l'enchaînement pratiquement illimitée. Leyhausen dit : « Ils ne sont pas liés par une forme de hiérarchie linéaire immuable, mais par une "hiérarchie relative des motivations". »

L'enchaînement linéaire d'appétences qui existe très vraisemblablement à l'origine n'intervient que dans l'ontogenèse du comportement de capture en indiquant au jeune animal inexpérimenté l'ordre qui mène, depuis les aguets, la poursuite de la proie, sa capture et la morsure finale, jusqu'au moment où l'animal mange sa proie. Leyhausen écrit : « Dès lors que le chat a eu quelques occasions de capturer une proie, de la tuer, de la manger, et surtout d'établir le lien entre ces trois activités, il apprend progressivement à remplacer entièrement ou partiellement le comportement instinctif de capture par un comportement d'appétence appris ; en ce qui concerne cette "motricité d'acquisition", on observe de considérables différences entre les espèces et même entre les sujets individuels. Pas plus que pour l'orientation de la morsure finale il ne s'agit ici de modification ou de variation adaptative du comportement moteur inné par "l'apport supplémentaire de l'apprentissage" (comme c'est le cas pour l'augmentation de sélectivité du MID – K. L.) ;

il n'est pas question de restructuration des instincts par l'expérience – cette restructuration à laquelle croit Bierens de Haan, peut-on noter au passage. Les coordinations héréditaires demeurent autonomes et immuables à côté des comportements moteurs acquis. La coexistence de ces deux "grilles motrices" dans l'ère prémotrice de l'écorce cérébrale et dans l'hypothalamus est connue depuis longtemps en neurophysiologie. »

5. Le rôle du « poste de commandement supérieur » (Erich von Holst)

Nous avons vu (2. I/13) que la chaîne nerveuse ventrale d'un ver de terre privé de son ganglion surpharyngien poursuivait indéfiniment son mouvement de reptation, que le labre spinal poursuivait ses mouvements natatoires et que tous les tissus automatiquement producteurs de stimulations qui, dans les conditions normales, étaient toujours placés sous le contrôle d'une instance supérieure poursuivaient leur activité sans interruption jusqu'à la mort du sujet expérimental dès lors qu'on les isolait de cette instance. Les tissus producteurs de stimulations des animaux qui ne possèdent pas de système nerveux central, par exemple les neuroéphithéliaux des cœlentérés, constituent en quelque sorte des formes intermédiaires entre tissu nerveux, tissu musculaire et tissu épithélien. Ainsi que l'a montré Pantin, leur activité automatique se poursuit aussi indéfiniment, indépendamment de toute intervention de stimuli extérieurs.

Ce type de tissus qui ont leur production autonome de stimulations et ne sont soumis à aucune instance supérieure n'existent que chez les organismes qui ne possèdent pas de système nerveux central, comme ceux dont traite Pantin. Chez les organismes supérieurs, la production d'excitations est toujours soumise à des influences inhibitrices ou motivantes dont les fonctions correspondent exactement à celles des rênes et du fouet dans la comparaison de von Holst (p. 228-229). Même le sinus du cœur est placé sous le contrôle de deux nerfs issus du système nerveux central qui ont été baptisés, d'après leur fonction, *Nervus accelerans* et *Nervus depressor cordis*.

Les cœlentérés de Pantin ne sont évidemment pas les seuls animaux possédant un système nerveux dépourvu de « centres » supérieurs. Le système d'activité de l'oursin repose, comme l'a montré Jakob von Uexküll, sur l'interaction nerveuse réciproque d'organes *périphériques*. Si cet animal s'enfuit aussi vite qu'il le peut devant une étoile de mer, cela repose, au sens littéral du terme, sur une véritable panique qui éclate parmi les ambulacres, lesquels constituent le principal appareil locomoteur des échinodermes et se propage d'ambulacre en ambulacre. C'est ce qui a conduit Jakob von Uexküll à parler d'une « république des réflexes » chez l'oursin. L'expression peut s'appliquer également à des animaux inférieurs, à condition de considérer toutefois que le « réflexe » ne joue absolument pas le rôle qu'on lui attribuait au temps de Uexküll. Il y a bien des chevaux sans cavalier, mais uniquement chez les animaux dépourvus de système nerveux central.

Tous les animaux à symétrie bilatérale présentant une extrémité antérieure et une extrémité postérieure, ayant donc une orientation privilégiée de la locomotion, possèdent aussi un poste de commandement central, un « cerveau », et ce même pour les organismes chez lesquels il n'y a pas de séparation entre la tête et le tronc, comme les coquillages (lamellibranches). L'« invention » de la tête présente des avantages évidents pour la survie de l'espèce : c'est la raison pour laquelle la réunion des organes sensoriels et du système nerveux central dans la partie antérieure d'un organisme moteur se retrouve chez de très nombreux genres. Les arthropodes, les crustacés, les myriapodes, les arachnidés et parmi les mollusques les gastéropodes, dont font également partie les céphalopodes, n'ont pas seulement formé cette structure de la tête indépendamment les uns des autres, ils l'ont également formée à un pôle de leur organisme qui est opposé à celui où se trouve la tête dans notre organisme de vertébrés. Mais ils présentent tous la même concentration de tissus nerveux et d'organes sensoriels à leur extrémité antérieure, comme nous en tant que vertébrés. Même la fonction de la tête est identique chez tous ces organismes.

L'existence d'une instance supérieure est manifestement nécessaire dès lors que l'organisme dispose de plusieurs systèmes de comportements moteurs dont chacun ne doit être utilisé que dans une situation précise et qui ne doivent pas interférer en se déclenchant simultanément. Le ver de terre se déplace en avant et en arrière, il mange, il s'accouple, il se contracte brusquement et enfin il se propulse parfois d'un puissant mouvement de reptation à la surface du sol – ce que personnellement je n'ai jamais vu. La simple observation permet de constater qu'il n'effectue jamais deux de ces opérations simultanément. Ce phénomène fondamentalement dystéléonomique se produit, ce qui prouve qu'il est théoriquement possible, mais il ne se produit que dans les cas pathologiques comme les crises d'épilepsie. La question se pose donc de savoir comment il en est empêché dans les conditions normales. Dans le cas le plus simple, c'est par un mécanisme que les biocybernéticiens qualifient de passage de la valeur extrême. Ainsi que le montre la figure 21 (p. 312), le comportement en question est préprogrammé et opère par une « soustraction rétroactive » une simple inhibition intermittente. Un mécanisme de ce genre est sans doute à l'œuvre dans le cerveau des animaux inférieurs à symétrie bilatérale. Mais il faut en outre une instance qui soit en mesure de déterminer, en fonction de la configuration de stimuli extérieurs, laquelle des coordinations motrices héréditaires perpétuellement inhibées doit être libérée et correspond aux nécessités du moment.

L'existence d'inhibitions centrales qui empêchent que ne se déroulent en permanence tous les mouvements instinctifs qui ne sont pas utilisables à l'instant donné est absolument certaine. Holst et Roeder ont montré que chez les vers, les insectes et les poissons une instance supérieure de commandement située au sein du système nerveux central empêchait que les processus de production endogène d'excitation et les mécanismes de coordination centrale placés sous son contrôle ne se traduisent en activité motrice. Les expériences de la médecine avec des sujets atteints d'une maladie du cerveau, surtout à la suite d'encéphalites (symptômes post-encéphalitiques), ont montré qu'un principe de fonctionnement analogue existait chez l'homme. À propos de cette fonction inhibitrice de l'instance supérieure de commandement, Kenneth Roeder écrit :

« Chez les insectes, les zones du système nerveux central assurant les fonctions d'inhibition ont été découvertes de la façon suivante. Chez la blatte, l'ablation des yeux à facettes, des ocelli et des antennes (autrement dit de tous les organes sensoriels jouant un rôle important dans le déclenchement des comportements à étudier, K. L.) ne déterminait pas d'augmentation durable de l'activité du dernier ganglion abdominal (qui fournit, à la suite des mécanismes endogènes de production d'excitation et des mécanismes de coordination centrale, les impulsions spécifiques de la copulation chez les phallomères, mouvements effectués par le dernier segment de l'organisme, qui fait fonction d'organe sexuel). L'ablation du cerveau, c'est-à-dire du ganglion surpharyngien, eut pour effet une augmentation des petits *spikes* (impulsions nerveuses caractérisées par une intensité électrique) chez quatre des huit sujets expérimentaux. La décapitation ou la section des nerfs du cou entraîna une augmentation d'activité plus nette, en particulier un véritable “tir de salves” des grandes fibres nerveuses. Cet effet était identique à celui que provoquait une section transversale de la chaîne nerveuse ventrale. Cela montre bien que chez la blatte comme chez la mante le ganglion surpharyngien constitue la principale source d'inhibition. Dans un certain nombre de cas, la section de la chaîne nerveuse ventrale après décapitation entraîna une petite augmentation supplémentaire de l'activité efférente, ce qui laisse à penser que les ganglions des segments pectoraux ne sont pas ceux qui apportent la contribution la plus importante à l'effet inhibiteur.

« Si l'on pense que chez l'insecte normal l'activité motrice spontanée (des mouvements copulatoires, K. L.) est commandée par une décharge tonique d'impulsions inhibitrices dans les fibres nerveuses descendantes (conduisant des ganglions du cerveau jusqu'au dernier ganglion ventral, K. L.), on est assez étonné de constater qu'après élimination opératoire de l'effet inhibiteur quinze minutes peuvent s'écouler avant que l'activité motrice ne se déclenche. On s'est demandé et l'on a essayé de déterminer si la durée de ce délai était en rapport avec la localisation du point de section des voies inhibitrices. Les résultats n'ont pas été concluants et rien ne permet de dire que le délai variait selon que l'on sectionnait la chaîne nerveuse ventrale dans la région du cou ou dans la région du ventre. Étant donné que les

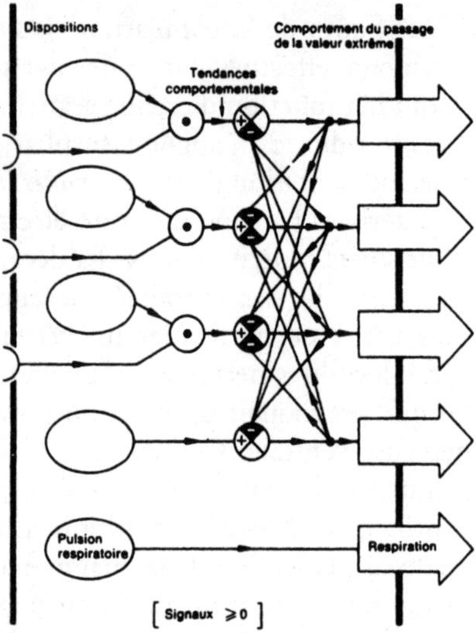

FIG. 21 : schéma idéal du fonctionnement des mécanismes d'inhibition réciproque entre les tendances comportementales suivant le principe de l'inhibition rétroactive latérale – qui semble en l'occurrence applicable. La pulsion respiratoire ne s'inscrit généralement pas dans ce système : la respiration n'est quasiment pas soumise à l'influence du reste de l'activité comportementale. (Extrait de : Czihak, Langer, Ziegler, *Biologie*.)

variations étaient considérables, le délai pouvant aller de quelques secondes à quinze minutes, il se peut aussi que la relation entre cette durée et la localisation du point de section nous ait été cachée par le petit nombre de nos observations.

« La méthode de la section de la chaîne nerveuse ventrale ne permettant d'observer qu'une libération de l'activité nerveuse endogène, on tenta de provoquer un blocage temporaire et réversible de l'effet inhibiteur. On essaya d'abord par une méthode électronique en faisant passer directement dans la chaîne nerveuse ventrale un courant entre une anode et la cathode indifférente placée à l'autre extrémité ; on obtint dans trois cas sur onze une légère augmentation de l'activité efférente dans les fibres nerveuses des neuvième et dixième segments de l'organisme, mais cette activité ne se maintint pas aussi longtemps que le passage du courant polarisé. Dans les autres cas, on n'observa aucune modification de l'activité efférente. Sur six des onze sujets, on procéda après l'expérience du courant électrique à une section de la chaîne nerveuse ventrale et on observa dans tous les cas l'augmentation d'activité efférente à laquelle on pouvait s'attendre.

« On tenta ensuite un blocage localisé des voies inhibitrices descendantes de la chaîne nerveuse ventrale à l'aide de chloride de Kalium isotonique et d'une solution saline de Loyel (dans laquelle le natrium était remplacé par de la saccharose). L'application locale d'une solution isotonique de chloride de Kalium sur la chaîne ventrale intacte opère au bout d'une trentaine de minutes un blocage des voies remontantes des fibres nerveuses géantes ; si l'on enlève préalablement l'enveloppe de la chaîne nerveuse ventrale, le même blocage s'opère en une minute (Twarog et Roeder, 1956). On appliqua ensuite ces produits chimiques sur des parties intactes de la chaîne nerveuse ventrale mises à nu, tandis que l'activité des nerfs efférents du dernier ganglion ventral était mesurée. On eut quelques difficultés à limiter l'action du chloride de Kalium à une certaine région de la chaîne nerveuse ventrale et, pour éviter sa propagation jusqu'au dernier ganglion abdominal, on plongea celui-ci dans de l'essence minérale. Dans les sept cas où l'activité du dernier ganglion ventral se maintint en dépit de la procédure extrêmement compliquée, on observa dans un cas une absence de modification, dans quatre cas une légère augmentation, incomparable toutefois à celle que provoquait la section, et dans deux cas une augmentation immédiate suivie d'une totale interruption de toute activité efférente. Dans ces derniers cas, l'activité reprit au bout de cinq minutes de lavage intensif dans une solution saline physiologique et il se peut que l'interruption totale observée antérieurement ait été due à l'infiltration de chloride de Kalium dans le ganglion.

« L'échec de ces deux expériences qui devaient permettre d'obtenir un blocage réversible de l'activité inhibitrice nous étonna et présente en lui-même un certain intérêt. Il y a trois explications possibles :

« 1) Il se peut que les méthodes employées n'aient pas été techniquement assez élaborées. Elles suffirent pourtant à provoquer un blocage des fibres géantes (Twarog et Roeder, 1956).

« 2) Il se peut que les fibres inhibitrices aient un diamètre inférieur et que pour cette raison ou pour une autre elles aient été protégées des effets qui avaient bloqué l'activité des fibres géantes.

« 3) Il se peut enfin que les centres nerveux supérieurs exercent leurs effets inhibiteurs par d'autres voies que celles des impulsions nerveuses. Les deux dernières possibilités restent à envisager. »

Chez les vertébrés supérieurs, chaque instance de commandement doit opter entre des systèmes comportementaux de structure beaucoup plus complexe que ceux qu'étudiaient Roeder et von Holst. Il faut donc s'attendre dans leur cas à une influence bien plus complexe des instances supérieures qui ne sauraient se limiter à agir par l'intermédiaire de simples inhibitions. Certes, les coordinations héréditaires que nous avons qualifiées d'« activités instrumentales » ou d'activités plurivalentes ont toujours une production endogène d'excitation si considérable que la simple levée des mécanismes inhibiteurs pourrait suffire à expliquer leur déclenchement, mais ces coordinations sont le plus souvent insérées dans des systèmes de comportement plus compliqués, dans lesquels interviennent avec elles des fonctions d'apprentissage et ces mécanismes d'information à court terme (2. VI) le plus souvent désignés sous le nom d'*insight*.

Bien que même chez les vertébrés supérieurs l'une des principales fonctions des instances supérieures de commandement consiste à imposer une inhibition constante des mouvements instinctifs pour lever l'inhibition d'un comportement donné au moment opportun, c'est-à-dire au moment où il peut avoir une valeur téléonomique, la simple observation de l'animal dans son état normal donne l'impression que ces instances du système nerveux central jouent un rôle plus actif chez lui que chez les vers et les articulés.

Chez certaines espèces de poissons très actifs, dont les principaux exemples nous sont sans doute fournis par certains percoïdes des mers tropicales, on observe une perpétuelle recherche active d'excitations que l'on peut considérer comme une forme primitive de ce comportement exploratif dont nous traiterons plus loin (cf. 3. V). Le poisson regarde constamment de tous côtés et appréhende ainsi les données de son environnement spatial. On peut observer un comportement analogue chez n'importe quel petit oiseau chanteur tant qu'il est éveillé et en activité. En ce qui concerne les primates et surtout l'homme, la recherche constante de stimuli optiques est si caractéristique que l'interruption de cette quête de stimuli nerveux nous frappe immédiatement. Lorsque nous voyons quelqu'un demeurer brusquement le regard fixe et les yeux grands ouverts, nous disons qu'il a l'« esprit ailleurs » ; en Autriche, on dit « *er schaut ins Narrenkastl*[1] » ; en anglais, « *he is staring into space*[2] » : c'est

1. « Regarder dans le vide. »
2. « Regarder dans le vide. »

bien la preuve que les processus en question sont en relation avec la sauvegarde active des facultés d'orientation dans l'espace.

Il est très vraisemblable que cette activité repose sur une production endogène de stimuli et non sur des processus réflexes. Il y a également tout lieu de penser qu'un cerveau aussi « éveillé » exerce sur les mécanismes d'« action et de réaction » qui lui sont soumis non seulement une influence répressive, mais aussi une influence active. Nous pouvons avancer un argument de poids en faveur de cette thèse : les mouvements volontaires, qui sont le plus directement soumis aux instances supérieures du cerveau, sont aussi ceux qui dépendent plus que toute autre activité motrice de l'influence des instances supérieures de commandement et qui leur obéissent jusqu'à épuisement total de l'organisme.

V

Homogénéité de l'instinct

1. Le danger des concepts finalistes

Selon la définition quelque peu aphoristique de Paul Weiss, un « système » est « *everything that is unitary enough to deserve a name* » – tout ce qui est assez homogène pour mériter un nom. Il faut seulement se garder, en prononçant de pareilles formules, de suivre le mauvais exemple de la pseudo-science médiévale et de prendre l'objectif téléonomique pour la cause en parlant d'instinct de fuite, d'instinct de reproduction, voire d'instinct de conservation. Dans la psychologie animale vitaliste du début du XXe siècle, cette pratique était monnaie courante puisque l'« instinct » était considéré comme un facteur surnaturel qui ne demandait ni ne pouvait recevoir aucune explication.

Il n'est pas défendu de nommer une fonction d'après son effet téléonomique, il faut seulement bien se rendre compte, ainsi que l'a dit John Dewey de façon très explicite, que le nom ne prend alors que trop facilement « la trompeuse apparence d'une explication de ce qui est nommé ». Lorsque nous observons des comportements complexes remplissant une même fonction au service de la conservation de l'espèce, nous sommes certes habilités à les désigner d'après cette fonction et à parler d'un instinct de reproduction ou d'un instinct d'agressivité, comme nous l'avons fait, N. Tinbergen et moi-même.

Mais nous ne devons pas oublier que ces comportements que nous réunissons sous une même entité conceptuelle ne constituent qu'un système de structure très lâche et que leur commune fonction téléonomique, loin de fournir une explication, souligne l'existence d'un problème pour nos tentatives d'explication des causes physiologiques.

La première question à se poser dans cette tentative d'analyse causale est celle de savoir comment s'est constituée l'unité de ce système qui semble mériter un nom. Plus les limites du système sont vastes, plus il est difficile de trouver une réponse. Expliquer l'« instinct de conservation » revient à expliquer ni plus ni moins l'ensemble du comportement d'une espèce, à l'exception de la reproduction. Même pour les systèmes comportementaux bien délimités et fonctionnellement homogènes, il n'est pas facile de découvrir les mécanismes d'interaction qui assurent l'homogénéité. C'est pourtant de la réussite de cette analyse que dépend l'habilitation à fixer une désignation.

Même lorsqu'on a parfaitement conscience de ces problèmes, il est toujours risqué de désigner un système comportemental assez étendu d'après sa fonction. Des habitudes de pensée finalistes quasi indéracinables conduisent trop facilement à ce que des expressions comme instinct de reproduction ou instinct d'agressivité n'impliquent plus le postulat de l'intervention d'un facteur surnaturel, mais celui d'une « monocausalité », c'est-à-dire d'une cause naturelle, sans doute, mais unique. J'ai fait à mes dépens l'amère expérience de ce type d'erreur d'interprétation d'une fonction. Dans mon ouvrage sur l'agression, j'ai consacré tout un chapitre (« Le parlement des instincts ») à la pluralité des pulsions instinctuelles et cela ne m'a pas empêché d'être accusé de croire à un instinct d'agressivité relevant d'une cause unique.

2. Multiplicité des pulsions instinctuelles

Le schéma de la hiérarchie des instincts de Tinbergen présente un défaut : les flèches qui partent du centre supérieur et représentent des effets motivants sont toutes dirigées du haut vers le bas, ce qui laisserait à penser qu'il y aurait un principe de causalité *univoque*, ce que Tinbergen était loin de croire. Personne n'était ni n'est persuadé que les niveaux inférieurs de la hiérarchie exercent d'innombrables effets sur les niveaux supérieurs. Le niveau élevé de PAS d'un mouvement instinctif donné au niveau inférieur de la hiérarchie exerce une influence décisive sur tout ce qui se déroule aux niveaux supérieurs.

Dans son étude intitulée *Unitary Drives*, Robert Hinde s'est opposé à l'idée d'une causalité unique du comportement instinctif et il écrit à ce propos : « L'une des propriétés du comportement que l'existence de pulsions est censée expliquer est la corrélation temporelle entre des activités voisines. La plupart des comportements sont constitués d'une série d'activités et on laisse souvent à penser que ces activités sont exercées à la suite les unes des autres parce qu'elles sont commandées par un même instinct (*One feature of behaviour which drives are postulated to explain, is the temporal correlation between related activities. Most behaviour consists of séquences of activities and it is often suggested that these occur together because they are governed by the same drive*). » Jamais Tinbergen ni Baerends ne l'ont cru ; ils ont au contraire très bien vu que, dans la hiérarchie instinctive, le bon enchaînement téléonomique des différents éléments était déterminé par le fait que chaque appétence enclenchait l'appétence suivante par l'intermédiaire d'un MID que l'on pouvait étudier très concrètement.

Hinde a étudié sur les canaris la pluralité des pulsions qui commandaient un comportement fonctionnellement homogène comme celui de la nidification. Ce faisant, il a montré que les différents mouvements instinctifs étaient totalement indépendants les uns des autres et pris position contre la thèse de l'existence d'une seule source pulsionnelle. Mais il semble curieusement ignorer que chacun des mouvements instinctifs intervenant dans la nidification possède sa propre appétence et son propre MID. Il refuse également de voir que la coordination héréditaire en tant que telle constitue une entité systématique, et même une entité plus fermée sur elle-même que ce système hiérarchique supérieur et moins rigide, que nous baptisons avec Tinbergen « instinct ». Hinde rejette l'idée de l'existence d'un potentiel d'activité spécifique variable en se fondant sur les arguments suivants : les stimuli extérieurs peuvent avoir un effet spécifique comme un effet non spécifique sur le comportement. Les stimuli non spécifiques servent à maintenir un degré suffisant d'excitation générale au niveau du système nerveux central, tandis que l'intensité du comportement dépend, toujours selon Hinde, des stimuli spécifiques. Il suffit, d'après lui, de postuler une activité générale constante du système nerveux central pour n'avoir pas besoin de postuler celle de pulsions spécifiques du comportement. Si l'idée que les stimuli non spécifiques sont nécessaires pour maintenir un certain degré d'excitabilité générale est parfaitement juste (cf. p. 189 sq.), la seconde partie de la proposition, selon laquelle l'intensité d'un comportement dépendrait essentiellement de la nature des stimuli déclencheurs, mérite un énergique démenti ; Hinde ignore non seulement l'expérience quotidienne la plus élémentaire de tous ceux qui connaissent les animaux, mais même les conclusions établies des recherches expérimentales de A. Seitz, H. W. Lissmann, D. Dranck et bien d'autres. Je renverrai ici à ce que nous avons dit en 2. I/5 de la méthode de la double mesure quantitative.

Il est d'autant plus curieux que Hinde ne veuille pas reconnaître ces données qu'il décrit avec une parfaite exactitude les coordinations motrices héréditaires de la femelle canari et les situations de stimuli dans lesquelles elles interviennent ; et ce faisant, il ne peut pas éviter de mentionner le comportement d'appétence et l'abaissement du seuil de déclenchement de ces éléments constitutifs du comportement, ce qui ne l'empêche pas de conclure : « Devrions-nous donc postuler pour chacune de ces activités l'existence d'une pulsion instinctive particulière ? Si oui, où doit s'arrêter ce processus, car chacune de ces activités peut à son tour être subdivisée en éléments constitutifs plus restreints ? (… *are we then to postulate a separate drive for each of these activities ? If so, where is the process to stop for each of these activities can be analysed into constituent movements* ?) » À la première de ces deux questions, Leyhausen répond fort justement : « L'importance ou la complexité du comportement en question ne joue pas le moindre rôle. Pour tout élément qui peut se présenter *isolément et pour lui-même*, hors du contexte biologique du déroulement "normal", qui peut développer *sa propre appétence* et déclencher des activités appétitives uniquement orientées vers lui, il n'est pas besoin de *postuler* qu'il existe une pulsion spécifique, *il en existe une* ! »

On peut répondre tout aussi clairement à la seconde question concernant le terme éventuel du processus d'analyse : dans tous les comportements susceptibles de faire l'objet d'une appétence – et nous ne parlons pas de petites crispations musculaires ou d'autres composantes mineures de l'activité motrice –, les phénomènes d'appétence, d'abaissement du seuil de déclenchement, de spontanéité et de différences d'intensité, bref de tous les effets dont nous avons traité au premier chapitre, portent toujours sur la totalité de ces comportements moteurs rigoureusement intégrés que nous qualifions de mouvements instinctifs. C'est précisément pour cette raison que la découverte du mouvement instinctif par Heinroth et Whitman fut l'acte de naissance de l'éthologie.

La pluralité des pulsions doit effectivement faire l'objet d'une analyse causale, ainsi que le réclame Hinde, non pas pour rayer d'un trait de plume la notion de système homogène et téléonomique de motivations agissant de façon autonome, mais pour en expliquer la fonction. Aussi simplificatrices que puissent être les représentations schématiques de l'organisation hiérarchique des pulsions instinctuelles telle que nous la montrent Tinbergen, Baerends et Leyhausen, elles montrent très clairement la voie que doit suivre cette analyse.

Les questions qu'elles soulèvent revêtent une extrême importance même dans les cas où il y a une incontestable corrélation fonctionnelle et téléonomique entre les différents patrons comportementaux, sans que l'on observe pour autant d'organisation hiérarchique. Cela vaut par exemple pour les mouvements de la nidification chez les canaris domestiques qu'a étudiés Hinde et chez leurs homologues sauvages (carduelidés), que je connais mieux. Le premier mouvement instinctif apparaît en même temps qu'un autre dont la véritable fonction n'intervient qu'à une phase ultérieure de la construction du nid. Le premier mouvement consiste à cracher sur le matériau et à essayer de le fixer dans les branches à l'endroit voulu à l'aide d'un piétinement et d'un mouvement particulier du bec. D'ailleurs, Hinde ne mentionne pas ce comportement et il se peut qu'on ne l'observe pas chez les sujets domestiques. En même temps qu'il effectue ce mouvement pour fixer les premières fondations du nid, l'oiseau fait souvent un mouvement d'excavation qui a pour fonction de lisser et d'arrondir l'intérieur du nid. L'oiseau presse son poitrail bombé contre les parois en poussant sur ses pattes et en écartant les ailes. Ce mouvement instinctif est très ancien et se retrouve chez tous les oiseaux ayant un bréchet très développé (carinatés). Chez les petits oiseaux chanteurs qui nous occupent, il a pris une nouvelle fonction. En effectuant ce mouvement dans une fourche des branchages encore inoccupée, l'oiseau recueille une information sur le caractère favorable ou défavorable de l'endroit pour la construction d'un nid. L'évaluation positive de la situation déclenchant ce mouvement d'excavation dépend manifestement du nombre de stimuli tactiles que l'oiseau reçoit de son environnement en exécutant le mouvement. Plus il touche de petites branches en effectuant le mouvement d'excavation sur l'éventuel emplacement du nid, plus il sera facile d'y fixer le nid : les endroits les plus favorables sont les fourches ou les enchevêtrements de branches. Des processus d'apprentissage interviennent de toute évidence aussi, car, chez les oiseaux chanteurs qui construisent leur nid dans les branches, avant de commencer, les femelles essaient plusieurs emplacements en procédant de la façon que nous venons de décrire. En revanche, il ne semble pas que l'apprentissage intervienne dans l'enchaînement fonctionnel des autres mouvements de la nidification.

3. Effet d'intégration de la hiérarchie des instincts

Lorsque Tinbergen dit de sa représentation hypothétique d'une organisation hiérarchique de l'instinct que son schéma n'est rien de plus qu'une hypothèse de travail du type de celles qui nous servent généralement à ordonner quelque peu nos idées, il sous-estime l'importance des données établies qui s'inscrivent dans ce schéma. Ces données sont les suivantes :

1. nombre et mode d'interventions des MID qui entrent en jeu,
2. nature et fonction des mouvements instinctifs qu'ils déclenchent,
3. influence réciproque de ces patrons moteurs les uns sur les autres, rapports réciproques d'inhibition ou au contraire de renforcement, représentés par les flèches ou les doubles flèches,
4. fonction téléonomique des processus dont on fait l'analyse causale, qui consiste à enchaîner ces patrons moteurs en eux-mêmes rigides dans un ordre permettant une plus grande adaptabilité.

Bien qu'il laisse de côté un grand nombre de rétroactions qui contribuent à l'intégration fonctionnelle de tous les membres de la hiérarchie, le schéma de Tinbergen montre comment l'interaction entre les différents éléments intègre leur fonction à l'ensemble. Il est, par exemple, tout à fait logique d'un point de vue téléonomique que l'épinoche ne puisse pas se mettre dans des dispositions favorables à la construction du nid tant qu'elle n'a pas satisfait l'appétence première et trouvé une étendue d'eau douce assez chaude et riche en végétaux. Cet effet d'organisation apparaît encore plus nettement dans l'enchaînement progressif des dispositions qui se succèdent dans le système du comportement de nidification et de soins à la progéniture chez la guêpe fouisseuse (*Ammophila*) qu'a étudiée Baerends.

En dehors de l'ordre successif assuré par la hiérarchie des motivations, il peut naturellement y avoir interaction directe entre les différentes pulsions. Ainsi que nous l'avons vu (p. 287 sq.), un mouvement instinctif peut constituer le comportement d'appétence pour un autre et il peut donc en recevoir une impulsion. Nous avons bien dit que l'une des propriétés fondamentales des mouvements endogènes automatiques et coordonnés par le système nerveux central résidait dans leur faculté de pouvoir être tant motivés que motivants. Nous avons vu, en outre, en 2. IV/4, à propos de la « hiérarchie relative des motivations », que cette relation motivé-motivant s'établissait en fonction de la situation générale et de l'état de l'animal au moment donné et qu'elle pouvait également s'inverser, ce qui offre une variabilité adaptative encore nettement supérieure.

En outre, chez les animaux supérieurs, l'apprentissage intervient souvent comme facteur supplémentaire d'homogénéité en constituant l'objectif commun d'un grand nombre de comportements qui font partie du système hiérarchique.

4. Interaction des mouvements instinctifs

Ainsi que l'indiquaient les doubles flèches du schéma de Tinbergen, il y a entre les comportements moteurs d'un même niveau hiérarchique une relation d'inhibition réciproque. Une épinoche qui adopte le comportement de combat ne peut pas en même temps construire son nid ou adopter le comportement de parade nuptiale. Les comportements moteurs d'un même niveau hiérarchique peuvent certes se déclencher sur la base d'un degré de motivation spécifique de ce niveau, mais un mécanisme analogue à celui du passage de la valeur extrême que nous avons déjà évoqué les empêche de se déclencher simultanément.

Si nous tentons de déterminer, à partir d'une exploitation statistique de nos observations, s'il y a inhibition réciproque ou disposition concomitante, la réponse dépend beaucoup de l'unité de temps choisie. Si l'on fait des tests de quelques secondes, on constate l'existence d'un rapport d'inhibition réciproque absolue entre les comportements moteurs d'un même niveau ; si au contraire on étale les observations sur un ou plusieurs jours, on a l'impression que les deux comportements sont commandés simultanément et par la même motivation. Cela correspond d'une façon générale à ce que nous avons dit en 2. I/4 sur la lenteur du changement entre motivations d'ordre supérieur et d'ordre inférieur.

La communauté de niveau de deux motivations s'exprime au travers du temps que met l'animal à passer d'un comportement moteur à l'autre. Chez l'épinoche, le comportement de rivalité et le comportement de parade peuvent se substituer l'un à l'autre en quelques secondes ; chez les cichlidés, par exemple chez l'*Hemichromis bimaculatus*, le degré d'excitation générale suscité par le combat peut se transformer immédiatement en excitation sexuelle d'un degré tout aussi élevé : les vieux mâles de cette espèce vivant en couple depuis longtemps ont un comportement de parade beaucoup moins intensif. Même la ponte et la fécondation des œufs prennent une allure d'activité calme et routinière suivant des voies manifestement rodées par l'apprentissage. Si l'on présente à un couple d'*Hemichromis* ainsi « fatigué du mariage » un rival ayant atteint l'âge de la maturité sexuelle et paradant dans sa plus belle robe nuptiale, les deux époux l'attaquent furieusement et l'on ne peut que s'étonner de voir que, même dans la fureur du combat, il n'y a pas de confusion et que jamais la femelle n'attaque son époux au lieu de l'intrus. Si on éloigne l'élément étranger, les deux époux au comble de l'excitation de combat restent un instant sur le point de s'attaquer mutuellement. Mais immédiatement après l'excitation trouve un débouché dans la voie du comportement sexuel et les deux poissons adoptent un comportement de parade d'un haut degré d'intensité qui ne s'observe normalement que dans les premières phases de la formation du couple, « au temps des premières amours ». Une analyse précise des motivations du comportement de combat et du comportement sexuel confirme notre hypothèse selon laquelle les deux présupposent des dispositions hormonales analogues.

On peut dire, en règle générale, que le délai que demande le passage d'une disposition à une autre est d'autant plus long que ladite disposition se situe à un niveau élevé dans l'organisation hiérarchique générale des instincts, qui fait entrer en jeu plusieurs systèmes pulsionnels. Si, en modifiant la situation de stimuli déclenchante, on tente de faire passer un couple d'*Hemichromis* non pas du comportement de combat au comportement de parade nuptiale, mais d'une réaction de fuite tout aussi intensive au comportement de parade, on constate que l'animal a besoin non plus de quelques fractions de seconde, mais de quelques dizaines de minutes pour y parvenir.

Au terme de ses expériences d'excitation du tronc cérébral chez les poules, Erich von Holst tire des conclusions identiques. Un comportement moteur déclenché isolément et correspondant à un faible niveau d'intégration peut très vite s'effacer ou faire place à un autre comportement. Dans le système de comportement de la fuite et de la recherche d'un abri, par exemple, si l'on ne déclenche que les mouvements d'étirement du cou avec secouement de la tête et regards de tous côtés, qui relèvent de la phase la plus élémentaire, on constate que ces mouvements s'arrêtent dès l'instant où l'excitation électrique cesse, et l'on peut immédiatement voir apparaître des mouvements relevant d'autres systèmes comportementaux. Si l'électrode est au contraire placée de telle sorte que l'excitation déclenche tout le système du comportement de fuite, qui commence par les mouvements d'adaptation protectrice que nous avons décrits, mais se poursuit par un comportement d'alarme de plus en plus intense pour se terminer par l'envol, la poule met beaucoup plus de temps à se calmer et même à adopter des comportements relevant d'un autre système. Plus le système dont on déclenche l'activité est étendu et plus l'excitation est forte, plus il faut de temps pour que cette excitation s'apaise et que s'atténuent avec elle les effets d'inhibition exercés sur les systèmes voisins.

Les conclusions d'Erich von Holst sont en parfait accord avec la thèse d'une organisation hiérarchique des comportements moteurs relevant d'un même système instinctuel défendue par Tinbergen et Baerends. Il peut toutefois arriver que la violence du stimulus artificiel appliqué au système à ses plus hauts niveaux d'intégration fasse apparaître une causalité unique qui ne se présente pratiquement jamais chez l'animal à l'état naturel. En tout cas, ces conclusions ne constituent pas des arguments en faveur d'une explication « monocausale » de l'instinct.

5. Mouvements non spécifiques d'un système comportemental donné

Il est des comportements moteurs bien définis qui peuvent s'intégrer à différents systèmes instinctuels, hiérarchisés ou non. Ainsi que nous l'avons dit en 1. I/2, à propos de l'aptitude à motiver et à être motivé et surtout à propos des « activités instrumentales », cette plurivalence n'a rien d'exceptionnel parmi les mécanismes nerveux. Lettvin et ses collaborateurs ont montré que le même élément de la rétine pouvait relever à la fois de plusieurs organisations, dont chacune était contenue en résumé dans une cellule ganglionnaire de la rétine et dont chacune tirait, à partir des informations fournies par les éléments rétiniens placés sous son contrôle, un autre message qu'elle transmettait aux instances centrales. L'une ne donne qu'une information générale sur l'augmentation ou la diminution d'intensité lumineuse (*on-off-effect*), l'autre signale l'évolution d'une forme convexe sombre de la gauche vers la droite, etc. Un individu peut très bien être membre de plusieurs organisations à la fois : il peut faire partie d'un club de canoë, d'une chorale et d'un parti politique.

Il y a non seulement un grand nombre de comportements moteurs qui trouvent à s'intégrer dans plusieurs systèmes de comportements, mais aussi des comportements moteurs, comme la locomotion, qui interviennent presque dans tous les systèmes de comportement. On ne peut donc pas définir l'organisation systématique d'un « instinct » et le distinguer d'un autre en dénombrant les mouvements instinctifs qu'il fait entrer en jeu.

Même des comportements moteurs très particuliers qui se sont formés au service d'un système de comportement donné peuvent avoir subi par un processus d'évolution phylogénétique un très rapide changement de fonction et entrer au service d'un système fonctionnant de façon toute différente. La chose est très frappante lorsque les comportements qui ont été ainsi « coupés de leur objectif » étaient très spécifiquement adaptés à leur fonction initiale. L'un des meilleurs exemples de ce type est le « baiser » du gourami (*Helostoma temmincki*). Chez ce poisson, la mâchoire inférieure, la mâchoire intermédiaire et les mandibules ont formé une curieuse râpe circulaire qui s'étire en avant et permet à l'animal de ramasser les algues fixées sur les objets solides de son environnement. Ces poissons utilisent ce même mouvement de râpe pour combattre leurs rivaux, et à ce moment-là ils ont l'air de s'embrasser, ce qui explique leur nom.

En dehors des comportements et des organes locomoteurs, le comportement alimentaire est le seul, à ma connaissance, qui puisse constituer l'acte consommatoire commun (*common final pathway*) non seulement de deux, mais de trois systèmes instinctuels indépendants les uns des autres. Le profane ne verra sans doute rien d'étonnant à ce qu'un animal doté d'une gueule avec des dents pointues s'en serve non seulement pour attraper des proies, mais aussi pour mordre ses rivaux et se défendre contre ses ennemis prédateurs. Il y a pourtant beaucoup de vertébrés qui disposent d'un appareil de morsure tout aussi développé et ne savent s'en servir que pour attraper des proies. Il ne viendra jamais à l'idée d'un brochet, d'une couleuvre à collier ou d'un alligator au-dessous d'une certaine taille qu'il (ou elle) pourrait utiliser ses « armes de chasse » dans le combat de rivalité ni même pour se défendre. On ignore, semble-t-il, si les requins utilisent la morsure dans leur lutte de rivalité ; pour leur autodéfense, ils l'utilisent beaucoup. Presque tous les poissons téléostéens qui ont été étudiés de ce point de vue se mordent dans leurs combats de rivalité, mais rares sont ceux qui utilisent la morsure pour se défendre. Parmi toutes les espèces que j'ai personnellement observées, les seuls qui le faisaient étaient le silure (*Silurus glanis*), le curieux *Characinide Hoplias malabaricus*, l'anarrhique loup (*Anarrhichas lupus*) et le grand barracuda (*Sphyrena barracuda*).

Le fait que nous parlions de comportements moteurs « qui se sont développés au service » d'un système instinctuel ou qui sont « utilisés » par ce système pourrait donner l'impression que ces comportements sont exclusivement activés par les instances « d'en haut », ce qui n'est absolument pas vrai. Même les mouvements instinctifs qui sont le plus profondément soumis aux pulsions « d'en haut », à savoir ceux de la locomotion, contribuent à activer l'ensemble du système par leur propre production active de stimuli renforçant les dispositions de l'organisme. W. Heiligenberg a montré par son étude du cichlidé *Pelmatochromis kribensis* que la disposition à la locomotion contribuait beaucoup à la disposition générale de l'organisme à des comportements autrement plus complexes dans lesquels intervenait la locomotion. Le même stimulus type appliqué à un animal disposé à un comportement locomoteur provoque un comportement de fuite, alors qu'il provoque chez un poisson qui se tient immobile dans l'eau une coloration de camouflage et la recherche d'un abri. Tous les cavaliers savent que la rétention du besoin locomoteur peut entraîner le cheval à des activités très diverses généralement assez peu appréciées de celui qui le monte.

6. Résumé

1. Nous désignons sous le nom d'instinct un système de comportements présentant dans son ensemble un caractère spontané et possédant une unité fonctionnelle suffisante pour mériter un nom. La désignation d'un tel système d'après sa fonction ne signifie ni que nous croyons à la mise en œuvre d'un facteur téléologique surnaturel ni à la « monocausalité » d'une unique pulsion de nature physiologique qui activerait tout le système.

2. Les systèmes en question sont au contraire motivés par un grand nombre de pulsions de nature diverse. Celles que nous connaissons le mieux sont celles qu'il faut chercher dans les appétences des différents mouvements instinctifs qui interviennent dans le système. Lorsqu'une coordination motrice héréditaire développe sa propre appétence et peut se présenter isolément en dehors de l'ensemble du système téléonomique, il n'est pas besoin de lui « trouver » une motivation particulière, il est certain qu'elle en a une.

3. Le mécanisme d'intégration, qui réunit les différents mouvements instinctifs au sein d'un même système de fonction homogène, est produit par les multiples interactions au sein de l'organisation hiérarchisée dont Tinbergen et Baerends ont prouvé l'existence et étudié les structures.

4. Ces multiples interactions entre les mouvements instinctifs faisant partie d'un même système de fonctionnement et consistant soit en inhibitions, soit en effets de renforcement sont toujours programmées de telle sorte qu'elles assurent un fonctionnement homogène du système.

5. On ne peut pas définir l'unité d'un système instinctuel en fonction des mouvements instinctifs qui en font partie, car beaucoup de mouvements instinctifs relèvent de différents systèmes à la fois. Cela vaut tout particulièrement pour les activités instrumentales (cf. p. 186) et pour les mouvements locomoteurs. Bien que ces activités instrumentales plurivalentes puissent recevoir une forte impulsion d'une instance supérieure de la hiérarchie, avec leur mécanisme de production endogène d'excitation spécifique elles constituent en elles-mêmes une pulsion motivante de l'ensemble du système.

On peut dire, pour résumer, que même si l'explication d'un système comportemental requiert une analyse causale, il ne faut pas oublier que le caractère de système est un fait. Si indépendants les uns des autres que puissent être les mouvements de la nidification, il reste que l'oiseau bâtit un nid dans lequel il niche.

VI

Mécanismes d'exploitation de l'information à court terme

1. « Acquisition d'information » ne signifie pas « apprentissage »

Il ne faut pas confondre acquisition d'information avec apprentissage. L'acquisition d'information est pourtant la condition préalable de tout apprentissage : nous montrerons dans la troisième partie de ce livre que l'apprentissage au sens le plus large du terme se définit comme une *modification adaptative* du comportement, une amélioration du « mécanisme » de l'appareil neurosensoriel dont la fonction est le comportement. Comme toute adaptation *à* une donnée quelconque, l'apprentissage suppose qu'une information *sur* cette donnée ait été enregistrée par le système de l'organisme. Dans le cours de la phylogenèse, cela se fait à partir de la méthode d'essais et d'erreurs par les processus de mutation héréditaire et de sélection, dans le cours de l'ontogenèse par l'intermédiaire de l'apprentissage. Les deux processus ont un point commun : la capacité de *stocker* l'information acquise. L'acquisition d'information du génome est aussi ancienne que la vie elle-même, alors que l'acquisition d'information par l'apprentissage n'est apparue qu'avec l'évolution du système nerveux central.

Outre ces deux mécanismes d'acquisition et de mémorisation d'information adaptative, il y a une grande catégorie de processus qui se rapprochent des deux précédents en ceci qu'ils acquièrent de l'information, mais s'en différencient par le fait qu'ils exploitent cette information *mais ne l'emmagasinent pas.*

Une adaptation obtenue par les processus d'expérimentation des mutations héréditaires et de la sélection demande dans le meilleur des cas, qui est aussi le plus rare, au moins une génération pour s'établir. En dehors d'un milieu où les conditions seraient extraordinairement constantes, on ne peut pas imaginer comment survivraient des organismes ne possédant pas de mécanismes internes de régulation leur permettant de compenser les écarts par rapport à la norme des conditions extérieures et de stabiliser ainsi leur propre état. La vie n'est guère imaginable sans *cycles régulateurs.*

Le fonctionnement de ces mécanismes suppose l'acquisition et l'exploitation d'informations vitales, *mais non leur mise en mémoire.* Ne serait-ce qu'en marchant, nous recueillons et exploitons à chaque pas une foule d'informations. Nos mécanismes propriocepteurs nous tiennent perpétuellement au courant de la position de nos membres, notre sens de la pesanteur nous dit toujours dans quelle position se trouve notre centre de gravité par rapport au support sur lequel reposent nos pieds, les mécanismes optiques nous informent de notre vitesse de déplacement, les mécanismes optocinétiques nous indiquent le déplacement d'un certain angle sur le côté, et ainsi de suite. Chacun de ces messages reçoit une réponse, mais il est aussi immédiatement effacé. *Il ne faut pas* qu'il laisse la moindre trace parce que l'organisme doit conserver la possibilité de réfuter immédiatement l'information reçue et de remplacer le message précédent par un message exactement opposé.

La thèse de beaucoup d'éthologistes selon laquelle une part d'apprentissage interviendrait dans tous les comportements un tant soit peu complexes repose très vraisemblablement sur une confusion de la fonction des mécanismes d'exploitation de l'information à court terme avec celle de l'apprentissage : il y a des systèmes de comportement très complexes et très adaptables au sein desquels l'apprentissage ne joue absolument pas le moindre rôle, mais tous exigent impérativement la participation de mécanismes d'exploitation de l'information à court terme. Cette confusion est sans doute d'autant plus facile pour les éthologistes de langue anglaise que « *I have just learned that...* » signifie « Je viens juste d'apprendre », mais peut aussi signifier « Je viens juste d'être informé que... »

Les fonctions en question ne sont pas l'expérience elle-même, mais elles sont la condition *sine qua non* de toute expérience vécue. Elles sont donc *a priori* au sens de la définition de Kant.

2. Le cycle régulateur ou homéostase

Le mécanisme le plus simple d'acquisition d'information à court terme est le cycle régulateur ou homéostase. C'est lui qui permet à l'organisme de conserver son équilibre et de le retrouver après un trouble quelconque. Lorsqu'un animal manquant d'oxygène accélère sa respiration ou s'arrête provisoirement de manger devant une surabondance de nourriture, cela signifie que l'organisme est informé non seulement du besoin qu'il a de certaines substances, mais aussi de la « situation du marché » en ce qui concerne ces mêmes substances dans son environnement. Le mécanisme du cycle régulateur programmé par le génome lui permet de maintenir une certaine « valeur normale » à l'intérieur de l'organisme.

Les mécanismes d'homéostase sont omniprésents dans le domaine du vivant ; on ne peut guère se représenter de vie sans cette fonction, et il y a tout lieu de penser qu'elle est effectivement apparue en même temps que la vie, à moins que les premiers balbutiements du vivant ne se soient faits dans un milieu d'une extraordinaire constance qui rendait superflue la prise en considération de l'information immédiate.

Ainsi que nous le verrons à la section 7 du présent chapitre, il y a parmi les réactions d'orientation des organisations sensorielles et nerveuses qui sont construites sur le principe du cycle régulateur.

3. L'excitabilité

On entend par cette notion une disposition à réagir aux effets extérieurs plus générale que la faculté de réagir dont nous avons traité en 2. III/3. C'est la division du travail entre le système nerveux et le système musculaire qui fait que chez les animaux supérieurs le premier reçoit des stimuli tandis que la réaction est laissée à la charge du système musculaire – ou à celui des glandes à sécrétion externe.

Chez les organismes les plus simples, c'est bien souvent la même cellule qui reçoit le stimulus et y répond, comme le font par exemple les cellules des pores, des orifices d'entrée ou de sortie de l'eau chez les éponges. On peut définir l'excitabilité de différentes manières, mais on entend le plus souvent par là une propriété du protoplasme consistant à répondre à une stimulation par une réaction qui dégage une plus grande quantité d'énergie que n'en a apporté la simulation. C'est ce qu'on appelle une *causalité déclenchante* ; l'expression anglaise *trigger causality*, qui évoque l'image du tir d'un fusil chargé, illustre très bien le processus.

Chez un certain nombre de pluricellulaires inférieurs, l'excitabilité se limite à l'aptitude à se contracter violemment sous l'effet du moindre stimulus, et ce processus n'a rien à voir avec la locomotion. Chez les unicellulaires, au contraire, l'excitabilité va pratiquement toujours de pair avec la locomotion et semble avoir pour unique fonction d'amener l'organisme dans les conditions environnementales le plus favorables possible et de l'y maintenir. On ignore s'il existe des unicellulaires qui possèdent des facultés locomotrices mais n'ont aucune faculté d'orientation dans l'espace.

4. La réaction amiboïde

La forme la plus ancienne et la plus simple de mouvement déclenché par une stimulation est celle de la cellule amiboïde. Celle-ci possède curieusement une propriété qui ne se retrouve par ailleurs qu'à un niveau d'organisation beaucoup plus élevé à l'intérieur du règne animal : elle s'oriente dans les trois dimensions de l'espace. Cette orientation pluridimensionnelle de l'*Amoeba proteo* lui est permise par le fait qu'elle n'a « encore » ni avant, ni arrière, ni dessus, ni dessous, de sorte que ses pseudopodes, extensions de son ectoplasme formant des vésicules, peuvent se développer dans n'importe quelle direction.

On a longtemps cru que ces excroissances se formaient à la suite de changements de tension superficielle du protoplasme, que l'on pensait liquide à tous les niveaux. En fait, comme je l'ai affirmé dès le départ en me fondant sur la simple observation, et comme l'a prouvé par la suite L. V. Heilbrunn, ce processus repose sur la faculté que possède l'ectoplasme de passer, sous l'effet d'un stimulus, de l'état de sol à l'état de gel et inversement. À l'endroit où il réagit positivement à un stimulus reçu, le protoplasme gélifié passe à l'état de sol, tandis qu'à l'endroit où il réagit négativement l'endoplasme, qui se trouve immédiatement en contact avec la masse ectoplasmique intérieurement et restait jusqu'alors à l'état de sol, passe à l'état de gel. Le volume du protoplasme gélifié est notablement inférieur à celui du protoplasme à l'état de sol, le passage d'un état à l'autre représente donc une contraction qui crée à l'intérieur de l'amibe une pression telle qu'en cas de réaction négative l'animal prend la fuite. Inversement, à l'endroit d'une réaction positive, le pseudopode fuse comme un geyser, il se resolidifie au contact de l'eau ou d'autres objets de l'environnement et n'entoure que les corps qui empêchent par leurs propriétés chimiques la gélification et sont, de ce fait, « caractérisés » comme aliments assimilables. L'information qui est à la base de la sélection téléonomique des aliments est de toute évidence exclusivement de nature chimique.

Dans son milieu naturel, c'est-à-dire dans le bouillon de culture où elle vit en permanence, l'amibe fait preuve d'un comportement étonnamment adaptable, voire « intelligent ». Elle se dérobe aux influences défavorables par une fuite « apeurée », elle recherche les situations favorables, elle enserre et dévore « avidement » les aliments adéquats. Si l'amibe avait la taille d'un chien, déclare H. S. Jennings, l'un des plus grands spécialistes des protozoaires, on n'hésiterait pas à lui prêter une existence subjective. Et pourtant, l'information adaptative qui lui donne cet air d'intelligence repose exclusivement sur la faculté de l'ectoplasme de répondre sélectivement à deux catégories de stimuli extérieurs, et ce dans n'importe quelle direction de l'espace. À cela viennent s'ajouter les différences d'intensité de la réaction qui font oublier à l'observateur que l'amibe ne dispose que d'un seul comportement moteur qui lui sert à la fois à se déplacer, à fuir et à manger. Ce sont les facultés protéennes de modification du corps de l'amibe qui font qu'elle n'a pas besoin de mécanismes d'orientation dans l'espace.

5. La kinesis

Les unicellulaires, chez qui s'est développée, pour les besoins d'une plus grande rapidité de locomotion, une structure fixe avec une extrémité antérieure et une extrémité postérieure, ont besoin d'orienter ce véhicule rapide mais rigide dans les trois directions de l'espace. Le même problème se pose pour la plupart des pluricellulaires moteurs, parmi lesquels seul un tout petit nombre d'animaux à symétrie radiale, comme l'étoile de mer, sont susceptibles de se déplacer aussi bien dans trois que dans deux dimensions de l'espace.

Le mécanisme d'orientation le plus simple, qui permet à un animal de s'éloigner le plus rapidement possible d'un environnement défavorable et de se maintenir le plus longtemps possible dans un environnement favorable, est naturellement celui de la locomotion, qui fonctionne sans interruption chez les unicellulaires flagellés (*Flagellatae*) et ciliés (*Ciliatae*), s'accélère lorsqu'il rencontre des conditions environnementales favorables et se ralentit au contraire dans le cas inverse. La *direction* du mouvement n'est pas modifiée, mais les animaux se concentrent comme il se doit dans les régions où ils se déplacent lentement. C'est malheureusement identique à ce qui se passe, comme chacun sait, sur une autoroute aux endroits où la circulation ralentit. Ce mécanisme des plus élémentaires, qui fait qu'un animal se maintient plus longtemps dans un milieu favorable que dans un milieu défavorable, G. S. Fraenkel et S. D. Gunn l'ont baptisé *kinesis*.

Chez beaucoup d'organismes qui ne marchent ou ne nagent pas absolument en ligne droite, l'effet de la kinesis est encore accentué par le fait que le ralentissement de la locomotion s'accompagne dans les situations favorables d'une augmentation de l'angle de sa modification d'orientation, qui est initialement le fruit du hasard. Ce processus, désigné sous le nom de clinokinesis, s'observe non seulement chez les protozoaires et les invertébrés, mais sous une forme plus systématique également chez certains crustacés supérieurs. Les herbivores ruminants et les chercheurs de champignons font exactement la même chose !

6. La réaction phobique

Phobos signifie en grec la peur, et le mécanisme d'orientation dont nous voulons parler tire son nom du fait qu'il conduit l'animal à prendre la fuite devant certains stimuli. Ce n'est pas le seul processus physiologique qui ait cet effet, mais l'un des aspects capitaux de la réaction phobique telle que l'a définie Alfred Kühn est que l'*amplitude* du changement de direction qu'elle entraîne n'est déterminée en rien par *la direction du stimulus reçu*. Une paramécie (*Paramaecium*) qui, dans sa nage toujours orientée vers l'avant, rencontre une détérioration rapide des conditions environnementales inverse totalement le battement des cils de tout son corps et progresse un peu en marche arrière exactement sur la voie d'où elle vient. Ensuite, l'animal s'arrête un petit moment, en faisant battre tous les cils d'un côté dans un sens et ceux de l'autre côté dans l'autre, tandis que les

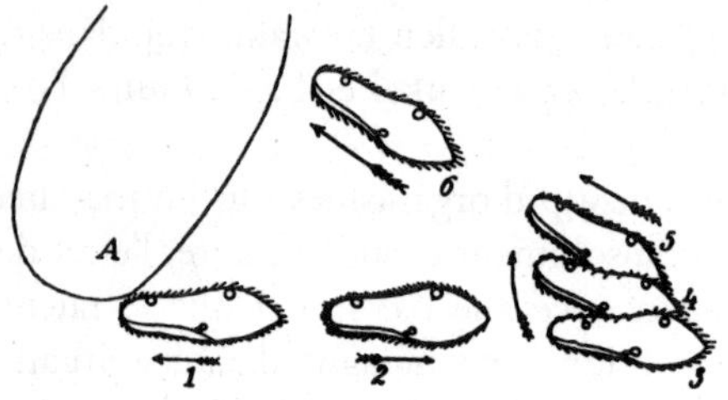

FIG. 22 : représentation schématique des différentes phases de la réaction de fuite d'une paramécie qui rencontre sur son chemin un corps solide A ou tout autre stimulus. (D'après Jennings. Extrait de Hempelmann, *Tierpsychologie* – Psychologie animale.)

cils de la région buccale recommencent à battre vers l'avant. Cela a pour effet que, lorsqu'il reste sur place, l'animal tourne en rond avec sa partie antérieure, tandis que son axe longitudinal décrit une surface conique. Au bout d'un certain temps, déterminé non pas par la direction, mais par l'intensité du stimulus reçu, le battement de cils reprend sur tout le corps vers l'avant, de sorte que l'animal repart dans la direction prise par son axe longitudinal au moment du changement.

Cette direction est purement le fruit du hasard et il peut arriver que le mouvement de l'axe longitudinal sur la surface conique ait très exactement décrit un angle de trois cent soixante degrés quand l'animal prend son nouveau départ et qu'il se dirige donc vers le même stimulus déclencheur qu'un instant auparavant. Si le stimulus en question est constitué par une substance en solution ou par un effet graduel de température, il peut arriver qu'à la suite de sa réaction phobique la paramécie s'oriente dans une direction encore plus défavorable que la précédente, où elle rencontrera une graduation encore plus brutale du stimulus qui a provoqué sa fuite. La réaction phobique dépasse la kinesis par la quantité d'informations reçues ; non seulement elle écourte le séjour de l'animal dans un milieu défavorable, mais elle l'empêche radicalement en lui indiquant où sont les conditions défavorables.

En revanche, elle n'apprend rien à l'animal sur le moyen de trouver un milieu plus favorable. Lorsque la paramécie se presse sur une voie qui lui apporte une amélioration de ses conditions de vie, elle ne manifeste aucune réaction et poursuit sa route jusqu'à ce qu'elle arrive de l'autre côté de la zone favorable. À ce moment-là, elle manifeste une réaction d'évitement. C'est ainsi que l'animal demeure en quelque sorte enfermé dans le milieu lui offrant les conditions de vie les meilleures : c'est ce que montre le schéma de la figure 22 que nous empruntons à Alfred Kühn. Il se comporte très exactement, pour reprendre les paroles d'Otto Koehler, comme le travailleur qui empoche sans un mot toute augmentation de salaire mais pousse des cris de douleur quand on réduit ses revenus.

Les paramécies adoptent essentiellement des réactions phobiques dans l'espace restreint de la « goutte de préparation » où on les étudie le plus souvent. C'est la raison pour laquelle on a pu croire que cet unicellulaire cilié ne possédait pratiquement pas d'autre moyen d'orientation dans l'espace. En fait, Waltraud Rose a très bien montré que la paramécie possédait également des mécanismes d'orientation du type de ceux que nous décrirons dans les prochaines sections. Dans l'espace plus confortable d'une cuvette, où l'animal n'est pas contraint de tourner en épingle à cheveux, il recherche un milieu favorable et évite les environnements défavorables sans pour autant recourir à la réaction phobique.

7. La réaction topique ou taxie

Dans son étude devenue classique sur l'orientation des animaux dans l'espace, Alfred Kühn décrit toute une série de réactions d'orientation dont le caractère commun est qu'elles font opérer à l'organisme un changement d'orientation *dont l'amplitude est déterminée par la direction du stimulus reçu.* Les différentes notions et désignations que Kühn a choisies pour ces divers types de mécanismes d'orientation découlent pour une part de la fonction qu'ils assurent le plus fréquemment – comme c'est le cas pour la phobotaxie –, mais pour une part aussi d'hypothèses explicatives. Un certain nombre de ces hypothèses étaient fausses et les recherches modernes sur les mécanismes d'orientation ont conduit à les réfuter.

Toutes les réactions topiques sont largement supérieures aux réactions phobiques quant à la quantité d'informations reçues : la réaction phobique indique seulement à l'animal la direction qu'il doit éviter, sans rien lui dire par ailleurs des aspects favorables ou défavorables que peuvent présenter pour lui toutes les autres directions de l'espace ; la réaction topique indique au contraire très précisément à l'animal laquelle de ces innombrables possibilités d'orientation il doit choisir.

La plus élémentaire des réactions topiques, la tropotaxie, repose, d'après la définition de Kühn, sur un mécanisme qui fait que l'organisme tourne très lentement jusqu'à ce que ses récepteurs symétriques, par exemple les récepteurs de la pesanteur, enregistrent la même excitation. Beaucoup des mécanismes d'orientation que Kühn assimilait à cette catégorie ont trouvé depuis des explications physiologiques nettement plus complexes. Nous donnerons ici un exemple pour lequel l'explication simple est la bonne : la planaire (*Planaria*) a une réaction « tropotactique positive » aux courants qui lui apportent l'odeur de substances nutritives, elle tourne jusqu'à ce que le courant en question frappe avec la même force les deux côtés de sa tête et avance ensuite dans cette direction. Si l'on fait parvenir sur la tête de l'animal, des deux côtés, deux courants d'eau de même force, la planaire avance dans la direction de la résultante de ces deux forces.

Nous n'exposerons pas ici tout ce qui a été découvert sur les réactions d'orientation depuis les travaux de Kühn. Pour montrer le rôle que jouent des processus régulateurs complexes dans les mécanismes d'orientation, nous nous contenterons de donner l'exemple de l'orientation des insectes selon un angle donné par rapport à la lumière, mécanisme que Kühn désigne sous le nom de ménotaxie (du grec : je reste) et qui se définit par le fait que l'animal s'efforce de se maintenir dans un certain angle par rapport à la direction d'arrivée du stimulus reçu. Ce processus est assuré par l'effet rétroactif qu'une donnée de sortie d'un élément du cycle régulateur exerce sur les données d'entrée du cycle, permettant ainsi le maintien d'une valeur idéale. Les processus de rétroaction négative (*negative feedback*) jouent un rôle important dans tous les cycles régulateurs.

L'analyse des cycles régulateurs du type de ceux qui interviennent dans les réactions d'orientation est compliquée par le fait que la détermination de la valeur idéale est soumise aux instances supérieures de commandement (cf. 2. IV/5). Un insecte qui évolue en ligne droite dans un angle donné par rapport à la direction de la lumière peut bien évidemment modifier « délibérément » cette orientation et prendre une autre direction ; il le fait même tous les quelques mètres lorsqu'il suit par exemple un itinéraire acquis par l'apprentissage. Il n'en reste pas moins que sans le mécanisme d'orientation par rapport à l'angle de la lumière il ne serait pas en mesure de voler en ligne droite, et on constate effectivement qu'il n'est pas en mesure de le faire si les conditions de fonctionnement téléonomique de ce mécanisme ne sont pas remplies. L'une de ces conditions est l'éloignement pratiquement infini de la source lumineuse. Nous avons tous vu des insectes se brûler à une source de lumière artificielle et cela leur arrive lorsqu'ils ont fixé comme angle idéal par rapport à la direction de la lumière une valeur inférieure à quatre-vingt-dix degrés. Ceux qui fixent une valeur supérieure à quatre-vingt-dix degrés, nous ne les voyons pas, car ils s'éloignent de la source lumineuse incriminée.

8. La télotaxie

Kühn a réuni sous ce nom toute une série de mécanismes d'orientation étroitement apparentés à la ménotaxie dans la mesure où un certain stimulus est conservé par une partie du récepteur, qui est le plus souvent l'œil, l'animal orientant ses yeux, sa tête, voire son corps tout entier, vers le stimulus en question. Dans le langage courant, nous disons que l'animal « fixe » un objet. Cela revient à dire que l'image de cet objet reste fixée sur une certaine partie de la rétine. Nous voyons un objet se déplacer dans l'espace bien que son image reste au même endroit de notre rétine. Ce n'est donc pas la rétine qui nous informe du déplacement d'un oiseau dans notre champ de vision, elle ne le fait qu'au tout premier instant, avant que « notre regard se soit fixé sur lui ». Que l'on pense seulement à la variété des sources d'information qui entrent en jeu pour que notre perception nous transmette l'information apparemment toute simple selon laquelle un oiseau passe de droite à gauche au-dessus de nous, dans le ciel. Pour commencer, toute une série d'éléments de la rétine excités successivement nous indiquent la direction et la vitesse de déplacement de l'objet et ils enclenchent ainsi les processus suivants. Les réafférences des muscles de l'œil transmettent le message à propos du mouvement qui a été perçu et lorsque, pour finir, nous tournons la tête vers l'objet en question, ce sont les mécanismes d'information extrêmement complexes des muscles du cou et des yeux qui nous disent à quelle vitesse et dans quelle direction l'oiseau se déplace.

Mittelstaedt a montré le mécanisme particulier des cycles régulateurs permettant l'orientation dans l'espace du mouvement de capture d'une proie chez les mantidés, qui constituaient le sujet idéal pour l'étude de la visée d'un point dans l'espace. Nous prendrons ici l'exemple d'une télotaxie. Pour fixer sa proie, la mante tourne la tête vers elle, ce qui est un comportement unique et par là même tout à fait remarquable dans le monde des insectes. Souvent, surtout lorsque la proie est éloignée et que l'animal doit se déplacer pour l'atteindre, la mante oriente son prothorax avec les pattes ravisseuses qui s'y articulent, puis le corps tout entier, dans la direction de la proie. Mais il peut aussi arriver, lorsque la proie est à portée et que la mante n'a pas à se déplacer, qu'elle se contente d'effectuer avec ses pattes ravisseuses un mouvement de côté non situé dans l'axe de symétrie du prothorax. L'information sur laquelle repose cette visée assez précise doit donc s'établir à partir des indications fournies d'abord par les yeux, puis par les processus afférents qui communiquent à la mante la position exacte de sa tête à l'instant donné.

Mittelstaedt a montré que ces derniers étaient issus des coussinets recouverts de soies sensitives situés sur les faces externes de l'articulation cervicale, qui tournent chaque fois que la tête tourne et enregistrent l'angle ainsi décrit. Mittelstaedt constata que, lorsqu'il sectionnait le nerf du coussinet gauche, la mante visait trop à droite ; lorsqu'il sectionnait les nerfs des deux petits organes, la mante attrapait sa proie à la condition que celle-ci se trouvât exactement dans l'axe médian du prothorax. Si la proie se trouvait sur la droite de cet axe, l'animal visait sur la gauche, et *vice versa*. Les coussinets du cou jouent donc bien un rôle dans la visée. On serait assez tenté de penser que l'orientation du mouvement de capture est déterminée par l'addition des stimuli optiques transmis par les yeux et des stimuli transmis par les organes du cou indiquant la position de la tête. Si cette hypothèse d'un simple effet additif des stimuli optiques et des informations proprioceptrices des organes du cou était exacte, le mécanisme d'orientation fonctionnerait même lorsqu'on fixe la tête de l'animal de travers à l'aide d'une goutte de colle, car il a été prouvé que cette position était aussi communiquée au niveau central. Or une mante dont la tête a été immobilisée de la sorte parvient encore à fixer sa proie en tournant le prothorax en même temps que la tête dans la direction voulue grâce au mouvement du tronc et des pattes. Mais ensuite elle vise dans la direction opposée à celle de la position donnée à la tête, elle fait, ainsi que le dit très joliment Mittelstaedt, « comme si elle ne savait pas que sa tête est de travers ».

On peut en conclure que le mécanisme d'orientation de la mante est uniquement en mesure de fournir une information sur la position de la tête lorsque celle-ci bouge. Il est vrai que les organes du cou indiquent la position de la tête à l'instant donné, mais cette information ne va pas immédiatement dans la direction des pattes ravisseuses. Elle passe d'abord par l'instance de contrôle de la musculature du cou. Le fonctionnement du mécanisme de visée chez les mantidés est représenté par la figure 23 et Mittelstaedt déclare à ce propos : « La

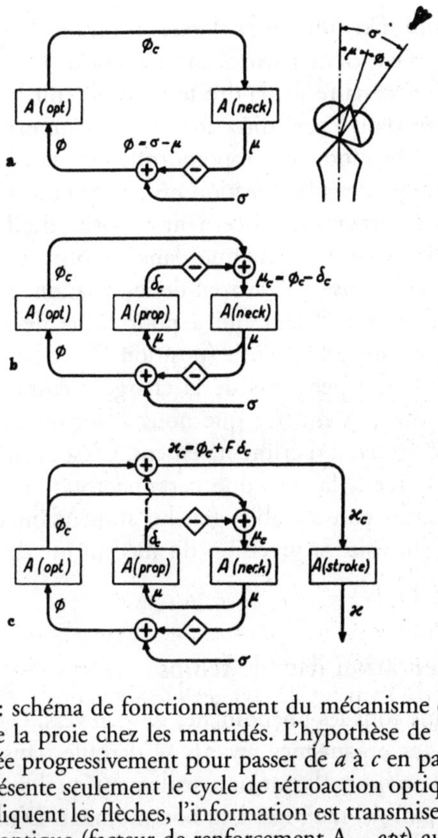

FIG. 23 : schéma de fonctionnement du mécanisme de localisation de la proie chez les mantidés. L'hypothèse de base s'est complétée progressivement pour passer de *a* à *c* en passant par *b*. *a* représente seulement le cycle de rétroaction optique. Ainsi que l'indiquent les flèches, l'information est transmise du sous-système optique (facteur de renforcement A – *opt*) au système moteur des muscles du cou (facteur de renforcement A – *neck*) et revient de là au système optique. *b* représente le cycle de rétroaction optique et le cycle de rétroaction propriocepteur. Le système moteur des muscles du cou est commandé par la différence entre les informations du sous-système optique (ϕ_c) et celles du sous-système propriocepteur (δ_c). *c* correspond à l'hypothèse entièrement élaborée. A (stroke) représente le facteur de renforcement du centre qui détermine l'orientation du coup ($\varkappa$) (Extrait de Mittelstaedt, *Prey Capture in Mantids.*)

mante qui fixe une mouche se trouvant à sa droite oriente ses pattes ravisseuses en fonction de l'innervation qui a été nécessaire sur la droite pour obtenir la position de la tête dans cette direction. Ou, pour exprimer la chose sur un mode anthropomorphique : la mante religieuse frappe dans la direction où elle croit avoir tourné la tête. L'information concernant la position effective de sa tête, laquelle est contenue dans les organes du cou, n'est pas transmise à l'appareil de localisation, mais à un centre moteur inférieur qui a pour tâche de rendre la position normale de la tête (position O) et l'angle dont elle tourne indépendants de la charge mécanique de la musculature du cou. Ce que nous avançons là a également été prouvé expérimentalement. C'est ainsi que l'on peut imposer à la tête une certaine rotation avec des charges assez considérables (en lui suspendant de petits poids) avant que la précision du mécanisme de visée en soit affectée. »

9. L'orientation dans le temps

Comme tous les phénomènes de l'univers, le comportement des organismes vivants se déroule dans l'espace *et* dans le temps. Il faut non seulement qu'il se présente au bon endroit, mais aussi au bon moment. D'une façon générale, les mécanismes déclencheurs, innés ou acquis, sont faits de telle sorte qu'ils déclenchent précisément le comportement adéquat au moment voulu. Dans cette mesure, on pourrait aussi compter les mécanismes innés de déclenchement au nombre des mécanismes d'exploitation d'information à court terme.

En dehors de ces « synchroniseurs temporels » qui répondent à des stimuli extérieurs, la plupart des organismes vivants possèdent des « horloges internes » qui fonctionnent en synchronie avec les phénomènes cosmiques du système solaire indépendamment des effets extérieurs et indiquent plus ou moins exactement à l'organisme « quelle heure il est », s'il fait jour ou nuit, si c'est l'été ou l'hiver. Beaucoup d'animaux marins « connaissent » très exactement, outre les éléments que nous venons d'énumérer, le rythme des marées.

C. Pittendrigh, J. Aschoff et leurs collaborateurs ont étudié plus particulièrement les rythmes circadiens, c'est-à-dire les processus rythmiques s'inscrivant dans le cours d'une journée. Ces horloges internes ne sont pratiquement jamais aussi exactes que les mécanismes d'horlogerie de fabrication humaine. Il en est qui, comme on peut le voir sur la figure 24, « retardent » ou « avancent » avec une certaine constance. Dans son environnement naturel, l'organisme « retarde » ou « avance » quotidiennement sa montre de la durée voulue, car il peut toujours se référer à certains *synchroniseurs temporels* qui informent constamment l'organisme du rythme de déroulement des phénomènes cosmiques. Il semble bien qu'il n'existe pas d'organisme capable d'accélérer le rythme de sa propre horloge interne lorsque le décalage quotidien entre sa marche et les synchroniseurs cosmiques montre qu'elle va trop lentement – ni l'inverse. La seule réaction de l'organisme à ce décalage consiste à avancer un peu son aiguille ou à la retarder, comme le font tous les jours les gens qui portent une montre ; jamais il n'intervient comme l'horloger pour allonger le balancier ou modifier la tension du ressort.

Il est des horloges internes dont les aiguilles sont faciles à manipuler, d'autres, pas du tout. Cela vaut non seulement pour les rythmes circadiens, mais aussi pour ceux correspondant à de plus longues périodes. Lorsque nous passons en quelques heures d'un côté de la Terre à l'autre, nous prenons douloureusement conscience de la

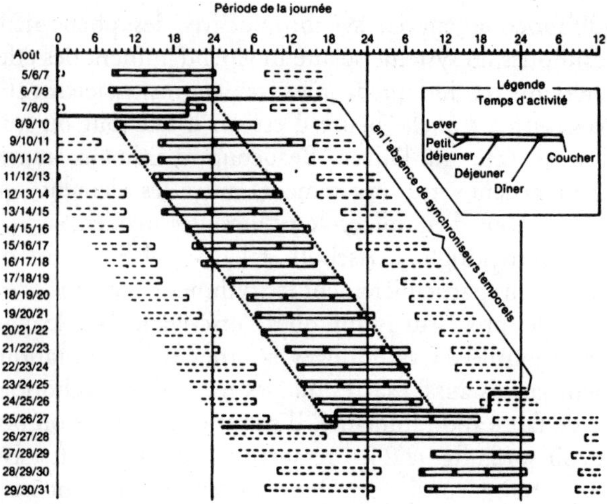

FIG. 24 : périodicité du comportement d'un sujet expérimental coupé du monde extérieur et enfermé dans une cellule. Les dates imprimées en caractères gras sur la gauche indiquent chacune le début d'une période de veille (barres horizontales). (D'après Aschoff, Weyer [1962 b]. Extrait de Eibl-Eibesfeldt, *Grundriss der vergleichenden Verhaltensforschung.*)

difficulté que nous avons et du temps que nous mettons à faire passer le réglage de notre horloge du jour sur la nuit. Il y a des gens qui ont des mécanismes plus « raides » que d'autres. Mais, de toute façon, le changement de réglage de l'horloge intérieure demande un effort considérable de l'ensemble de l'organisme et les grands voyageurs ne sont pas les seuls à s'en apercevoir : des collaborateurs de J. Aschoff ont montré que la durée de vie de certains insectes se réduisait considérablement si on les contraignait à modifier à plusieurs reprises leur rythme circadien. Même en ce qui concerne les rythmes annuels, on observe de grosses différences d'adaptabilité entre des espèces étroitement proches. Transporté en Europe, le cygne noir d'Australie (*Cygnus atratus*) continue pendant des générations à pondre au printemps australien, c'est-à-dire pendant l'automne de nos pays ; au contraire, d'après des études sérieuses, des oies du Canada (*Branla canadensis*) qui avaient été transférées en Nouvelle-Zélande pondirent dès l'année suivante au printemps de l'hémisphère Sud.

10. Navigation à la boussole et au chronomètre

Pour pouvoir utiliser le soleil comme repère afin d'établir un itinéraire rectiligne, il faut être en mesure de calculer son déplacement, et cela suppose un mécanisme de chronométrage très précis indiquant exactement quel parcours le soleil fait en un laps de temps donné. Seuls certains insectes vivant en société et dont les excursions sont toujours assez brèves peuvent se permettre de négliger le déplacement apparent du soleil et de le considérer comme un point fixe, en utilisant le mécanisme d'orientation à la boussole que nous avons déjà évoqué, de sorte que lorsqu'ils veulent retourner au nid ils n'ont qu'à retourner de cent quatre-vingts degrés. Si l'on enferme une fourmi de l'espèce *Lasius niger* sous une cloche opaque et qu'on lui interdit ainsi de poursuivre son chemin pendant un temps suffisant pour que le soleil ait changé de place dans le ciel, en retournant au nid l'animal s'écarte de la direction voulue d'un angle égal à celui qu'a parcouru le soleil pendant la période où il a été maintenu dans l'obscurité (cf. fig. 25).

Cette méthode d'orientation est inutilisable pour des déplacements de plus longue durée et c'est la raison pour laquelle différents troncs du monde animal, les articulés,

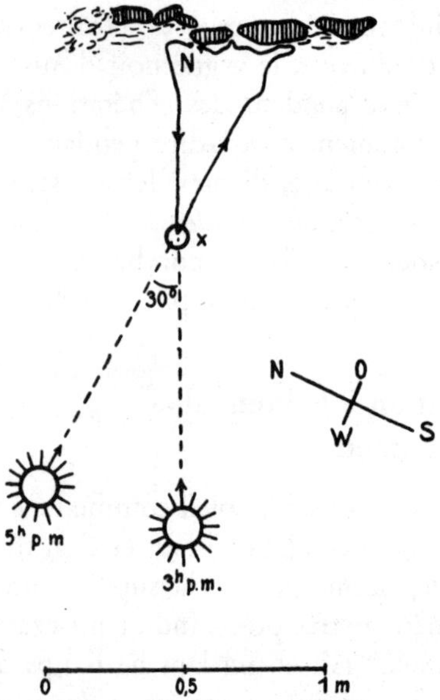

FIG. 25 : expérience chronologique sur la fourmi *Lasius niger* : itinéraire retour inverse de l'itinéraire aller. (D'après Brun, *in* Kühn. Extrait de Hempelmann, *Tierpsychologie*.)

les poissons et les homéothermes, se sont constitué, indépendamment les uns des autres, des appareils de calcul d'une extrême complexité qui leur permettent de compenser l'angle parcouru par le soleil et de conserver une orientation rectiligne même sur de longues distances.

Un étourneau élevé par Klaus Hofmann dès la sortie de l'œuf et n'ayant jamais vu le soleil fut enfermé dans une cave sombre éclairée par un soleil artificiel qui apparaissait le matin au ras du sol et s'élevait à la verticale pour redescendre l'après-midi. Dans cet espace octogonal symétrique, la nourriture était présentée à l'oiseau dans une série de petites écuelles disposées tout autour et on le dressa ensuite à trouver sa nourriture dans l'une d'elles ; par exemple, à six heures du matin, la nourriture était toujours déposée dans la mangeoire qui se trouvait juste dans la direction du « soleil levant ». Par la suite, lorsqu'on « interrogeait » l'animal, par exemple à midi, pour simplifier les choses, pour savoir où il s'attendait à trouver sa nourriture, on constata que le dressage ne portait curieusement pas sur la position de la mangeoire au-dessous du soleil mais sur la direction du point cardinal, sur l'est ; autrement dit, en plein midi, l'oiseau recherchait sa nourriture dans la direction de l'angle droit situé à la gauche du soleil. Dans la cave, on pouvait considérer l'étourneau comme une montre relativement précise ; à l'air libre, il aurait pu servir de boussole.

11. Taxie et mouvement instinctif

Ainsi que nous l'avons dit, ce serait une erreur de croire que des processus d'apprentissage interviennent dans tous les comportements des animaux supérieurs au même titre que les mécanismes d'exploitation de l'information à court terme. Nous avons dit, dès le premier chapitre, que les cycles régulateurs étaient omniprésents dans le monde du vivant et nous trouvons des mécanismes d'orientation chez tous les organismes locomoteurs. En ce qui concerne le comportement d'animaux d'un niveau d'évolution où le système nerveux central et les mécanismes de coordination centrale des comportements moteurs sont présents, il paraît difficile de trouver des exemples où n'interviennent pas de réactions topiques : celles qui assurent les fonctions d'équilibre sont pratiquement toujours présentes et je ne saurais citer que deux comportements dans lesquels elles font brusquement défaut : premièrement, l'accouplement des poissons labyrinthiformes, au cours duquel les deux partenaires perdent quelques secondes le sens de l'équilibre ; deuxièmement, le comportement du lapin qui – là encore au cours de l'accouplement – s'évanouit brusquement.

Dans le cadre de la locomotion des animaux terrestres, dont les pattes se meuvent, ainsi que nous l'avons vu en 2. I/13 et 14, de façon parfaitement coordonnée, un processus de taxie vient à chaque pas ajouter ou soustraire une certaine quantité d'impulsions à la coordination héréditaire, juste ce qu'il faut pour adapter les mouvements des pattes aux inégalités du sol. Nous reviendrons plus longuement sur ces processus dans la troisième partie de cet ouvrage. L'ensemble des mécanismes d'orientation répartis également et venant s'ajouter aux coordinations motrices centrales correspond bien à la notion qu'Erich von Holst tentait d'exprimer en parlant d'un « manteau de réflexes ».

Dans les travaux anciens, comme nous l'avons dit (p. 163), la locomotion était souvent incluse dans la désignation de certaines taxies : on parlait de « phototaxie positive » pour un animal se dirigeant vers la lumière, de « géotaxie négative » pour un animal qui cherche à s'élever, etc. De la même manière que nous nous sommes vus contraints (2. I/1) de décomposer la notion d'activité instinctive spécifique forgée par Heinroth, nous devons distinguer dans ces processus d'orientation deux composantes : le mécanisme d'orientation qui met le gouvernail dans une certaine position et un autre mécanisme, qui déclenche l'activité locomotrice. L'« américo-taxie positive » du transatlantique est aussi bien le produit des talents du navigateur et du fonctionnement des appareils de commande que celui de la marche des machines qui font avancer le bateau. Cette comparaison s'applique d'autant mieux que le navigateur n'a pas plus d'influence sur la coordination de la marche des machines que les mécanismes d'orientation sur le déroulement du mouvement instinctif. Dans les deux cas, l'instance supérieure ne peut rien ordonner d'autre que l'arrêt, la marche arrière, la marche à plein ou la marche au ralenti.

La multiplicité des mécanismes d'orientation qui interviennent assure une souplesse du comportement qui masque la rigidité de la coordination motrice ; c'est le même effet que celui des différences d'intensité (p. 166). Ce n'est pas par hasard que Whitman et Heinroth ont découvert la possibilité d'homologie entre des coordinations motrices héréditaires sur des cas où l'intervention des mécanismes d'orientation était réduite au minimum et celle des différences d'intensité radicalement exclue.

Tinbergen et moi-même, en étudiant un exemple très simple d'imbrication entre mouvement instinctif et taxie, avons tenté d'établir expérimentalement la distinction entre ces deux composantes. Dans le comportement moteur par lequel une oie cendrée ramène à son point de départ un œuf qui a roulé hors du nid, les mouvements du cou et de la tête dans l'axe médian du corps reposent sur une coordination héréditaire. Une fois déclenchés, ils se déroulent de façon constante et ne sont en rien modifiables ni dans leur forme ni dans leur intensité. Le mouvement échoue et « se bloque » littéralement devant un objet de trop grande taille. L'oie n'est pas non plus en mesure de ramener un objet trop gros en marche arrière vers le nid. Si l'objet est trop léger, l'oie le soulève, s'il est trop lourd, ne serait-ce qu'un tout petit peu, le mouvement ne surmonte pas sa résistance et l'oie ne réussit pas à le faire bouger. Cet échec est d'autant plus significatif que l'oie a un cou qui développe dans d'autres cas une extraordinaire force et qui permet à l'animal aussi bien des comportements fondamentalement « antitéléonomiques », comme celui qui consiste à tirer d'une table la nappe en faisant tomber une théière pleine et tout le couvert, que des comportements téléonomiques, comme l'arrachage des plantes profondément enracinées dans les sols marécageux. Mais la force prévue pour le roulage de l'œuf au nid est invariable et très précisément adaptée au poids de l'œuf d'oie.

Si, une fois le mouvement déclenché, on fait disparaître l'objet roulé par un geste brusque dans l'axe du mouvement, la coordination motrice continue à se dérouler jusqu'au nid, où elle se termine par un léger roulage des œufs du nid. Comme on a pu le constater à l'analyse de ce comportement filmé, le déroulement du mouvement à vide supprime le mouvement de balancement latéral qui maintient normalement l'œuf en équilibre contre la partie inférieure du bec. Ces mouvements sont déclenchés par les effets tactiles du glissement de l'œuf sur le côté. Si, en posant des roseaux en travers de la direction que suit l'oie, on impose à l'œuf un glissement d'un côté, le bec suit le mouvement de l'œuf, l'oie essaie de les dépasser et de corriger la « mauvaise » direction. Si on lui donne au contraire un objet stable, comme un petit cube qui tient en équilibre contre les bords de la partie inférieure du bec et ne glisse pas sur le côté, les mouvements de balancement compensateurs n'apparaissent pas plus que lors du déroulement de la coordination motrice à vide.

12. Taxie et insight

L'insight est souvent défini par la négative. On parle traditionnellement d'insight lorsqu'un organisme résout tout d'un coup un problème qui lui est posé par une situation environnementale devant laquelle il ne s'est encore jamais trouvé, autrement dit lorsque l'espèce en question ne peut pas avoir enregistré dans le cours de sa phylogenèse de solution programmée héréditairement et que l'individu n'a pas non plus eu la possibilité de vivre des expériences au travers desquelles il aurait acquis, par l'apprentissage, la solution du problème donné.

Je crois pouvoir donner une meilleure définition : lorsqu'un poisson aperçoit un objet qui l'attire derrière un obstacle, par exemple un petit ver derrière une touffe de *myriophyllum*, qui est une plante aquatique à ramures fines au travers desquelles le poisson peut très bien voir mais non nager, la plus bête des carpes contourne l'obstacle et son détour est dans le plus simple des cas le produit de la résultante de deux taxies : une « télotaxie positive » orientée vers l'objet visé, une « thigmotaxie négative » axée sur l'évitement du contact avec l'obstacle.

Il y a toutes les transitions possibles et imaginables entre cette simple découverte d'un itinéraire détourné et les fonctions les plus complexes de l'insight, par exemple celles que Wolfgang Köhler a étudiées chez le chimpanzé. Méthode ne signifie rien d'autre que détour et toutes les expressions forgées pour désigner les plus hautes fonctions de l'esprit portent l'indélébile trace des mécanismes d'orientation spatiale dont elles sont issues. Nous arrivons à « saisir » un problème dans un « cadre » qui peut être très « embrouillé » exactement comme un singe s'ouvre un chemin dans un enchevêtrement de branches et de lianes, et nous n'avons véritablement « saisi » un certain « point » qu'à partir du moment où nous l'avons véritablement compris. Le toucher l'emporte donc encore sur la vision dans notre langage. Nos facultés de compréhension ne peuvent saisir que ce qui est transposable sous la forme de schéma spatial. Il y a plus de vingt ans déjà que W. Porzig a écrit dans son ouvrage

Die Wunder der Sprache (Les Merveilles du langage) : « Le langage traduit tous les rapports abstraits en termes d'espace et ce phénomène ne se remarque pas dans une seule langue ni dans un seul groupe de langues, mais dans toutes, sans exception. Cette particularité s'inscrit parmi les traits invariables du langage humain. C'est ainsi que les rapports chronologiques sont exprimés en termes d'espace : nous disons *avant* ou *après* Noël, *dans* un délai de deux ans. Quand il s'agit de phénomènes spirituels, nous ne nous contentons pas de parler d'*intériorité* et d'*extériorité*, nous disons également *au-dessus* et *au-dessous* du seuil de la conscience, nous parlons de *subconscient,* d'*arrière-plan* et de *premier plan*, des couches *les plus profondes* de la conscience, etc. L'espace est le modèle par excellence de tous les rapports abstraits ; écoutons-nous encore parler : “À côté de son travail, il donne des leçons” ; “L'ambition était plus profonde que l'amour” ; “L'intention était derrière”, etc. Il serait superflu d'accumuler ici les exemples alors que l'on peut en tirer autant qu'on en veut de n'importe quel extrait de texte écrit ou parlé. Leur signification ressort directement de leur fréquence et du rôle qu'ils ont joué dans l'histoire de la langue. Ils se caractérisent non seulement par l'emploi de prépositions qui, originellement, représentent toutes des données spatiales, mais également par l'emploi de verbes et de qualificatifs. »

Je voudrais ajouter à cela que ces réflexions profondes sur l'expression linguistique viennent confirmer une hypothèse à laquelle est tout naturellement conduit l'éthologiste spécialisé dans l'étude des réactions d'orientation. Tous les mécanismes d'orientation, y compris ceux de l'homme, se réfèrent à l'espace *et* au temps. Nous ne pouvons pas nous représenter d'espace sans nous représenter en même temps un mouvement *dans* cet espace. Un espace sans phénomène se déroulant à l'intérieur est tout aussi inimaginable qu'un phénomène sans espace.

Nous définissons comme relevant de l'insight les comportements dont la téléonomie est essentiellement assurée par les mécanismes physiologiques d'exploitation de l'information à court terme. Du point de vue de la définition, nous ne pouvons pas séparer la simple découverte d'un itinéraire détourné, telle que nous l'avons illustrée par l'exemple du poisson contournant une plante aquatique pour atteindre un ver, des fonctions les plus hautes de l'intelligence, bien qu'interviennent toujours dans ces dernières des fonctions d'apprentissage en mesure de retenir les messages d'un processus récepteur pendant une période relativement courte, mais toutefois assez longue pour intégrer en une information globale toutes les données pertinentes de la situation du moment et donner à l'organisme la possibilité de tenir compte de toutes ces données à la fois.

Il s'agit d'une forme d'apprentissage sur laquelle nous aurons l'occasion de revenir dans la section consacrée à l'apprentissage de l'insight, en anglais *insight learning*. Les premières ébauches de cette fonction s'observent chez les animaux chez lesquels taxie et mouvement instinctif ne se superposent pas dans le temps, autrement dit ne fonctionnent pas simultanément, mais successivement. L'orientation optique de beaucoup de poissons ne s'effectue que lorsqu'ils se déplacent, à peu près de la même manière que le mouvement de balancement de l'œuf chez l'oie cendrée n'intervient que dans la période où le mouvement instinctif se déroule dans l'axe médian du corps de l'animal (cf. p. 357). Beaucoup de poissons vivant en eau libre ne s'orientent qu'en fonction du déplacement parallactique des images des objets de leur environnement sur leur rétine ; or ce déplacement ne se produit que lorsque l'animal est en mouvement. D'autres poissons, et naturellement plutôt ceux qui vivent dans des espaces très structurés, s'orientent même lorsqu'ils sont immobiles en regardant constamment dans toutes les directions, en « tâtant visuellement » leur environnement : c'est le cas de l'épinoche.

Les poissons qui s'orientent en fonction de la vision parallactique s'arrêtent juste en arrivant sur l'obstacle : bien qu'ils l'aient vu en approchant, ils ont oublié cette information quand ils se mettent en mouvement. Ils ne l'enregistrent à nouveau que lorsqu'ils se remettent à nager. Les poissons qui s'orientent par fixation des différents points de leur environnement préparent la modification de leur itinéraire alors qu'ils sont encore immobiles et partent ensuite sans hésitation dans la direction « choisie ». Il faut donc bien qu'à court terme ils aient « noté » où la voie était libre et où ils rencontreraient des obstacles.

L'observateur humain ne peut pas s'empêcher de trouver « bêtes » les poissons qui s'orientent en fonction de la vision parallactique et « intelligents » les autres. Cette impression naïve n'est pas fausse : l'orientation parallactique ne fait pas intervenir de processus d'apprentissage, l'orientation télotactique en suppose un, même si la mémorisation demeure à court terme. De plus, cette orientation par « tâtonnements visuels » que nous avons décrite dans un environnement donné assure une fonction très analogue à une autre fonction qui se situe à un niveau d'intégration beaucoup plus élevé (3. VI/3).

Chez les mammifères les plus intelligents et chez l'homme, la séparation chronologique entre l'acquisition de l'insight et la solution « intelligente » des problèmes environnementaux est encore plus marquée. Wolfgang Köhler décrit très précisément la manière dont les chimpanzés, placés devant un problème nouveau, commencent par ne faire que se livrer à une exploration visuelle très approfondie de la situation. Un film de l'institut de recherche de Suchum montre la solution d'un problème d'insight par un jeune orang-outan. Une banane est suspendue au plafond de la pièce dans laquelle se trouve le sujet et il ne peut l'atteindre qu'en apportant au-dessous une caisse placée dans un coin éloigné de la pièce. L'orang-outan regarde d'abord la banane, puis la caisse, car des expériences antérieures lui ont appris que les objets mis à sa disposition lui permettaient toujours d'obtenir une satisfaction quelconque. Son regard se détache de la caisse pour revenir se poser sur la banane, il voit que le fruit n'est pas accessible, est pris d'un accès de colère et tente d'oublier le problème en lui tournant le dos. Mais la chose ne le laisse pas en repos, il sombre dans un état conflictuel entre l'attrait de la banane et l'effet répulsif de son inaccessibilité, et il commence à se gratter violemment de toutes parts. Ensuite, il revient au problème. Son regard se pose à nouveau sur la banane, puis va de la banane à la caisse pour retourner à la banane ; c'est alors que se produit le phénomène décisif : il regarde la banane puis le point du sol qui se situe à la verticale au-dessous et la caisse – il a trouvé la solution. D'une culbute, il va chercher la caisse et il lui suffit alors de quelques secondes pour apporter la caisse à l'endroit voulu et attraper le fruit.

Ce singe, nous le voyons tout simplement *penser*. À l'aide de ses réactions d'orientation et d'une bonne dose d'apprentissage de l'insight, il construit une représentation centrale de l'espace, un *schéma* qui s'inscrit dans son système nerveux central et représente toutes les données de l'espace qu'il doit maîtriser, et il *agit* dans cet espace qu'il se représente. Cette action dans l'espace ainsi « représenté », qui précède l'action dans le monde extérieur réel, s'appelle la pensée. Les animaux supérieurs et l'homme peuvent utiliser dans le cadre du schéma de l'espace représenté au sein du système nerveux central la méthode d'essais et d'erreurs, autrement dit adopter dans certaines limites un comportement exploratif. J'affirmerais pour ma part que tous les processus de la pensée humaine correspondent à une action de ce type dans l'espace représenté au sein du système nerveux central.

Le passage graduel des plus simples réactions d'orientation aux comportements les plus complexes de l'insight chez l'homme s'exprime également au travers des modes d'expérience intérieure qui les accompagnent. Karl Bühler a montré qu'un phénomène subjectif très particulier qu'il baptise *Aha-Erlebnis* (sorte d'*eurêka* de celui qui a trouvé une solution) se produisait toujours lorsqu'un état d'orientation faisait suite à une phase d'inorientation, et l'on sait pertinemment que cela vaut aussi bien pour les « tropotaxies » les plus simples de l'orientation par rapport à la pesanteur que pour la solution des problèmes scientifiques les plus complexes.

Nous considérons à juste titre la faculté d'insight comme une valeur supérieure, et notre répartition des formes animales en « inférieures » et « supérieures » est fortement influencée par ce jugement de valeur.

Pour que l'organisme soit toujours informé de toutes les conditions environnementales et de leurs multiples variations, il faut une instance supérieure du système nerveux central qui observe toutes les modifications pertinentes. Il faut donc qu'il existe un poste de *veille* et de commandement dont l'activité est spontanée et dont la fonction dépasse de loin celle des instances « désinhibitrices » dont nous avons traité en 2. VI/5.

VII

Comportement à motivations multiples

1. Rareté du comportement à motivation simple

Pour les besoins de simplicité de mon exposé, je me suis gardé de dire jusqu'à présent que plusieurs systèmes de motivations pouvaient entrer en jeu simultanément au sein d'un même organisme. Nous avons bien dit en 2. I/13 et 14 que, même au faible niveau d'intégration des mécanismes de production endogène d'excitation étudiés par von Holst, deux ou plusieurs rythmes pouvaient se faire concurrence ou se superposer. Mais nous n'avons pas encore dit que des phénomènes analogues existaient au niveau supérieur du système nerveux central, et même les premiers éthologistes ne s'en sont aperçus que relativement tard. Mon maître, Julian Huxley, exprimait il y a des années la comparaison entre le comportement animal et le comportement humain de la façon suivante : l'homme, comme l'animal, est pareil à un vaisseau conduit par de nombreux capitaines. Mais, tandis que les capitaines du vaisseau de l'animal ont trouvé un arrangement (*gentlemen's agreement*) selon lequel celui qui se trouve sur le pont doit se retirer sans mot dire dès qu'un autre vient l'y remplacer, dans le vaisseau humain, tous les chefs restent en même temps sur le pont et donnent leurs ordres, ce qui leur permet parfois de parvenir à une solution meilleure que celle qu'aurait pu trouver un seul d'entre eux mais qui, du fait des divergences d'opinion, leur interdit parfois aussi tout commandement sensé du navire.

La vérité d'hier n'est pas l'erreur, mais seulement le cas particulier de demain, il en est souvent ainsi. Au temps où Julian Huxley s'exprimait en ces termes, il était parfaitement légitime de s'en tenir à l'étude de cas relativement simples, la réussite du comportement en question est ce que j'ai baptisé « l'effet Georges Mendel ». Le cas particulier auquel s'appliquait l'analyse de Huxley était celui des relations entre les mouvements instinctifs qui se situent au même niveau d'une organisation hiérarchique et s'inhibent mutuellement, comme nous l'avons représenté par les doubles flèches horizontales du schéma de Tinbergen (cf. p. 292). Comme nous l'avons dit en 2. IV/5, un mécanisme de passage de la valeur extrême intervient certainement dans cet effet.

C'est une erreur très répandue que de croire que les cas les plus simples, et de ce fait le plus souvent utilisés comme exemples dans les manuels, sont aussi les plus fréquents. Dans la nature, les comportements à motivation simple ne se rencontrent pas plus souvent que les croisements monohybrides. Dans son environnement naturel, un animal supérieur doit toujours être prêt à des comportements très différents et souvent exclusifs les uns des autres, et le comportement qu'il adopte résulte généralement d'un compromis entre des nécessités diverses et multiples.

2. La superposition

La plus simple forme de combinaison entre deux sources de motivations activées simultanément est la « superposition ». Au simple niveau de l'influence réciproque de deux rythmes d'automatismes endogènes, nous avons déjà vu un effet de superposition qui pouvait aussi bien jouer dans le sens de l'addition que dans celui de la soustraction. Au niveau d'intégration supérieur de la coordination motrice héréditaire, il semble que les interactions soustractives soient relativement rares, très vraisemblablement parce que l'inhibition totale se substitue aisément à elles par le mécanisme de limite de la valeur extrême. Les effets additifs interviennent au contraire là même où les comportements moteurs activés simultanément passent par l'innervation de muscles antagonistes. Nul n'ignore qu'une personne prise entre des motivations conflictuelles paraît « tendue ». Chez toutes les espèces d'oies et de canards (anatidés), on observe un tremblement du cou lorsqu'une motivation qui fait tendre le cou et la tête, par exemple le besoin de piquer de la nourriture, se heurte à une motivation de fuite qui pousse l'animal à reculer la tête.

En cas de superposition de motivations contradictoires, il est difficile de déterminer à quel niveau se situe le conflit. Dans le cas des rythmes endogènes d'automatisme, il se déroule très certainement au sein du système nerveux central ; dans le cas du tremblement du cou chez l'oie cendrée, il est vraisemblable qu'il se déroule à la périphérie. Il y a même des cas où l'on peut en être absolument sûr. Il arrive que deux motivations conflictuelles activent des organes moteurs différents. Lorsque certains cichlidés (*Etropus maculatus*) se menacent à la limite de leurs eaux territoriales, leur comportement obéit à la fois à des motivations d'attaque et à des motivations de fuite, comme n'importe quel comportement de menace. Si un sujet pénètre agressivement dans le territoire du voisin, il évolue comme s'il luttait contre un courant devenant de plus en plus fort au fur et à mesure qu'il s'enfonce en zone ennemie. Cette impression vient du fait que le battement des nageoires pectorales est activé par la pulsion de fuite et accentue son mouvement « de marche arrière » au fur et à mesure que le mouvement en avant de la nageoire caudale, motivé par la pulsion agressive, fait progresser l'animal vers le danger. On peut dire à juste titre que « son propre courage lui fait peur ».

Les comportements moteurs de la fuite et de l'attaque se superposent chez de nombreuses espèces, car tous les mouvements de menace sont issus du conflit entre ces deux motivations. L'exemple traditionnel de ce type de mouvements d'origine complexe nous est offert par l'expression de menace du chien, qui se modifie de manière très caractéristique en fonction de l'intensité respective des motivations agissant simultanément (cf. fig. 26). La légende de l'illustration fournit les explications nécessaires.

Des processus de superposition incroyablement complexes interviennent dans les différents modes d'expression vocale de l'oie cendrée. Les signaux acoustiques d'alarme, l'expression de la disposition à se déplacer, le cri exprimant le besoin de contact social (appel à distance), l'expression de la détresse et quelques autres cris peuvent se combiner de toutes les façons. Et, curieusement, pour peu qu'il ait étudié sérieusement et se soit accoutumé à entendre les cris de cette espèce, l'observateur humain n'a aucune difficulté à comprendre ces différentes combinaisons.

Les mouvements de deux systèmes de comportement pouvant être mis en œuvre indépendamment l'un de l'autre et ne faisant pas jouer des muscles antagonistes peuvent aussi se superposer pour donner un comportement intermédiaire, à condition toutefois qu'il n'y ait aucune interférence entre eux au niveau des motivations, ce qu'il y a tout lieu de supposer en ce qui concerne les trois exemples précédents, où nous avions la rencontre entre des pulsions d'attraction et de fuite. Les dessins de

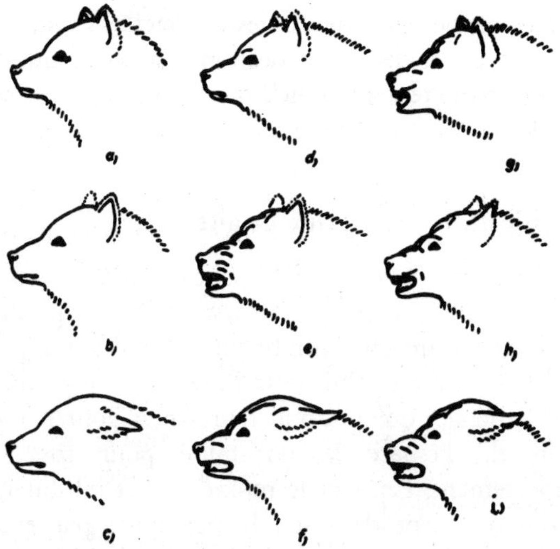

FIG. 26 : expression de motivations mixtes dans un comportement de superposition. En haut à gauche : repos ; l'agressivité augmente de gauche à droite ; les motivations de fuite augmentent de haut en bas. L'intensité maximale des deux motivations est atteinte en i, c'est ainsi qu'elle se manifeste chez l'animal pris dans une situation inextricable. (Extrait de K. Lorenz, *L'Agression, une histoire naturelle du mal*, traduit de l'allemand par Vilma Fritsch, Flammarion.)

la figure 27 (p. 371) exécutés d'après un film montrent une femelle de canard colvert exécutant tour à tour le mouvement de pompage, comportement prénuptial d'invitation à l'accouplement, et en même temps le mouvement de provocation dirigé contre un « ennemi », qui est un mouvement ritualisé de menace. Les mouvements sont d'abord exécutés successivement, puis les points culminants de leurs rythmes respectifs se rapprochent à tel point qu'ils se fixent l'un à l'autre suivant les lois de la coordination relative et de l'effet magnétique et que pendant plusieurs séquences les contractions musculaires du pompage et de la provocation sont pour une brève période parfaitement synchrones et en coordination absolue.

3. Inhibition réciproque et alternance

On ne connaît qu'un très petit nombre de cas dans lesquels la mise en œuvre d'un système de comportement donné exerce un effet inhibiteur intégral sur un autre. Le plus connu est celui de la fuite ; on comprend aisément le danger que pourrait représenter pour la conservation de l'espèce la possibilité pour tout autre comportement d'exercer le moindre effet inhibiteur sur le comportement de fuite, la possibilité par exemple qu'un lièvre fuyant devant un loup à travers un champ de trèfle soit amené à ralentir sa course dans ce champ-là plutôt que dans un autre. Nul n'ignore que, même chez l'homme, les puissantes motivations de fuite inhibent non seulement tous les autres systèmes de comportement inné, mais malheureusement aussi les fonctions supérieures de l'apprentissage et de l'insight, ce qui n'est pas particulièrement téléonomique. La panique abêtit, c'est bien connu. Il n'y a pas beaucoup d'autres exemples d'inhibition totale des autres pulsions par une pulsion de force supérieure. Pour de brèves périodes, la pulsion d'attaque, la « fureur », peut réduire au silence toutes les autres motivations, y compris celles de la fuite. Chez certains animaux, ce mécanisme a une valeur téléonomique et il est prévu pour les cas où le comportement de fuite n'offre aucun espoir dans les conditions extérieures du moment, de sorte que son inhibition totale et l'intensification maximale des dispositions à la lutte sont la solution qui offre le plus de chances de survie. Il

FIG. 27 : *À gauche.* Comportement de provocation de la cane colvert déclenché par le geste de boire et le pseudo-nettoyage du mâle. L'animal fait des mouvements de tête répétés vers l'arrière, par-dessus son épaule. *Au centre.* Le mouvement de pompage qui sert d'introduction à l'accouplement. *À droite.* Les mouvements de pompage et les mouvements de provocation se superposent et se maintiennent pendant plusieurs déroulements en relation de phase.

semble que dans cette transposition du comportement de fuite en comportement agressif ce dernier tire une bonne part de ses motivations du système comportemental de la fuite. H. Hediger a étudié très précisément ce processus et c'est à lui que nous devons l'expression *réaction critique*.

Il y a le plus souvent un rapport d'inhibition réciproque entre les patrons moteurs se situant à un même niveau dans la hiérarchie d'un système instinctif : c'est ce que nous avons dit en 2. VI/3. D'un point de vue téléonomique, il est bien évidemment préférable que des comportements de ce type ne se superposent pas et ne s'inhibent pas non plus partiellement, mais se déroulent sans entraves. Cela suppose l'existence d'un commutateur qui détermine l'option (« ou bien, ou bien ») entre les deux comportements et en même temps celle d'un mécanisme de filtrage qui détermine lequel des comportements disponibles est le plus urgent, ne laissant passer chaque fois en fonction de cette décision que le flux pulsionnel le plus puissant, cela sans la moindre restriction.

B. Hassenstein a montré que cette fonction particulière de filtrage pouvait être assurée par un réseau de voies nerveuses assez simple. Il écrit : « Des embranchements porteurs de signaux *inhibiteurs* doivent conduire d'une voie à l'autre de telle sorte que chacune de ces voies puisse bloquer les flux d'impulsions des autres dès lors qu'elle est elle-même conductrice du flux d'impulsions le plus puissant. Pour ce faire, il y a deux possibilités : les dérivations inhibitrices conduisant d'une voie à la voisine peuvent se trouver *avant* ou *après* l'endroit où les branches correspondantes de la voie voisine rencontrent la première, la seconde de ces deux possibilités a déjà la propriété voulue, ou est un mécanisme de passage de la valeur extrême (cf. fig. 21, p. 312). » Le fondement de ce principe de commutation est ce que l'on appelle l'« inhibition rétroactive latérale » (H. K. Hartlein).

L'inhibition rétroactive soustractive peut aussi assurer la fonction de mécanisme de passage de la valeur extrême sur plus de deux voies. On peut imaginer que de très nombreux comportements qui ne doivent pas se dérouler simultanément sont liés au niveau des tendances comportementales par des effets inhibiteurs de ce type. Hassenstein écrit encore : « Cette partie du système de fonctionnement de l'organisation comportementale permet que ce soit toujours le comportement le plus fortement motivé qui l'emporte et inhibe tous les autres. Toutefois, l'inhibition ne porte pas sur les dispositions ou les pulsions elles-mêmes, mais sur les *tendances comportementales* commandées par la combinaison des motivations *et* du stimulus. C'est pourquoi dès qu'un mécanisme pulsionnel est déréglé, le suivant est immédiatement en mesure de prendre la direction du comportement.

« Les principes de la double quantification (dans un autre sens que celui où nous l'entendions en 2. I/5) et du passage de la valeur extrême se combinent au sein de l'organisme, comme nous l'avons représenté sur la figure 21. Les deux systèmes partiels transforment la *juxtaposition* de différentes tendances comportementales activées en une *succession* de comportements correspondants. Beaucoup de tendances comportementales se renforcent progressivement ; c'est par exemple le cas de l'évacuation des excréments. Arrive un moment où elles deviennent plus fortes que toutes les autres ; elles s'imposent alors *absolument* pour une brève période, pour retomber à zéro après la satisfaction du besoin. Le système représenté par la figure 21 assure trois fonctions : qu'il ne se forme pas de comportements mixtes, que tous les comportements nécessaires "passent" quand leur tour est venu et surtout que l'organisme fasse toujours ce qui est le plus important pour lui au moment considéré. »

Mais le mécanisme de passage de la valeur extrême peut aussi avoir un effet dystéléonomique, produisant une alternance trop rapide de deux comportements. Le phénomène est particulièrement impressionnant lorsqu'on est en présence de deux organismes de la même espèce qui se font face et sont toujours dominés par cet effet. Lorsque, par exemple, deux poissons se menacent et qu'ils sont tous deux en proie au conflit entre les motivations de la fuite et celles de l'attaque, on observe souvent un passage ultra-rapide et répété de l'agression à la fuite, et *vice versa* ; le comportement de l'autre pouvant de surcroît contribuer à produire cette oscillation, qui s'entretient elle-même entre deux patrons comportementaux contradictoires. Peter Marler a découvert que, chez beaucoup d'oiseaux, cette oscillation entre la fuite et l'agression avait donné naissance à une coordination héréditaire fixe qui faisait fonction de mouvement d'expression de l'alarme ou du houspillage vis-à-vis d'un ennemi prédateur.

Chez le cichlidé nain *Nannacara anomala*, j'ai assisté chez une femelle en position de défense territoriale à une longue et subtile alternance entre les mouvements d'agression à l'égard d'un mâle s'approchant de la limite territoriale et ceux de la conduite au nid. Chez le *Nannacara*, l'alternance de patrons moteurs s'excluant mutuellement ne donne pas l'impression d'une cérémonie ritualisée ; chez l'épinoche, au contraire, ainsi que l'ont montré N. Tinbergen, J. van Iersel et leurs collaborateurs, le mouvement de parade ritualisé de la « danse en zigzag » est incontestablement issu de l'alternance des mouvements d'agression et de ceux de la conduite au nid.

4. L'activité substitutive

Lorsque les motivations de deux comportements moteurs entrent en conflit, il arrive souvent qu'un troisième mouvement instinctif relevant d'un tout autre système comportemental se manifeste alors que, dans la situation du moment, il n'a aucun sens. Cet effet a d'abord été décrit par l'ornithologue néerlandais G. F. Makkink, qui le désigna en anglais sous le nom de *sparking-over activity*, par allusion à l'étincelle électrique qui saute d'une ligne à l'autre. N. Tinbergen et A. Kortlandt procédèrent par la suite, séparément, à l'analyse de cet effet de déplacement. Tinbergen écrit : « L'étude des conditions dans lesquelles les activités de déplacement se produisent d'ordinaire nous a conduits à cette conclusion que, dans tous les cas connus, il y a un surplus de motivation dont la décharge par les voies normales est empêchée d'une façon ou d'une autre. Les situations les plus habituelles sont : 1. le conflit de deux impulsions antagonistes fortement "activées" ; 2. la forte motivation d'une impulsion, d'ordinaire l'impulsion sexuelle, et, simultanément, la déficience des stimuli extérieurs requis pour le déclenchement des actes consommatoires relevant de cette impulsion. » Tinbergen dit par ailleurs à diverses reprises que des activités de substitution apparaissent aussi lorsqu'une certaine motivation est « bloquée ». Mais il ne faut pas confondre cette notion de blocage avec la fonction symbolisée, dans le schéma d'organisation hiérarchique, par des barres. Dans l'optique de ce schéma, il faudrait dire qu'une certaine pulsion est « débloquée » mais se heurte à un nouvel obstacle « plus en aval du courant d'impulsions ». L'obstacle peut être constitué par une pulsion antagoniste ou, plus rarement, comme le dit Tinbergen, par l'absence d'une configuration de stimuli satisfaisant les besoins de l'instinct.

Pour expliquer physiologiquement l'effet de *sparking-over* (saut) d'une voie à l'autre, A. Bol, P. Sevenster et J. van Iersel ont formulé l'hypothèse suivante : chacune des deux pulsions qui « activent » des patrons comportementaux inconciliables exerce un effet inhibiteur sur une troisième. Dans le cas où l'activation de la première et de la seconde pulsion a la même intensité, elles se neutralisent mutuellement non seulement en ce qui concerne la mise en œuvre des comportements moteurs correspondants, mais aussi en ce qui concerne l'effet inhibiteur qu'elles exercent sur la troisième. Cette hypothèse dite de la *désinhibition* a été représentée par le schéma cybernétique de B. Hassenstein que nous reproduisons figure 28.

Un argument s'inscrivant en faveur de cette hypothèse est que l'effet d'une désinhibition peut s'ajouter aux stimuli déclenchant, dans des conditions « normales » et de façon téléonomique, le comportement qui se manifeste à titre d'activité substitutive. A. Bol-Sevenster étudia sur les sternes caugek (*Sterna sandwicensis*) le secouement latéral du bec, qui est déclenché normalement de façon « autochtone » par les petits objets qui se collent au bec, mais se manifeste à titre d'activité substitutive lorsque l'animal est dans une situation conflictuelle entre le comportement de fuite et le comportement de soin à la progéniture. A. Bol-Sevenster dénombra d'abord les mouvements de secouement effectués dans le cadre de l'activité substitutive, puis ceux qui étaient exécutés par temps de bruine et enfin ceux qui étaient exécutés dans

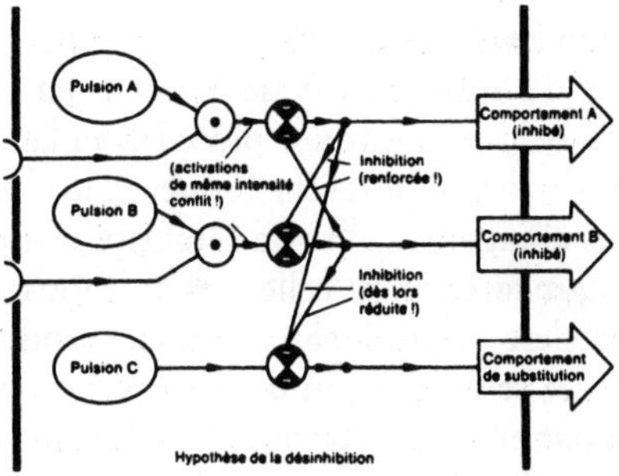

FIG. 28 : explication dans le texte. (Extrait de Czihak, Langer, Ziegler, *Biologie*.)

la situation conflictuelle et par temps de bruine. Elle constata que l'effet de substitution et le déclenchement autochtone s'additionnaient presque exactement.

Un autre élément parle en faveur de l'hypothèse de la désinhibition : c'est que les comportements qui apparaissent le plus souvent à titre d'activités substitutives sont des comportements « quotidiens », c'est-à-dire des comportements qui, du seul fait de la forte production endogène de stimuli, sont toujours à la disposition de l'animal. Ce sont les mouvements de soins corporels, le nettoiement chez les oiseaux, l'action de se gratter chez les mammifères ; l'homme aussi se gratte la tête quand il est dans une situation conflictuelle. Les mouvements locomoteurs sont également fréquents : sous l'effet de la tension engendrée par l'obligation de parler en public, beaucoup éprouvent le besoin de se déplacer en discourant. Pour ce type de comportements moteurs, l'hypothèse de la désinhibition est très certainement exacte.

Mais il existe aussi des arguments qui vont à l'encontre de cette hypothèse et un certain nombre de cas qu'elle ne peut pas suffire à expliquer. Elle ne saurait, par exemple, expliquer pourquoi il y a fréquemment un rapport très net entre les intensités des motivations en conflit, d'une part, et l'activité de substitution déclenchée par ce conflit, d'autre part. Selon l'hypothèse précédente, l'effet désinhibiteur devrait dépendre exclusivement de l'équilibre de motivations antagonistes et son intensité n'aurait aucune raison d'augmenter avec celle des pulsions entrées en conflit. Or c'est précisément ce qui se produit très fréquemment, et ce de la façon la plus spectaculaire. Si l'on s'approche par exemple d'un nid de mésanges à tête noire (*Sylvia atricapilla*), les oiseaux effectuent de violents mouvements de provocation vis-à-vis de l'homme tout en émettant de puissants cris d'alarme, pratiquant ainsi l'alternance que nous avons évoquée précédemment entre comportement de fuite et comportement agressif. Mais ces mouvements « autochtones » relevant normalement du comportement de provocation sont constamment interrompus, voire réprimés, par des mouvements de nettoiement extrêmement nerveux qui font un effet véritablement pathologique. Ces mouvements atteignent des intensités dépassant de loin le cadre des soins corporels normaux. Et nous pourrions donner beaucoup d'autres illustrations du rapport entre l'intensité de l'activité de substitution et celle du conflit.

Le second aspect que ne saurait expliquer l'hypothèse de la désinhibition est la haute spécificité de l'activité substitutive. On pourrait s'attendre, par exemple chez les sternes de Bol, lorsque le comportement de fuite et le comportement de soins à la progéniture entrent en conflit, que soit libérée quelque coordination motrice que ce soit, mais il en est un bon nombre qui sont inhibées aussi bien par le comportement de soins à la progéniture que par le comportement de fuite. On pourrait aussi voir apparaître d'autres mouvements de nettoiement. On ne sait absolument pas pourquoi c'est toujours la même forme particulière de secouement du bec qui se manifeste. Je ne connais pas d'exemple de situation comportementale conflictuelle capable de donner lieu à plusieurs activités substitutives au hasard.

De la même manière qu'un effet de substitution donné est spécifique d'une certaine situation conflictuelle, il est aussi très souvent propre à une certaine espèce. Chez trois espèces d'oies très voisines, l'oie cendrée (*Anser anser L.*), l'oie des moissons (*Anser brachyrhynchos*) et l'oie des neiges (*Anser hyperboreus*), on observe très régulièrement, dans la situation particulière du conflit entre le comportement de défense du nid et la fuite, trois activités substitutives différentes. Chez l'oie cendrée, le jars secoue les ailes et la partie postérieure du corps ; chez l'oie des moissons, le jars effectue très violemment les mouvements de tête dont la fonction téléonomique normale est la répartition de la graisse sur le plumage des flancs ; enfin, chez l'oie des neiges, le jars effectue à sec avec une extrême violence des mouvements relevant du comportement de bain. Si la désinhibition était la seule explication de la manifestation de ces comportements allochtones, on ne voit vraiment pas pourquoi, alors que le répertoire des soins corporels est très riche et rigoureusement identique jusque dans ses moindres détails chez ces trois espèces, chacune d'elles utilise comme activité substitutive un élément différent de ce système comportemental. Il faut compléter l'hypothèse initiale de la substitution par un deuxième schéma de B. Hassenstein (fig. 29).

On a beaucoup discuté de la fonction téléonomique de l'activité substitutive. Tinbergen et quelques autres pensaient à l'origine que l'activité substitutive assurait un rôle fonctionnel de « soupape » par laquelle pouvait s'échapper le trop-plein de motivation. C'est ainsi qu'il désigne souvent l'activité substitutive comme *an outlet of the fighting instinct* (exutoire de l'instinct de combat). Cette interprétation est très vraisemblablement la bonne lorsque, du fait

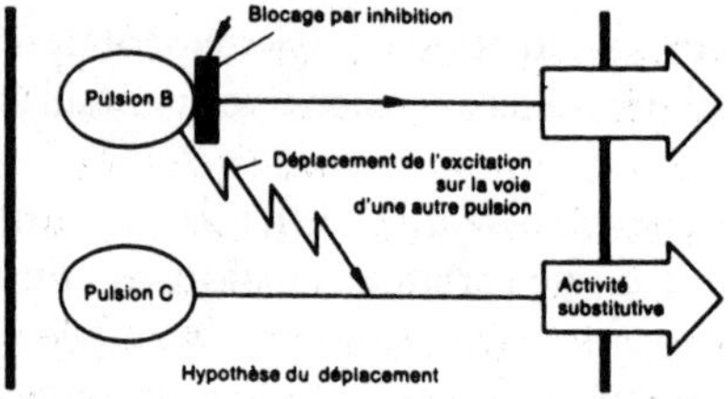

FIG. 29 : représentation schématique de l'hypothèse du déplacement donnant lieu à une activité substitutive. (Extrait de Czihak, Langer, Ziegler, *Biologie.*)

de la brusque déficience de stimuli qui avaient commencé d'agir avec une certaine force, il reste un trop-plein d'excitation dont l'animal doit se débarrasser d'une manière ou d'une autre. Nous désignons dans ces cas-là les activités substitutives observées sous le nom d'activités de décharge *a posteriori* (*afterdischarge activities*).

Je ne pense pas qu'il soit besoin de chercher une téléonomie particulière de l'activité substitutive, il se peut très bien que ce ne soit qu'un épiphénomène, c'est-à-dire un simple sous-produit des processus du système nerveux central sans autre signification. Cette supposition est renforcée par le fait que les activités substitutives se ritualisent fréquemment pour prendre valeur de signaux faisant connaître à ses congénères le conflit intérieur que vit l'animal. Il est quasi impossible de trouver des exemples d'activités substitutives n'ayant pas fonction de signaux ; presque toutes celles que Tinbergen décrit dans sa première étude (1940) ont subi un processus de ritualisation, c'est-à-dire qu'elles se sont modifiées et mises au service de leur fonction de signal.

En allemand, on s'est proposé d'abandonner la dénomination *Übersprungbewegung* parce qu'elle suggérait en elle-même une hypothèse, comme l'expression anglaise *sparking-over activity*. Il est vrai qu'en principe la dénomination d'un phénomène doit rester neutre. On ne peut cependant pas nier que tant la manifestation de comportements moteurs allochtones chez une certaine espèce et dans une situation conflictuelle donnée que le rapport entre l'intensité de la motivation conflictuelle et l'intensité du comportement substitutif s'inscrivent à l'appui de l'hypothèse que sous-entend l'expression *sparking-over*, choisie par Makkink. L'expression *displacement activity* qu'ont adoptée les auteurs anglais ne définit guère le processus ; elle a par ailleurs engendré un certain nombre de malentendus du fait que, dans la littérature psychanalytique, *displacement* est la traduction du terme freudien « refoulement ».

Troisième partie

MODIFICATION ADAPTATIVE DU COMPORTEMENT

I

La modification : généralités

1. Modification et modification adaptative

On désigne sous le nom de modification tout changement durable provoqué par des facteurs extérieurs dans la vie individuelle d'un organisme vivant. La réalisation du programme établi par l'évolution phylogénétique et inscrit dans le génome dépend d'une multitude de conditions extérieures qui président au développement ontogénétique de l'organisme. L'ensemble des informations inscrites dans le programme spécifique établi au cours de l'évolution phylogénétique est appelé le *génotype*. L'apparence extérieure du sujet individuel, qui dépend en partie du génotype, en partie des modifications qui se produisent au cours de son évolution ontogénétique du fait de l'intervention de facteurs extérieurs, est le *phénotype*. Ces deux notions sont les fondements de l'ensemble des théories modernes de l'hérédité. Le génotype fixe les limites à l'intérieur desquelles le phénotype d'une espèce peut être changé par des modifications.

La modification est omniprésente. Il n'est pratiquement pas de changement des conditions extérieures, si infime soit-il, qui n'entraîne une petite modification, pas de différence environnementale qui ne détermine chez deux individus vivant dans deux milieux dissemblables de légères divergences de phénotype.

Ce serait donc une erreur de croire que la modification provoquée par une certaine variation des conditions environnementales est toujours une adaptation à cette variation : *en elle-même, la modification n'est pas plus dirigée que la mutation*. La modification n'est pas plus que la mutation une adaptation aux facteurs extérieurs qui l'ont provoquée : le rachitisme osseux n'est pas une adaptation à la carence en vitamine D.

Lorsque nous constatons qu'une modification environnementale détermine *systématiquement* chez un organisme donné une modification qui lui vaut une adaptation téléonomique à la modification environnementale, cette adaptation repose nécessairement, comme toutes les adaptations, sur une information acquise phylogénétiquement. La modification *adaptative* est toujours la réalisation d'un programme d'origine phylogénétique inscrit dans le génotype dont disposent tous les représentants de l'espèce et d'une adaptation à une certaine variabilité prévisible du milieu spécifique.

Si une plante mal éclairée s'étire en longueur, si l'homme manquant d'oxygène en altitude produit un plus grand nombre de globules rouges et si la fourrure du chien s'épaissit sous les climats froids, ces modifications téléonomiques sont certes déclenchées par des effets extérieurs, mais elles correspondent à un programme d'origine phylogénétique inscrit dans l'organisme et prévu dans le génome de chacune des espèces pour chacune des modifications environnementales concernées. L'information donnée génétiquement à la plante de notre premier exemple pourrait s'exprimer comme suit : en cas de mauvais éclairement, allonger la tige dans la direction de la lumière jusqu'à ce que les feuilles bénéficient d'un éclairement suffisant.

Ces instructions génétiques tenant compte de la variabilité des conditions environnementales constituent ce que nous appelons avec Ernst Mayr un *programme ouvert.* La fonction du mécanisme physiologique sur lequel il repose consiste non seulement à recueillir une information environnementale qui *n'est pas* contenue dans le génome, mais aussi à la conserver, autrement dit à la *stocker* sous la forme d'adaptation durable du sujet individuel. De toutes les possibilités offertes par un programme génotypique ouvert, celle qui se réalise est celle qui permet la meilleure adaptation aux conditions environnementales dans lesquelles vit le sujet. La réalisation ontogénétique d'une des possibilités contenues dans le programme du génome est donc un processus d'*adaptation.*

2. Processus analogues de l'embryogenèse

Dans la réalisation concrète de tout programme ouvert, la fonction d'adaptation réside dans le fait qu'un effet extérieur indique à l'organisme laquelle des possibilités inscrites dans le génome a une valeur téléonomique dans le cas particulier qui se présente et laquelle il faut réaliser. La mécanique du développement, ou embryologie expérimentale, a fourni de considérables éclaircissements sur ce processus assez mystérieux. L'ectoderme d'un embryon de triton peut aussi bien devenir une partie d'épiderme normal qu'une partie du système nerveux central ou le cristallin d'un œil. Il contient toutes les informations génétiques nécessaires pour former indifféremment l'un de ces organes. Si on le laisse évoluer seul, par exemple à partir d'une partie tirée de la face ventrale de l'embryon, l'ectoderme ne forme que de la peau. Mais, à proximité du sinus uro-génital à partir duquel se forme la *chorda dorsalis*, il forme une moelle épinière avec un cerveau. Là où les protubérances du cerveau destinées à former les yeux se rapprochent de l'ectoderme, celui-ci forme très exactement en face de la cupule oculaire le cristallin de l'œil. Des expériences de transplantation ont prouvé que ces deux formes particulières de développement étaient « induites » des effets exercés par les régions voisines : si l'on implante un petit morceau de *chorda dorsalis* sous la peau du ventre, l'ectoderme qui le recouvre forme un petit morceau de tube nerveux.

Ce qui se produit dans le cadre de la modification adaptative est fondamentalement analogue aux processus de l'embryogenèse que nous venons de décrire. Que l'effet exercé soit induit de l'environnement anatomique à l'intérieur d'un embryon ou des conditions environnementales dans lesquelles évolue un organisme, le mécanisme est le même. L'important est de savoir que le système modifiable possède en lui-même l'information génétique dont il a besoin pour réaliser *chacun* des programmes partiels qu'il est potentiellement en mesure de réaliser d'une façon conforme aux nécessités de la conservation de l'espèce.

3. L'apprentissage en tant que modification adaptative

Si l'on aime les définitions très vastes, on peut considérer tout apprentissage comme une modification adaptative de ce mécanisme physiologique extrêmement complexe qui a pour fonction le comportement animal et humain. Tout apprentissage s'apparente au processus embryogénétique de l'induction par le fait qu'il choisit et réalise, de toutes les possibilités offertes par un programme ouvert, celle qui s'adapte téléonomiquement aux conditions environnementales qu'il connaît. Ce sont les facteurs extérieurs qui fournissent l'information nécessaire pour procéder à ce choix parmi les potentialités offertes.

La plupart des processus d'apprentissage – mais pas tous – se distinguent des processus de l'induction embryogénétique par un point : ils sont *réversibles* ; presque tout ce qui a été appris peut être oublié ; mon maître Karl Bühler l'avait même inscrit dans sa définition. Mais il y a aussi des processus d'apprentissage, comme l'« empreinte » ou les « traumatismes », qui opèrent une modification irréversible des mécanismes du comportement animal ou humain.

Quelle que soit notre définition de l'apprentissage, elle doit de toute façon insister sur la fonction *téléonomique* du processus d'apprentissage. Curieusement, même les plus grands spécialistes américains de l'apprentissage ne semblent pas s'être rendu compte de la nécessité d'*expliquer* le fait extrêmement étonnant qu'à quelques très rares exceptions près les processus d'apprentissage entraînent toujours une amélioration de la valeur téléonomique du comportement. Non seulement les psychologues, mais aussi les premiers éthologistes ont considéré que cela allait de soi.

Cette erreur, commise par les deux parties, n'apparut clairement qu'à partir du moment où s'éleva entre éthologistes et psychologues behavioristes le débat évoqué dans notre présentation historique. Lorsque, dans sa critique de la théorie éthologique, D. S. Lehrman émit l'hypothèse selon laquelle le poussin dans l'œuf ou le mammifère dans l'utérus pouvait apprendre certains comportements et lorsqu'il défendit en particulier la thèse de Z. Y. Kuo (1932) selon laquelle l'embryon de poussin apprenait le picorement par l'intermédiaire des mouvements imprimés à sa tête par les battements du cœur de la mère, je répondis que, pour ne vouloir à aucun prix admettre l'existence de comportements programmés phylogénétiquement, il préférait postuler celle d'un précepteur inné (*innate schoolmarm*). C'était, je le reconnais, une réflexion *ad reductio ad absurdum*. Ce fut seulement au cours des années suivantes qu'il devint peu à peu évident que le principal problème concernant l'apprentissage était celui de savoir comment il réussissait à toujours orienter l'organisme vers un comportement téléonomique et à le détourner des comportements dystéléonomiques.

Les behavioristes, qui s'acharnent, comme chacun sait, à nier l'existence de tout programme de comportement, ou tout au moins à faire passer la dichotomie nature-culture pour un faux problème, prétendent que les notions d'inné et d'acquis sont inutilisables (*non valid*) parce qu'elles ne se définissent que par exclusion l'une de l'autre (Hebb, 1953). L'affirmation de l'existence d'un « précepteur inné » jouant un rôle indispensable dans tout processus d'apprentissage montre bien que la définition disjonctive des notions d'inné et d'acquis est effectivement fausse, mais pour des raisons très exactement inverses de celles pour lesquelles les auteurs que nous critiquons ici rejettent cette « dichotomie » : ce n'est pas, comme ils le croient, que l'apprentissage intervient dans tous les aspects du comportement, c'est qu'il n'y a pas de processus téléonomique d'apprentissage qui ne repose pas sur un mécanisme programmé phylogénétiquement et contenant une grande quantité d'information innée.

Cette quantité d'information est d'autant plus importante que le mécanisme considéré est complexe. Il serait difficile de l'évaluer en « bits », mais elle est sans doute souvent plus importante que l'information que le mécanisme reçoit en supplément du monde extérieur. De toute façon, la quantité d'information innée nécessaire à la réalisation d'un programme ouvert est plus importante que celle qui serait nécessaire à la réalisation d'un programme fermé de même type. J'ai déjà illustré ce principe par une comparaison (1973) que je reprendrai ici : la construction d'une maison préfabriquée ne nécessitant aucune adaptation particulière est un exemple de réalisation d'un programme fermé. Une telle réalisation ne serait possible que sur un sol absolument plat, le constructeur n'ayant pas besoin alors de beaucoup d'informations supplémentaires. Mais on imagine aisément la masse d'informations supplémentaires dont il aurait besoin pour exécuter la même construction sur un terrain accidenté. Un programme ouvert, avec les possibilités d'acquisition supplémentaire qu'il offre, ne requiert donc pas moins d'information génétique qu'un comportement purement inné et fonctionnellement comparable ; il en requiert *davantage*.

Le rapport entre la phylogenèse du comportement et sa modifiabilité adaptative est facile à comprendre, pourrait-on penser. Mais de sa compréhension dépend l'avenir de toute une partie de la recherche éthologique. La question de savoir d'où provient l'information adaptative qui rend un système comportemental téléonomique et dans quels éléments du système elle est contenue constitue l'un des problèmes fondamentaux de l'éthologie, en particulier de l'éthologie humaine. Or, lorsqu'on se penche sur cette question, on constate avec stupéfaction que certains éthologistes persistent à soutenir que la distinction conceptuelle entre éléments acquis et éléments innés du comportement est non seulement stérile, mais aussi fondamentalement erronée. On provoquerait la même stupéfaction chez un généticien, spécialiste des populations, à qui on viendrait soutenir qu'il doit renoncer aux notions de génotype et de phénotype.

II

L'apprentissage sans association

1. Rodage et sensibilisation

Depuis que Wilhelm Wundt a découvert et étudié, dans le dernier tiers du siècle dernier, les processus d'association, c'est-à-dire les liens établis par l'expérience individuelle entre deux ou plusieurs contenus conscients, ce type de processus est resté au centre de toute la recherche sur l'apprentissage. La réaction conditionnée que I. P. Pavlov et quelques chercheurs américains commencèrent à étudier vers le début du siècle n'est rien d'autre que le côté physiologique objectif du même processus. On fit – à juste titre – de la *conditioned response* le processus d'apprentissage par excellence.

Il paraît d'autant plus nécessaire de souligner que certains processus de modification adaptative du comportement émanent de l'expérience individuelle, mais dans lesquels n'interviennent pas de mécanismes d'association. Inversement, les processus d'apprentissage très élémentaires dont nous traitons dans la présente section jouent très souvent un rôle dans l'apprentissage associatif, de sorte qu'il y a un certain nombre de formes mixtes et apparemment transitoires.

La forme d'apprentissage la plus élémentaire que nous connaissions est une amélioration de la fonction par le fonctionnement, à peu près comparable à celle qu'apporte le rodage d'une voiture ou de quelque autre moteur. Le processus de rodage (*facilitation*, en anglais) qui s'observe pour diverses fonctions du système nerveux central, et surtout dans les mécanismes de conduction nerveuse, repose très vraisemblablement sur des modifications des synapses et permet d'expliquer l'amélioration de fonctionnement qu'apporte l'utilisation répétitive de certains comportements. Il faut bien distinguer ces processus des processus de maturation qui, même sans exercice, ont un effet analogue au cours de la croissance de l'organisme.

M. Wells a montré que les réactions de capture d'une sèche (*Sepia*) à peine sortie de l'œuf se présentaient dès le départ de façon parfaitement coordonnée mais se déroulaient beaucoup plus lentement que chez l'animal adulte. E. Hess a montré un effet analogue de l'exercice sur le picorement de tout jeunes poussins. Hess mit aux poussins des lunettes à verres prismatiques qui faussaient latéralement la position des grains à picorer. Les poussins n'apprirent pas à corriger cette déviation et n'atteignirent jamais les grains ; néanmoins, avec l'entraînement, le mouvement devint moins désordonné.

Les processus analogues se déroulant non pas dans le secteur moteur mais dans le secteur sensoriel de l'activité du système nerveux central sont les processus de *sensibilisation*. Lors du déclenchement d'un comportement, le seuil liminaire dudit déclenchement de ses stimuli clés commence par s'abaisser. La première réaction rend l'animal plus « attentif ». Cette expression anthropomorphique suffit à indiquer qu'il s'agit là d'une modification sensorielle à court terme, alors que les processus de rodage moteur décrits précédemment instauraient un nouvel état durable.

La sensibilisation ne peut avoir de valeur téléonomique que si la présence d'une certaine configuration de stimuli annonce sa répétition probable dans un bref délai. Le ver de terre qui vient d'être piqué et a réussi à échapper par une violente réaction de fuite réagit dans la période qui suit à des stimuli beaucoup plus faibles, et il fait bien d'« escompter » que le merle qui le poursuit pour le manger et qui l'a piqué la première fois se tient encore dans les parages.

M. Wells a montré à partir d'excellents exemples que l'on observait un processus de sensibilisation des réactions de capture et des réactions alimentaires surtout chez les organismes prédateurs dont les proies se présentaient en *groupe*. Beaucoup d'organismes marins se nourrissant de proies qui se présentent ainsi atteignent un très haut degré d'excitation dès lors qu'ils ont attrapé une seule de ces proies. Beaucoup de poissons prédateurs vivant en eau libre sont pris d'une véritable démence (*feeding frenzy*) et attrapent alors les objets les plus inadéquats. Une fois qu'on a mis des thons dans cet état en les nourrissant avec des morceaux de sardine, on peut les attraper avec les hameçons les plus grossiers sans même y fixer d'appât.

2. L'habituation ou inhibition afférente

L'un des processus d'apprentissage qui se présentent de la même façon chez les animaux pluricellulaires inférieurs et chez les vertébrés supérieurs est l'habituation (en anglais, *habituation*) à un stimulus donné. Ce processus correspond à une désensibilisation vis-à-vis du stimulus en question et réduit l'effet qu'il exerçait précédemment.

Un polypode d'eau douce (*Hydra*) réagit à des stimuli très divers, comme l'ébranlement du fond, les mouvements de l'eau, un léger contact, etc., par une rétractation de ses bras. Mais, si une hydre s'installe dans un petit ruisseau tranquille dont le courant berce constamment son organisme qui reste passif, ces légères turbulences de l'eau perdent très vite toute efficacité et l'animal se laisse balancer au gré du courant les bras largement déployés.

On pourrait voir dans ce phénomène un mécanisme de fatigue des voies afférentes antérieurement déclenchantes et tous les processus d'habituation sont vraisemblablement issus phylogénétiquement de phénomènes de fatigue très particuliers et très bien circonscrits. La téléonomie de l'habituation réside dans le fait que seuls certains stimuli soumis à ce processus perdent leur efficacité, tandis que *le seuil liminaire de déclenchement de tous les autres stimuli provoquant la même réaction demeure inchangé* : l'hydre qui se laisse passivement flotter au gré du courant dans le ruisseau réagit au moindre contact d'un prédateur ou d'un ennemi exactement avec la même intensité qu'elle l'aurait fait antérieurement, c'est-à-dire avant le phénomène d'habituation au courant du ruisseau.

Les psychologues de langue allemande ont adopté l'expression adaptation sensorielle (*sensory adaptation*) pour remplacer le terme habituation. C'est une expression trompeuse dans la mesure où elle laisse entendre que les processus en question se dérouleraient dans les organes sensoriels, un peu comme l'adaptation à la lumière ou à l'obscurité à l'intérieur de l'œil qui modifie, avec la grosseur de la pupille, la sensibilité de cet organe aux différences d'intensité de lumière. Les phénomènes dont nous traitons ici apparaissent à beaucoup plus long terme que l'adaptation sensorielle au sens strict du terme, et il a en outre été prouvé pour un bon nombre d'entre eux qu'ils ne se déroulaient pas au sein des organes sensoriels. Margret Schleidt a utilisé le déclenchement du glougloutement du dindon par des stimuli divers pour étudier le processus d'habituation. Différents sons peuvent déclencher le glouglouteinent, dont le MID n'est pas très sélectif. Si l'on émet une brève tonalité de hauteur constante à intervalles réguliers, le dindon commence par glouglouter à chacun de ces stimuli. Si l'on poursuit patiemment cette émission de stimuli, la réaction se fait progressivement plus rare et finit par s'arrêter au bout d'un délai assez long.

Ensuite, dès que l'on émet des tonalités d'une autre hauteur, la réaction réapparaît. On a réussi à prouver que la désensibilisation acquise se limitait à une gamme de tonalités très réduite s'écartant très peu de la tonalité du stimulus initial. La courbe d'« adaptation » redescend très rapidement des deux côtés d'un sommet correspondant à la tonalité de stimuli. Les valeurs liminaires déclenchantes des tonalités proches de la tonalité de stimuli demeurent inchangées, de même que les tonalités identiques produites par d'autres instruments.

Ces constatations s'inscriraient assez facilement à l'appui de la thèse selon laquelle la désensibilisation repose sur un phénomène de fatigue de certains éléments de l'organe sensoriel. Mais, par une expérience toute simple, M. Schleidt est parvenue à prouver que ce n'était pas le cas : elle fit émettre au générateur de sons utilisé précédemment un son de la même hauteur et de la même durée que le stimulus devenu inefficace, mais avec une amplitude, c'est-à-dire un volume, moindre. La modification du volume anéantissait curieusement l'effet du processus de désensibilisation, le son plus faible exerçait un plein effet déclencheur, comme si l'on avait utilisé un stimulus radicalement nouveau. L'« inhibition afférente », pour reprendre l'expression de M. Schleidt, ne repose donc pas sur des phénomènes de fatigue au sein de l'organe sensoriel, sinon le dindon aurait encore moins réagi à des sons plus faibles qu'au stimulus initial lui-même.

III

L'apprentissage associatif sans rétroaction de la réussite

1. L'association

Wilhelm Wundt entend par association des « relations entre des éléments conscients qui... revêtent le caractère général de processus *involontaires* se déroulant dans un état de passivité de la conscience ». Des associations se forment lorsque deux processus se déclenchent une ou plusieurs fois dans le même ordre et à peu d'intervalle. C'est la raison pour laquelle on parle d'une loi des succédanés et d'une loi de contiguïté ; les deux s'appliquent à un grand nombre, sinon à la totalité, des processus d'apprentissage dont nous allons traiter.

La fusion ou le couplage de phénomènes psychiques et par là même de processus nerveux qui y font suite a pour effet que, dès l'instant où se produit le premier de ces phénomènes, l'organisme « attend » le second, autrement dit qu'il s'y prépare : le chien de Pavlov commence à saliver dès qu'il entend le tintement de la sonnette qu'il a associé à la nourriture. Quand un chercheur étudie les processus d'association en laboratoire, il présente tout naturellement le stimulus « conditionnel » – le tintement de la sonnette – que l'animal doit apprendre immédiatement avant le stimulus « inconditionnel » – la nourriture. Cette régularité instaurée par l'homme pourrait faire oublier que dans les conditions de vie naturelle il n'y a de succession régulière et immédiate de deux ou de plusieurs processus que dans un unique cas : lorsqu'il *existe entre eux un lien de causalité*. Si, dans les montagnes arméniennes, les chèvres à demi sauvages se précipitent vers la première caverne venue dès qu'elles entendent le tonnerre, c'est la manifestation d'un comportement téléonomique visant à éviter la pluie et le froid. Quand on voit, comme cela m'est arrivé plusieurs fois, ces mêmes chèvres adopter le même comportement parce qu'on fait exploser des rochers dans leur environnement, c'est totalement absurde.

La capacité d'association est une adaptation à la « transformation des forces », c'est-à-dire à la loi de la conservation de l'énergie. Elle revêt, par là même, une fonction analogue à celle de la capacité humaine à la pensée causale. L'analogie et même l'identité de fonction ont conduit de grands penseurs à confondre ces deux processus, bien qu'ils se déroulent à des niveaux d'intégration différents des mécanismes nerveux. Il n'est pas logiquement nécessaire que, lorsque deux configurations de stimuli complexes se présentent deux ou plusieurs fois en se substituant ou en se juxtaposant l'une à l'autre, elles doivent le faire dans tous les autres cas et pour l'éternité. Seul notre besoin *a priori* d'établir un lien de causalité nous conduit à le penser – et d'une façon générale il ne nous induit pas en erreur !

2. L'habituation dans le cadre d'une perception complexe

Ainsi qu'on l'observe en milieu naturel, il existe chez les organismes supérieurs des processus d'habituation liés à des fonctions hautement complexes du système nerveux central et qui ne peuvent donc pas se dérouler au sein des organes sensoriels. Tous les ornithologues et tous les amateurs de chevaux savent que certaines réactions de l'animal sont liées à des *situations globales* complexes.

Du point de vue physiologique, le processus demeure extrêmement mystérieux. Une certaine configuration de stimuli exerçant un effet déclencheur *perd* cet effet uniquement lorsqu'elle est associée à la combinaison de multiples autres stimuli, combinaison très complexe enregistrée sélectivement par les mécanismes de la perception. Dès lors que l'on modifie si peu que ce soit ces multiples stimuli *ne relevant initialement pas* du stimulus déclencheur, la configuration de stimuli directement déclenchante – « inconditionnée » – retrouve sa pleine efficacité. Le processus d'habituation se mêle donc à une fonction complexe de la perception. Nous ne savons pas comment se déroule le mécanisme, mais nous connaissons de nombreux exemples de phénomènes de ce type. Ce que l'on appelle généralement l'obéissance d'un animal n'est en fait que la réduction afférente de stimuli initialement déclencheurs de la fuite. L'exemple que nous allons donner suffira à montrer le caractère très particulier que peut revêtir un processus d'habituation de ce type.

En installant nos oies sauvages et autres anatidés au Max Planck Institut für Verhaltenspsychologie, lorsqu'il fut établi au bord du Ess See, nous avions peur que l'habitude qu'ils avaient de côtoyer nos chiens croisés de chow-chow et de chien de berger (qui ressemblent beaucoup à des renards avec leur pelage roux) ne constituât un danger si les volatiles se montraient aussi confiants vis-à-vis des renards que vis-à-vis de ces chiens. Il se révéla que l'habituation portait exclusivement sur nos deux chiens ; le chow-chow d'un ami suscita les réactions de crainte et de provocation dans leur pleine intensité, les renards encore davantage. L'habituation des volatiles à nos chiens s'effaçait également lorsque, au lieu de les garder, comme de coutume, à proximité de l'institut, nous les faisions apparaître sur l'autre rive du lac.

Un deuxième exemple d'habituation liée à une situation très particulière nous est offert par le comportement agressif du merle shama (*Copsychus malabaricus*). Cet oiseau se met à chasser les petits de la couvée précédente au moment où ceux de la couvée suivante sont sur le point de quitter le nid. Un couple de ces oiseaux ayant pondu chez moi, je voulais garder un petit et l'enfermai dans une cage pour le soustraire aux attaques de ses parents. Ces derniers s'habituèrent progressivement, par infiltration du stimulus, à la présence de ce fils qu'ils ne pouvaient éliminer et ils finirent par ne plus prêter la moindre attention à la cage et à son occupant. Mais, lorsque je commis l'erreur de déplacer la cage dans un autre coin de la pièce, l'habituation disparut d'un coup, les parents se remirent à combattre leur fils avec une telle violence, même à travers les barreaux, qu'ils en auraient laissé mourir de faim les petits de la couvée suivante si je n'étais intervenu pour éloigner l'élément indésirable.

Il n'est pas rare que le processus d'habituation engendre des comportements dystéléonomiques. Il est des réactions qui revêtent manifestement une certaine valeur pour la conservation de l'espèce et qui subissent pourtant, du fait de leur déclenchement répété, un tel appauvrissement afférent qu'elles n'ont à proprement parler leur pleine valeur téléonomique que lors de leur premier déclenchement.

La réaction d'alarme et de houspillage du pinson des arbres (*Fringilla coelebs*) vis-à-vis du hibou perd, lorsqu'elle s'est déclenché à plusieurs reprises, plus de la moitié de son intensité, cela même après une période de repos de plusieurs semaines ou de plusieurs mois ; ainsi que l'a montré R. Hinde, cette désensibilisation ne s'efface pas et il n'y a pas de retour complet à la disposition initiale. Cette atténuation de la réaction ne s'explique pas par le manque de stimuli renforçants, elle n'est même pas empêchée par les plus drastiques méthodes de dressage telles que la menace du sujet expérimental par un hibou vivant qui lui avait même arraché quelques plumes.

Nous avons constaté la même chose quant à la réponse de jeunes oies cendrées à une imitation du cri d'alarme de leurs parents. Cette réaction disparut au bout de quelques expériences aussi rapidement qu'irrémédiablement. Étant donné qu'il est assez peu vraisemblable qu'un mécanisme aussi parfaitement adapté à une certaine fonction téléonomique soit uniquement créé pour exercer sa pleine efficacité une seule fois dans la vie de l'animal, il faut croire que notre dispositif expérimental comportait un vice quelconque. Peut-être condamnons-nous la réaction à disparaître parce que dans notre zèle nous la faisons se répéter trop souvent. Peut-être ces « conditions expérimentales constantes et contrôlables » que veut toujours instaurer le chercheur favorisent-elles de par leur caractère antinaturel un processus de désensibilisation anormalement rapide.

Il est aussi des cas où l'inhibition afférente liée à des mécanismes de perception complexe apporte à l'organisme une information adaptative très particulière, non pas en lui indiquant, comme c'est généralement le cas, ce qui n'est pas dangereux pour lui, mais en attirant sélectivement son attention sur les stimuli annonçant un danger. Elle assume alors le rôle joué normalement par la sensibilisation. W. Schleidt a montré par exemple que, chez le dindon, le MID du comportement de fuite devant les rapaces répondait à des configurations de stimuli simples. Tout ce qui se détache en silhouette sombre sur fond clair au-dessus de l'animal et se déplace à une certaine vitesse angulaire en rapport avec sa longueur déclenche chez tous les dindons sauvages, sans distinction d'âge, une intense réaction de fuite. Une mouche se déplaçant lentement sur un plafond blanc exerce le même effet qu'un ballon, un hélicoptère ou une buse dans le ciel. Des expériences avec des leurres révélèrent que la forme de l'objet n'avait aucune importance, mais le processus d'habituation à une certaine forme du leurre se déroulait extrêmement rapidement : tout leurre qui avait été présenté plusieurs fois faisait moins d'effet que les autres et les plus efficaces étaient toujours ceux que l'animal n'avait plus vus depuis longtemps. Pour les dindons sauvages qui vivaient en liberté autour de notre institut de Seewiesen, le petit aérostat d'une agence publicitaire de Munich, qui ne survolait la région qu'une ou deux fois par an, constituait le stimulus le plus efficace, et de loin, tandis que l'effet le plus faible était celui des buses qui tournoyaient presque quotidiennement dans le ciel, alors que leur image en vol est tout à fait semblable à celle du seul rapace véritablement capable de menacer le dindon adulte, l'aigle à tête blanche (*Haliaeetus albicilla*). L'information fournie au dindon par son rapide processus d'habituation pourrait s'exprimer de la façon suivante : « L'objet le plus dangereux est celui qui se déplace très lentement dans le ciel et que l'on voit *le plus rarement* », ce qui caractérise très bien l'aigle à tête blanche.

3. L'accoutumance

Le processus que je désigne sous le nom d'accoutumance est une forme particulière d'apprentissage qui est, dans un certain sens, réciproque du processus d'habituation décrit dans la section précédente. Alors que dans ce dernier processus l'intégration des stimuli déclencheurs simples à une perception complexe *prive* ces stimuli clés de leur efficacité, le processus d'accoutumance dont nous allons traiter a l'effet inverse. À la suite du processus d'accoutumance, les stimuli clés, qui suffisaient à l'origine en eux-mêmes pour déclencher un certain comportement, *ne sont plus en mesure de le faire que* lorsqu'ils se présentent en association avec une perception complexe.

On pourrait aussi décrire le processus en disant qu'un MID voit sa sélectivité augmentée par le fait qu'une multitude de configurations de stimuli complexes s'associent à lui de telle sorte qu'il ne peut plus réagir en leur absence. Cependant, la qualité complexe ainsi acquise *ne se substitue pas* aux stimuli clés initiaux comme dans les autres réactions conditionnées : même après le processus d'accoutumance à d'autres stimuli, il faut au contraire que les premiers restent contenus dans la configuration générale pour lui conférer son effet déclencheur.

L'existence d'un authentique MID et d'un processus d'augmentation de sa sélectivité par l'apprentissage ont également été prouvés chez l'homme. René Spitz a montré que chez le nourrisson le sourire pouvait être déclenché par un leurre extrêmement grossier dont les stimuli clés étaient la configuration des yeux, l'indication de la racine du nez, le dessin d'une bouche largement étirée, avec un mouvement d'inclination de la tête. L'effet déclencheur de ce mouvement dépend beaucoup de la différence de couleur entre le visage et les cheveux. Spitz s'étonna d'abord de constater que l'inclination de tête de son assistante, qui était brune, exerçait un effet déclencheur beaucoup plus fort que la sienne. C'était tout simplement dû à sa calvitie ; une fois qu'il eut mis son béret noir, ses inclinations de tête devinrent aussi efficaces que celles de la dame.

Au début, les stimuli clés que nous venons de décrire exercent un effet aussi fort lorsqu'ils sont figurés sur un ballon de baudruche que lorsqu'ils émanent d'une personne. Mais, au bout de quelques semaines au cours desquelles l'enfant est en contact avec des personnes et non avec des leurres, les ballons commencent à lui faire peur. Vers l'âge de six à sept mois, l'enfant commence à se détourner des personnes qu'il ne connaît pas tandis qu'il sourit à l'approche d'une personne bien connue, généralement la mère. L'augmentation de sélectivité du mécanisme du sourire, qui est dans cette phase de développement la principale réaction sociale du nourrisson, est traditionnellement qualifiée de « peur des étrangers ».

L'addition d'innombrables conditions de déclenchement supplémentaires rendant un MID plus sélectif n'implique absolument pas que les stimuli clés suscitant initialement une réaction innée perdent leur efficacité. Même la mère déclenche plus facilement le sourire de l'enfant lorsqu'elle se penche sur son berceau, baisse la tête et sourit.

Dans son étude intitulée *Die historische Entwicklung der Begriffe « Angeborenes Schema » und « Angeborener Auslösemechanismus »* (*Évolution historique des notions de « schéma inné » et de « mécanisme inné de déclenchement »*), Wolfgang Schleidt a très bien analysé « l'apport de l'apprentissage au sein du MID », autrement dit très exactement ce qu'Otto Storch appelle l'*Erwerbsrezeptorik* (réceptivité d'acquisition, terme symétrique de motricité d'acquisition). Nous nous contenterons de citer ici le dernier paragraphe de l'étude de Schleidt : « L'action de filtrage du MID est très souvent renforcée dans le cours de l'ontogenèse par l'apport de l'apprentissage d'autres caractères ou par l'accoutumance à la répétition de certains stimuli. Je proposerai d'établir une distinction conceptuelle très nette entre MID et “MID modifié par l'expérience" (MIDE). Les mécanismes de déclenchement dans lesquels la présence d'une structure initiale de MID ne peut pas être prouvée, ou qui se sont formés sans intervention d'un MID, peuvent être désignés sous le nom de "mécanismes de déclenchement acquis", se distinguant ainsi des deux catégories précédentes. En l'absence de preuves expérimentales et dans les cas où l'on ne peut pas savoir si la relation entre le stimulus et la réaction s'est établie par un processus d'adaptation phylogénétique ou ontogénétique aux données de l'environnement, il convient de s'en tenir à la dénomination de "mécanisme de déclenchement" (MD), sans autre précision. »

Le processus d'apprentissage qui lie les comportements du nourrisson à une personne donnée est la condition *sine qua non* du développement ultérieur des liens d'amitié et d'amour qui lient les hommes les uns aux autres. Comme beaucoup d'autres systèmes comportementaux, celui de l'établissement de contacts humains peut subir une irrémédiable atrophie si, dans la phase critique de sa première intervention, il n'est pas utilisé ou s'il est troublé dans son entrée en fonction. Le roulement traditionnel des horaires du personnel dans les hôpitaux et les maisons d'enfants avait pour regrettable effet de briser systématiquement les premiers liens que le tout jeune enfant établit avec certaines personnes de référence. Cela peut entraîner des troubles profonds, dont le principal aspect réside dans le fait que l'aptitude à l'établissement de relations interpersonnelles subit une véritable atrophie par inactivité. Les symptômes qui en résultent se rapprochent beaucoup de ceux de l'autisme schizophrénique et furent même assez souvent confondus avec lui.

Le processus de l'*empreinte* auquel nous consacrerons une section en particulier s'apparente formellement à celui de l'accoutumance et lui est même lié par un certain nombre de processus intermédiaires. Nous nous contenterons de mentionner ici les analogies entre les deux. Une jeune oie cendrée qui vient à peine de sortir de l'œuf réagit d'abord par des « saluts », puis adopte une réaction de suite à l'égard de tout objet qui répond à ses « appels d'abandon » par des cris rythmés d'une hauteur moyenne et qui remue. Si l'animal adopte plusieurs fois ce comportement vis-à-vis de l'homme, il est par la suite impossible de l'amener à l'adopter vis-à-vis d'un autre objet ; en tout cas, jamais le comportement en question n'atteindra vis-à-vis d'un autre objet la même intensité.

C'est l'aspect irrévocable de cette fixation qui caractérise essentiellement l'empreinte. Curieusement, la réaction de suite de l'oison se fixe d'abord sur l'espèce et non sur l'identité individuelle de son objet. L'oison qui a subi un processus « d'empreinte sur l'homme » peut, sans que se modifie l'intensité de la réaction, faire passer sa réaction de suite d'une personne à une autre ; le premier jour, une jeune oie élevée normalement par ses parents peut passer d'une famille à une autre.

Il se produit enfin un processus d'apprentissage d'une autre sorte qui correspond également à une accoutumance, mais n'est pas irréversible. Une fois que l'oison a passé deux jours dans la même famille d'oies ou auprès de la même personne, il reconnaît *individuellement* l'objet du comportement de son premier jour – il le reconnaît d'abord à la voix et un peu plus tard aux traits physionomiques –, et à partir de ce moment-là ses réactions de tout jeune animal, suite et salut, ne peuvent plus être déclenchées par aucun autre objet. Le MID de tous les comportements de l'enfance est associé en l'occurrence à un mécanisme perceptif incroyablement complexe et sélectif, semblable à celui par lequel nous

nous identifions individuellement entre êtres humains. Pour notre mécanisme d'identification individuelle, les éléments essentiels sont, comme chacun sait, outre la voix, la configuration des yeux et du nez : la moindre dissimulation de ces éléments par un masque compromet notre faculté d'identification. Les oies ne savent pas reconnaître l'identité d'un congénère lorsqu'il dort la tête sous l'aile, ni même lorsqu'il barbote la tête enfoncée dans l'eau. Du fait de la concentration de traits distinctifs sur le visage, les oisons reconnaissent aussi la personne qui s'occupe d'eux à ses traits physionomiques au bout de quelques jours, et le changement de vêtements ne les induit pas en erreur.

Il a été prouvé que l'accoutumance à l'identité des parents se faisait chez l'oison sans intervention de stimuli de conditionnement positifs ou négatifs. Si, peu après avoir quitté le nid, l'animal perd la trace de ses parents, il tourne de tous côtés et cherche à se joindre à un autre couple suivi par des petits. Si ces derniers ont quitté le nid depuis plusieurs jours, les parents connaissent leurs petits individuellement et chassent l'intrus en le pinçant, avec une certaine retenue mais assez fort tout de même pour lui faire émettre des gémissements. Lorsque l'oison retrouve ses parents, on s'aperçoit que ces expériences douloureuses n'ont pas exercé l'action de dressage qui pourrait lui éviter de répéter son erreur. Il semble au contraire que le fait d'avoir suivi de « faux parents », ne serait-ce que pour un court moment, efface l'image des vrais. Au lieu d'être plus attachés à leurs parents après des expériences de ce genre, les oisons qui s'en sont écartés une fois ont davantage tendance à répéter leur erreur.

4. Le réflexe conditionné au sens strict du terme (conditionnement avec sélection de stimuli)

L'expression réflexe conditionné est utilisée par Pavlov et beaucoup d'autres auteurs pour désigner des processus d'apprentissage beaucoup plus complexes que ceux dont nous voulons parler ici. B. Hassenstein a montré que l'école des psychologues behavioristes américains réunissait sous ce nom des mécanismes d'apprentissage très divers.

Ce que nous désignerons ici avec B. Hassenstein sous le terme de réflexe conditionné est le résultat d'une association très simple réunissant un stimulus quelconque, à l'origine non déclencheur, à une réaction qui peut être considérée comme un réflexe au sens strict du terme dans la mesure où sa fonction n'est soumise à aucune modification des dispositions intérieures. Le battement de paupières de l'œil qui sert à protéger la cornée peut être déclenché de façon optique, en faisant passer un objet très rapidement devant les yeux du sujet, ou tactile, en envoyant un léger courant d'air sur la cornée de l'œil quand il est ouvert. Il est impossible de réprimer volontairement le battement de paupières déclenché par ces stimuli et de garder l'œil ouvert.

Le délai qui s'écoule entre le stimulus et la réaction, dit temps de latence, varie entre 0,25 et 0,4 seconde. À moins qu'ils ne soient très forts, les stimuli acoustiques ne déclenchent pas de battement de paupières. Cependant, si l'on fait entendre un léger bourdonnement plusieurs fois de suite immédiatement avant l'intervention du stimulus déclencheur « conditionné », le système nerveux réagit à cette expérience répétée par l'établissement d'une *nouvelle* corrélation réflexe. À partir de ce moment-là, le bourdonnement déclenche le battement de paupières réflexe même lorsqu'il n'est pas suivi du stimulus conditionné. Comme dit B. Hassenstein : « Le système nerveux a déjà enregistré que le stimulus acoustique en lui-même neutre avait précédé à plusieurs reprises un stimulus déclencheur du mouvement réflexe, que par conséquent *il l'annonçait*. Il réagit par l'établissement d'une nouvelle "commutation réflexe". Dès lors, le stimulus *annonciateur* déclenche directement la réponse réflexe : cela peut présenter des avantages pour l'organisme, qui, de ce fait, réagit plus tôt. »

Hassenstein poursuit : « Une nouvelle corrélation s'établit sur la base de l'expérience. Nous tenterons d'abord de la décrire puis d'en donner une représentation graphique (fig. 30, p. 411). Ce sont les conclusions indirectes mais incontestables tirées de l'observation expérimentale. »

Ailleurs, il écrit : « L'acte d'apprentissage établit un lien de transfert de signaux relativement constant entre des éléments sensoriels et des organes moteurs ; le processus s'inscrit dans le cadre d'un certain rapport *chronologique* entre stimulus inconditionné et stimulus conditionné ; la relation *chronologique* entre les signaux émanant du stimulus inconditionné et les signaux émanant du stimulus conditionné doit donc entraîner *l'établissement d'une relation qui restera dès lors relativement constante entre les deux organes de transmission* ; il faut donc qu'il y ait au sein du système nerveux central des points sensibles à l'action corrélative de signaux émanant de deux voies différentes et à partir desquels se forment des liens définitifs de transmission de signaux entre ces deux voies. (Lorsque le système nerveux central ne présente pas de points de ce type sur un arc réflexe donné, il ne peut pas y avoir formation de réflexe conditionné : par exemple, le réflexe rotulien ne peut pas se changer en réflexe conditionné.) »

Un peu plus tard, Hassenstein écrit encore : « Cette conclusion repose non seulement sur tous les phénomènes observés, mais surtout sur le fait qu'il n'y a pas au sein de l'organisme, ni du système nerveux central, d'effet physique s'exerçant à distance.

« D'après ce que nous venons de décrire, l'information concernant l'expérience que vient de vivre l'organisme est retenue dans le cerveau du fait de *l'action simultanée de deux signaux ou de leurs effets en un seul et même point* et du fait que cette action engendre l'établissement d'un lien de transmission de signaux qui n'existait pas auparavant. Pour ma part, je ne vois pas quel autre mécanisme on pourrait imaginer. Quant à savoir *comment* le nouveau lien se forme au sein du système nerveux central, c'est encore impossible. »

L'assimilation *passive* des enchaînements de stimuli, qui est très caractéristique du réflexe conditionné, prend une valeur téléonomique particulière dans le cas d'un organisme vivant qui n'est pas en mesure d'apporter par son activité la moindre modification à la situation environnementale. Skinner (1938) et d'autres qualifient ce processus d'apprentissage, par lequel un seul nouveau stimulus est sélectionné, de conditionnement de type S, par opposition à d'autres processus d'apprentissage aboutissant non pas à la sélection d'un stimulus, mais à celle d'un comportement réussi (c'est l'apprentissage instrumental ou *operant conditioning*, de type R). On compte traditionnellement aussi au nombre des réflexes conditionnés le « conditionnement classique » dont l'exemple le plus connu est le réflexe de salivation du chien que Pavlov a été le premier à étudier.

Ainsi que nous le montrerons dans le passage consacré à l'appétence conditionnée (p. 435), on a tiré là, par erreur, d'un phénomène auquel elle ne s'applique pas une loi qui existe et s'applique dans d'autres cas ;

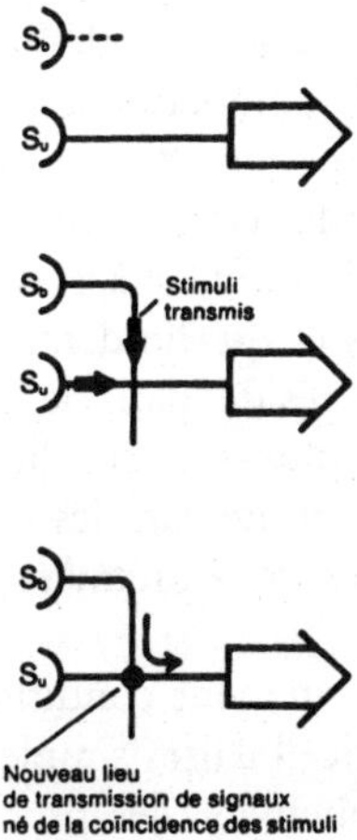

FIG. 30 : tableau simplifié de fonctionnement des processus indispensables de transmission de signaux et de stockage de l'information dans le cadre du réflexe conditionné. (S_b : stimulus conditionné, S_u : stimulus inconditionné.) La phase 1 donne un tableau de la situation avant l'apprentissage : il n'y a pas de lien direct entre le stimulus conditionné et la réaction. La phase 2 montre l'action simultanée de signaux physiologiques sur un point du système nerveux central sensible à cette coïncidence. La phase 3 est la phase de fonctionnement du système : tant le stimulus déclencheur inné que le stimulus conditionné suffit à lui seul à déclencher le réflexe. (Extrait de Hassenstein, *Verhaltensbiologie des Kindes*.)

l'histoire des sciences comporte bon nombre de fructueuses erreurs de ce genre.

5. Réactions d'évitement acquises par traumatisme

Un certain nombre de réactions d'évitement s'apparentent au réflexe conditionné au sens où nous l'entendons ici, dans la mesure où elles résultent de la simple association d'une réaction « réflexe » de fuite avec une situation de stimuli antérieurement indifférente et non déclenchante. Le processus dont nous traitons ici se différencie de celui de la section précédente par le fait que l'association s'établit souvent à la suite de l'action violente d'un stimulus et qu'elle demeure irréversible. Une seconde différence réside dans le fait que la réaction d'évitement est le plus souvent liée à une perception complexe, un peu comme dans les processus d'apprentissage exposés dans les deux premières sections du présent chapitre.

Les réactions d'évitement conditionnées existent chez les organismes pluricellulaires simples et sont sans doute issues phylogénétiquement des processus de sensibilisation dont nous avons traité en 3. II/1. Chez certains vers plats ou plathelminthes, un stimulus lumineux ne déclenche pas de réaction de fuite, mais chez d'autres il exerce un effet de sensibilisation et peut être associé à un stimulus inconditionné déclenchant la fuite. Il se pourrait que nous ayons là un exemple de passage de la sensibilisation à l'association. Chez les animaux supérieurs et chez l'homme, c'est le plus souvent le choc violent infligé par une situation donnée qui engendre l'irréversible réaction d'évitement, c'est la raison pour laquelle les psychiatres parlent de traumatismes.

La situation de stimuli à laquelle répond une réaction de peur résultant d'un traumatisme est plus ou moins complexe. Un de mes chiens qui s'était fait coincer un jour dans une porte à tambour évita dès lors non seulement toutes les portes à tambour, mais aussi l'environnement immédiat de l'endroit où il avait subi le traumatisme. Lorsqu'il devait marcher dans la rue en question, avant d'arriver au niveau de cette porte il traversait pour gagner le trottoir d'en face et passait en courant aussi vite que possible, les oreilles rabattues et la queue entre les pattes. Les dresseurs de chiens savent, comme les cavaliers et les psychologues, qu'il est souvent impossible de faire disparaître ce type de réaction d'évitement conditionné.

6. L'empreinte

L'empreinte est un autre processus d'apprentissage reposant sur une pure association et par là même apparenté au réflexe conditionné. Elle partage avec la réaction d'évitement conditionné son caractère *irréversible*. L'association d'un certain comportement avec une certaine situation de stimuli se fait sans renforcement, c'est-à-dire sans rétroaction positive de la réussite du comportement en question. L'une des particularités de l'empreinte réside dans le fait qu'elle est phylogénétiquement « programmée » pour une période très précise de la vie ontogénétique de l'individu, période au cours de laquelle le jeune organisme attend en quelque sorte certaines configurations de stimuli déclencheurs inconditionnés et les associe instantanément pour former une unité avec des stimuli en eux-mêmes non déclencheurs qui se présentent en même temps. Ainsi que nous l'avons dit (p. 398), contrairement aux stimuli inconditionnés, ces stimuli conditionnés sont de nature complexe.

La phase sensible au cours de laquelle peut se produire un phénomène d'empreinte varie énormément d'une espèce et d'une réaction à l'autre. Elle se situe bien souvent à un moment du développement ontogénétique où le comportement en question ne peut pas être déclenché, pas même sous forme d'ébauche. Des configurations de stimuli qui n'auront un effet de déclenchement inconditionné que dans une phase ultérieure de la vie de l'individu sont donc curieusement associées à des configurations de stimuli qui exercent déjà un effet sur le jeune animal à ce stade encore sans réaction.

Dans les cas les plus fréquents et qui ont été le mieux étudiés, la fonction téléonomique du processus d'empreinte réside dans la *fixation* d'un comportement donné sur l'objet adéquat. Sigmund Freud, qui a découvert cette forme d'apprentissage, l'a désignée sous le nom de fixation. L'objet sur lequel le comportement se fixe par l'intermédiaire de l'empreinte est le plus souvent un congénère, qui joue le rôle de partenaire social dans le cadre du comportement en question. Mais il y a aussi des comportements, comme la capture chez de nombreux rapaces, qui se développent par un caractéristique mécanisme d'empreinte sur un objet donné.

L'association irréversible établie par l'empreinte ne porte jamais que *sur un système* de comportement très précis. Il est fallacieux de dire qu'un sujet d'une espèce donnée est « empreint sur l'homme ». Ainsi que je le montrais déjà dans une étude (1935), les différents comportements fixés par l'empreinte sur leur objet sont à cet égard totalement indépendants les uns des autres. Un choucas peut très bien avoir des réactions sexuelles empreintes sur l'homme et des réactions de formation en vol empreintes sur les corneilles mantelées. Si les anatidés de différentes espèces constituent un excellent objet d'étude de la sociologie animale, c'est parce que leurs comportements, fixés sur les parents et différentes formes de liens sociaux durables, peuvent être fixés sur l'homme tout en laissant leur comportement sexuel focalisé sur leurs congénères.

Même en ce qui concerne l'ordre des périodes sensibles, les processus d'empreinte relatifs à différents comportements sont indépendants les uns des autres, et leur succession chronologique n'a aucun lien avec l'ordre de maturation des comportements correspondants. Chez le choucas (*Coleœus monedula*), par exemple, l'empreinte des réactions sexuelles s'établit *bien avant* celle des réactions de suite, à une époque où le jeune oiseau qui n'a pas encore de plumes est au nid et ne manifeste aucun comportement – mis à part celui du bâillement de quête – vis-à-vis de ses congénères. L'empreinte des réactions de suite s'effectue peu avant le moment où l'oiseau commence à voler, et son effet se ressent au bout de quelques jours alors que celui de l'empreinte sexuelle ne s'observe qu'au bout de deux ans.

Certains auteurs ont essayé de présenter l'empreinte comme une réaction de conditionnement positif (*reinforcement*) au sens traditionnel du terme et cherché à établir des théories sur les stimuli susceptibles d'exercer cet effet de conditionnement positif. Leurs élucubrations tirées par les cheveux montrent simplement qu'ils sont prisonniers de l'idée que l'apprentissage par *reinforcing* (la récompense) serait la seule forme d'acquisition comportementale imaginable. Ainsi que l'a montré clairement Klaus Immelmann, l'empreinte est fondamentalement différente de l'apprentissage par conditionnement positif. Il a appliqué et fait jouer l'un contre l'autre les deux processus d'acquisition chez un même sujet de l'espèce des diamants mandarins (*Taeniopygia castanotis*). Les jeunes mâles élevés par une autre espèce de mandarins, les dominos à queue longue (*Lonchura bengalensis*), s'accouplaient régulièrement avec des femelles de l'espèce qui les avait élevés, par conséquent avec des dominos à queue longue lorsqu'on mettait les deux à leur disposition. Lorsque K. Immelmann fit vivre pendant des mois des mâles ayant subi un processus d'empreinte sexuelle sur les dominos à queue longue exclusivement avec des femelles de leur propre espèce, les animaux finirent par les accepter, s'accouplèrent avec elles et élevèrent ensemble des petits. Lorsque, après six couvées réussies, on présenta à nouveau à des diamants mandarins mâles des femelles de dominos à queue longue, ils abandonnèrent, non pas immédiatement, mais au bout d'un certain temps, la femelle avec qui ils avaient formé un couple stable pour une femelle de l'espèce sur laquelle ils avaient été originellement fixés sexuellement. L'empreinte, qui n'avait pas été renforcée par un apprentissage ultérieur, l'emportait donc sur des processus d'apprentissage qui avaient bénéficié du renforcement le plus intense que l'on puisse imaginer. B. Hellmann fit, il y a bien longtemps, une découverte analogue concernant les perruches. Il enferma un mâle et une femelle qui avaient subi un processus d'empreinte sexuelle sur l'homme dans un local où ils ne virent plus âme qui vive. Les perruches ont de toute façon tendance à utiliser des objets de substitution pour leur comportement de parade et pour tous les autres comportements sexuels, c'est la raison pour laquelle on suspend dans leur cage de petits miroirs, des figures en matière plastique ou autres. Il n'est donc pas étonnant que les deux perruches ainsi enfermées aient appris à se prendre mutuellement comme objet de substitution et qu'elles aient fini par s'accoupler et par avoir des petits. Mais, comme précisément au moment où elles avaient des petits on les mit pendant quelques minutes en contact avec des hommes, elles adoptèrent chacune immédiatement un comportement de parade, se battirent ensuite et laissèrent les petits mourir de faim. La trace laissée dans la mémoire par l'empreinte n'est pas effaçable par l'apprentissage et réapparaît aussitôt que le choix est offert et que l'engramme empreint entre en conflit avec la forme apprise.

F. Schutz a montré qu'il pouvait aussi y avoir conflit entre les configurations de stimuli auxquelles l'animal réagit de façon innée et celles auxquelles il réagit à la suite d'un processus d'empreinte. Au cours des expériences d'empreinte qu'il effectua sur ses colverts, Schutz constata qu'il était très facile de fixer le comportement sexuel des mâles sur d'autres espèces, mais non celui des femelles. Schutz pensa tout de suite que cela provenait des déclencheurs, autrement dit de la robe de parade et des mouvements de pariade auxquels répondaient des mécanismes innés de déclenchement de la femelle. Il vérifia cette hypothèse par une expérience très habile. Les travaux de H. Mau ont prouvé que l'administration de quantités importantes d'hormones mâles à la cane colvert ne pouvait certes pas provoquer de mouvements de pariade du mâle, ni même de mue et de changement du plumage, mais pouvait influer sur le choix de l'objet sexuel. Sous l'effet de la testostérone, les canes courtisent d'autres femelles, tandis que les femelles normales ou traitées aux œstrogènes courtisent des mâles. Schutz fixa le comportement sexuel d'un certain nombre de colverts femelles sur des *Cairina moschata*. Il leur présenta ensuite un nombre correspondant de colverts mâles et de *Cairina moschata*. Tous les sujets s'accouplèrent normalement avec des colverts. Lorsque Schutz leur fit absorber des cristaux de testostérone, toutes les canes se détournèrent de leurs colverts mâles et adoptèrent un intense comportement de pariade vis-à-vis des sujets de l'espèce sur laquelle s'était effectuée l'empreinte. Tant que ces animaux « se sentaient des femelles », elles percevaient les déclencheurs des mâles de leur espèce, mais dès que, du fait d'une variation d'équilibre hormonal, elles recherchaient une femelle comme objet sexuel, elles réagissaient conformément au mécanisme d'empreinte.

La plupart des recherches expérimentales sur le mécanisme d'empreinte ont porté sur les réactions de suite de jeunes oiseaux partis du nid. Eckhard Hess établit par ses expériences sur les colverts que la période sensible de l'empreinte de ce comportement se situe autour de la quinzième heure après la sortie de l'œuf, où elle atteignait un sommet (cf. fig. 31). Beaucoup d'expériences « d'empreinte » ont été effectuées sur des poussins de poules domestiques dont les réactions de suite ne sont pas du tout soumises à l'empreinte de la même manière que celles des oies ou des canards. Si l'étude de l'empreinte de la réaction de suite est si souvent choisie, c'est parce que l'on dispose toujours d'œufs de poule ou de cane. D'un autre côté, elle ne convient pas très bien pour démontrer les propriétés spécifiques du processus. La principale caractéristique de l'empreinte est son irréversibilité, et cette caractéristique peut difficilement être montrée à propos de la réaction de suite, ou ne le peut qu'indirectement, pour la bonne raison que cette réaction atteint sa pleine intensité immédiatement après la sortie du nid mais disparaît, chez les poules comme chez les canards, en quelques semaines et chez les oies en quelques mois. En outre, la période sensible d'empreinte de cette réaction coïncide presque avec son entrée en fonctionnement. Il est donc assez difficile de prouver qu'il n'y a pas de renforcement de la réaction. Dans le cas de l'empreinte sexuelle, où le processus d'empreinte se termine souvent plus d'un an avant la maturation du comportement en question, la démonstration est plus convaincante.

La ressemblance superficielle de l'empreinte des réactions de suite des oiseaux sortis du nid avec l'appétence conditionnée dont nous traiterons dans le prochain chapitre réside dans l'ordre chronologique des processus mis en jeu. Le jeune oiseau entend l'appel de sa mère ou voit ses mouvements, ou encore les deux en même temps, et y répond par l'acte instinctif de suivre, ce qui lui apprend en même temps à identifier l'image du parent. Dans

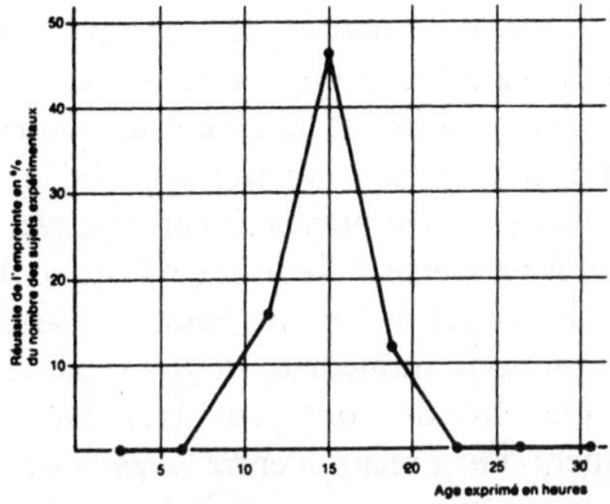

FIG. 31 : durée et déroulement de la période d'empreinte chez les canetons. Chaque caneton est placé pendant une heure devant un leurre. On détermine ensuite, par une expérience de choix, s'il y a eu empreinte sur le leurre présenté. La période sensible à l'empreinte commença dans cette expérience environ dix heures après la sortie de l'œuf, atteignit son sommet cinq heures plus tard et se termina encore cinq heures plus tard. (D'après Hess, cité par Eibl-Eibesfeldt. Extrait de : Czihak, Langer, Ziegler, *Biologie*.)

cette mesure, ce mécanisme réunit les éléments constitutifs d'une appétence conditionnée. Mais il n'est pas sûr que la satisfaction du besoin de contact, obtenue par la réaction de suite, exerce un effet de renforcement.

7. L'inhibition conditionnée

C'est encore par simple association, autrement dit sans intervention de ces mécanismes de rétroaction de la réussite dont nous traiterons dans le prochain chapitre, que se déroulent les processus d'apprentissage qui inhibent d'emblée un certain comportement. Tous les dresseurs savent que l'on ne parvient pas à détourner un chien de la chasse en lui infligeant une punition chaque fois qu'il en revient pour essayer de susciter chez lui une aversion contre la situation de stimuli déclenchante. L'animal croit que l'on punit son retour et non, comme le voudrait son maître, le fait qu'il ait couru après le gibier. En revanche, si le maître apprend à guetter le moment où le chien se prépare à partir – avec le temps, on apprend à reconnaître l'attitude physique, la mise en train pour la course et l'air de vouloir chasser – et lui inflige une punition immédiate, en tirant par exemple sur lui avec une fronde, on peut très bien arriver à l'établissement d'une relation entre la *tendance* comportementale et la punition, autrement dit à susciter une *inhibition conditionnée* qui empêche l'animal de partir. La punition administrée au moment même de la faute a, pour si légère qu'elle soit, un effet beaucoup plus profond et durable qu'une punition plus lourde mais administrée à retardement. En d'autres termes, la simple association entre stimulus punitif et comportement d'appétence est plus facile à établir que les aversions conditionnées dont nous traiterons dans la section 3. IV/4.

L'utilisation d'inhibitions conditionnées joue un rôle très important dans le dressage des animaux domestiques et surtout des animaux de cirque. La plupart des dressages positifs ou négatifs par la punition reposent sur le même principe, même la pratique consistant à « briser » un cheval, qui est utilisée dans certaines régions du Nouveau Monde et paraît si brutale aux connaisseurs et adeptes de l'école espagnole.

B. Hassenstein attire l'attention sur une conséquence possible et parfois dangereuse de l'inhibition conditionnée. Du fait que l'établissement d'une inhibition de ce type ne permet au comportement concerné de se manifester que très rarement ou lui interdit totalement de se manifester, il peut en résulter une augmentation pathologique de la pulsion correspondante, en particulier lorsqu'elle est la seule forme d'expression d'un PAS qui s'accumule. Bon nombre des accidents qui se produisent avec les animaux de cirque s'expliquent sans doute par cette forme de « rétention » d'une pulsion donnée. E. Zimen a observé chez le loup et van Lawick chez le loup peint *(Lycaon pictus)* qu'au bout d'un très long délai de passivité un animal réprimé pendant très longtemps finissait par se lancer avec la soudaineté de la réaction originelle dans une attaque désespérée de son tyran au cours de laquelle tous les mécanismes d'inhibition de l'agression fonctionnant habituellement étaient subitement anéantis. Le meurtre conjugal, qui est, comme l'on sait, la forme la plus fréquente de meurtre, est le plus souvent perpétré, d'après Anthony Storr, par des personnes et surtout par des hommes qui se trouvent sous l'emprise d'une très forte inhibition conditionnée de tout comportement agressif.

Hassenstein fournit une analyse théorique très claire de l'inhibition conditionnée et il pose d'abord la question des variables d'entrée et de sortie : « Il faut considérer comme paramètres d'entrée : premièrement – comme pour l'acte conditionné (p. 446) –, le mode de commandement central de l'action (inhibée ensuite par l'acte d'apprentissage) ; deuxièmement – comme pour l'aversion conditionnée –, l'information concernant la mauvaise expérience, qui a pour suite l'inhibition conditionnée. Le paramètre de sortie est précisément l'action en question, réprimée par l'acte d'apprentissage. »

La différence entre l'inhibition conditionnée et le réflexe conditionné (au sens où l'entend Hassenstein), dont nous avons traité dans la section 4 du présent chapitre, est que le stimulus conditionné n'est pas associé avec une disposition passive à la réaction, avec un réflexe, mais avec une impulsion du système nerveux central, une instruction au sens de la biocybernétique.

8. Résumé et discussion

1. Dans tous les processus d'apprentissage dont il a été question tout au long de ce chapitre, la modification comportementale repose sur une fusion, une association, entre l'effet d'une situation de stimuli à l'origine non déclenchante, le « stimulus conditionné », avec le « stimulus inconditionné », seconde configuration de stimuli à laquelle répond un MID et qui entraîne un comportement donné. L'élément donné à l'origine est ce comportement, la téléonomie du processus d'apprentissage réside dans le fait qu'il choisit une situation de stimuli dans laquelle ce comportement est rationnel – ce dont l'organisme n'est pas informé avant l'intervention du processus d'apprentissage.

Ces processus s'inscrivent assez bien dans le cadre de la notion de conditionnement de type S définie par B. F. Skinner et caractérisée par la sélection du stimulus. Ce conditionnement obéit d'après Skinner à la loi suivante : « La présentation quasi simultanée de deux stimuli, dont l'un (le stimulus renforçant) relève d'un réflexe qui atteint au moment donné une certaine intensité, peut entraîner une augmentation de force pour un troisième stimulus composé de la réaction du réflexe renforçant et de l'autre stimulus » (1938, cité d'après Foppa). Comme le dit Foppa, ce n'est « rien d'autre qu'une description – approximative – du conditionnement classique : un stimulus peut devenir déclencheur d'une réaction lorsque son déclencheur initial (stimulus clé, K. L.) se présente à plusieurs reprises de façon quasi simultanée ». Skinner a également formulé une « loi d'effacement du conditionnement de type S » : « Lorsqu'un réflexe, dont la force a été augmentée par un processus de conditionnement de type S, se présente sans stimulus renforçant, son intensité faiblit. »

2. Cette dernière loi assez vague s'applique à peu près au premier processus d'apprentissage dont nous avons traité dans ce chapitre : l'habituation, ou inhibition afférente, est un processus par lequel une configuration de stimuli assez complexe est associée aux stimuli clés d'un MID de telle sorte qu'elle *inhibe* – « éteint », comme disent les behavioristes – leur action. Toutefois, cette inhibition des stimuli clés ne se prolonge que tant que la situation de stimuli qui leur est associée se présente *dans son intégralité*. La déficience du moindre détail apparemment négligeable peut brusquement restituer aux stimuli clés toute leur efficacité.

3. L'accoutumance est un processus quasi réciproque de l'habituation. Les stimuli clés initiaux sont liés à une situation de stimuli complexe de telle sorte *qu'ils ne peuvent plus agir* qu'en corrélation avec elle.

4. Dans le cadre du réflexe conditionné – au sens étroit où l'entend B. Hassenstein – et de la réaction d'évitement conditionnée par un traumatisme, l'association n'a qu'un effet univoque ; autrement dit, l'efficacité des stimuli clés « inconditionnés » ne change pas, mais le stimulus « conditionné » de la configuration de stimuli qui leur est associé se voit conférer, du fait de l'association, une efficacité égale à celle du stimulus inconditionné.

5. L'empreinte a en commun avec l'accoutumance la fonction consistant à rendre par association une configuration de stimuli plus sélective et en commun avec les associations liées à un traumatisme leur caractère irréversible. La fonction essentielle de l'empreinte consiste à fixer des comportements sur leur objet – le plus souvent un congénère.

6. L'inhibition conditionnée se produit dès lors qu'un comportement perpétuellement motivé enchaîne immédiatement une expérience désagréable de peur ou de

douleur. D'un point de vue téléonomique, il est tout à fait rationnel d'écarter ce comportement dans les circonstances où il a eu des conséquences néfastes ; autrement dit, il est tout à fait rationnel d'établir une association inhibitrice avec la situation de stimuli qui va de pair avec lui.

Dans toutes les sections de ce chapitre, nous avons traité de processus par lesquels l'animal apprend, *sous l'effet d'un stimulus*, à faire ou à ne pas faire quelque chose – c'est le principe même de la sélection de stimulus. On peut exprimer cela de façon anthropomorphique en disant que l'animal tire une conclusion du *fait qu'il lui arrive quelque chose* et non – comme dans le cadre des processus du prochain chapitre – du fait *qu'il fait quelque chose*, ce qui entrerait dans le cadre de l'apprentissage instrumental, *operant conditioning*, ou conditionnement de type R.

Ce dernier type d'apprentissage est généralement considéré comme l'essence même de tout apprentissage, et par certains comme le seul processus d'apprentissage qui mérite qu'on l'étudie, sinon comme le seul élément constitutif de tout comportement. Même Klaus Foppa, à qui je dois tout mon savoir sur les théories et les théoriciens de l'apprentissage, écrit à propos des processus que nous venons d'analyser dans ce chapitre : « Pour les processus d'adaptation naturelle, ce conditionnement de type S ne revêt cependant pas une très grande importance. Le conditionnement opérant (conditionnement de type R) est beaucoup plus important. » On ne peut pas laisser passer cette affirmation. Même un organisme déjà supérieur, telle l'oie cendrée, doit toutes les modifications téléonomiques que nécessite son comportement presque exclusivement aux mécanismes d'apprentissage dont nous avons traité dans ce chapitre et dans le chapitre précédent. Il m'a fallu réfléchir un certain temps pour trouver dans le comportement de ces oiseaux un exemple relevant à coup sûr du conditionnement opérant : l'oie acquiert de cette façon la connaissance des aliments qui lui conviennent. La surestimation de l'importance biologique du conditionnement de type R et la sous-estimation de l'importance de tous les autres processus d'apprentissage proviennent très certainement de ce que l'on généralise des propriétés spécifiques du surmulot et de l'homme. Or ces deux êtres ont un comportement exploratif très développé dont le rôle biologique est lié à celui du conditionnement opérant.

IV

L'apprentissage fondé sur les effets du comportement

1. La nouvelle rétroaction

Presque tous les animaux possédant un système nerveux central sont en mesure de tirer la leçon de la réussite de leur comportement ressentie subjectivement comme une récompense. Ce processus d'apprentissage ne peut pas s'expliquer par l'établissement d'une simple association ou d'un simple lien entre deux réseaux nerveux, car il suppose une structure plus complexe du système de modification adaptative. Le système comportemental que nous appelons avec Heinroth une activité instinctive spécifique se compose, ainsi que nous l'avons vu p. 163 sq., d'un comportement d'appétence, de la sollicitation d'un MID et de l'aboutissement à une situation finale de satisfaction de l'instinct au cours de laquelle se déroule un certain comportement programmé phylogénétiquement. L'enchaînement de ces trois éléments constitue le fondement sur lequel se sont phylogénétiquement développés tous les processus d'apprentissage par l'échec ou par la réussite. Wallace Craig (1914) avait déjà découvert ce principe dans son étude *Appetites and Aversions as Constituents of Instinct* (*Appétences et aversions comme éléments constitutifs de l'instinct*), où il montrait en détail comment l'exécution de l'acte consommatoire final (*consummatory act*) apprenait à l'animal quelle était la situation de stimuli très particulière qu'il devait rechercher pour parvenir à une satisfaction totale. Parmi les théoriciens behavioristes de l'apprentissage, à ma connaissance seul P. K. Anokhin est parvenu tout à fait indépendamment des éthologistes à des conclusions très voisines. Il considère le « réflexe conditionné » comme un cycle régulateur dans lequel non seulement la situation extérieure, mais aussi et surtout *l'information rétroactive* concernant le déroulement et l'effet d'une réaction ainsi que son degré d'adaptation à la situation donnée jouent un rôle capital.

Il est bien évident que ce cycle régulateur revêt une grande valeur téléonomique et il n'y a donc rien d'étonnant à ce que des genres très différents l'aient « inventé » indépendamment les uns des autres au cours de leur évolution phylogénétique, exactement de la même manière que les yeux, les extrémités ou d'autres organes analogues. Toutes les espèces (*Phyla*) qui ont un système nerveux relativement centralisé possèdent cette nouvelle rétroaction, aussi bien les crustacés que les insectes, les céphalopodes et les vertébrés.

Ainsi que nous l'avons vu, dans la nomenclature des théoriciens behavioristes, on distingue deux principaux types d'apprentissage par association. Dans le premier, l'organisme n'est pas placé devant un problème qu'il chercherait activement à résoudre, il apprend passivement à interpréter la présence d'un certain stimulus, contre lequel il ne peut rien entreprendre, comme le signal d'un phénomène qui va lui faire suite et auquel l'organisme s'adapte par avance. C'est le conditionnement de type S, ou conditionnement « classique », appelé aussi conditionnement avec sélection de stimulus. À ce type de processus d'apprentissage s'oppose une deuxième catégorie fondamentalement différente, dans laquelle l'animal apprend à résoudre activement un problème en essayant d'appliquer différents comportements et à conclure de l'expérience laquelle de ces solutions est la bonne. L'adaptation comportementale s'effectue dans ce deuxième cas non pas par la sélection d'un stimulus, mais par celle d'un comportement. C'est le « conditionnement opérant » (souvent assez maladroitement appelé « conditionnement instrumental »), ou conditionnement de type R. La distinction se trouve, ainsi que le souligne K. Foppa, sur le plan physiologique, car il y a bien évidemment une différence fondamentale entre ce qui se produit lorsqu'une excitation au niveau du système nerveux central naît du fait que l'organisme modifie sa position dans l'espace et ce qui se produit lorsqu'elle naît du fait que quelque chose modifie la position de l'organisme dans l'espace.

Il n'empêche que nous nous heurtons à un certain nombre de difficultés lorsque nous voulons classer dans ce système les processus d'apprentissage réels et naturels observés sur des sujets vivant en liberté. Dans le cadre de tous les processus d'apprentissage par l'échec ou par la réussite dont nous traiterons dans le présent chapitre, *l'animal tire la leçon de ce qu'il fait* et dans cette mesure il s'agit bien de conditionnement « opérant ». Mais cela n'aboutit pas toujours à la sélection d'un comportement donné. Dans les conditions de vie normales, les formes d'apprentissage par l'expérience les plus fréquentes et les plus importantes d'un point de vue téléonomique sont la formation d'appétences conditionnées et d'appétences conditionnées pour l'état de repos (cf. 3. IV/3, 4 et 5). Les deux relèvent du conditionnement « opérant » dans la mesure où l'animal tire la leçon de son propre comportement, mais aucune des deux n'aboutit ni à une sélection de stimulus ni à une sélection de comportement. Au contraire, la forme de comportement recherchée ou au contraire évitée à la suite d'une expérience douloureuse demeure la même. Dans les conditions naturelles, l'apprentissage opérant conduisant à la sélection d'un comportement de réussite et par là même de récompense ne s'observe, pour autant que je sache, que chez les animaux capables de ce comportement de curiosité dont nous avons traité en 2. VI. Toutefois, dans les expériences de laboratoires, par exemple lorsqu'un chat enfermé dans une boîte à énigme (*puzzle box*) essaie tous les comportements possibles pour échapper à la torture de cet emprisonnement dans un lieu inconnu, il finit effectivement par choisir le comportement qui lui assure la réussite.

Mis à part certains cas très particuliers, comme celui que nous venons de citer et le comportement de curiosité, qui se limite à quelques formes animales supérieures, il n'y a pratiquement jamais de sélection de comportement dans les conditions de vie naturelles. Les exemples d'utilisation de différents comportements au service d'une même appétence (cf. p. 195) ne sont pas fréquents, et celui que nous avons donné est en fait très particulier. Dans la plupart des cas où un animal tire la leçon de sa réussite ou de son échec, il est sous l'impulsion d'une appétence simple pour un comportement bien déterminé : le chien « veut » enterrer un os, l'oiseau « veut » fixer une brindille à la paroi de son nid et, pour ce faire, il exécute le mouvement de poussée tremblée. Il n'y a pas là de sélection d'un comportement donné, mais c'est l'appétence pour un acte consommatoire final qui est donnée dès le départ. Ce que l'animal *apprend* dans tous ces cas, c'est la situation dans laquelle son action lui donnera l'*effet rétroactif* « juste ». La référence permettant de juger de la « justesse » du comportement existe de façon innée sous forme d'information codée et se traduit par des propriétés fonctionnelles du système nerveux central.

Les recherches scientifiques de l'école de Skinner se limitent au conditionnement « opérant » avec sélection de comportement, c'est-à-dire à cet apprentissage de type R qui joue effectivement un rôle très important et très intéressant chez l'homme – et chez d'autres organismes pratiquant le comportement exploratif, comme le rat. Mes critiques des behavioristes ne signifient pas le moins du monde que je sous-estime les résultats qu'ils ont obtenus dans l'étude de cette forme d'apprentissage particulière et extrêmement importante.

Ils ont découvert toute une série de lois s'appliquant à tous les apprentissages par l'échec ou par la récompense. Dans tous ces processus d'apprentissage, les stimuli associés à l'« opérant » n'ont pas toujours ni immédiatement une action déclenchante, mais elles *favorisent* sa manifestation, elles augmentent *les chances* que l'animal emploie le comportement adapté [1]. Toutes les associations établies par la récompense ou par la punition se perdent avec le temps si le conditionnement n'est pas répété : tout ce qui a été appris peut aussi être oublié, c'est bien connu. C'est la raison pour laquelle le maintien d'un conditionnement obtenu par la récompense ou par la punition demande un renforcement périodique et c'est ainsi que le terme anglais *reinforcement* s'est imposé comme désignation de tout conditionnement positif. En fait, il n'y a pas de terme satisfaisant pour désigner le processus. Le terme renforcement ne convient pas parfaitement dans la mesure où ce n'est pas l'intensité du comportement en question qui augmente, mais ses chances de se manifester. La désignation serait plus adéquate si l'on disait que l'organisme est « encouragé » à adopter le

1. I. P. Pavlov a utilisé le terme *Verstärkung* – renforcement – pour désigner cet effet. Il publiait son étude en allemand – c'est ce que découvrit une de mes collègues qui parlait russe.

comportement en question. Si la récompense à laquelle l'animal « s'attend » à la suite du comportement conditionné ne se présente pas, il en résulte une « déception ». Les chances que l'animal manifeste à nouveau ledit comportement diminuent d'autant et l'on parle d'extinction, en anglais *extinguishing*, de ce comportement, bien que l'effet de conditionnement ne disparaisse pas d'un coup.

2. La loi de la complexité minimale du système

Contrairement à la plupart des behavioristes, en tant qu'éthologistes nous pensons qu'il serait important de savoir pourquoi – mis à part quelques rares exceptions – l'apprentissage correspond toujours à une adaptation du comportement, c'est-à-dire à une augmentation de sa valeur téléonomique. Nous savons que la réussite encourage l'animal à répéter le comportement qui l'y a amené et qu'un échec a l'effet inverse. *Mais comment l'animal sait-il* ce qui est une réussite ou un échec ?

Nous savons que la trilogie comportement d'appétence, MID et acte consommatoire final existe dans le monde animal sous la forme d'un programme fermé qui n'est pas le moins du monde modifiable par l'apprentissage ; nous savons également qu'elle se présente le plus souvent sous cette forme chez les organismes inférieurs et que l'apprentissage par la réussite ou par l'échec n'est manifestement apparu qu'à un stade ultérieur de l'évolution. Nous savons que cette nouvelle étape de l'évolution a fait d'un enchaînement linéaire un cycle régulateur et que sont apparues en même temps des propriétés radicalement nouvelles du système nerveux, bien que les systèmes préexistants n'aient été ni modifiés ni éliminés mais qu'ils aient conservé leur fonction antérieure et soient devenus des éléments constitutifs indispensables du nouveau cycle régulateur.

La formation d'un cycle régulateur transmettant rétroactivement l'information de la réussite d'un comportement donné n'est guère imaginable sans existence préalable d'un mécanisme linéaire fonctionnant même sans cet effet rétroactif et dont la fonction commencerait par une appétence, en passant par la sollicitation d'un MID, pour aboutir à un acte consommatoire final satisfaisant les besoins de l'instinct ou à un état de repos également satisfaisant (cf. p. 195). Ce n'est pas seulement sur le plan théorique de la biocybernétique qu'il est difficile de se représenter un système de comportement pouvant apporter une modification téléonomique par rétroaction de la réussite sans intervention de ces trois éléments ; même du point de vue de l'observation directe, *nous ne connaissons pas un seul système comportemental qui subisse une modification téléonomique par l'intermédiaire de l'apprentissage et ne soit pas composé de ces trois éléments.*

Même dans le cadre de l'activité instinctive spécifique qui n'est modifiable ni par la rétroaction de l'échec ni par celle de la réussite, il y a souvent un appareil « rétroactif » qui sert uniquement à mettre un terme à un comportement donné sans rien transmettre à l'organisme de la téléonomie de la réussite. Ainsi que nous l'avons mentionné en 2. I/6, la fin d'une activité instinctive spécifique n'est pas toujours entraînée par l'épuisement du PAS, mais souvent par un mécanisme qui annonce l'achèvement de l'action, comme le font les afférences proprioceptrices du testicule dans la copulation du chimpanzé.

Pour faire parvenir à l'animal une information sur la réussite que représente l'action qu'il vient d'effectuer du point de vue de son effet téléonomique *sur le monde extérieur*, il faut disposer d'une certaine information sur ce monde extérieur. Notre « précepteur inné », qui, dans le cas de la réussite, tape sur l'épaule de l'organisme et lui dit : « C'est bien, recommence ! » et, au contraire, en cas d'échec, agite sa férule, doit donc acquérir une certaine information issue du monde extérieur.

Pour en être capable, il faut d'abord qu'il dispose d'une masse d'informations génétiques concernant aussi bien ses élèves que le monde extérieur. Le programme ouvert de l'apprentissage par l'échec ou par la réussite suppose l'existence d'un appareil neurosensoriel extrêmement complexe et disposant d'une masse considérable d'informations acquises phylogénétiquement.

Le problème de la complexité minimale que doit présenter un système nerveux pour pouvoir tirer de la rétroaction de la réussite une amélioration téléonomique de sa fonction n'est pas posé par l'école behavioriste, qui n'envisage pas non plus la possibilité qu'existent plusieurs types de systèmes susceptibles d'assurer cette même fonction ; tous les processus de ce type sont au contraire rassemblés sous le nom de conditionnement de type S. Il y a à cela plusieurs raisons que nous avons en partie évoquées. Pour commencer, les behavioristes refusent de se poser la question de la téléonomie avec la même violence que nous pose celle de la téléologie. En outre, ils espèrent parvenir à l'abstraction de lois générales de l'apprentissage et du comportement dans son ensemble sans se donner la peine d'analyser le mécanisme physiologique complexe dont la fonction est le comportement, et en particulier l'apprentissage.

Cet espoir est totalement vain. Les cybernéticiens savent que l'on ne peut pas comprendre le fonctionnement d'un système complexe de diffusion d'information se composant de divers éléments fonctionnant de façon diverse en contrôlant les entrées et en s'efforçant d'en déduire statistiquement la probabilité de sortie de certaines données. Pour reprendre une boutade de H. Mittelstaedt, c'est un peu comme si l'on voulait comprendre le fonctionnement d'un distributeur automatique de tickets sans connaître d'autres éléments que le type de pièces que l'on peut y insérer et le type de tickets que l'on peut en obtenir.

Les choses se présentent quelque peu différemment si l'on dispose, en outre, de quelques renseignements sur les parties constituantes de l'appareil en question et aussi sur les fonctions partielles revenant à chacune d'elles. Dans ce cas, on peut utiliser la démarche que nous indiquions p. 65 sq., qui trouve son parallèle dans la méthode d'enseignement et que nous avons illustrée par l'exemple du moteur à explosion. On représente symboliquement chacun des systèmes partiels, sans en connaître le mécanisme ni le mode de fonctionnement, comme une boîte vide (*blackbox*) et chacun des effets d'un élément sur un autre par des flèches dont le signe positif ou négatif correspond à une influence libératrice ou inhibitrice. On établit alors ce que l'on appelle un schéma opérationnel.

B. Hassenstein a entrepris une nouvelle classification conceptuelle des processus d'apprentissage en faisant entrer dans ses schémas opérationnels les unités reconnues par les éthologistes comme des mécanismes fonctionnant de façon autonome. La facilité avec laquelle on peut le faire, de même que la possibilité d'éducation des enfants et de dressage des animaux s'inscrivent non seulement en faveur de sa thèse, mais aussi en faveur de la validité des concepts éthologiques traditionnels.

3. L'appétence conditionnée

Ainsi que nous l'avons dit précédemment (p. 427), certains processus d'apprentissage ne s'inscrivent pas absolument dans la classification traditionnelle établie par les psychologues, car ils relèvent bien du conditionnement « opérant » dans la mesure où l'animal fait quelque chose pour apprendre quelque chose. Mais cette expérience ne conduit pas à la sélection d'un comportement adéquat (*behaviour selection*), comme ce devrait être le cas dans le cadre d'un conditionnement de type S, mais à l'apprentissage d'un certain comportement d'appétence et d'une certaine situation de stimuli accessibles par son intermédiaire. Dans le cycle régulateur qui se trouve à la base de tout apprentissage, l'information acquise exerce une rétroaction entraînant une modification téléonomique du comportement antérieur. Les effets renforçants ou inhibiteurs peuvent aussi bien porter sur le comportement d'appétence de départ que sur l'action en elle-même. Dans le premier cas, on parle d'appétence conditionnée.

Dans les expériences de Karl von Frisch sur la perception des couleurs chez les abeilles, lorsqu'une abeille a essayé plusieurs fois en vain d'atteindre un petit récipient rempli de nourriture sur fond bleu et qu'elle a, au contraire, su trouver la solution de sucre placée dans une soucoupe de verre placée sur un support jaune, parce qu'elle pouvait y effectuer correctement les mouvements correspondant à la collecte du nectar, la situation de stimuli initialement neutre – le papier jaune n'exerce à l'origine aucun effet d'attraction – devient l'objectif du comportement d'appétence qui intervient. C'est donc *le comportement d'appétence* qui est associé à de nouveaux stimuli déclencheurs et directeurs.

Une expérience assez simple permet de prouver que c'est bien l'appétence, et non par exemple l'acte consommatoire final, qui est associée à de nouveaux stimuli déclencheurs par le processus d'apprentissage : une fois que l'abeille a atteint le récipient, on peut glisser dessous un papier d'une autre couleur de manière que, pendant qu'elle aspire le liquide, ce qui constitue un acte consommatoire particulièrement gratifiant, elle voie la soucoupe sur un autre fond. Cela n'empêche pas que, lors du vol suivant, placée devant le choix entre le bleu et le jaune, l'abeille choisisse à nouveau la couleur jaune qu'elle a déjà atteinte. Entre la perception de la couleur déjà atteinte et la récompense que représente l'absorption du liquide, il peut s'être écoulé jusqu'à huit secondes et cela n'empêche que la récompense fait de *la couleur déjà atteinte* l'objectif de l'appétence. Hassenstein en conclut que « l'information concernant les perceptions sensorielles peut être stockée un certain temps dans l'organisme, jusqu'à ce que sa corrélation avec une récompense ultérieure la fasse intervenir dans la cause de la formation d'une nouvelle “association conditionnée” ».

Un deuxième exemple nous est offert par Karl von Frisch dans son étude *Ein Zwergwels, der kommt wenn man ihn pfeift* (*Un poisson qui vient quand on le siffle*) : pour prouver que ce poisson était doté d'ouïe, Frisch fit régulièrement entendre un sifflement avant de lui donner à manger. Avant le début de ces expériences, l'animal ne réagissait pas le moins du monde au sifflement. Au bout de cinq jours d'expériences consécutives, Frisch fit entendre un sifflement sans donner de nourriture à l'animal. Ce dernier sortit de son trou et se mit à chercher des proies dans l'eau du bassin. Il faut noter, à ce propos, le phénomène suivant : jusqu'alors, l'expérimentateur avait toujours présenté la nourriture au bout d'une baguette à l'aide de laquelle il portait les morceaux directement dans la gueule de l'animal ou près des organes olfactifs de ses barbillons, *avant* que l'animal ne commençât à rechercher la nourriture, c'est-à-dire à manifester un comportement d'appétence. Et pourtant, le résultat de l'apprentissage fut le déclenchement par le stimulus conditionné du comportement d'appétence et non de l'action de mordre et d'avaler, comme l'on pouvait s'y attendre puisqu'elle était toujours allée de pair avec le stimulus acoustique.

Dans ses expériences radicalement novatrices en leur temps, Pavlov a permis une mesure quantitative de la réaction de salivation du chien en prolongeant le canal d'excrétion des glandes salivaires par un petit conduit amenant la sécrétion à l'extérieur, où elle pouvait être mesurée quantitativement en nombre de gouttes. Normalement, le tintement d'une cloche ne déclenche bien évidemment pas de sécrétion de salive ; en revanche, si on le fait retentir plusieurs fois de suite avant de donner de la nourriture, il se forme, du fait de la proximité et de la succession dans le temps du stimulus conditionné et du stimulus initial, inconditionné, une association, et ce phénomène fut considéré à l'origine comme le prototype du réflexe conditionné.

Or il s'agit en fait d'un processus d'apprentissage portant sur un système bien plus complexe que le battement de paupières dont nous avons traité en 3. III/3, dont il se différencie par les points essentiels que nous allons énoncer. Sa formation dépend d'effets de récompense qui ne sont véritablement actifs que lorsque l'appétence pour ces effets est activée, autrement dit, en l'occurrence, lorsque le chien a faim, et la réussite de l'apprentissage n'apparaît donc que lorsque ces mêmes appétences sont activées. En libérant le chien du harnais qui l'emprisonnait dans les expériences de Pavlov, on constate, comme le fit Howard Lidell, que ce n'est pas uniquement la réaction de salivation qui est activée, mais tout un système très particulier de *comportement d'appétence* orienté vers la nourriture : très exactement le système par lequel un chien *quémande de la nourriture* auprès de son maître ou un loup auprès de membres plus anciens de la horde. Il court à la source du stimulus, que ce soit une cloche, un métronome ou quoi que ce soit d'autre, et quémande de la nourriture en remuant la queue et en jappant ; comme dit B. Hassenstein : « Autant d'éléments comportementaux qui n'avaient pas pu être appris en tant que tels dans la situation expérimentale donnée, en partie parce qu'ils ne pouvaient même pas s'y manifester. » La différence qu'établit Hassenstein entre réflexe conditionné et appétence conditionnée apparaît là très clairement : « Dans le cas du réflexe conditionné, le stimulus conditionné déclenche toujours le même schéma comportemental moteur que le stimulus déclencheur initial ; s'il varie, ce n'est que dans le rythme ou l'intensité de déroulement ; dans le cas de l'*appétence conditionnée*, au contraire, le comportement conditionné par l'expérience est toujours le *comportement d'appétence*, qu'il se soit déroulé dans la situation d'apprentissage ou non. »

On comprend aisément que cette forme particulière d'apprentissage – comme son contraire, qui est l'acquisition d'aversions conditionnées – joue un rôle extrêmement important dans la vie normale de l'animal et que le processus se rencontre donc fréquemment dans la nature. La première phase du comportement d'appétence spontanée est toujours programmée de telle sorte que l'animal cherche, d'une manière ou d'une autre, selon son espèce, à *augmenter ses chances* de rencontrer la situation de stimuli voulue. La deuxième phase consiste presque toujours en une approche orientée par des taxies de l'objet de l'action, objet au contact duquel se déclenche pour finir l'acte consommatoire. C'est très souvent uniquement au moment où se déroule cet acte final que l'on peut déterminer si la situation environnementale qui l'a déclenchée était la bonne, d'un point de vue téléonomique. S'il s'est déclenché au mauvais moment, il serait manifestement absurde de vouloir changer quoi que ce soit au mécanisme, phylogénétiquement bien élaboré, du mouvement instinctif servant en lui-même d'objectif comportemental ; le lieu où une modification téléonomique peut être entreprise le plus facilement est évidemment le comportement d'appétence, car c'est à lui d'orienter l'organisme vers la situation biologique adéquate pour la mise en œuvre du comportement recherché.

Mais où réside donc le « précepteur inné », autrement dit l'information qui dit à l'animal quelle est la « situation biologique adéquate » ? Bien souvent dans la coordination héréditaire de l'acte consommatoire final, ou plus exactement dans les informations sensorielles rétroactives, les réafférences, que reçoit l'animal au cours de son déroulement. Nous avons déjà mentionné ce phénomène en décrivant les expériences de Eibl-Eibesfeldt sur le rôle de l'apprentissage dans la construction du nid chez le rat (1. II/9) et à propos du comportement du jeune chien qui enterre un os (p. 82). Un autre exemple réunissant un très grand nombre des particularités de ce type d'apprentissage nous est offert par un mouvement instinctif très ancien et commun à la quasi-totalité des oiseaux nidicoles. Beaucoup d'oiseaux chanteurs, et surtout ceux qui ont des mouvements instinctifs très complexes pour la construction du nid, possèdent un MID tout aussi complexe, qui réagit au matériau adéquat. Beaucoup d'entre eux ne parviennent pas au comportement de pariade ni à la situation hormonale qu'il suppose tant qu'ils n'ont pas trouvé ce matériau. D'autres oiseaux chanteurs, plus particulièrement ceux qui ont les capacités d'apprentissage les plus développées, ne possèdent presque aucune information innée sur la nature des matériaux à utiliser pour construire leur nid. Dès lors que la pulsion de nidification se fait sentir en eux, les corvidés transportent les objets les plus divers, par exemple des morceaux de tuile, des morceaux de fer, des ampoules cassées, qu'ils déposent à l'endroit du nid et avec lesquels ils essaient de construire par le mouvement dit de poussée tremblée. Au départ, on n'observe pas la moindre prédilection pour le seul matériau adéquat, à savoir des petites branches.

Lorsqu'il effectue le mouvement de poussée tremblée, l'oiseau se pose au milieu de l'emplacement qu'il a choisi et exécute avec le matériau dans son bec un mouvement latéral de poussée accompagné d'un tremblement ; il tient la tête un peu penchée de côté, de telle sorte qu'un objet long comme une petite branche appuie avec son extrémité contre le support. Une fois que le matériau est fixé, les mouvements tremblés s'accentuent jusqu'à un paroxysme orgastique puis s'interrompent brusquement de façon critique. Ensuite, l'oiseau reste un certain temps réfractaire au matériau de construction, il s'agit donc bien d'un acte consommatoire final satisfaisant les besoins de l'instinct (*consummatory action*). Cette satisfaction finale n'est naturellement obtenue qu'avec des objets assez longs qui se fixent facilement, et l'oiseau apprend – a tôt fait d'apprendre – à sélectionner ceux qui lui procurent lors de l'acte consommatoire final les réafférences les plus satisfaisantes.

Le « précepteur inné », l'information héréditaire, qui dit à l'animal : « C'était bien ! », est donc inclus à la coordination motrice héréditaire elle-même et aux mécanismes proprio-cepteurs et extérocepteurs liés de par leur fonction à celle du

MID. La fonction de ces mécanismes apparaît particulièrement clairement lorsqu'ils fournissent une information qui, d'un point de vue téléonomique, est fausse. Dans tous les processus d'apprentissage avec sélection active de stimuli comme tous ceux dont nous traiterons dans le présent chapitre et dans le chapitre suivant, on peut observer l'erreur de fonctionnement que nous allons décrire. Dans sa recherche d'une situation environnementale, dans laquelle un certain acte consommatoire final fournit des réafférences positives, l'organisme peut être confronté par un hasard malheureux à des situations qui assurent cette fonction encore mieux que la situation biologique adéquate. Nous avons signalé p. 249 sq. des erreurs de fonctionnement analogues du MID.

Chez les oiseaux chanteurs, le mouvement de poussée tremblée conduit fréquemment à de grossières « bévues » de cette sorte. Lorsqu'un oiseau en quête de matériau de construction, et chez qui l'apprentissage de l'objet adéquat s'est effectué comme nous l'avons décrit, tombe par hasard sur un fil de fer souple de la bonne grosseur et effectue le mouvement avec lui, ce matériau s'accroche admirablement et entraîne un tel renforcement de l'appétence pour le fil de fer que l'oiseau peut construire tout son nid avec ce matériau. Le professeur Otto Koenig possède toute une collection de nids de fil de fer qu'il a trouvés dans la nature. Il serait intéressant de reproduire le processus sur des animaux vivant en captivité. La fixation d'un comportement sur un objet « supra-normal » de ce type équivaut à une forme de *vice*. Nous retrouverons un effet analogue dans l'analyse de l'appétence pour l'état de repos.

La fonction de l'appétence conditionnée ressemble à celle du réflexe conditionné au sens propre du terme, dont nous avons traité en 3. III/4. Les deux processus d'apprentissage suivent néanmoins des voies nerveuses complètement distinctes et il ne faut pas les confondre, bien que I. P. Pavlov lui-même soit tombé dans ce piège. Le conditionnement de type S est caractérisé par le comportement *passif* de l'organisme et la limitation de son apprentissage à la sélection du stimulus (cf. p. 397 sq.). Cela semble s'appliquer au conditionnement « classique », mais c'est uniquement le cas tant que le sujet expérimental est entravé dans ses mouvements, comme c'était le cas dans le dispositif expérimental de Pavlov. L'observation de Howard Lidell mentionnée en 3. III/4 montre bien que le chien n'a pas acquis à la suite de l'expérience une réaction conditionnée de type S, mais une appétence conditionnée.

4. L'aversion conditionnée

De même que l'appétence conditionnée présente des analogies fonctionnelles avec le réflexe conditionné, le processus d'apprentissage dont nous allons traiter présente un certain nombre d'analogies fonctionnelles avec les réactions d'évitement conditionnées et les inhibitions conditionnées dont nous avons traité en 3. III/5 et en 3. III/7. Mais nous retrouvons les mêmes différences quant aux voies nerveuses suivies par les deux processus : ici encore, le processus d'apprentissage passe par une action de l'animal dont la réussite est annoncée rétroactivement, même si, comme dans le cas de l'appétence conditionnée, il aboutit à la sélection d'une situation de stimuli et non d'un comportement.

Nul n'ignore que l'appétence pour un mets donné peut se transformer pour une longue période, voire parfois à vie, en aversion violente si le mets en question cause une seule fois des maux d'estomac et rend l'organisme véritablement malade. C'est un processus si naturel que personne n'y avait accordé plus d'attention jusqu'au jour où John Garcia y fut amené par une histoire que lui racontait sa mère. Quand elle était petite, vers l'âge de trois ans, cette dame s'était vu offrir par un ami un gros morceau de chocolat juste avant que toute la famille ne s'embarquât sur un bac où l'enfant avait été prise d'un violent mal de mer. Mme Garcia en avait conservé jusqu'à un âge avancé la plus profonde aversion pour le chocolat, mais son fils bâtit sur cette anecdote toute une série d'expériences très importantes. Ce n'était pas le chocolat qui avait déclenché le mal de mer, le stimulus conditionné de l'aversion ne partait donc pas de l'objet de l'aversion, mais d'une situation de stimuli qui aurait pu être la conséquence d'avoir mangé le chocolat. C'est l'évidente fonction téléonomique de ce processus d'apprentissage qui retint l'attention de John Garcia et l'incita à entreprendre les expériences que nous allons décrire. Il présenta successivement aux rats toute une série d'aliments divers et tenta de détourner les sujets de l'absorption de certaines de ces substances en leur infligeant différents stimuli négatifs. Il constata que les électrochocs et autres stimuli mécaniques douloureux les plus divers restaient sans effet ; seuls les agents provoquant des malaises intestinaux comme une injection d'apomorphime ou une légère exposition aux rayons X, qui engendre chez l'homme le « mal des rayons », opéraient un conditionnement négatif et, toujours suivant la loi de succédanéité et de contiguïté (cf. p. 397), l'aversion ainsi conditionnée portait sur les aliments que le sujet avait ingérés juste avant d'éprouver un malaise. La seule exception à cette règle concernait les aliments *nouveaux* glissés parmi une série d'aliments connus que l'animal savait par expérience inoffensifs. Dans ce cas, l'aversion conditionnée portait toujours sur le nouvel aliment, quel que fût le nombre d'autres aliments connus que l'animal eût mangés entre l'ingestion de l'aliment nouveau et le malaise.

La téléonomie de ce processus d'apprentissage « bien conçu » phylogénétiquement est évidente. L'association de certaines situations de stimuli gustatifs à une sensation de malaise ne peut s'établir que par l'intermédiaire d'effets portant sur le système végétatif, tandis que d'autres catégories de stimuli négatifs sont plus facilement associés à d'autres types de comportements. Il paraît assez difficile de se représenter, dans les conditions de vie naturelles de l'animal, une sensation gustative entraînant des effets autres que végétatifs ou un stimulus autre que végétatif interdisant à l'animal de manger une substance donnée [1].

Ces exemples suffisent à montrer le principe de l'aversion conditionnée. Lorsque, à la perception d'une situation de stimuli neutre, voire d'une situation de stimuli jusqu'alors déclenchante, fait suite, une ou plusieurs fois, une expérience désagréable, la situation de stimuli est associée à un comportement d'*évitement* qui se traduit soit par la fuite, soit par l'inhibition de toute approche. B. Hassenstein donne à ce propos l'explication cybernétique suivante en même temps qu'il établit le schéma de fonctionnement que nous reproduisons figure 32 (p. 447) : « La première question qui se pose est celle des *variables d'entrée et de sortie du système d'apprentissage de l'aversion conditionnée*. On peut énumérer comme

1. La polémique n'a pas sa place dans un manuel, on ne peut cependant pas s'abstenir de mentionner que J. Garcia eut quelques difficultés à faire publier les résultats de ses expériences et que la publication des observations de Lidell, citées précédemment, fut empêchée. Cela peut donner une idée de la violence des préjugés idéologiques qui s'opposaient au principe d'une programmation phylogénétique du comportement.

variables d'entrée : en premier lieu, le stimulus initialement neutre, en second lieu, les informations concernant l'expérience désagréable qui peuvent être, comme le montrent nos exemples, de nature très diverse : peur, douleur, séparation du groupe des congénères, trouble végétatif... Les variables de sortie sont la réaction d'évitement et la fuite, mais aussi l'approche (inhibée à la suite de l'acte d'apprentissage) de la situation de stimuli antérieurement recherchée.

« *Rapport entre les variables d'entrée et de sortie*. L'analogie de ce processus avec les autres formes d'apprentissage rend la formulation mathématique superflue. La réaction est l'évitement, la fuite ou l'inhibition d'un autre comportement. Elle est déclenchée d'abord immédiatement par l'expérience désagréable ; puis elle est transposée à des stimuli conditionnés dans la mesure où dans le passé l'expérience désagréable a succédé dans un délai assez bref à la présentation de ces stimuli. Toute forme d'appétence initiale pour les stimuli en question est ainsi réprimée.

« *Schéma de fonctionnement*. La figure 32 constitue un schéma de traitement d'information ou d'impulsion-signal qui peut représenter la corrélation stimuli-réaction que nous venons de décrire. La partie droite du schéma représente un mécanisme d'*inhibition réciproque* qui est, de par sa forme même de commutation, perpétuellement instable, de sorte que la plus faible des deux informations provenant de gauche est inhibée, tandis que l'autre passe dans sa pleine intensité. »

Les aversions conditionnées jouent un rôle extrêmement important chez les espèces euryphages, c'est-à-dire qui se nourrissent de substances très variées. Elles font incontestablement partie des processus les plus fréquents dans la nature et sont en tout cas nettement plus fréquentes que le véritable apprentissage opérant avec sélection d'un comportement.

5. L'action conditionnée

« Lorsqu'un animal adopte une ou plusieurs fois un comportement moteur et fait immédiatement après une expérience positive – il reçoit par exemple une récompense –, il peut s'établir une corrélation fonctionnelle entre ce comportement moteur et la motivation qui a été satisfaite par la récompense. Le résultat de l'apprentissage réside dans le fait que l'animal adopte de préférence le comportement "récompensé" dès que se présente la motivation en question. L'action conditionnée doit donc être considérée comme un comportement d'appétence qui se voit renforcé par l'expérience d'un nouveau comportement moteur. » Telle est la définition que donne Hassenstein de l'action conditionnée, l'utilisation du terme « action » – et non réaction – étant faite pour montrer qu'il s'agit d'un apprentissage dans le secteur de l'*exécution* du comportement.

D'innombrables comportements, mouvements instinctifs, combinaisons de mouvements instinctifs ou tout autres formes d'enchaînements de mouvements déclenchés par hasard peuvent être conditionnés de cette façon. Beaucoup de méthodes de dressage des animaux de cirque consistent à produire délibérément une « succession » de ce type pour la récompenser ensuite. Avec l'aide du directeur de cirque Fredy Knie, Eva Maria Dolderer a fourni une excellente analyse du mécanisme de l'action conditionnée.

Ainsi qu'il ressort de la définition de B. Hassenstein, l'un des traits caractéristiques de l'action conditionnée

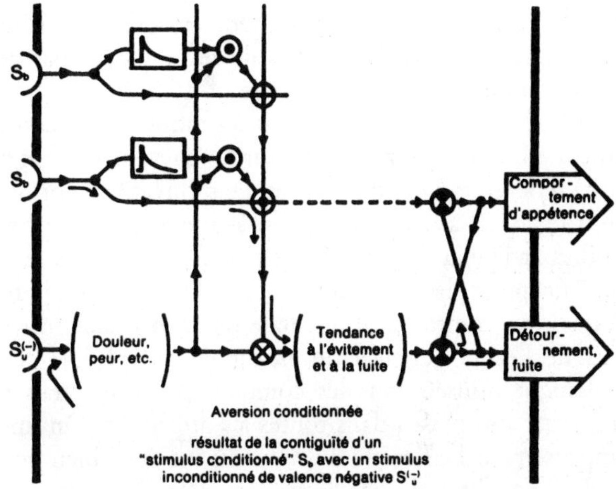

FIG. 32 : représentation schématique du mécanisme de fonctionnement de l'*aversion conditionnée.* La flèche supplémentaire courbée, en bas à gauche, signifie que le phénomène interprété négativement ne peut pas être uniquement un stimulus extérieur, mais aussi un état végétatif (par exemple, un état de malaise). Il serait absurde de faire intervenir un *élément différentiel* comme dans le cas de la récompense. Le stimulus conditionné de l'aversion peut parfaitement être le stimulus déclencheur initial d'un comportement d'appétence relevant d'une autre disposition ; c'est ce qu'indique la ligne de pointillés ; l'instance de commandement de cet autre comportement n'est pas représentée ici. (Extrait de Hassenstein, *Verhaltensbiologie des Kindes – Biologie du comportement de l'enfant.*)

est que la récompense relève *d'un autre* système de comportement que celui du mouvement qui doit être conditionné. Le processus nous est si familier, à cause du dressage des chiens et des chevaux, et même de l'éducation des enfants, que l'on ne s'étonne pas assez du fait que l'on parvient à imposer à un cheval comme action conditionnée un mouvement relevant manifestement de la défense contre les ennemis prédateurs, et ce à l'aide des signaux les plus doux suivis de récompenses par des caresses ou des morceaux de sucre.

D'après K. Zeeb, la *cabriole* est un mouvement naturel du cheval, qui s'observe même sur les chevaux du duc de Croy redevenus à demi sauvages. Le mouvement consiste pour le cheval à « monter », c'est-à-dire à se lever sur ses jambes arrière, à sauter de cette position les quatre pieds en l'air pour décocher une ruade. D'après le colonel Podhajsky (communication orale de 1946), alors directeur de l'école de cavalerie espagnole, la cabriole était également utilisée dans les combats, le cavalier faisant ainsi ruer son cheval dans toutes les directions. On imagine aisément l'efficacité du mouvement aussi bien pour l'animal en liberté cherchant à se défendre contre les loups que pour le cavalier pris dans la mêlée de la bataille.

Dans le dressage, on apprend d'abord à l'animal à se lever sur ses jambes postérieures, après quoi, dans cette position, on l'excite verbalement et en lui touchant le ventre avec la pointe du fouet jusqu'à ce qu'il lance une ruade, alors récompensée du mieux possible. Il est tout à fait remarquable de noter que l'animal est en mesure d'associer la réaction de défense autochtone que représente la ruade avec le sucre et les caresses qu'il reçoit en récompense. Mais sa capacité d'association ne s'arrête pas là. Comme dans la cabriole, la belle longue queue des étalons de Lippiza se trouve souvent à proximité des sabots des jambes arrière. À la haute école de cavalerie de la cour de Vienne, on la relevait généralement en l'attachant avec un filet. Il était clair pour tout observateur que dès qu'on leur mettait ce filet les chevaux étaient disposés à faire des cabrioles.

Un autre merveilleux exemple d'action conditionnée nous est offert par Karl von Frisch. Il avait une perruche

Brotogerys tirica Gmelin, qu'il laissait voler en liberté dans sa pièce. Pour éviter de salir les meubles, il libérait le plus souvent l'oiseau quand ce dernier venait de faire ses besoins. L'oiseau comprit vite que cet acte lui valait la liberté et il était très amusant de le voir faire des efforts démesurés pour déposer son petit « cadeau » dès que Frisch s'approchait de la cage. Curieusement, l'oiseau généralisa l'« hypothèse » selon laquelle le dépôt d'excréments lui rapportait une récompense et il commença à quémander aussi de cette manière lorsqu'il se trouvait en dehors de la cage et voyait quelque chose qu'il aurait voulu manger ou voulait obtenir quelque chose de son maître.

Si nous avons dit précédemment (p. 446) que d'innombrables comportements pouvaient faire l'objet d'un conditionnement par la récompense, il faut aussi dire qu'il est des comportements pour lesquels, en dépit de tous les efforts que l'on peut tenter, *c'est impossible*. L'importance de cette existence d'activités et de réactions inconditionnées est souvent voilée ou pour le moins sous-estimée. Même dans l'ouvrage de K. Foppa, le réflexe tendineux est inscrit à tort dans la liste des réactions conditionnables.

Le nombre d'actions qui ne peuvent pas faire l'objet d'un conditionnement est certainement beaucoup plus grand que le nombre de réactions du même type. Il a été prouvé que les mouvements sexuels ne pouvaient pas être associés à des stimuli conditionnés. Par exemple, on ne peut pas dresser un pigeon à émettre son roucoulement de pariade en le récompensant avec de l'eau ou de la nourriture, si assoiffé et si affamé soit-il. On ne peut pas non plus dresser de cette manière un rat femelle à effectuer les mouvements d'invite à l'accouplement. W. Verplanck tenta de transformer le secouement latéral du bec du canard colvert, qui est un de ses mouvements de soins corporels (*comfort activity*) les plus fréquents, en action conditionnée en récompensant l'animal avec des petits morceaux de pain chaque fois qu'il effectuait ce mouvement. On peut aisément voir à la manière dont se soulèvent les plumes à quel moment va se produire le mouvement et jeter immédiatement après les petits morceaux de pain, les préparatifs de l'expérimentateur constituant alors en eux-mêmes un stimulus-signal que le canard apprend très vite à saisir. Il établit aussi très rapidement l'association, *mais n'effectue pas le mouvement* ! Dès que Verplanck s'approchait de l'étang, les canards effectuaient de bizarres et pénibles mouvements latéraux de la tête et du cou, c'était très certainement ce qu'ils pouvaient faire de plus proche du mouvement de secouement (communication orale, Verplanck n'a malheureusement pas publié cette expérience).

Cette observation pose le problème de savoir ce qui détermine la transformation d'un comportement donné en action conditionnée par association à une récompense ou l'absence de transformation. Beaucoup de mouvements instinctifs, comme les mouvements sexuels mentionnés précédemment, sont manifestement trop bloqués dans l'enchaînement phylogénétique de leur propre appétence et du MID correspondant pour pouvoir être reliés par des stimuli positifs à une autre motivation. C'est le même phénomène que celui des aversions alimentaires, qui ne peuvent être conditionnées que par des stimuli végétatifs (cf. p. 442 sq.). Plus les deux systèmes comportementaux dont relèvent l'action à conditionner et le stimulus qui la récompense sont proches, plus l'association s'établit facilement entre eux.

En second lieu, la possibilité de formation d'actions conditionnées dépend manifestement du stade de développement général du système nerveux central de l'espèce considérée. Ce n'est pas un hasard si les plus beaux exemples d'actions conditionnées – à la seule exception du perroquet de Karl von Frisch – sont tirés du comportement de mammifères supérieurs. Il faut bien cela pour être en mesure d'associer du sucre et des caresses à un violent mouvement d'autodéfense.

Enfin, la « disponibilité » du comportement moteur en question joue un rôle important dans la formation d'une action conditionnée. Les activités instrumentales ou activités polyvalentes dont nous avons parlé p. 186 sq. se présentent souvent sous la forme d'actions conditionnées, c'est-à-dire en association avec des stimuli appris. Les éléments des mouvements locomoteurs sont ceux qui se transforment le plus facilement en enchaînements d'actions conditionnées. C'est, comme nous le verrons en 3. V/1, la forme la plus simple d'apprentissage moteur. Comme l'importance de l'apprentissage moteur, celle de l'action conditionnée augmente avec le niveau d'évolution des organismes et atteint son maximum chez l'homme.

6. L'appétence conditionnée pour les états de repos

Dans la section 3. IV/4 du présent chapitre, nous avons traité de processus d'apprentissage qui, par l'établissement d'une association jusqu'alors inexistante, transforment une situation de stimuli neutre, voire une situation de stimuli initialement déclenchante d'une appétence, en « stimulus désagréable », à éviter (2. I/10). Nous allons traiter maintenant d'un processus d'apprentissage par lequel des stimuli initialement négatifs et inconditionnés motivent au sein de l'organisme des processus d'apprentissage et même des processus d'apprentissage très complexes.

Comme nous l'avons vu en 2. I/10, certains comportements orientés visant l'*évitement* d'une certaine situation de stimuli peuvent aussi être considérés comme des appétences pour un état de repos, pour reprendre l'expression proposée par Monika Meyer-Holzapfel. Cette désignation semble s'appliquer particulièrement bien, répétons-le, aux comportements par lesquels l'organisme recherche des conditions de vie optimales, du point de vue tant de l'éclairement que de l'humidité, de la température, etc. Même les conditions optimales internes sont maintenues par des systèmes comportementaux de ce type ; on peut parfaitement considérer la faim, la soif et le besoin respiratoire comme des « stimuli gênants » qui ne laissent pas l'organisme en repos tant que les besoins correspondants ne sont pas satisfaits.

L'« état de repos » que recherche l'animal en se libérant des stimuli gênants ne doit pas être confondu avec l'immobilité ou le sommeil ; l'expression signifie seulement que l'animal « est laissé en repos » par un facteur qui, tant qu'il agit sur lui, ne lui permet aucune autre activité que celle consistant à vouloir s'en libérer. Un crabe pour qui il fait « trop sec », une souris pour qui il fait « trop clair » se déplacent en tous sens jusqu'à ce qu'ils trouvent le degré optimal d'humidité ou d'intensité de lumière. Mais, une fois qu'il y est parvenu, l'animal ne s'endort pas, il passe en quelque sorte à l'ordre du jour en se livrant alors à ses activités normales.

La plupart des stimuli gênants ont un point commun : leur action à long terme est profondément néfaste à l'organisme et menace sa survie. D'un point de vue téléonomique, il est donc parfaitement compréhensible que l'élimination de cette menace ait un effet de conditionnement encore plus puissant que même le déroulement des actes consommatoires les plus « gratifiants ». La satisfaction de manger une proie adéquate ou de s'accoupler avec une femelle attirante est tout simplement moins vitale que la nécessité de fuir des conditions environnementales insupportables, même pour une courte période. Clark L. Hull a bâti toute sa théorie de l'apprentissage sur l'idée que le relâchement de la tension serait le principal facteur motivant de tout apprentissage. L'importance de ce mécanisme d'apprentissage et le rôle capital qu'il joue même chez l'homme apparaissent au travers de ses déficiences, incroyablement nombreuses chez l'homme. Il est parfaitement rationnel, nécessaire et satisfaisant que l'homme arrive à se tirer de situations conflictuelles ou d'autres difficultés qui le soumettent à cette tension pathogène que l'on appelle le « stress ». Malheureusement, l'effet de récompense est le même s'il élimine cette tension à l'aide de produits pharmaceutiques ou s'il parvient véritablement à dominer la situation de stress. Par l'administration de stimuli négatifs, Jules Masserman dressa des chats à distinguer des figures très semblables dont il augmentait progressivement les ressemblances jusqu'à ce que la difficulté du problème engendre une tension pathogène. En même temps, il présentait aux sujets d'un côté du lait pur et de l'autre du lait mélangé à de l'alcool dilué. Normalement, les chats refusent toute absorption d'alcool, même très fortement dilué, mais les sujets de cette expérience apprirent vite que la « boisson » entraînait un relâchement de la tension intérieure et même une amélioration passagère de leurs résultats. Mais, contrairement aux alcooliques humains, les chats s'arrêtaient immédiatement de prendre de l'alcool dès qu'ils étaient libérés de la situation de stress. À ce moment-là, le fait de s'occuper à résoudre des petits problèmes faciles avait un effet curatif bien meilleur que le repos complet.

Les déficiences ne signifient en aucun cas que l'appétence pour les états de repos ne motive pas dans les conditions naturelles des processus d'apprentissage très élaborés. Dans un grand nombre de cas, c'est une excellente stratégie sur le plan biologique que de choisir de préférence les comportements entraînant un relâchement de tension. C'est en définitive l'effet également produit par tous les actes consommatoires dont le déroulement satisfait un instinct. Il paraît néanmoins assez artificiel de dire que le comportement du mâle d'une espèce quelconque qui se livre à une active parade sexuelle est motivé par le seul besoin d'éliminer la tension ressentie au niveau des glandes séminales. Cette hypothèse aberrante a pourtant trouvé son écho dans l'expression « instinct de détumescence » qui fut en son temps très à la mode.

La puissance motivante du stimulus gênant explique aussi le fait que les processus d'apprentissage avec sélection d'un comportement, c'est-à-dire les processus de conditionnement de type R ou conditionnement opérant, ne se déroulent pratiquement que sous l'influence de stimuli de ce type, le comportement exploratif et le comportement de curiosité dont nous traiterons dans le prochain chapitre intervenant également pour une part. Le chien qui essaie différents comportements pour atteindre sa femelle en chaleur montre que l'appétence pour un acte consommatoire satisfaisant les besoins de l'instinct peut aussi exercer un effet analogue ; néanmoins, dans tous les exemples d'apprentissage avec sélection d'un comportement rapportés scientifiquement, l'appétence pour l'état de repos ou, comme dans le cas des rats, le comportement exploratif interviennent. En ce qui concerne l'observation des animaux en liberté, il n'est pas facile de trouver un exemple d'apprentissage qui fasse ressortir clairement la sélection d'un comportement et qui ait été effectué sous la seule pression d'une appétence sans que cette dernière s'inscrive dans le cadre plus complexe d'un comportement de curiosité programmé.

7. Résumé

L'une des formes particulières d'apprentissage consiste à tirer de la réussite ou de l'échec d'un comportement une information utilisée ensuite pour une modification adaptative du comportement antérieur. Ce processus ne peut pas être classé dans la catégorie conceptuelle behavioriste de l'apprentissage passif avec sélection de stimulus (appelé également conditionnement « classique » ou de type R), car l'information acquise est issue du comportement actif de l'animal. Il s'inscrit encore moins dans la définition que donnent les behavioristes de l'apprentissage « opérant » (appelé aussi conditionnement de type S et, en allemand, conditionnement instrumental), car le processus en question n'aboutit pas à la sélection d'un comportement adapté à la situation environnementale donnée mais très exactement à l'inverse, c'est-à-dire à la recherche, par un comportement actif, de la situation de stimuli dans laquelle une appétence donnée remplit sa fonction téléonomique. L'appétence peut aussi bien être orientée vers un acte consommatoire final (Wallace Craig) correspondant à la satisfaction de la pulsion instinctive que vers un certain état de repos (Monika Meyer-Holzapfel).

L'apprentissage consécutif à un comportement suppose une « rétroaction », c'est-à-dire l'existence d'un cycle régulateur, et par là même une complication minimale du système. Dans notre tentative d'approche de ce processus, nous empruntons la voie des schémas opérationnels, ou schémas de fonctionnement, bien connus des biocybernéticiens et nous suivons essentiellement en cela les théories de l'apprentissage de B. Hassenstein. Le cycle de rétroaction suppose évidemment l'existence des mécanismes du comportement d'appétence, du MID et de l'acte consommatoire final ou situation finale, et il est très certainement issu phylogénétiquement de ce système linéaire.

Il existe aussi dans les systèmes immuables du secteur propriocepteur des mécanismes de rétroaction ayant pour seule fonction de mettre un terme à un comportement donné. Mais, pour obtenir une information sur l'action téléonomique d'un comportement sur le monde extérieur, il faut un certain nombre d'informations rétroactives provenant de ce monde extérieur. Cet appareil rétroactif d'information, que nous baptisons le « précepteur inné », doit posséder une information acquise phylogénétiquement sur ce que représente la réussite ou l'échec d'un comportement.

L'effet renforçant ou inhibant du résultat est le plus souvent et même presque toujours lié au comportement d'appétence et non au comportement moteur final, encore moins à l'état de repos recherché. L'animal qui reçoit un certain stimulus en même temps que se déclenche l'acte consommatoire final d'un comportement donné, sans avoir jamais eu l'occasion d'adopter en même temps le comportement d'appétence correspondant, manifeste dès lors, en liaison avec le stimulus conditionné, uniquement le comportement d'appétence et n'allie jamais directement le stimulus conditionné à l'acte consommatoire final. Cette *appétence conditionnée* a été maintes fois confondue avec le réflexe inconditionné (au sens où l'entend Hassenstein). Or, dans le cas du réflexe conditionné, le stimulus conditionné déclenche toujours le même mouvement que celui que déclenchait originellement le stimulus inconditionné, alors que, dans le cas de l'appétence conditionnée, le comportement conditionné par l'expérience est toujours l'appétence, qu'elle se soit produite en situation d'apprentissage ou non. Le « précepteur inné » réside bien souvent dans le mouvement instinctif final, celui-ci ne fournissant les réafférences voulues que dans la situation environnementale téléonomique.

Lorsque la perception d'un stimulus neutre ou même déclenchant un comportement d'appétence est suivie d'une expérience désagréable, surtout lorsque celle-ci est due à l'exécution du comportement commandé par l'appétence, la situation de stimuli est associée à un comportement de fuite ou d'évitement de toute approche. Ce type d'*aversions conditionnées* joue un rôle important dans le comportement alimentaire des espèces euryphages.

Un comportement moteur isolé peut également être extrait du contexte naturel de sa téléonomie d'origine et séparé de son propre comportement d'appétence pour former une action conditionnée ; il suffit pour cela que l'animal perçoive immédiatement après son exécution un stimulus fortement « gratifiant » appartenant *à un autre* système de comportement. Le résultat de l'apprentissage consiste alors dans le fait que l'animal adopte le comportement « gratifiant » lorsque l'appétence pour le stimulus en question est provoquée. Le cheval apprend à ruer pour obtenir un sucre : un mouvement relevant du système de défense contre les ennemis prédateurs se transforme donc en comportement d'appétence alimentaire.

Les actions conditionnées dans lesquelles un comportement moteur est associé à un stimulus renforçant qui relève d'un tout autre système comportemental ne se présentent manifestement que chez les organismes très évolués. En revanche, on peut voir à des niveaux élémentaires l'association de comportements moteurs avec des stimuli positifs issus de systèmes comportementaux fort proches ; c'est ainsi que se forment les enchaînements d'actions conditionnées. Ce processus représente la forme la plus primitive d'apprentissage moteur (3. V/1).

Ainsi que nous l'avons vu en 3. IV/4, par association avec des expériences désagréables, des situations de stimuli neutres, voire initialement déclenchantes d'un comportement d'appétence, peuvent être transformées en stimuli gênants ; c'est le mécanisme de l'*aversion conditionnée*. D'un autre côté, des facteurs déclenchant en tant que stimuli inconditionnés un comportement d'aversion peuvent se changer en puissants stimuli de renforcement par l'intermédiaire de certains processus d'apprentissage. Les comportements orientés, par lesquels l'animal essaie de se libérer de ces stimuli gênants, peuvent aussi bien être considérés comme des aversions, au sens où l'entend Wallace Craig, que comme des comportements d'*appétence pour les états de repos*, au sens où l'entend Monika Meyer-Holzapfel. Lorsqu'il ne se situe pas à un niveau d'intégration supérieur dans le cadre d'un programme de comportement exploratif ou d'un comportement de curiosité, l'apprentissage opérant (*operant conditioning*) se déroule presque toujours sous la pression d'un comportement d'appétence pour un état de repos. C'est très compréhensible d'un point de vue téléonomique dans la mesure où les stimuli négatifs inconditionnés peuvent représenter dans leur ensemble une menace pour la vie du sujet s'il ne réussit pas à s'y soustraire. L'emprisonnement dans une « boîte à énigme » a également cet effet, et il est tout à fait logique que l'animal « fasse littéralement tout », autrement dit fasse appel à tout son inventaire de comportements, pour échapper à la situation insupportable dans laquelle il se trouve. Le haut degré d'excitation générale provoqué par le stimulus négatif dangereux contribue à l'activité de l'animal qui se sent menacé.

V

Apprentissage moteur, mouvement volontaire et insight

1. L'apprentissage moteur

Les processus d'apprentissage dont nous avons traité en 3. III/1 et 3. III/2 se situent exclusivement dans le secteur afférent du comportement. Même dans les cas où intervenaient des mécanismes d'association et de rétroaction de la réussite (3. III/3 et 3. III/4) il n'y avait pas formation de nouveaux comportements moteurs qu'une modification adaptative aurait rendus plus adéquats. Cela ne se produit que lorsque l'association d'actions conditionnées dont nous avons traité en 3. IV/5 forme à partir d'éléments moteurs simples et disponibles de nouveaux enchaînements que l'on peut considérer à juste titre comme de nouveaux comportements moteurs. Le zoologiste viennois Otto Storch fut, à ma connaissance, le premier à souligner que ce qu'il appelait la « réceptivité d'acquisition » apparaissait à des niveaux d'évolution bien plus élémentaires et était beaucoup plus répandue dans le monde animal que la « motricité d'acquisition ».

Les premières ébauches d'apprentissage de nouveaux enchaînements moteurs sont, comme nous l'avons dit, les enchaînements d'actions conditionnées. Lorsqu'un stimulus positif fait immédiatement suite à un comportement moteur simple et pouvant être activé isolément, et lorsque le mouvement se présente à nouveau dans un délai assez court et qu'il est à nouveau renforcé, il peut s'établir en un temps extrêmement bref de longs enchaînements de ce mouvement. Si par exemple, dans l'expérience de la boîte de Skinner, on récompense plusieurs fois de suite un pigeon qui a tourné la tête à gauche et que l'on continue de le faire systématiquement, il s'opère dans un délai incroyablement bref un conditionnement tel que l'animal danse devant sa mangeoire chaque fois qu'il a faim en tournant toujours vers la gauche. On a commencé par renforcer un léger mouvement vers la gauche, puis un mouvement plus marqué, et ainsi de suite jusqu'à ce que le pigeon « suppose » que le fait de tourner vers la gauche provoquait la chute des graines.

Pour des raisons qui ont été exposées en 2. I/12 et 3. IV/5, les mouvements instinctifs de la locomotion sont ceux qui se prêtent le mieux à la formation d'enchaînements d'actions conditionnées. Les actions conditionnées sur lesquelles repose le dressage des chevaux sont également issues pour l'essentiel de ce secteur. Dans les expériences de laboratoire, on peut, en récompensant le premier élément moteur qui fait fonction de premier élément de l'enchaînement, et en le récompensant encore lorsqu'un second élément moteur allant dans le sens voulu s'y ajoute – à l'origine tout à fait par hasard –, former des enchaînements d'actions conditionnées incroyablement complexes, dont le célèbre dressage des pigeons à jouer au ping-pong n'est qu'un exemple parmi tant d'autres. On trouve de merveilleux exemples de cette *formation* (*shaping*) de comportements nouveaux dans l'ouvrage de Karen Pryor sur les dauphins (*Lads before the Wind*).

Dans les conditions naturelles, des processus analogues, voire rigoureusement identiques, interviennent dans l'apprentissage d'itinéraires de beaucoup de mammifères. O. Koehler et W. Dingler ont filmé à ce sujet des expériences très instructives. Si l'on place une souris dans un labyrinthe surélevé, c'est-à-dire supporté par des barres verticales, l'animal commence par progresser très lentement en tâtant de tous côtés du bout de ses moustaches, avançant pas à pas. Une fois qu'elle a parcouru le labyrinthe deux ou trois fois, ou plus exactement qu'elle a rampé deux ou trois fois d'un bout à l'autre, on la voit brusquement parcourir certains segments très *rapidement*, après quoi elle s'arrête à nouveau et revient au type de progression antérieur, fondé sur la prudence et l'acquisition d'informations instantanées. Si l'on répète l'expérience, les segments parcourus rapidement s'allongent, d'autres apparaissent en d'autres points de l'itinéraire et, peu à peu, deux ou plusieurs segments « connus » se joignent. Les « points de soudure » par lesquels deux enchaînements d'actions conditionnées se sont joints l'un à l'autre restent longtemps visibles, on observe toujours une légère hésitation sur ces passages, une « irrégularité » du déroulement. L'itinéraire ne peut être considéré comme véritablement appris qu'à partir du moment où le déroulement est parfaitement « fluide ».

La valeur que revêt cet apprentissage d'enchaînements pour la conservation de l'espèce réside de toute évidence dans le fait qu'il *élimine les délais de réaction* et que ces enchaînements sont donc beaucoup plus *rapides* que tout système locomoteur commandé par les mécanismes d'acquisition d'information à court terme. Cette valeur téléonomique s'allie chez de nombreuses espèces à la limitation à un *territoire* relativement peu étendu dans lequel l'animal connaît parfaitement tous les itinéraires. Pour mesurer la différence entre l'itinéraire connu et l'itinéraire suivi à l'aide des mécanismes locomoteurs, il suffit d'essayer d'*attraper* ces animaux : sur leurs itinéraires familiers, ils sont beaucoup trop rapides pour que l'on y parvienne, mais si, par une attaque brutale, on réussit à écarter une souris, un lézard, une blennie ou un pomacentridé de son itinéraire habituel et si l'animal pris de panique sort des limites du territoire dont il connaît les itinéraires par cœur, on parvient généralement à l'attraper.

Dans son étude devenue classique *Die Orientierung der Tiere im Raume* (*L'orientation des animaux dans l'espace*), Alfred Kühn décrit très précisément cette forme d'apprentissage, dont il ne faisait encore que postuler théoriquement l'existence, sous le nom de « mnémotaxie », mais, comme il n'en trouvait pas d'exemple concret, dans les éditions ultérieures de son livre il l'a supprimée. Il postulait l'existence d'un engramme de l'ensemble de l'enchaînement moteur qui aurait été constamment maintenu en corrélation avec les différentes situations de stimuli se présentant successivement, ce qu'il qualifiait d'« homophonie mnémique ». Il semble cependant que la fusion des différentes séquences locomotrices s'effectue par l'association d'une action conditionnée à l'autre : chacune d'elles crée une *autre* situation de stimuli qui dit à l'animal qu'il est toujours sur la bonne voie et déclenche en même temps l'impulsion motrice suivante. À cette analyse on a objecté que l'animal serait complètement désorienté si le moindre élément de séquence motrice ne se déroulait pas comme prévu, si le moindre pas ne se faisait pas exactement à la même place. Au risque de décevoir les critiques, je dois dire que c'est exactement le cas, comme je l'ai prouvé par mes expériences sur la musaraigne d'eau (*Neomys fodiens*). Dès que l'on trouble un tant soit peu l'homophonie mnémique par une modification plus ou moins importante du support sur lequel se déplace la musaraigne, elle est complètement désorientée, recourt à nouveau à la méthode de tâtonnements du bout de ses moustaches et repart *en arrière* pour retrouver l'itinéraire perdu. Quand elle reconnaît une séquence qu'elle a parcourue juste avant d'être désorientée, elle prend un « nouvel élan » et tente de sauter ainsi le passage délicat. Ce faisant, elle se comporte à peu près comme un enfant qui a un trou de mémoire dans une récitation.

Nous ne savons pas grand-chose de plus de la nature physiologique des associations entre les divers mouvements dont se compose ce type d'apprentissage d'itinéraire que nous n'en savons de celle des autres types d'associations. Certains auteurs ont qualifié cet « apprentissage par cœur » des enchaînements moteurs de « kinesthésique ». D'un point de vue subjectif et phénoménologique, l'expression semble convenir : nous disons aussi que nous « sentons » (en grec αἰσυάνομαι, je ressens) le mouvement (en grec, *kinesis*). En outre, les réafférences des mécanismes propriocepteurs doivent jouer leur rôle dans l'acquisition du mouvement appris.

Néanmoins, deux arguments s'opposent à l'utilisation de ce terme et à l'image qu'il suggère. Premièrement, Erich von Holst a montré que les coordinations motrices étaient elles aussi soumises aux lois de l'effet magnétique et de la coordination centrale, chose qui a été confirmée plusieurs fois récemment. J. Eccles nous enseigne que l'organe dans lequel s'effectue la coordination des mouvements appris est le *cervelet*. Deuxièmement, la simple observation va à l'encontre de l'hypothèse selon laquelle l'engramme du mouvement appris serait retenu dans une image sensorielle kinesthétique mémorisée. Si l'on demande à un bon conducteur à qui les mouvements de la conduite d'une voiture sont littéralement « passés dans le sang » laquelle des deux pédales de la voiture est l'embrayage et laquelle est le frein, dans la plupart des cas il ne sait pas répondre. Pour trouver la réponse qui semble devoir aller de soi, il refait généralement avec les jambes les mouvements qu'il fait en conduisant, autrement dit il faut qu'il mette en œuvre le mouvement appris pour déterminer en s'observant lui-même quel est le pied qui freine et celui qui embraye.

Il y a tout lieu de penser que l'apprentissage de comportements moteurs plus complexes et plus fonctionnels se fait de la même manière que la simple association linéaire des éléments moteurs d'un itinéraire. Il n'y a en tout cas aucune raison de supposer que l'association d'éléments moteurs simultanés se fait autrement que celle d'éléments moteurs consécutifs.

Le mouvement appris bien « rodé » présente curieusement toute une série de propriétés identiques à celles de la coordination héréditaire. La première est qu'on peut lui appliquer, comme nous l'avons dit, les lois de la coordination relative et de l'effet magnétique, qui assurent que les divers éléments moteurs se combinent dans un rapport de phase harmonieux, s'exprimant dans toute la mesure du possible en nombres entiers, et qu'ils sont maintenus dans ce rapport. Mieux ce rapport de phase s'établit, plus les coordinations sont stables et, inversement, plus les mouvements en question résistent aux tendances de la coordination centrale, plus les coordinations restent instables ; tout enfant qui apprend à jouer du piano sait pertinemment qu'il est très difficile de jouer des triolets d'une main et des croches de l'autre. Les effets d'harmonisation de la coordination relative et de l'effet magnétique confèrent à tout mouvement appris l'aisance et l'élégance qui permet une économie d'effort et satisfait aux exigences de notre sens du beau.

La seconde propriété qui s'applique de façon analogue, sinon identique, au comportement moteur appris et à la coordination héréditaire, est la résistance à toute modification. Karl Bühler disait que tout apprentissage pouvait être révoqué, autrement dit que tout ce qui avait été appris pouvait aussi être oublié ; cela vaut sans aucun doute pour toutes les formes d'apprentissage par la récompense, qui peuvent être effacées par un conditionnement inverse. Mais cela ne vaut pas pour l'empreinte, ainsi que nous avons pu le voir (3. III/6), et ce n'est qu'en partie vrai de l'apprentissage moteur. Il semble qu'un mouvement appris et bien rodé ne puisse pas être oublié et que les modifications extérieures de son déroulement résultent plutôt de superpositions et d'acquisitions supplémentaires que de l'effacement de l'habitude ancienne. Tous les professeurs d'éducation physique savent bien qu'un élève qui a appris à nager ou à jouer au tennis tout seul est souvent irrécupérable : il n'apprendra jamais les mouvements les mieux adaptés du sport, parce qu'il restera irrémédiablement prisonnier des comportements moteurs plus maladroits qu'il a acquis tout seul.

La troisième et la plus étonnante des propriétés communes à la coordination héréditaire et au comportement moteur appris réside dans le très net comportement d'appétence qui se manifeste pour ces comportements lorsqu'ils ne sont pas utilisés pendant une longue période. On peut mesurer l'intensité de la motivation qui pousse les gens à danser, à faire du patin à glace ou à pratiquer quelque autre comportement moteur appris aux sommes d'argent qu'ils sont prêts à dépenser pour ce faire. Les observations de H. Harlow sur les macaques ont montré que ces singes pouvaient eux aussi éprouver tant de plaisir à un comportement moteur donné qu'ils le répétaient inlassablement sans demander d'autre récompense. La force de cette appétence est d'autant plus grande que le mouvement appris est difficile et qu'il a été bien rodé. Karl Bühler, qui fut le premier à noter ce phénomène et à le décrire précisément, le qualifiait de *jouissance fonctionnelle.* Ce facteur joue manifestement un rôle important dans la genèse et surtout dans l'accomplissement de l'apprentissage moteur. Nous savons par nous-mêmes que tout perfectionnement du mouvement, l'élimination d'une dernière irrégularité de son déroulement – qui correspond toujours à une économie de travail –, apporte une satisfaction considérable. Le perfectionnement du mouvement constitue en lui-même sa propre récompense, il faut donc bien qu'il existe un mécanisme de renforcement du perfectionnement (*perfection-reinforcing mechanism*), ainsi que je l'ai affirmé dans mon ouvrage *Évolution et Modification du comportement.*

2. Le mouvement « volontaire »

Ainsi que nous l'avons dit en 3. IV/5, il y a une différence physiologique fondamentale entre différents mouvements instinctifs : les uns résistent inflexiblement au processus d'apprentissage qui les transformerait en actions conditionnées, alors que d'autres semblent au contraire n'attendre rien d'autre que d'être associés par un tel processus d'apprentissage à des stimuli conditionnés. Toute une série de coordinations motrices héréditaires ne se transforment pas en actions conditionnées, tandis que d'autres le font aisément. Nous en trouvons de nombreux exemples dans le comportement moteur du cheval (cf. p. 448) ou dans celui du pigeon (cf. p. 461).

Nous ne sommes pas en mesure de dire en quoi réside cette différence physiologique : du point de vue de leur téléonomie, les comportements moteurs non susceptibles de conditionnement et les comportements moteurs susceptibles de conditionnement se différencient le plus souvent par le fait que, dans le déroulement téléonomique normal, les premiers sont activés par une unique motivation très spécifique, tandis que les autres sont souvent ceux qui se présentent sous la forme d'activités instrumentales (cf. p. 186) dans le cadre de nombreux comportements pouvant relever de systèmes comportementaux innés les plus divers. Cela vaut particulièrement pour tous les mouvements locomoteurs, pour les orientations fondées sur des taxies, ainsi que pour l'action de picorer chez le pigeon, de ronger chez le rat, la souris, etc.

En ce qui concerne les mouvements locomoteurs, nous sommes pratiquement sûrs qu'ils reposent sur les mécanismes de production endogène d'excitation et de coordination centrale, c'est-à-dire sur des processus qui ne peuvent être que motivés ou freinés par les mécanismes périphériques, mais non modifiés dans le sens d'une adaptation. Néanmoins, des processus directement déclenchés par des stimuli extérieurs peuvent se *superposer* aux mouvements locomoteurs ; Erich von Holst parle d'un « manteau de réflexes » qui s'étend, protecteur et adaptatif, entre la coordination motrice héréditaire et le monde extérieur. Lorsque l'environnement d'une espèce exige des mouvements locomoteurs, une adaptabilité instantanée si absolue que le « manteau de réflexes » n'est pas en mesure de l'assurer, l'adaptation phylogénétique ne passe pas par la voie d'un « assouplissement » de la coordination héréditaire, qui la rendrait plus adaptable, comme le croyaient jadis les spécialistes de la psychologie animale. L'adaptation consiste plutôt en une « fragmentation » de la coordination héréditaire, qui se divise en petits éléments dont chacun demeure aussi « rigide » que le sont toutes les coordinations motrices centrales, mais qui, du fait de leur brièveté et de leur constante disponibilité, se prêtent admirablement à la construction de comportements moteurs appris, d'une complexité pratiquement infinie, par enchaînement d'actions conditionnées.

L'origine de ce processus phylogénétique peut très bien s'expliquer à partir de la comparaison de la locomotion d'espèces très voisines dans des milieux fort divers. Plus un biotope est homogène du point de vue de l'organisation de l'espace, moins il requiert d'adaptabilité aux données du monde extérieur de la part du comportement locomoteur de l'animal. Chez les poissons nageant très rapidement en eau libre et chez les animaux courant très rapidement dans un paysage de steppe, l'influence des mécanismes d'adaptation spatiale sur les mouvements locomoteurs n'est pas beaucoup plus marquée que l'action exercée par le commandant d'un bateau sur ses machines. Le pas, le trot ou le galop sont « commandés » comme des coordinations globales. Le sol offre à chaque pas à peu près le même support et si, par hasard, en un point donné, ce n'est pas le cas, l'obstacle est généralement visible d'assez loin pour que l'animal puisse freiner ou l'éviter à temps. Sur les obstacles imprévisibles, les chevaux et tous les autres animaux des steppes trébuchent malheureusement très souvent.

Chez ces animaux des steppes, la superposition au mouvement locomoteur de composantes motrices orientées par des taxies demeure également très restreinte. Lorsqu'il gravit le versant d'une montagne, on ne peut pas dire que le cheval avance à l'aveuglette, il regarde à peu près où il marche et pose les jambes là où il trouve un appui, mais ces mouvements sont très imprécis.

Pour qu'une orientation plus précise du mouvement locomoteur soit possible, il faut que la plus petite unité autonome, le *minimum separabile*, soit plus limitée. Pour que l'animal puisse viser un point précis, par exemple le sommet d'une pierre d'éboulis et passer de celle-ci à une autre, il faut que l'animal soit en mesure d'orienter chaque pas et chaque saut vers un point précis. Il faut aussi que cet élément minimal soit disponible séparément pour que l'animal puisse s'arrêter en n'importe quel endroit de son itinéraire.

L'aptitude à fragmenter ainsi la coordination de la locomotion en éléments isolés pour les recombiner ensuite par l'apprentissage individuel en un enchaînement adapté de mouvements appris est un processus phylogénétique qui s'est déroulé à peu près de la même manière chez deux ordres d'ongulés différents. Chez les représentants du groupe des animaux de steppe, le *minimum separabile* de la coordination locomotrice demeure relativement important et l'orientation du mouvement relativement grossière. Ni le cheval ni la plupart des antilopes des steppes ne sont en mesure de viser des points d'appui très précis comme le sommet d'un éboulis ; l'âne le fait un peu mieux, le zèbre des montagnes est, d'après de sérieuses observations, un véritable maître en la matière et l'antilope des montagnes, le chamois (*Rupicapra rupicapra L.*), l'emporte sur tous les grands ongulés. Outre la disponibilité d'éléments de coordination extrêmement restreints, ces animaux des montagnes sont aidés par une configuration particulière des taxies superposées au mouvement locomoteur, une configuration particulière du « manteau des réflexes ». Les chamois sont capables de galoper sur des éboulis en posant à chaque pas leur patte où il faut, sans pour autant se départir de la coordination motrice du galop qui assure une économie d'énergie. On observe parfois une légère syncope qui rend le mouvement encore plus élégant mais indique que la superposition de mouvements d'orientation ne suffit pas tout à fait et que l'animal est tout de même forcé de recourir assez souvent aux mécanismes d'inhibition ou de désinhibition de la coordination héréditaire pour adapter son mouvement à la structure du support.

L'un des éléments moteurs qui s'est détaché ainsi de la coordination pour exister de façon autonome est une sorte de demi-pas avec les extrémités antérieures. Enfermé dans une boîte à énigme, un chien ou un chat effectue toujours ce mouvement de l'une de ses pattes antérieures, et ce avant même d'avoir appris que ce même mouvement permettait d'ouvrir une targette. Ce sont, au contraire, les targettes de ces boîtes que l'expérimentateur a conçues par adaptation à ce mouvement de ses sujets expérimentaux. Le mouvement de quête de la patte avant qui se comprend très bien et qui se retrouve chez tous les équidés lorsqu'ils sont enfermés, le mouvement du chien qui donne la patte, et bien d'autres, sont issus de là.

Le biotope qui exige la plus grande adaptabilité du *minimum separabile* de la coordination locomotrice, de ses mécanismes d'orientation précise et de la combinaison de ces éléments en enchaînements appris très complexes est, bien entendu, la couronne des arbres. Cela est surtout vrai lorsque l'animal n'est pas muni de griffes ni de ventouses, comme certaines grenouilles arboricoles, certains reptiles ou rongeurs, mais qu'il grimpe à l'aide de sa main préhensile, comme le caméléon, certains marsupiaux et beaucoup de primates. La fonction de la main préhensile consiste, par définition, à se refermer au moment voulu et à l'endroit voulu sur une branche, sans quoi elle ne fournit aucun appui alors que les ventouses de la grenouille arboricole ou les griffes de l'écureuil trouvent à s'accrocher même lorsque l'objectif n'est qu'assez imprécisément visé. Il y a une corrélation intéressante entre l'orientation dans l'espace et la précision de l'aboutissement du mouvement : tous les mammifères qui grimpent à l'aide de leurs mains préhensiles, non pas très lentement, en calculant chaque pas, comme le caméléon, mais en sautant de branche en branche, ont une « physionomie de maki » avec des yeux de chouette orientés vers l'avant, spécialisés dans la vision binoculaire de l'espace. On comprend aisément que l'homme, avec sa pensée conceptuelle, descende de ces animaux arboricoles dotés de mains préhensiles !

Le processus phylogénétique par lequel de petits fragments sont extraits du long enchaînement d'une coordination héréditaire pour exister isolément est très certainement à l'origine de ce que l'on appelle les *mouvements volontaires*. Toutefois, ceux que nous avons l'habitude de qualifier ainsi chez l'homme ne sont en majorité pas constitués des éléments isolés existant de façon autonome, mais plutôt des produits finis résultant de leur intégration en enchaînements moteurs appris. En fait, on ne devrait parler de mouvement volontaire au sens strict du terme que pour les mouvements élémentaires et non pour leur combinaison complexe reposant sur l'apprentissage d'un enchaînement d'actions conditionnées. Chacun de ces éléments n'est pas à considérer comme une fonction élémentaire du système nerveux, c'est au contraire une coordination motrice héréditaire fixe dans sa programmation, dont l'organisme dispose de façon innée, et qui se situe à un niveau d'intégration beaucoup plus élevé qu'une décharge ponctuelle ou une contraction des fibres musculaires puisqu'elle suppose toujours l'action coordonnée de muscles antagonistes, comme c'est le cas lorsqu'on se baisse ou lorsqu'on tend un doigt.

Il n'y a de mouvement véritablement commandé par la volonté de l'homme que lorsqu'il fait pour la première fois la tentative d'associer des éléments de ce type en un nouveau comportement moteur volontaire. Ces premières tentatives ont toujours un air très *maladroit*, comme quand un droitier essaie d'écrire avec la main gauche. Les mouvements que le sujet exécute alors ressemblent beaucoup à ceux de la souris dans son labyrinthe surélevé.

3. Mouvement volontaire et insight

Ainsi que nous l'avons évoqué (2. VI/1), il y a une étroite corrélation entre le niveau d'évolution du mouvement volontaire et ce mécanisme complexe d'exploitation de l'information à court terme que nous baptisons l'*insight*. Ce sont les mêmes conditions du milieu extérieur qui ont exercé une pression de sélection en faveur du développement des fonctions d'appréhension de l'espace par l'insight et du développement de comportements moteurs pouvant s'adapter aux moindres détails de l'environnement spatial. D'une façon générale, la compréhension qu'a l'animal de la structure spatiale de son environnement et son aptitude à y adapter ses mouvements sont tellement indissociables que l'observateur ne voit pas la séparation entre fonctions réceptrices et fonctions motrices.

Les cas dans lesquels la compréhension de l'espace apporte davantage à l'animal que l'adaptabilité des mouvements contrôlables n'en sont que plus instructifs. Une oie cendrée est capable, même si c'est avec quelque difficulté, de monter et de descendre un escalier. Elle réussit mieux à adapter son pas aux intervalles des marches en montant qu'en descendant. Si la hauteur des contremarches est légèrement supérieure à la longueur de son pas, il faudrait, pour compenser ce décalage qui rend à chaque pas le rapport de phase entre ses pas et les marches de moins en moins harmonieux, qu'elle fasse chaque fois un petit pas intermédiaire puisqu'elle n'est pas en mesure d'allonger son pas en descendant. Des espèces d'anatidés très voisines, comme les *Cairina muscata*, qui ne sont pas le moins du monde « plus intelligents » que l'oie cendrée, sont en mesure de le faire ; ils évaluent très exactement ce pas intermédiaire et le font pour arriver au bord de la marche supérieure quand le pas qui les sépare de la suivante leur paraît trop grand.

L'oie cendrée *ne peut pas* le faire. Lorsque le rapport de phase entre ses pas et les marches se décale à tel point qu'elle pose la patte si loin en arrière sur la marche qu'avec le pas suivant elle se heurte au bord et n'atteint pas la marche inférieure, elle ne sait plus quoi faire. Elle retire la patte qu'elle a avancée, mais uniquement pour recommencer un nombre incroyable de fois à faire glisser sa patte le long de la bordure de la marche supérieure, en restant dans le vide. Tôt ou tard, elle s'aide de ses ailes et sans prendre appui sur une patte saute sur l'autre pour atteindre la marche inférieure. L'oie retrouve alors un meilleur rapport de phase et elle descend une série de marches jusqu'à ce que le rapport de phase se détériore à nouveau et que l'ensemble du processus se répète.

Lorsqu'une oie se trouve devant un obstacle qui lui arrive à hauteur du poitrail, une bordure de pelouse en fer, par exemple, quelques mètres avant l'obstacle on voit qu'elle se rend compte qu'elle va devoir le franchir. De loin, elle fixe déjà l'obstacle des yeux en penchant un peu la tête et le cou, elle « sait » donc très précisément où il se situe ; mais l'insuffisante maîtrise qu'elle a de sa motricité la contraint à effectuer des mouvements bizarres et complètement absurdes : en s'approchant de l'obstacle, elle commence à lever les pattes de plus en plus haut, de sorte que le dernier pas avant l'obstacle peut la mener à lever la patte à une hauteur supérieure à celle de l'obstacle lui-même. Il est rare qu'elle réussisse à poser la patte sur le sommet de la bordure. Son pas est aussi souvent trop long que trop court. Là encore, elle s'aide de ses ailes. Devant un obstacle de ce type, il arrive aussi, mais plus rarement, à l'oie d'adopter un autre comportement : elle fixe l'obstacle en rentrant la tête, le cou tremblant d'excitation, saute à pieds joints sur le sommet et se laisse retomber de l'autre côté. Certains anatidés qui sont des animaux arboricoles et savent évoluer dans les branches adoptent toujours cette dernière forme de comportement, alors que l'oie cendrée ne l'adopte systématiquement que lorsqu'il s'agit d'un obstacle compact, par exemple un bloc de pierre.

Nous examinerons dans le prochain chapitre les principales interactions entre mouvement volontaire et insight ; pour conclure cette section, nous nous contenterons de dire que les mouvements volontaires et les réafférences qui en résultent jouent un rôle important dans l'exploration de l'espace, c'est-à-dire dans l'accession à sa compréhension par les facultés de l'insight.

VI

Le comportement de curiosité

1. Sélection d'un comportement

Ainsi que nous l'avons dit en 3. IV/5, chez la plupart des espèces, dans les conditions naturelles, l'apprentissage conduisant à la sélection de certains comportements est très rare. Il ne se présente en fait que chez les organismes supérieurs, mais uniquement sous la pression de sélection de stimuli négatifs extrêmement puissants ou bien, comme nous allons le voir, sous la pression de cette motivation autonome très particulière que nous appelons *la curiosité*. L'apprentissage avec sélection d'un comportement (conditionnement opérant de type S) ne développe sa principale fonction téléonomique que dans le cadre du comportement exploratif ou comportement de curiosité, qui ne peut être activé par aucune autre motivation et uniquement tant que toutes les autres se taisent.

On ne peut pas assimiler le comportement exploratif au comportement fondé sur la méthode d'essais et d'erreurs. Dans le processus d'apprentissage dont nous avons traité en 3. IV/3, l'animal, par exemple le corvidé, détermine aussi par la méthode d'essais et d'erreurs avec quel objet et dans quelle situation son comportement inné de nidification lui procure les réafférences les plus gratifiantes. Mais la motivation provient de l'appétence pour ce mouvement instinctif, le comportement est donné, c'est la situation de stimuli qui est apprise.

Même dans les expériences classiques de boîtes à énigme avec les chats, l'animal n'essaie pas tous les mouvements de son inventaire de comportements les uns après les autres, il n'en essaie qu'un petit nombre qui sont, en outre, étroitement apparentés et qui sont tous issus d'une seule et même motivation : le besoin dominant d'échapper à l'horreur de cette situation d'emprisonnement. L'animal gratte les parois, mord les barreaux, passe la tête par les fentes par lesquelles il croit pouvoir sortir, etc.

L'aspect extraordinaire du comportement exploratif réside dans le fait que l'animal essaie pratiquement tous les comportements dont il dispose sur un seul et même objet dès lors que ce dernier a éveillé sa curiosité. Un corbeau devant lequel on pose un objet qui lui est complètement inconnu applique à cet objet toute une série de comportements dans un ordre particulier programmé phylogénétiquement. Il commence timidement par les mouvements de provocation vis-à-vis d'un prédateur supérieur, c'est-à-dire qu'il s'approche prudemment de l'objet, se mouvant de côté ou à reculons, en se tenant prêt à la fuite ; il lui lance un furieux coup de bec et s'enfuit immédiatement après, aussi vite que possible. S'il se révèle que l'objet est vivant et s'enfuit de son côté, le corbeau passe au comportement de meurtre de grosses proies. Si l'objet est « déjà mort », ce dont l'animal s'assure par des coups de bec de plus en plus violents, il l'attrape avec les griffes et tente de le dépecer. S'il se révèle que l'objet est comestible, le corbeau passe au comportement alimentaire et au comportement de cachette de ses proies. Si l'objet ne lui semble utilisable d'aucune façon, le corbeau s'en désintéresse peu à peu et s'en sert comme perchoir ou le met en morceaux et s'en sert pour cacher des objets plus intéressants. Ce processus correspond très exactement à ce que A. Gehlen a appelé une exploration objective par laquelle l'objet devient « familier » ou est « mis en réserve » pour des utilisations ultérieures éventuelles ; il est classé *ad acta* afin que l'animal puisse au besoin y recourir à nouveau.

2. La motivation autonome du comportement de curiosité

Ainsi que l'a montré Monika Meyer-Holzapfel, les coordinations motrices qui apparaissent dans le cadre du comportement exploratif comme dans celui du jeu sont activées par *une autre source* de motivation que celle qui les activent dans les « cas sérieux » où elles sont utilisées au service de la conservation de l'espèce. Les explications que donne Monika Meyer-Holzapfel sont irréfutables. Les comportements moteurs utilisés dans le cadre du comportement exploratif ou du jeu sont issus d'autres systèmes fonctionnels, par exemple du comportement de capture, du comportement de rivalité, du comportement sexuel, du comportement de défense contre des prédateurs de plus grande taille, etc. Tous ces mouvements sont infailliblement reconnaissables à la forme spécifique de leur déroulement. Si l'on voulait provoquer ces mouvements instinctifs en activant les systèmes comportementaux dont ils relèvent d'un point de vue téléonomique, la seule force d'inertie de ces grands systèmes empêcherait que deux mouvements instinctifs appartenant à deux systèmes différents se succèdent rapidement. Un chat qui aurait « sérieusement » fait le gros dos pour se défendre contre un ennemi prédateur mettrait au moins une demi-heure à oublier sa peur pour s'intéresser au comportement de chasse – surtout en restant au même endroit. En revanche, dans le cadre du jeu, le gros dos et le saut de capture peuvent se succéder en un fragment de seconde. Cela constitue un argument de poids en faveur de la thèse selon laquelle le comportement de curiosité obéit à une motivation particulière et autonome capable de mettre en jeu des mouvements instinctifs qui se sont formés au service de certaines fonctions et sont activés dans le cadre d'un comportement téléonomique par un certain PAS. Il en est à peu près de même dans le jeu, car il n'y a pas de frontière très nette entre comportement de curiosité et jeu.

Un second argument s'inscrit en faveur de l'hypothèse de Monika Meyer-Holzapfel : le fait que le comportement de curiosité et le jeu se situent toujours « dans un champ de détente », pour reprendre, à la suite de Gustav Bally, la terminologie de la théorie des champs de Kurt Lewin. Cela signifie tout simplement que le comportement exploratif comme le jeu cessent immédiatement dès que se manifeste une motivation susceptible d'activer « sérieusement » l'un des comportements en question. Le corbeau de notre exemple abandonnerait immédiatement les mouvements instinctifs de la fuite, du comportement de capture, du comportement alimentaire, etc., s'il éprouvait vraiment une pulsion de fuite, de chasse ou de faim. S'il avait faim, par exemple, il se rendrait là où il serait sûr de trouver à manger ou adopterait un comportement de quête vis-à-vis de son maître, autrement dit il recourrait à des objets et à des comportements *dont il connaîtrait d'ores et déjà* l'effet d'apaisement de la faim.

Il ne faut pas croire pour autant que la motivation du comportement de curiosité est moins forte que la motivation « normale » des autres modes comportementaux. Les deux types de pulsions sont certes dans un rapport de corrélation tel que le cas sérieux l'emporte toujours sur le jeu ou le comportement de curiosité, ce qui est bien compréhensible d'un point de vue téléonomique. L'appétence pour le comportement exploratif, c'est-à-dire pour une situation de stimuli à explorer, est incroyablement puissante, parfois même plus puissante que l'appétence pour l'objet d'un comportement spécifique tel que la nourriture. Le plus puissant moyen dont je disposais pour faire rentrer mes corbeaux dans leur cage quand je n'y étais pas parvenu avec de la nourriture, c'était mon appareil photographique, qu'ils n'avaient jamais été autorisés à examiner de très près pour des raisons que l'on comprendra aisément. Alors que j'étais encore enfant, mon frère avait un mongos qu'il attirait avec son diplôme de doctorat. Les poseurs de pièges savent que l'on peut attirer un animal en excitant sa curiosité ; en anglais, il y a même un proverbe qui le dit : « *Curiosity killed the cat.* »

3. L'apprentissage latent

Dans le cadre de son comportement de curiosité, l'animal considère toute situation environnementale *comme si* elle était biologiquement pertinente. Le rat explore tous les passages pour en connaître la longueur et la largeur, exactement suivant le même principe que le corbeau de notre exemple précédent devant un objet inconnu, et, une fois qu'il a exploré tous les itinéraires possibles de son territoire, il sait très bien quel est le plus court chemin de n'importe quel point de cet espace à l'abri le plus proche et il sait aussi jusqu'à quel point cet abri est sûr.

Mais ce savoir très étendu acquis par le comportement exploratif n'apparaît absolument pas dans le comportement habituel de l'animal, jusqu'au jour où se présente ce cas de force majeure dans lequel l'animal recourt à ces connaissances classées *ad acta*. C'est pourquoi les éthologistes de langue anglaise parlent d'apprentissage latent, bien que le processus d'apprentissage lui-même soit tout à fait visible et que seul le savoir ainsi acquis demeure latent. On ferait beaucoup mieux de parler de savoir latent.

4. L'objectivité

L'existence d'une motivation autonome du comportement exploratif rend le processus d'apprentissage et le savoir ainsi acquis indépendants de toute pulsion particulière activée ponctuellement et confère ainsi aux deux une forme d'*objectivité*. Comme le dit Arnold Gehlen, ces comportements sont indépendants de tout besoin pulsionnel et n'ont pas de valeur immédiate de satisfaction de l'instinct. Leur rapport au monde extérieur est objectif. Pour formuler les choses plus grossièrement : le corbeau qui étudie un nouvel objet ne veut pas le manger, le rat qui explore une galerie ne cherche pas à se cacher, ils veulent seulement savoir si l'objet en question peut *théoriquement* être mangé ou peut être utilisé pour se cacher. Jakob von Uexküll a dit que tous les objets de l'environnement d'un animal étaient des supports d'action ; cela vaut dans un sens très particulier pour les objets que les êtres doués de curiosité explorent pour se les rendre familiers puis mettent en réserve pour une utilisation ultérieure. Ils sont *objectivés*, dans un sens où cela se produit rarement chez l'animal, parce que le savoir concernant leur mode d'utilisation a été acquis et conservé indépendamment de la pression ponctuelle des motivations changeantes.

5. Spécialisation de la non-spécialisation

Les programmes génétiques qui président au comportement des animaux doués d'un très fort comportement de curiosité sont plus que tous les autres des programmes que l'on peut qualifier avec Ernst Mayr de programmes *ouverts*. Les mécanismes innés de déclenchement de tous les comportements dont l'objet ou la situation de stimuli adéquate ont été découverts par l'exploration se caractérisent essentiellement par leur *absence de sélectivité*, qui joue en l'occurrence en faveur de la conservation de l'espèce. Cette ouverture, qu'Arnold Gehlen définit à juste titre comme une propriété spécifique de l'homme, est également présente, même si c'est à un moindre degré, chez tous les êtres de curiosité. Du seul fait qu'ils tentent de déterminer pour tout objet s'il peut présenter un intérêt biologique potentiel, ils finissent effectivement par trouver tous les objets de leur environnement qui le peuvent. Ils acquièrent ainsi une extraordinaire adaptabilité aux biotopes les plus divers. Le corbeau, par exemple, vit dans les déserts africains, dans les forêts des Alpes ou sur une île aux oiseaux des mers du Nord aussi bien que s'il était spécialement adapté à chacun de ces biotopes. Dans le désert, où il se nourrit de charognes, il mène la vie d'un vautour ; en Europe centrale, il chasse comme une corneille de petits organismes vivants et sur les îles aux oiseaux il mène une existence parasitaire, comme les labbes, en se nourrissant des œufs et des petits des oiseaux qui pondent en colonie.

La non-spécialisation du programme comportemental suppose une adaptabilité similaire de la structure physique, car une spécialisation morphologique très poussée de tous les organes exclurait cette multiplicité des possibilités comportementales. C'est pourquoi les êtres de curiosité sont toujours d'un point de vue morphologique des représentants « moyens » du groupe taxonomique dont ils sont issus. C'est le cas du rat parmi les rongeurs, du corbeau parmi les oiseaux et même de l'homme, si l'on fait abstraction du cerveau, parmi les primates. Le rat grimpe moins bien que l'écureuil, nage moins bien que le castor, court moins vite que la gerboise et creuse moins bien qu'un rat-taupe (*Spalax*), mais il dépasse chacun de ces spécialistes dans chacune des trois fonctions dans lesquelles les autres ne sont pas spécialisés. Il est très significatif que parmi les animaux supérieurs seuls les « spécialistes de la non-spécialisation » soient devenus cosmopolites.

Même l'homme, qu'Arnold Gehlen qualifie d'« être du manque », peut pratiquement se mesurer à tous les mammifères de même taille quant à la multiplicité de ses aptitudes physiques ; n'importe quel homme en assez bonne forme est capable de parcourir 25 kilomètres en une journée, d'aller chercher des objets sous l'eau et de grimper à une corde. Aucun autre mammifère n'est capable d'en faire autant !

6. Le jeu

Il n'est pas facile de définir ce que l'on pense lorsqu'on dit spontanément et dans la langue de tous les jours qu'un animal ou un homme « joue ». La plupart des comportements à propos desquels on le dit ont au moins un point commun, c'est que certaines actions, dont on connaît le déroulement et la fonction par rapport à d'autres systèmes de référence, sont exécutées sans assurer cette fonction. Tout observateur naïf ajouterait sans doute que les mouvements en question sont exécutés pour eux-mêmes, « pour le plaisir » ; et dans la plupart des cas il aurait raison : que l'on songe seulement à ce qui a été dit en 3. V/2.

Les comportements les plus simples et les plus anciens, d'un point de vue phylogénétique et même bien souvent d'un point de vue ontogénétique, que l'observateur profane a tendance à qualifier de « jeu » sont des activités à vide, surtout celles de la locomotion, qui, ainsi que nous l'avons dit (cf. p. 191 sq.), à un très haut degré d'intensité, peuvent se transformer en comportement de fuite ou de défense. Un poulain qui saute, se cabre et rue donne l'impression d'être surexcité par le jeu et cette impression s'accentue encore lorsque deux jeunes animaux se poursuivent ainsi. Dans des formes aussi primitives de jeu, il serait absurde de postuler une motivation particulière, c'est de toute évidence le PAS autonome du mouvement instinctif en question qui active le comportement de jeu. Toutes sortes de transitions séparent ces « formes primitives » des comportements qui correspondent plus nettement à cette notion assez indéfinissable du jeu et qui se composent, comme nous l'avons dit dans la section précédente à propos du comportement exploratif, d'un enchaînement hétéroclite de mouvements instinctifs relevant des systèmes comportementaux les plus divers. Dans ces cas-là, on est forcé de se rallier à la thèse d'une motivation spécifique du jeu que défend Monika Meyer-Holzapfel.

Comme nous l'avons dit, il n'y a pas de séparation très nette entre le comportement de curiosité et le jeu ; il est possible de voir une différence graduelle dans le fait que les motivations autochtones des coordinations motrices héréditaires interviennent aussi dans le jeu, alors que dans le cadre du comportement de curiosité elles n'interviennent que très peu, voire pas du tout. On observe souvent, chez une même espèce, différentes formes de jeu entraînant l'activation de comportements moteurs divers – jeux de combat, jeux de poursuite, etc.

Dans le cas du combat ludique, il y a une différence essentielle constituée par la subsistance des inhibitions sociales de l'emploi des armes. Je peux citer le cas d'un jeune lynx (*Lynx lynx*) de un an qui joue comme un fou à se battre avec les enfants de son maître et exécute ce faisant tous les mouvements de combat des félins sans jamais sortir les griffes ; à la fin, il n'y a pas la moindre égratignure sur la délicate peau des enfants. Les chiens surexcités accompagnent leurs combats ludiques des grognements les plus redoutables, qui ressemblent beaucoup aux véritables grognements de combat mais s'en distinguent tout de même, de sorte que, pour ma part, je sais très exactement à quel moment un jeu de ce type menace de se transformer en véritable lutte. En fait, cette transformation se produit assez rarement chez les chiens. Chez les prédateurs moins évolués et dont le comportement social est moins développé, le phénomène se produit plus facilement et plus brusquement, j'ai eu l'occasion de le constater à mes dépens avec un blaireau.

En tout cas, l'intervention d'un stimulus spécifique n'entraîne pas une extinction aussi brutale du jeu que du comportement exploratif. De même, le niveau du potentiel d'activité spécifique d'un mouvement intervenant dans le comportement ludique au moment où se déroule le jeu exerce une influence sur la fréquence de ce mouvement. Les expériences de Leyhausen sur diverses espèces de chats (félidés) lui ont permis de constater que les mouvements de capture étaient souvent utilisés dans le cadre du jeu, alors qu'ils ne sont pas utilisés par les animaux nourris et vivant en captivité, et ce même par les sujets adultes qui, par ailleurs, ne jouent pas beaucoup.

Leyhausen a également montré une autre différence importante entre l'activation des différents mouvements dans le cadre du jeu et dans le comportement « sérieux ». L'intervention du système végétatif n'est pas la même dans le cadre du jeu : certains mouvements instinctifs s'accompagnent par exemple, normalement, d'un rebroussement des poils qui ne s'observe pas lorsque ces mêmes mouvements sont utilisés dans le cadre du jeu.

La différence la plus nette entre le jeu et le comportement exploratif réside dans leur fonction téléonomique. La curiosité a pour fonction la prise de contact avec certains objets et avec certaines situations environnementales, tandis que celle du jeu est étroitement liée à l'acquisition de mouvements appris. Le jeu est en grande partie motivé par cette jouissance fonctionnelle dont nous avons parlé p. 460-467, et il conduit par là même fréquemment à la production créatrice de comportements moteurs nouveaux et plus élégants. Le mécanisme d'obtention de l'effet moteur le plus important avec la dépense d'énergie la plus restreinte, que nous avons évoqué à ce propos, joue également un rôle important dans le cadre de l'activité ludique. C'est ce mécanisme qui explique que les « purs » jeux, dans lesquels le comportement exploratif passe véritablement au dernier plan, reposent sur l'exploitation de sources d'énergies extérieures à l'organisme et qui, par conséquent, ne lui coûtent rien. Parmi les rares formes d'activité purement ludique chez les oiseaux il faut citer les danses en vol des corbeaux, qui tracent souvent des figures artistiques d'une grande élégance. C'est délibérément que j'utilise ici les termes créatif et artistique sans les mettre entre guillemets, car les processus qui entrent là en jeu sont très vraisemblablement aussi à la base de toute activité artistique chez l'homme et incontestablement à l'origine du plus vieux de tous les arts humains : la danse.

Chez les mammifères, ce sont curieusement les animaux aquatiques, les loutres, les otaries et les dauphins, qui, en employant l'énergie de l'eau, créent des produits artistiques analogues à ceux du corbeau avec les courants du vent. Les otaries et les dauphins ont inventé comme l'homme la technique consistant à chevaucher les vagues ; ils se précipitent au sommet des vagues en appuyant leur ventre à la surface de l'eau de telle sorte que sous l'effet de la pesanteur ils glissent de l'autre côté sans jamais s'enfoncer, suivant le même principe que celui du ski nautique. Les dauphins savent en outre se laisser porter par la grosse vague que soulève le passage d'un bateau. La chose les amusant d'autant plus que le bateau va plus vite, leur jeu a conduit des observateurs qui n'avaient pas saisi la mécanique du processus à des conclusions abusives sur les vitesses que ces animaux peuvent atteindre.

K. Groos supposait, dès 1933, que les animaux apprenaient par l'intermédiaire du jeu, qui constituait une sorte de « préimitation » d'un comportement ultérieur qui se préparait et se perfectionnait ainsi. Cette hypothèse est en accord avec le fait que d'une façon générale la différenciation et la fréquence du jeu sont en corrélation avec l'aptitude à l'apprentissage moteur et avec la libre disposition de mouvements volontaires. Après cette affirmation, je ne ferai qu'une *petitio principi* en disant que ces mammifères aquatiques très portés sur les activités ludiques sont aussi particulièrement doués pour l'apprentissage moteur, et pourtant cela ne nous est pas seulement prouvé par le dressage des animaux de cirque : les otaries font spontanément des prouesses en la matière et les observations de Karen Pryor sur les dauphins offrent de multiples exemples de la même aptitude.

On ne sera donc pas étonné d'apprendre que les animaux chez qui le comportement ludique revêt la plus grande importance sont les primates, parce que ce sont aussi eux qui, avec leurs mains préhensiles, ont les plus grandes capacités de mouvement volontaire (cf. 3. V/2 et 3), et que ceux chez qui il revêt le moins d'importance sont les mammifères inférieurs. Chez les insectivores comme le hérisson, la musaraigne, etc., pour autant que je sache, on n'observe pas de comportement de jeu. Les rats ont, avant d'atteindre l'âge adulte, de très nets jeux de combat, mais pas la souris. Cette dernière a manifestement perdu l'aptitude au jeu, car on observe à un certain stade d'évolution du jeune animal des vestiges du comportement de jeu qui ne sont identifiables en tant que tels que parce que l'on connaît les comportements correspondants chez le rat. Dans ces jeux de combat, on observe, lorsque deux partenaires s'affrontent, un mouvement de la patte postérieure – le plus souvent d'une seule patte – qui se rapproche du mouvement analogue du chat dans le comportement de jeu ou dans le comportement de combat. Chez les souris, curieusement, ce mouvement s'est conservé comme vestige du comportement ludique et les jeunes souris l'exécutent souvent tout à fait sans raison quand elles sont un peu « surexcitées ». Les jeunes souris sautent en outre très souvent sans raison ou à la suite d'infimes stimuli, un peu comme le font les jeunes rats quand ils jouent, et c'est très certainement chez elles un vestige du jeu. Avant d'émettre cette hypothèse, nous parlions à titre de plaisanterie d'un « stade de la puce » chez la souris. Dans les plus simples combats ludiques des rats, on a l'impression que sont appris certains *enchaînements* moteurs dont les éléments sont disponibles pour la formation d'actions conditionnées (3. IV/6). Le phénomène est encore plus net dans les combats ludiques des prédateurs, dans lesquels interviennent beaucoup d'activités instrumentales, telle l'orientation de la morsure vers le cou du partenaire de jeu, qui est utilisée aussi dans le véritable combat, dans le comportement de capture et, chez certains mustélidés, lors de l'accouplement. Eibl-Eibesfeldt a montré que l'orientation de la morsure s'apprenait dans le comportement ludique avec les frères et sœurs, pour être ensuite utilisée dans les trois cas cités précédemment.

Ainsi que l'a observé H. Harlow, les singes rhésus (*Macaca rhesus*) acquièrent par le jeu des comportements moteurs complexes, par exemple les mouvements permettant d'actionner une serrure, et ils manifestent par la suite une appétence pour leur exécution (3. V/2). On peut penser que le jeu assure une fonction téléonomique particulière à partir du moment où un être vivant est en mesure d'utiliser une découverte qu'il a faite dans le cadre du comportement de jeu. L'exemple classique est à cet égard l'observation de Wolfgang Köhler (1921), qui demanda à son chimpanzé Sultan, devenu entre-temps mondialement célèbre, d'attraper une banane placée dans sa cage à l'aide d'un instrument se composant de deux bâtons qui pouvaient s'enfiler l'un dans l'autre. Tant que Sultan se concentra sur la banane en tant qu'objectif de son appétence, il s'obstina à tenter d'atteindre le fruit avec le plus long des deux bâtons. Ce n'est qu'à partir du moment où, s'étant libéré de son appétence pour le fruit, il se mit à jouer au hasard avec les deux bâtons qu'il réussit à les enfiler. Là, il comprit immédiatement qu'il était en possession d'un outil lui permettant d'atteindre la banane.

7. La curiosité et l'activité ludique, la recherche de l'art

Le comportement exploratif et le jeu sont des composantes vitales du comportement humain.

Le comportement du chimpanzé si admirablement décrit par Wolfgang Köhler est le paradigme de toute recherche. La nouvelle découverte est faite dans le

« champ de détente » du jeu *non* orienté et non commandé par une appétence spécifique, et ses possibilités d'application pratique sont découvertes *a posteriori*. L'histoire des sciences est constellée d'exemples de ce type de succession des étapes de la recherche. Le plus frappant est sans doute celui de Benjamin Franklin, qui découvrit le paratonnerre par temps orageux parce qu'il avait fait voler un cerf-volant et vit jaillir des étincelles de la corde qui le retenait et qui se mouillait. La protection des habitations contre la foudre était la dernière chose à laquelle il pensait en jouant avec son cerf-volant.

Le libre jeu des facteurs, sans objectif déterminé, sans finalité profonde prédéfinie, le jeu dans lequel rien n'est fixe en dehors des règles du jeu, a conduit au niveau moléculaire aux processus qui sont à l'origine de la vie, il est à la source de l'évolution et de la formation des organismes supérieurs à partir des organismes inférieurs. Ce libre jeu est très certainement la condition de tout processus véritablement créatif aussi bien dans le cadre de la civilisation que partout ailleurs. L'inextinguible soif de connaissance qui mène la recherche de l'homme est un processus créatif de ce type et il n'y a rien d'étonnant à ce qu'elle ne puisse donner son plein rendement qu'une fois libérée de tous les objectifs imposés : lorsqu'elle devient jeu. Alfred Kühn a formulé ce principe de manière très imagée au cours d'une conférence à l'Académie des sciences d'Autriche en disant : « Il ne peut pas y avoir de sciences naturelles appliquées, il ne peut y avoir qu'une application de leur résultat et l'humanité en vit. L'arbre de la science porte parfois des fruits d'or, mais uniquement pour celui qui ne le cultive que pour ses fleurs. »

La recherche scientifique de l'homme se situe sur cette limite mal tracée entre le comportement de curiosité et le jeu, alors que l'activité artistique de l'homme relève plus nettement du jeu. La langue courante l'exprime assez bien : on « joue » une pièce de théâtre, on « joue » de la flûte ou du violon. Mais il faut d'abord savoir (le mot *Kunst* – art – vient du verbe *können* – pouvoir). La simple volonté ne suffit pas à produire une œuvre d'art, sinon ce serait, comme l'a dit un jour Clemens Holzmeister, non plus de l'art, mais du débordement.

Cette fonction du jeu qui consiste à produire des mouvements appris exerçant un effet maximal pour une dépense d'énergie minimale conduit curieusement à des enchaînements qui répondent à notre sens de la beauté et de l'harmonie. Les danses en vol des corbeaux, les jeux des otaries et des dauphins sur les vagues ne peuvent pas manquer de nous rappeler le premier des arts humains, la *danse*.

La jouissance fonctionnelle est inscrite de façon téléonomique dans le processus d'apprentissage qui tend à rendre le mouvement toujours plus harmonieux, plus élégant et plus économique. Ce dernier objectif purement utilitaire peut essentiellement être atteint par le rapport *harmonieux* entre les différents éléments moteurs, de la même manière qu'au niveau inférieur de la coordination relative les mouvements harmonieux se révèlent les plus stables et les plus fonctionnels. On peut imaginer que la jouissance fonctionnelle libérée de sa fonction téléonomique intervient comme facteur autonome dans le grand jeu qui ne comporte pas d'autre élément fixe que ses propres règles. On peut même penser que l'art a tiré son aptitude à créer des produits radicalement nouveaux du fait que sa principale motivation, la jouissance fonctionnelle, a été libérée des limites de sa destination téléonomique.

Épilogue à la troisième partie

J'ai essayé de décrire ici un certain nombre de processus de modification téléonomique du comportement que je connais. Je les ai tous observés sur des animaux vivant dans des conditions quasi naturelles. Les processus qui paraissent les plus importants de ce point de vue, et qui semblent mériter plus particulièrement qu'on les analyse, ne sont pas les mêmes que ceux qui auraient paru les plus importants du point de vue du chercheur en laboratoire. Le « conditionnement opérant », ou conditionnement par la récompense (*reinforcement*) conduisant à la sélection d'un comportement, ne se présente pratiquement jamais dans les conditions naturelles, en dehors de l'association avec le comportement exploratif. Or ce dernier n'intervient que chez un nombre relativement restreint d'oiseaux et de mammifères supérieurs, et la surestimation de l'importance biologique du conditionnement opérant provient certainement de ce que beaucoup de psychologues de l'apprentissage ne connaissent de la multitude infinie d'organismes vivants quasi exclusivement que le rat et l'homme, qui sont précisément tous deux des « êtres de curiosité ».

Dans la classification des différents mécanismes d'apprentissage, je me suis laissé influencer par l'optique de la cybernétique, c'est la raison pour laquelle j'ai soigneusement séparé le petit groupe de processus d'apprentissage dans lesquels l'association ne joue aucun rôle du groupe plus important dans lequel les processus d'association jouent un rôle essentiel. Parmi les mécanismes d'apprentissage dans lesquels c'est le cas, j'ai réuni dans un chapitre séparé ceux dans lesquels la modification téléonomique du comportement est opérée par la rétroaction de sa réussite. Dans ces deux chapitres, je me suis laissé guider par les théories cybernétiques de Bernard Hassenstein.

Je ne prétends en aucune manière avoir établi un inventaire exhaustif de la multitude de fonctions d'apprentissage susceptibles d'exister, encore moins des combinaisons dans lesquelles elles peuvent entrer en corrélation. Surtout, je me garde de tout commentaire sur les interactions qui existent chez l'homme entre la pensée conceptuelle et les fonctions d'apprentissage.

Ce que j'espère avoir montré, c'est que toute tentative d'enfermer l'« apprentissage » dans une unique théorie est désespérée. Il y a incontestablement d'innombrables programmes « ouverts » fondamentalement différents qui se sont formés indépendamment les uns des autres et dont chacun recueille à sa manière de l'information qu'il exploite ensuite dans le sens d'une modification téléonomique de ce mécanisme physiologique dont la fonction est le comportement. Chacun de ces programmes ouverts contient une masse considérable d'informations acquises phylogénétiquement et génétiquement codées.

BIBLIOGRAPHIE

ABEL, O. : *Lehrbuch der Paläozoologie*, Iéna, G. Fischer, 1920.

ADLER, M. J. : *The Difference of Man and the Difference It Makes*, New York-Chicago-San Francisco, Holt, Reinhart and Winston, 1967.

ANOKHIN, P. K. : « A New Conception of the Physiological Architecture of Conditioned Reflex », *in* : *Brain Mechanism and Learning*, pp. 189-229, Oxford, Blackwell, 1961.

ASCHOFF, J. : « Circadian Clocks », *Proc. Feldafing Summer School*, September 1964, Amsterdam, North Holland Publ. Co., 1965.

BAERENDS, G. P. : « Fortpflanzungsverhalten und Orientierung der Grabwespe Ammophila campestris », *Tijdschr. Ent.* 84, 68-275, 1941.

BAERENDS, G. P. : « On the Life-History of Ammophila campestris Jur. Nederl. Akademie van Wetenschappen », *Proceedings* 44, 1-8, 1941.

BAERENDS, G. P. : « Aufbau tierischen Verhaltens », *in* : *Handbuch d. Zool.* (publié par Kükenthal, W.), 8, 10, 1-32, 1956.

BAERENDS, G. P. : « Moderne Methoden und Ergebnisse der Verhaltensforschung bei Tieren », *Reinisch-Westfälische Akad. Wiss. Vortrag* 218, Opladen, Westdeutscher Verlag, 1973.

BAERENDS, G. P., DRENT, R. H. : « The Herring Gull's Egg », *Behaviour* 17 (suppl.), 1970.

BALLY, G. : *Vom Ursprung und den Grenzen der Freiheit. Eine Deutung des Spielens bei Mensch und Tier*, Basel, Birkhäuser, 1945.

BATHAM, E. J., PANTIN, C. F. A. : « Muscular and Hydrostatic Action in the Sea-anemone Metridium senile (L.) », *J. Exp. Biol.* 27, 290-301, 1950.

BAUEMER, E. : « Lebensart des Haushuhns », *Z. Tierpsychol.* 22, 394-411, 1955.

BAUEMER, E. : « Verhaltensstudie über das Haushuhn-dessen Lebensart », 2. Teil, *Z. Tierpsychol.* 16, 284-296, 1959.

BECKER-CARUS, Ch., SCHÖNE, H. : « Motivation, Handlungsbereitschaft, "Trieb" », *Z. Tierpsychol.* 30, 321-326, 1972.

BERTALANFFY, L. v. : *Theoretische Biologie*, Berne, Francke, 1951.

BIERENS DE HAAN, J. A. : *Die tierischen Instinkte und ihr Umbau durch Erfahrung*, Leiden, E. J. Brill, 1940.

BOL. A. : cf. SEVENSTER-BOL.

BREHM, A. E. : *Gefangene Vögel*, Leipzig-Heidelberg, C. F. Winter'sche Verlags-Buchhandlung, 1872.

BREHM, A. E. : *Brehms Tierleben*, Leipzig-Vienne, Bibliographisches Institut, 1980.

BRIDGEMANN, P. W. : *Remarks on Niels Bohr's Talk*, Dedalus Spring, 1958.

BRUNSWICK, E. : *Wahrnehmung und Gegenstandswelt, Psychologie vom Gegenstand her*, Leipzig-Vienne, 1934.

BRUNSWICK, E. : « Scope and Aspects of the Cognitive Problem », *in* : *Contemporary Approaches to Cognition* (dir. de publ. Bruner et al.), Cambridge, Harvard Univ. Press, 1957.

BUBENIK, A. B. : « The Significance of the Antler in the Social Life of the Cervidae », *Deer* 1, 208-214, 1968.

BÜHLER, K. : *Handbuch der Psychologie*, I. Teil : « Die Struktur der Wahrnehmung », Iéna, 1922.

BULLOCK, Th. H. : *Introduction to Nervous Systems*, San Francisco, Freeman & Co., 1977.

BUTENANDTS, E., GRÜSSER, O. J. : « The Effect of Stimulus Area on the Response of Movement Detecting Neurons in the Frog's Retina », *Pflügers Archiv*, 298, 283-293, 1968.

BUYTENDIJK, J. J. J. : *Wege zum Verständnis der Tiere*, Zurich-Leipzig, Max Niehaus Verlag, 1940 (*Traité de psychologie animale*, P.U.F.).

CRAIG, W. : « Appetites and Aversions as Constituents of Instincts », *Biol. Bull.*, Woods Hole 34, 91-107, 1918.

DETHIER, V. G., BODENSTEIN, D. : « Hunger in the Blowfly », *Z. Tierpsychol.* 15, 129-140, 1958.

DEWEY, J. : *Experience and Nature*, Chicago-Londres, Open Court Publishing Co., 1925.

DEWEY, J. : *Reconstruction in Philosophy*, New York, North Holland & Co., 1936.

DOBZHANSKY, T. : « Genetics of Natural Populations XVI », *Genetics* 33, 158-176, 1948.

DOBZHANSKY, T. : « Genetics of Natural Populations XVIII », *Genetics* 33, 588-602, 1948.

DOBZHANSKY, T. : « Genetics of Natural Populations XX », *Evolution* 6, 234-243, 1952.

DOBZHANSKY, T. : *Mankind Evolving*, Yale Univ. Press, 1962.

DOLDERER, E. M. : *Lernverhalten von Pferden aus der Sicht der modernen Verhaltensbiologie. Zulassungsarbeit f. d. Wiss. Prüfung f. d. Lehramt an Gymnasium*, Univ. Freiburg, 1975.

DREES, O. : « Untersuchungen über die angeborenen Verhaltensweisen bei Springspinnen (Salticidés) », *Z. Tierpsychol.* 9, 169-207, 1952.

DRIESCH, H. : *Philosophie des Organischen*, Leipzig, Quelle & Meyer, 1928.

ECCLES, J. C. : *The Neurophysiological Basis of Mind : The Principle of Neurophysiology*, Londres, Oxford Univ. Press, 1953.

ECCLES, J. C. : *Brain and Conscious Experience*, Berlin-Heidelberg-New York, Springer, 1966.

ECCLES, J. C. : *Uniqueness of Man* (publ. par Rolansky, J. B.), Amsterdam, North Holland, 1968.

EHRENFELS, C. v. : « Über Gestaltqualitäten, Vierteljahresschrift für wiss. », *Philosophie* 14, 249-292, 1890.

EIBL-EIBESFELDT, I. : « Zur Biologie des Iltis (Plutorius plutorius L.) », *Zool Anz.* suppl. 19, 304-314, 1956.

EIBL-EIBESFELDT, I. : « Versuche über den Nestbau erfahrungsloser Ratten Wiss. » Film B 757, Göttingen, Inst. wiss. Film, 1958.

EIBL-EIBESFELDT, I. : *Éthologie, biologie du comportement* (trad. O. Schmitt et Violette Helmreich), éd. Naturalia et Biologia, 1973.

EIGEN, M., WINKLER, R. : *Das Spiel*, Munich, Piper, 1975.

FISCHER, R. A. : *The Genetical Theory of Natural Selection*, Oxford, Clarendon Press, 1930.

FLETCHER, R. A. : *Instinct in Man*, Londres, George Allen & Unwin, 1957.

FOPPA, K. : *Lernen, Gedächtnis, Verhalten*, Cologne-Berlin, Kiepenheuer & Wisch, 1965.

FRAENKEL, G. S., GUNN, D. S. : *The Orientation of Animals*, Oxford, Clarendon Press, 1961.

FRANCK, D., WILHELMI, U. : « Veränderungen der aggressiven Handlungsbereitschaftmännlicher Schwertträger Xilophorus helleri, nach sozialer Isolierung », *Experientia* 29, 896-897, 1973.

FRANZISKET, L. : « Untersuchungen zur Spezifität und Kumulierung der Erregungsfähigkeit und zur Wirkung einer Ermüdung in der Afferenz bei Wischbewegungen des Rückenmarksfrosches », *Z. Tierpsychol.* 34, 525-538, 1953.

FREUD, S. : *Gesammelte Werke*, Londres, Imago Publ., 1950.

FRISCH, K. v. : « Ein Zwergweld, der kommt, wenn man ihm pfeift », *Biol. Zbl.* 43, 439-446, 1923.

FRISCH, K. v. : *Erinnerungen eines Biologen*, Berlin-Heidelberg-New York, Springer, 1965.

FRISCH, K. v. : *Vie et mœurs des abeilles* (trad. A. Dalq, A. Michel, 1973).

GADOW, H. : « In Bronn's Klassen und Ordnungen des Tierreichs », *Anat.* Teil 6, 1, 1-1008, Leipzig, 1891.

GARCIA, J., KOELLING, R. A. : « A Comparison of Aversions Induced by X-Rays, Drugs and Toxins », *Radiation Res. suppl.* 7, 439-450, 1967.

GARCIA, J., HANKINS, W. G., RUSINIAK, K. W. : « Behavioral Regulation of the Milieu Interne in Man and Rat », *Science* 185, 824-831, 1974.

GARCIA, J., ERVIN, F. R. : « A Neuropsychological Approach to Appropriateness of Signals and Specificity of Reinforcers », *Proc. of Intern. Neuropsychology Society Meeting*, 1967.

GEHLEN, A. : *Der Mensch, seine Natur und seine Stellung in der Welt*, Berlin, Junger und Dürrhaupt, 1960.

GRY WALTER, W. : *The Living Brain*, Londres, Gerald Druckworth & Co., 1953.

GROOS, K. : *Die Spiele der Tiere*, 3e éd., Iéna, 1933.

GUNN, D. S., FRAENKEL, G. S. : *The Orientation of Animals*, Oxford, Clarendon Press, 1961.

HALDANE, J. B. S. : *The Inequality of Man*, Londres, Chatto & Windus, 1932.

HALDANE, J. B. S. : *The Philosophy of a Biologist*, Oxford, Clarendon Press, 1936.

HARLOW, H. F. : « Primary Affectional Patterns in Primates », *Amer. J. Orthopsychiat.* 30, 1960.

HARLOW, H. F., HARLOW, M. K. : « The Effect of Rearing Conditions on Behaviour », *Bull. Menninger Clinic* 26, 213-224, 1962.

HARLOW, H. F., HARLOW, M. K. : « Social Deprivation in Monkeys », *Scient. American*, 207, 137-146, 1962.

HARLOW, H. F., HARLOW, M. K., MEYER, D. R. : « Learning Motivated by a Manipulation Drive », *J. Exp. Psychol.* 40, 228-234, 1950.

HARTERT, E. (1899) : cité d'après STRESEMANN : *Die Entwicklung der Ornithologie.*

HARTLINE, H. K., WAGNER, H. G., RATTCLIFF, F. : « Inhibition in the Eye of Limulus », *J. of General Physiology* 39, 651-673, 1956.

HARTMANN, M. : *Allgemeine Biologie*, Iéna, G. Fischer, 1933.

HARTMANN, M. : *Die philosophischen Grundlagen der Naturwissenschaften*, Iéna, G. Fischer, 1948, 1959.

HARTMANN, N. : *Der Aufbau der realen Welt*, Berlin, Walter de Gruyter, 1964.

HARTMANN, N. : *Teleologisches Denken*, Berlin, Walter de Gruyter, 1966.

HASSENSTEIN, B. : « Abbildende Begriffe », *Zool. Anz. Suppl.* 18, 197-202, 1955.

HASSENSTEIN, B. : *Biologische Kybernetik*, Heidelberg, Quelle & Meyer, 1965.

HASSENSTEIN, B. : « Kybernetik und biologische Forschung », *Handb. d. Biol.* 1, 631-719, Francfort, Athenaion, 1966.

HASSENSTEIN, B. : *Verhaltensbiologie des Kindes*, Munich, Piper, 1973.

HEBB, D. O. : *The Organization of Behaviour*, New York, 1940.

HEBB, D. O. : « Heredity and Environment in Mammalian Behaviour », *Brit. J. Anim. Beh.* 1, 43-47, 1953.

HEBB, D. O. : *A Textbook of Psychology*, Philadelphie, W. B. Saunders Co., 1958.

HEDIGER, H. : « Zur Biologie une Psychologie der Flucht bei Tieren », *Biol. Zbl.* 54, 21-40, 1934.

HEDIGER, H. : *Wirbeltiere in Gefangenschaft*, Bâle, Benno Schwabe & Co., 1942.

HEDIGER, H. : *Skizzen zu einer Tierpsychologie im Zoo und im Zirkus*, Zurich, Gutenberg, 1954.

HEILBRUNN, L.V. : *Grunzüge der allgemeinen Physiologie*, Berlin, Dtsch. Verl. d. Wiss, 1958.

HEILIGENBERG, W. : « Ursachen für das Auftreten von Instinktbewegungen bei einem Fische (Pelmatochromis subocellatus kribensis) », *Z. vergl. Physiol.* 47, 339-380, 1963.

HEILIGENBERG, W. : « Ein Versuch zur ganzheitsbezogenen Analyse des Instinktverhaltens eines Fisches (Pelmatochromis subocellatus kribensis, Boul., Ciclidae), *Z. Tierpsychol.* 21, 1-52, 1964.

HEILIGENBERG, W. : « Der Einfluss spezifischer Reizmuster auf das Verhalten der Tiere », *in* : *Grzimeks Tierleben, Ergänzungsband Verhaltensforschung* (vol. suppl.), 234-254, Zurich, Kinder Verlag AG, 1974.

HEINROTH, O. : « Beiträge zur Biologie, insbesondere Psychologie und Ethologie der Anatiden », *Verh. 5. In. Ornithologen Kongr.*, Berlin, 589-702, 1910.

HEINROTH, O. : « Über bestimmte Bewegungsweisen der Wirbeltiere, Sitzungsber », *Ges. naturforsch.*, Freunde, Berlin, 1930.

HEINROTH, O., HEINROTH, M. : *Die Vögel Mitteleuropas*, Berlin-Lichterfelde, Behrmüller, 1928.

HEINROTH-BERGER, K. : « Beobachtungen an handauffezogenen Mantelpavianen », *Z. Tierpsychol.* 16, 706-732, 1959.

HEINROTH-BERGER, K. : « Über Handaufzuchten », *Der Zool. Garten* 39, 1/6, 1970.

HEISENBERG, W. : « Der Teil und das Ganze », *Gespräche im Umkreis der Atomphysik*, Munich, Piper, 1969.

HERRICK, F. H. : « Instinct », *Western Res. University Bulletin* 22/6.

HERRICK, F. H. : *Wild Birds of Home*, New York-Londres, D. Appleton-Century Comp., 1935.

HERTER, K. : « Beziehungen zwischen der Okologie und der Thermotaxis der Tiere », *Biol. Gen.* 17, 243-309, 1943.

HERTER, K. : « Der Temperatursinn der Säugetiere », *Beitr. Tierkunde-Tierzucht* 3, 1-171, 1952.

HERTER, K. : *Der Temperatursinn der Insekten*, Berlin, Duncker & Humblot, 1953.

HESS, E. H. : « Space Perception in the Chick », *Scient. American* 195, 71-80, 1956.

HESS, E. H. : « Imprinting, an Effect of Early Experience », *Science* 130, 133-141, 1959.

HESS, E. H. : *Imprinting : Early Experience and the Developmental Psychobiology of Attachment*, New York, Nostrand, 1973.

HESS, W. R. : *Das Zwischenhirn*, 2e éd., Bâle, Schwabe, 1954.

HESS, W. R. : « Die Formatio reticularis des Hirnstammes im verhaltensphysiologischen Aspekt », *Arch. Psychiatr. Nervenkr.* 196, 329-336, 1957.

HINDE, R. A. : « The Nestbuilding Behaviour of Domesticated Canaries », *Proc. Zool. Soc. London* 131, 1-48, 1958.

HINDE, R. A. : « Unitary Drives », *Anim. Behaviour* 7, 130-141, 1959.

HINDE, R. A. : *Le Comportement animal*, 2 vol. (trad. Denise Feraud), Presses universitaires de France, 1975.

HOFFMANN, K. : « Versuche zu der im Richtungsfinder der Vögel enthaltenenen Zeitschätzung », *Z. Tierpsychol.* 11, 453-475, 1954.

HOFFMANN, K. : « Experimental Manipulation of the Orientanal Clock in Birds », *Cold Spring Harlor Symp. Quant. Biol.* 25, 379-387, 1960.

HOGAN, J. A., ADLER, N. : « Classical Conditioning and Punishment of an Instinctive Response in Betta splendens », *Anim. Behav.* 11, 351-354, 1963.

HOLST, E. v. : *Zur Verhaltensphysiologie bei Tieren und Menschen, Gesammelte Abhandlungen*, vol. I et II, Munich, Piper, 1969-1970.

HULL, C. L. : *Principles of Behaviour*, New York, 1943.

HUXLEY, J. S. : « The Courtship of the Great Crested Grebe », *Proc. Zool. Soc.*, London, 1914.

HUXLEY, J. S. : « Courtship Activities in the Red-Throated Diver (Colymbus stellatus PONTOPP) ; Together with a Discussion of the Evolution of Courtship in Birds », *J. Linn. Soc. London Zool.* 53, 253-292, 1923.

HUXLEY, J. S. : *Evolution, the Modern Synthesis*, New York, Harper, 1942.

HUXLEY, J. S. : « A Discussion on the Ritualisation of Behaviour in Animals and Man », *Philosoph. Trans. Roy. Soc.*, Londres B 251, 1966.

IERSEL, J. J. J. v. : « An Analysis of the Parental Behaviour of the Three-Spined Stickleback (Gasterosteus aculeatus) », *Behaviour*, Suppl. 3, 1953.

IERSEL, J. J. J. v. : « Some Aspects of Territorial Behaviour of the Male Three-Spined Stickleback », *Arch. Neel. Zool.* 13, 383-400, 1958.

IMMELMAN, K. : « Prägungserscheinungen in der Gesangsentwicklung junger Zebrafinken », *Naturwiss.* 52, 169-170, 1965.

IMMELMAN, K. : « Zur Irreversibilität der Prägung », *Naturwiss.* 53, 209, 1966.

JENNINGS, H. S. : *The Behaviour of the Lower Organisms*, New York, 1906.

JORDAN, H. J. : *Vergleichende Physiologie wirbelloser Tiere*, Iéna, S. Fischer, 1913.

JORDAN, H. J. : *Allgemeine vergleichende Physiologie der Tiere*, Berlin, Walter de Gruyter, 1929.

KALTENHÄUSER, D. : « Über Evolutionsvorgänge in der Schwimmentenbalz », *Z. Tierpsychol.* 29, 348-540, 1971.

KANT, I. : *Werke* (publ. par E. Cassirer), 11 vol., Berlin, Bruno Cassirer, 1912-1918.

KAUPP, J. J. : « Classification der Säugetiere und Vögel », *J. Orn.*, 1854.

KEAR-MATTEWS, J. : *Mündliche Mitteilung.*

KNOLL, F. : « Insekten und Blumen », *Abhandl. Zool.-Bot. Ges. Wien* 12, 1926.

KOEHLER, O. : « Die Ganzheitsbetrachtung in der modernen Biologie », *Verh. d. Königsberger gelehrten Gesellschaft*, 1933.

KOEHLER, O. : « Die Analyse der Taxisanteile instinkartigen Verhaltens », *Symp. Soc. Exp. Biol.* 4, 269-302, 1950.

KOEHLER, O. : « Vom unbenannten Denken », *Zool. Anz. Suppl.* 16, 202-211, 1952.

KOEHLER, O., DINGER, W. : *Orientierungsvermögen von Mäusen, Versuche im Hochlabyrinth* (Wiss. Film B 635), Göttingen, Inst. wiss. Film, 1953.

KOENIG, O. : « Ungewöhnliches Nistmaterial », *Die Pyramide* 10, 4, 1962.

KOGON, Ch. : « Das Instinktive als philosophisches Problem », *Kulturphilos., philosophiegeschichtliche u. erziehungswissenschaftl. Studien*, n° 16, Wurzburg, K. Triltsch, 1941.

KÖHLER, W. : *Intelligenzprüfungen an Menschenaffen*, Berlin-Heidelberg-New York, Springer, rééd. 1963.

KORTLANDT, A. : « Eine Übersicht über die angeborenen Verhaltensweisen des mitteleuropäischen Kormorans », *Arch. neer. Zool.* 4, 401-442, 1940.

KORTLANDT, A. : « Aspects and Prospects of the Concept of Instinct », *Arch. neerl. Zool.* 11, 155-284, 1955.

KRUEGER, F. : *Lehre vom Ganzen*, Berne, Huber, 1948.

KRUJIT, J. : « Early Experience and the Development of Social Behaviour in Jungle Fowl », *Psychiatr. Neurol. Neurochir.*, 74, 7-20, 1971.

KRUJIT, J. : « Ontogeny of the Social Behaviour in Burmese Red Jungle Fowl (Gallus gallus spadicus) », *Behaviour Suppl.* 12, 1974.

KUENZER, P. : « Die Auslösung der Nachfolgereaktion bei erfahrungslosen Jungfischen von Nannacara anomala (Cichlidae) », *Z. Tierpsychol.* 25, 257-314, 1968.

KÜHN, A. : *Die Orientierung der Tiere im Raum*, Iéna, G. Fischer, 1919.

KUO, Z. Y. : « Ontogeny of Embryonic Behaviour », in *Aves I and II, J. Exp. Zool.* 61, 1932.

LAWICK-GOODALL, J. v. : *In the Shadow of Man*, Boston, Houghton-Mifflin/Londres, Collins, 1971.

LAWICK-GOODALL, J. v., LAWICK, H. v. : *Innocent Killers*, Boston, Houghton-Mifflin, 1971.

LEHRMAN, D. S. : « A Critique of Konrad Lorenz's Theory of Instinctive Behaviour », *Quarterly Rev. Biol.* 28, 337-363, 1953.

LEONG, C. Y. : « The Quantitative Effect of Releasers on the Attack Readiness of the Fisch Haplochronmis burtoni (Cichlidae) », *Z. vgl. Physiol.* 65, 29-50, 1969.

LETTVIN, J. Y., MATURANA, H. R., MCCULLOH, W. S., PITTS, W. H. : « What the Frog's Eye Tells the Frog's Brain », *Proc. Instit. Radio. Engineers* 47, 1940-1951, 1959.

LEYHAUSEN, P. : *Verhaltensstudien an Katzen*, Berlin-Hambourg, Parey, 1975.

LEYHAUSEN, P., LORENZ, K. : « Antriebe tierischen und menschlichen Verhaltens », *Gesammelte Abhandlungen*, Munich, Piper, 1968.

LIDELL, H. S. : « The Conditioned Reflex », *in* : *Comparative Psychologie* (dir. publ. F. A. Moss), 247-296, New York, Prentice-Hall, 1934.

LIDELL, H. S. : « Conditioned Reflex Method and Experimental Neurosis », *in* : *Personality and the Behaviour Disorders* (dir. publ. Hunt, J. McV., H.), vol. I, 389-412, New York, Ronald, 1944.

LISSMANN, H. : « Die Umwelt des Kampffisches Betta splendens », *Z. vgl. Physiol.* 18-65.

LORENZ, K. : « Beobachtungen an Dohlen », *J. Orn.* 75, 511-519, 1927.

LORENZ, K. : « Über den Begriff der Instinkthandlung Folia biotheorica, B 2 », *Instinctus*, 17-50, 1937.

LORENZ, K, : « Vergleichende Verhaltensforschung », *Verh. Dt. Zool. Ges., Zool, Anz. Suppl.* 12, 69-102.

LORENZ, K. : « Vergleichendes über die Balz der Schwimmenten », *J. Orn.* 87, 172-174, 1939.

LORENZ, K. : « Kants Lehre vom Apriorischen im Lichte gegenwärtiger Biologie », *Blätter für Deutsche Philosophie* 15, 1941.

LORENZ, K. : « Die angeborenen Formen möglicher Erfahrung », *Z. Tierpsychol.* 5, 235-409, 1943.

LORENZ, K. : « Die Entwicklung der vergleichenden Verhaltensforschung in den letzten 12 Jahren », *Zool. Anz. Suppl.* 36-58, 1952.

LORENZ, K. : « Moralanaloges Verhalten geselliger Tiere », *Universitas* 11, 691-704, 1956.

LORENZ, K. : « Über das Töten von Artgenossen », *in* : *Die Natur, das Wunder Gottes* (dir. de publ. Dennert, E.), 6e éd., 262-281, Bonn. Athenäum, 1957.

LORENZ, K. : « Zur Naturgeschichte der Aggression », *Neue Sammlung* 4, 296-308, 1965.

LORENZ, K. : *L'Agression, une histoire naturelle du mal* (trad. Wilma Fritsch), Flammarion, 1969.

LORENZ, K. : « Innate Bases of Learning », *in* : *On the Biology of Learning* (dir. publ. Pribram, K. H.), New York, Harcourt, Brace & World, 1969.

LORENZ, K. : *Essais sur le comportement animal et humain. Les leçons de l'évolution de la théorie du comportement* (trad. C. et P. Frédet), Le Seuil, 1970.

LORENZ, K. : « The Enmity between Generations and Its Probable Ethological Causes », *in* : *The Place of Value in a World of Facts*, Nobel Symposium 14, Stockholm, 385-418, 1970.

LORENZ, K. : « Fritz Knoll als vergleichender Verhaltensforscher », *Verh. d. Zool.-Bot. Ges. Wien.* 1974.

LORENZ, K. : « Analogy as a Source of Knowledge », *Les Prix Nobel en 1973*, 185-195, The Nobel Foundation, 1974.

LORENZ, K. : *L'Envers du miroir, une histoire naturelle de la connaissance* (trad. Jeanne Etoré), Flammarion, 1975.

LORENZ, K., ROSE, W. : « Die räumliche Orientierung von Paramecium aurelia », *Die Naturwiss.* 19, 623-624, 1963.

LORENZ, K., SAINT-PAUL, U. v. : « Die Entwicklung des Spiessens und Klemmens bei den drei Würgerarten Lanius collurio, L. senator und L. excubitor », *J. Orn.* 109, 137-156, 1968.

MCDOUGALL, W. : *An Outline of Psychology*, Londres, Methuen & Co. Ltd., 1923.

MACKAY, D. M. : *Freedom of Action in a Mechanistic Universe*, Cambridge, Univ. Press, 1967.

MAKKINK, G. F. : « An Attempt at an Ethogram of the European Avocet (Recurvirostra avosetta L.). With Ethological and Psychological Remarks », *Ardea* 25, 1-60, 1936.

MARLE, P., HAMILTON, W. J. : *Mechanisms of Animal Behaviour*, New York-Londres-Sydney, John Wiley & Sons Inc., 1966.

MASSERMANN, J. H. : *Behaviour and Neurosis*, Chicago, University of Chicago Press, 1943.

MATTHAEI, R. : *Das Gestaltproblem*, Munich, J. F. Bergmann, 1929.

MAU, H. : *Zum Einfluss von Testosteron auf Balz-, Kopulations- und agressives Verhalten erwachsener weiblicher Stockente (Anas Pla-yrhychos L.)*, Ludwig-Maximilian-Universität, Munich, 1973.

MAYR, E. : *Systematics and the Origin of Species*, New York, Columbia University Press, 1942.

MENDEL, G. : « Versuche über Pflanzenhybriden », *in* : *W. Ostwalds Klassiker der exakten Wissenschaften*, publ. par Tschermak, E., 1901.

METZGER, W. : *Psychologie*, Darmstadt, Steinkopff, 1953, 4e éd., 1968.

MEYER-HOLZAPFEL, M. : « Triebbedingte Ruhezustände als Ziel von Appetenz-handlungen », *Die Naturwiss.* 28, 273-280, 1940.

MEYER-HOLZAPFER, M. : « Das Spiel bei Säugetieren », *Handb. Zool.* 8, 1-36, 1956.

MITTELSTÆDT, H. : « Prey Capture in Mantids », *Recente Advances in Invertebrate Physiology*, University of Oregon Publications, 51-71, 1957.

MORRIS, D. : « “Typical Intensity” and Its Relation to the Problem of Ritualization », *Behaviour* 11, 1-11, 1957.

MOYNIHAN, M. : « Hostile and Sexual Behaviour Patterns of South American and Pacific Laridae », *Behaviour*, Suppl. 8, 1972.

NEWEKLOWSKY, W. : « Untersuchungen über die biologische Bedeutung und die Motivation der Zirkelbewegung des Stars (Sturnus v. vulgaris L.) », *Z. Tierpsychol.* 31, 474-502, 1972.

NICE, M. M. : « Studies of the Life History of the Song Sparrow », *Tansact. Linn. Soc.*, New York, 4, 57-83, 1937.

NICOLAI, J. : *Elternbeziehung und Partnerwahl im Leben der Vögel* (*Gesammelte Abhandlungen*), Munich, Piper, 1970.

PALLAS, S. P. : cité d'après STRESEMANN, *Die Entwicklung der Ornithologie*.

PANTIN, C. F. A. : cf. BATHAM, E. J., PANTIN, C. F. A.

PAVLOV, I. P. : *Conditioned Reflexes*, Oxford, 1927.

PITTENDRIGH, C. S. : « Perspectives in the Study of Biological Clocks », *in* : *Perspectives in Marine Biology*, La Jolla, Scripps Inst. Oceanogr., 1958.

POPPER, K. R. : Scientific Reduction and the Essential Incompleteness of All Science », *in* : *Studies in the Philosophy of Biology*, publ. par Ayala, F. J., Dobzhansky, T., Londres, Macmillan Press Ltd., 1974.

PORTIELJIE, A. F. J. : *Dieren zien en leeren kennen*, Amsterdam, Nederlandsche Keurboekerij, 1938.

PORZIG, W. : *Das Wunder der Sprache*, Munich-Berne, 1950.

PRECHTL, H. F. R. : « Zur Physiologie angeborener Auslösemechanismen I. Quantitative Untersuchungen über die Sperrbewegung junger Singvögel », *Behaviour* 5, 32-50, 1953.

PRECHTL, H. F. R. : *Die Entwicklung der frühkindlichen Motorik I-III* (Wiss Filme C 651, C 652, C 653), Göttingen, Inst. wiss. Film, 1955.

PRECHTL, H. F. R., SCHLEIDT, W. : « Auslösende und steuernde Mechanismen des Saugaktes I », *Z. vgl. Physiol.* 32, 252-262, 1950.

PRECHTL, H. F. R., SCHLEIDT, W. : « Auslösende und steuernde Mechanismen des Saugaktes II », *Z. vgl. Physiol.* 33, 53-62, 1951.

PRECHTL, I : *Auslösende und steuernde Mechanismen der Sperrbewegung einiger Nesthocker*, thèse, Univ. Vienne, 1949.

PROSSER, C. L., BROWN, F. A., jr. : *Comparative Animal Physiology*, 2e éd., Philadelphie, W. B. Saunders & Co., 1961.

PRYOR, K. : *Lads Before the Wind*, New York-Evanstan-San Francisco-Londres, Harper & Row, 1975.

PUMPHREY, R. J. : « Hearing », *Symp. Soc. Exp. Biol.* 4, 1, 1950.

RASA, O. A. E. : « Appetence for Agression in Juvenile Damsel Fish », *Beiheft zu Z. Tierpsychol.*, Hambourg, Parey, 1971.

REGEN, J. : « Über die Orientierung des Grillenweibchens nach dem Stridulationsschall des Männchens », *Sitz. Ber. Akad. Wiss.*, Vienne, Math.-naturw. Kl. 132, 1924.

REMANE, A. : *Die Grundlagen des natürlichen Systems der vergleichenden Anatomie und Phylogenetik*, Leipzig, 1952.

REMANE, A. : « Die Geschichte der Tiere », *in* : *Die Evolution der Organismen*, publ. par Heberer G., 2e éd., 340-419, Stuttgart, G. Fischer, 1959.

RENSCH, B. : *Evolution Above the Species Level*, New York, Columbia Univ. Press, 1960.

RICHTER, C. P. : « Animal Behaviour and Internal Drives », *Quart. Rev. Biol.* 2, 307-343, 1927.

RICHTER, C. P. : « Total Self Regulatory Functions in Animals and Human Beings », *Harvey Lectures Series* 38, 63-103, 1942-1943.

RIESS, B. F. : « The Effect of Altered Environment and of Age on the Mother Young Relationship among Animals », *Ann. N.Y. Acad. Sci.* 57, 606-610, 1954.

ROEDER, K. : « Spontaneous Activity and Behaviour », *The Scientific Monthly* 80, 362-370, 1955.

ROEDER, K., TOZIAN, L., WEIANT, E. A. : « Endogenous Nerve Activity and Behaviour in the Mantis and Cockroach », *J. Inst. Physiol.* 4, 45-62, 1960.

ROSE, W. : « Versuchsfreie Beobachtungen des Verhaltens von Paramaecium aurelia », *Z. Tierpsychol.* 21, 257-278, 1964.

RUITER, L. DE : « The Physiology of Vertebrate Feeding Behaviour ; Toward a Synthesis of the Ethological and Physiological Approaches to Problems of Behaviour », *Z. Tierpsych*, 20, 489-516, 1963.

SAINT-PAUL, U. v., LORENZ, K. : « Die Entwicklung des Spiessens und Klemmens bei den drei Würgerarten Lanius collurio, L. senator und L. excubitor », *J. Orn.* 109, 137-156, 1968.

SCHINDEWOLF, O. H. : *Paläontologie, Entwicklungslehre und Genetik, Kritik und Synthese*, Berlin, 1936.

SCHLEIDT, M. : « Untersuchungen über die Auslösung des Kollerns bei Truthahn », *Z. Tierpsychol.* 11, 417-435, 1954.

SCHLEIDT, W. M. : « Reaktion von Truthühnern auf fliegende Raubvögel und Versuche zur Analyse ihrer AAMs », *Z. Tierpsychol.* 18, 534-560, 1961.

SCHLEIDT, W. M. : « Die historische Entwicklung der Begriffe "Angeborenes auslösendes Schema" und "Angeborener Auslösemechanismus" », *Z. Tierpsychol.* 19, 697-722, 1962.

SCHLEIDT, W. M. : « Wirkung äusserer Faktoren auf das Verhalten », *Fortschr. Zool.* 16, 469-499, 1963.

SCHLEIDT, W. M. : « Über die Spontaneität von Erbkoordinationen », *Z. Tierpsychol.* 21, 235-256, 1964.

SCHLEIDT, W. M. : « How "Fixed" is the Fixed Action Pattern ? », *Z. Tierpsychol.* 36, 184-211, 1974.

SCHLEIDT, W. M., SCHLEIDT, M. M., MAGG, M. : « Störungen der Mutter-Kind-Beziehung bei Truthühnern durch Gehörverlust », *Behaviour* 16, 254-260, 1960.

SCHUTZ, F. : « Sexuelle Prägung bei Anatiden », *Z. Tierpsychol.* 22, 50-103, 1965.

SCHUTZ, F. : « Sexuelle Prägungserscheinungen bei Tieren », *in* : *Die Sexualität des Menschen, Handb. d. Med. Sexualforschung*, publ. par Giese H., 284-317, Stuttgart, F. Enke, 1968.

SCHWARTZKOPFF, J. : « Vergleichende Physiologie des Gehörs », *Fortschr. Zool.* 12, 206-264, 1960.

SCHWARTZKOPFF, J. : « Vergleichende Physiologie des Gehörs und der Lautäusserungen », *Fortschr. Zool.* 15, 214-336, 1962.

SEITZ, A. : « Die Paarbildung bei einigen Cichliden I », *Z. Tierpsychol.* 4, 40-84, 1940.

SEITZ, A. : « Die Paarbildung bei einigen Cichliden II », *Z. Tierpsychol.* 5, 74-100, 1941.

SEVENSTER-BOL, A. C. A. : « On the Causation of Drive Reduction After a Consummatory », *Act. Arch. Neerl. Zool.* 15, 175-236, 1962.

SEVENSTER, P. : « A Causal Analysis of Displacement Activity, Fanning in Gasterosteus aculeatus », *Behaviour Suppl.* 9, 1961.

SEVENSTER, P. : « Motivation and Learning in Sticklebachs », *in : The Central Nervous System and Fish Behaviour*, dir. publ. Ingle D., 223-245, Chicago-London Univ. Press, 1968.

SJÖLANDER, S. : « Sexual Imprinting on Another Species in a Cichlid Fish, Haplochromis burtoni ». *Rec. Comp. Animal* t. 7, 77-81, 1973.

SJÖLANDER, S. : « Effects of Cross-Fostering on the Sexual Imprinting of the Female Zebra Finch Taeniopygia guttata », *Z. Tierpsychol.* 45, 337-348, 1977.

SKINNER, B. F. : « Conditioning and Extinction and Their Relation to Drive », *J. Gen. Psychol.* 14, 296-317, 1936.

SKINNER, B. F. : *The Behaviour of Organisms*, New York, Appleton-Century Crofts, 1938.

SKINNER, B. F. : « Reinforcement Today », *Amer. Psychologist* 13, 94-99, 1958.

SKINNER, B. F. : *Beyond Freedom and Dignity*, New York, Knopf, 1971.

STELLAR, E. : « The Physiology of Motivation », *Psychol. Review* 61, 5-22, 1954.

STELLAR, E. : « Drive and Motivation », *in : Handbook of Physiology*, dir. publ. Field J., Sect. 1, vol. III, 1501-1527, Washington, Amer. Physiol. Soc., 1960.

STELLAR, E., HILL, J. H. : « The Rat's Rate of Drinking as a Function of Water Deprivation », *J. comp. Physiol.* 45, 96-102, 1952.

STENSIÖ, E. A. : « On the Head of Macropetalichthyids With Certain Remarks on the Head of the Other Arthrodires », *Field Mus. Nat. History*, Chicago, 1925.

STENSIÖ, E. A. : « The Downtonian and Devonian Vertebrates of Spitzbergen. I », *Skrift in Svalbard*, n° 12, 1927.

STORCH, O. : « Erbmotorik und Erwerbsmotorik », *Anz. Math. Nat. Kl. Ost. Akad. Wiss.* I, 1-23, 1949.

STRESEMANN, E. : *Die Entwicklung der Ornithologie. Von Aristoteles bis zur Gegenwart*, Berlin, F. W. Peters, 1951.

THORNDIKE, E. L. : *Animal Intelligence*, New York, Macmillan, 1911.

TINBERGEN, N. : *L'Étude de l'instinct* (trad. B. de Zélicourt et F. Bourlière), Payot, 1953.

TINBERGEN, N. : *Das Tier in seiner Welt*, Munich, Piper, 1977.

TINBERGEN, N., LORENZ, K. : « Taxis und Instinkthandlung in Eirollbewegung der Graugans », *Z. Tierpsychol.* 2, 1-29, 1938.

TINBERGEN, N., MEEUSE, B. J. D., BOERMA, L. K., VAROSSIEAU, W. W. : « Die Balz des Samtfalters (Eumelis semele L.) », *Z. Tierpsychol.* 5, 182-226, 1943.

TOLMAN, E. C. : *Purposive Behaviour in Animals and Men*, New York, Appleton, 1932.

TWAROG, B. M., ROEDER, K. D. : « Properties of the Connective Tissue Sheath of the Cockroach Abdominal Nerve Cord. », *Biol. Bull.* (Woods Hole) III, 278-286, 1956.

UEXKÜLL, J. v. : *Umwelt und Innenleben der Tiere*, Berlin, 1909 (2e éd., 1921).

VERPLANCK, W. : communication orale.

WASHBURN, S. L., DE VORE, I. : « The Social Life of Baboons », *Scient. Americ.* 204, 62-71, 1961.

WELLS, M. J. : *Brain and Behaviour in Cephalopods*, Londres, Heinemann, 1962.

WELLS, G. P. : « Spontaneous Activity Cycles on Polychaete Worms », *Symp. Soc. Exp. Biol.* 4. 127-142, 1950.

WHITMAN, C. O. : « Animal Behaviour », *Biol. Lect. Mar. Biol. Lab.*, Woods Hole, Mass., 285-338, 1898.

WHITMAN, C. O. : « The Behaviour of Pigeons », *Publ. Carnegie Inst.* 257, 1-161, 1919.

WICKLER, W. : *Mimikry-Signalfälschung in der Natur*, Munich, Droemer, 1969.
WICKLER, W. : *Stammesgeschichte und Ritualisierung*, Munich, Piper, 1970.
WICKLER, W., SEIBT, U. : *Vergleichende Verhaltensforschung*, Hambourg, Hoffman und Campe, 1973.
WRIGHT, S. : « Statistical Genetics and Evolution », *Bull. Amer. Math. Soc.* 48, 223-246, 1942.
WRIGHT, S. : *Evolution and the Genetics of Populations*, vol. I et II, Univ. Chicago Press, 1968, 1969.
WUNDT, W. : *Vorlesungen über die Menschen- und Tierseele*, Leipzig, Verlag von Leopold Voss, 1922.
ZEEB, K. : « Zirkusdressur und Tierpsychologie », *Mitt. Nat. forsch. Ges. Bern*, N. F., 21. 1964.
ZIMEN, E. : « Wölfe und Königspudel », *Ethologische Studien* (dir. publ. Wickler, W.), Munich, Piper, 1971.

TABLE

Première partie
MÉTHODOLOGIE

Deuxième partie
MÉCANISMES PHYSIOLOGIQUES DU COMPORTEMENT PROGRAMMÉS PHYLOGÉNÉTIQUEMENT

Troisième partie

MODIFICATION ADAPTATIVE DU COMPORTEMENT

N° d'édition : L.01EHQN000402.N001
Dépôt légal : octobre 2009
Imprimé en Espagne par Novoprint (Barcelone)